대학물리학

UNIVERSITY PHYSICS

임헌찬 · 임현수 공저

D.B.Info

머 리 말

국가직무능력표준(NCS)은 산업 현장에서 직무를 성공적으로 수행하기 위한 직업능력, 즉 지식, 기술, 소양 등을 산업 부문별·수준별로 과학적이고 체계적으로 도출하여 표준화한 것이다. 정부는 개인의 직무 수행 능력과 직업 기초 능력 향상을 위한 대학의 NCS 기반 교육체제로의 개편에 따라 각 대학은 NCS 학습 모듈을 활용한 교육과정을 도입 또는 운영하고 있다.

또 고교에서 수능 선택 과목 중 난이도의 어려움으로 이공계열에서 기초 소양 과목 중 하나인 물리 과목을 선택하지 않는 경향이 심화되고 있기 때문에 대학의 이공계열에 진학한 학생들에게 전공 학습에 대해 매우 곤란을 겪고 있는 실정이다.

따라서 대학의 NCS 기반의 교육과정에 충실하고, 학생들이 쉽게 이해하면서 이수할 수 있도록 간결하면서도 기초학습능력을 향상시킬 수 있는 교재의 필요성을 절감하여 본 교재를 집필하게 되었다.

현재 대학에서 사용되고 있는 일반 물리학 교재들은 주당 2~3시간으로 편성된 한 학기 또는 두 학기 동안에 이해하면서 이수하기가 쉽지 않을 정도로 그 내용이 방대할 뿐만 아니라 장황하게 기술되어 있다.

본 교재는 물리의 기초부터 응용 분야까지 폭넓게 다루어 물리학을 기초로 하는 이공계열의 전공과목에 대한 이해의 폭을 쉽게 넓힐 수 있도록 체계적으로 구성하였으며, 그 특징은 다음과 같다.

(1) 자연 현상을 바탕으로 물리의 기초 개념과 원리를 쉽고 재미있게 이해할 수 있도록 내용을 구성하였다.

(2) 각 단원마다 물리의 중요한 이론, 정리, 공식 및 팁 등을 별도로 요약하여 본문의 내용을 쉽게 파악할 수 있도록 하였다.

(3) 각 단원 및 장에서 학습한 여러 가지 물리적 현상들을 학생들이 쉽게 이해할 수 있도록 다양한 그림들과 예제들을 제공하였다. 특히 예제들은 쉽고 간결한 힌트를 이용하여 학생들이 스스로 풀어봄으로써 문제 해결 능력을 키울 수 있도록 하였다.

(4) 연습문제도 풀이의 전 과정을 부록에 수록하여 학생들이 신속히 이해하고 물리의 기초 지식을 알차게 다질 수 있도록 구성하였다.

(5) 교육과정상 학기 및 시수에 따라 전공분야별로 필요한 부분만을 선택하여 강의를 진행해도 불편함이 없도록 내용을 구성하였다.

본 교재는 공학을 전공하려는 학생들의 입문서뿐만 아니라 이미 공학에 입문한 학생들의 참고서가 될 수 있도록 내용에 충실하려고 최선을 다하였다. 하지만 아직 부족한 부분이 적지 않을 것으로 생각되므로 추후 독자들의 충고와 격려로써 이를 수정·보완해 나가고자 하니 많은 의견을 주시길 바란다.

본 교재를 발간하는 데 항상 옆에서 힘을 북돋아 준 가족에게 감사한다. 특히 KAIST 전기전자공학과를 졸업하고, 업무로 바쁜 와중에도 공동 저자로 참여해 준 임현수 변호사에게 감사하며 모든 지식을 사회에 기여하고 환원하는 사회인이 되기를 기원하는 바이다.

끝으로 본 교재의 출판에 있어서 참고한 각종 문헌의 국내외 원저자들에게 경의를 표하며, 출판을 위해 많은 도움을 주신 복두출판사 임직원에게 감사를 드리는 바이다.

저자 씀

차 례

단원 Ⅰ 운동과 에너지

1장 물체의 운동

2장 운동의 법칙

3장 운동량과 충격량

4장 일과 에너지

5장 원운동과 단진동

단원 Ⅱ 열역학

1장 열현상

2장 열역학의 법칙

단원 Ⅲ 전기와 자기

1장 전하와 전기장

2장 전기 회로

단원 Ⅳ 파동과 입자

1장 파동

2장 빛

3장 빛과 물질의 이중성

부록

01 운동과 에너지

chapter 1

물체의 운동

1.1 단위계

물리적인 양을 측정하기 위해서는 측정하려는 양과 종류가 같은 비교의 기준이 필요하다. 이때 각종 물리량의 기준이 되는 양을 단위(unit)라 한다.

단위에는 여러 나라에서 채택하고 있는 국제 단위계(International Unit System, SI)가 있으며 기본 단위와 유도 단위로 나누어진다.

기본 단위는 길이[m], 질량[kg], 시간[sec], 전류[A], 온도[K], 몰[mol], 광도[cd]가 있고, 유도 단위는 면적[m^2], 부피[m^3], 속도[m/s], 밀도[kg/m^3] 및 힘[$kg·m/s^2$] 등과 같이 기본 단위의 조합에 의해 유도되어 만들어지는 단위를 말한다.

기본 단위와 유도 단위를 합한 단위 군을 단위계라 한다. 단위계 중에서 기본 단위와 그 단위로부터 유도되는 유도 단위로 구성되는 [m], [kg], [kg/m^3], [$kg·m/s^2$] 등과 같은 단위계를 절대 단위계라 하고, 실용상의 편의에 의해 적절하게 정의하여 사용하는 힘[N], 일[J], 전력[W] 등과 같은 단위계를 실용 단위계라고 한다.

국제적으로 많이 사용되고 있는 절대 단위계로써 표준 단위계로 사용되고 있는 SI 단위계는 MKS 단위계와 CGS 단위계가 있다.

MKS 단위계는 기본 단위인 길이, 질량, 시간의 단위를 각각 [m], [kg], [s]를 사용하는 단위계이고, CGS 단위계는 [cm], [g], [s]를 사용하는 단위계이다.

1.2 벡터

1.2.1 스칼라와 벡터

자연계에서 물리량을 표현하는 방법으로는 스칼라량과 벡터량이 있다.

스칼라(scalar)는 길이, 온도, 면적, 체적, 질량, 속력, 일, 에너지, 전력, 전압, 전위 등과 같이 크기만으로 상태를 충분히 표현할 수 있는 양으로 숫자와 단위로써 나타낸다. 스칼라의 표시 방법은 A, a, $\overline{\mathrm{A}}$, $\overline{\mathrm{OP}}$와 같이 이태릭체 문자 또는 문자에 선분 기호를 붙여서 표현한다.

벡터(vector)는 변위, 힘, 속도, 가속도, 전계, 자계 등과 같이 크기와 방향으로 상태를 완전히 표현할 수 있는 양이다. 벡터의 표시 방법은 $\boldsymbol{A}$, $\boldsymbol{a}$, $\overrightarrow{\mathrm{A}}$, $\overrightarrow{\mathrm{OP}}$로 고딕체 문자 또는 문자에 화살표를 붙여서 표현한다.

벡터 $\boldsymbol{A}$의 크기만을 표시할 때에는 스칼라량의 표시 방법과 같은 이태릭체 A 또는 절대값의 기호를 붙인 $|\boldsymbol{A}|$ 등으로 표시한다.

1.2.2 벡터의 표시

벡터 $\boldsymbol{A}$의 표현은 어떤 물체가 임의의 점 O에서 점 P로 이동한 변위를 나타낼 때, 그림 1.1과 같이 점 O에서 정하여진 벡터의 방향으로 선분 $\overline{\mathrm{OP}}$를 그리고, 선분 $\overline{\mathrm{OP}}$의 길이는 벡터 $\boldsymbol{A}$의 크기, 즉 A 및 절대치 $|\boldsymbol{A}|$와 같게 하며, 방향은 선분의 종점에 화살표를 붙여서 표시한다.

벡터 $\boldsymbol{A}$는 $\overrightarrow{\mathrm{OP}}$로도 표시할 수 있고, 점 O는 벡터 $\boldsymbol{A}$의 시점, 점 P는 종점이라고 한다. 벡터 $\boldsymbol{A}$의 크기는 벡터 $\boldsymbol{A}$의 절대치 또는 길이라고 부르고, $|\boldsymbol{A}|$ 또는 A라고 표기한다.

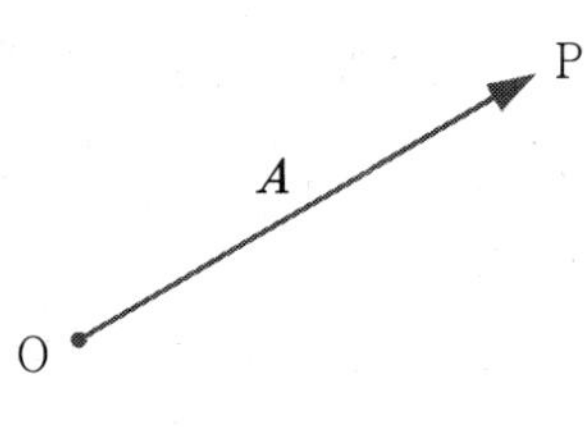

그림 1.1 ▶ 벡터의 표시

그림 1.2와 같이 크기와 방향이 같은 두 개의 벡터 A와 B는 위치에 관계없이 서로 같은 벡터가 된다. 즉 한 벡터를 평행 이동하여 서로 일치하면 동일한 벡터가 되고, 이를 벡터의 상등($A=B$)이라 한다.

그림 1.3과 같이 임의의 벡터 A에 대해 방향만 반대되는 벡터는 역벡터라 하며 음(−)의 기호를 붙여 $-A$라고 한다.

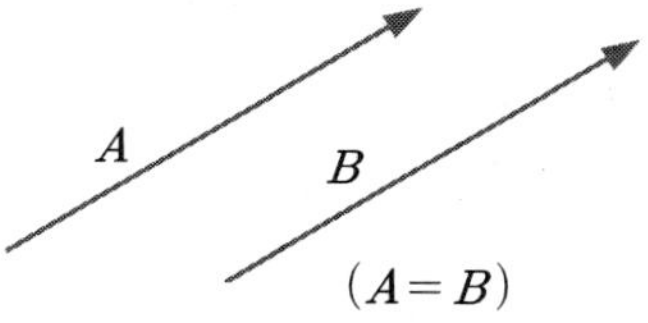

그림 1.2 ▶ 벡터의 상등

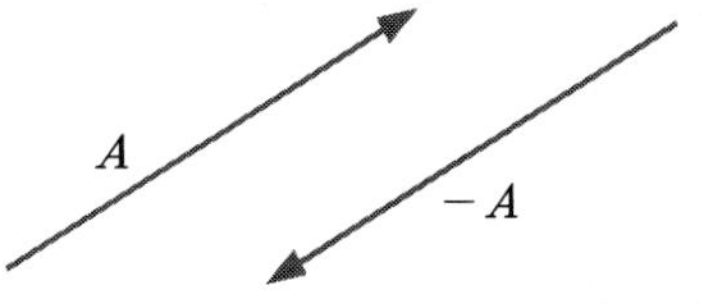

그림 1.3 ▶ 역벡터

☞ 스칼라 및 벡터 (물리량의 표현 방법)

(1) 스칼라
- ① 크기 : 길이, 온도, 면적, 체적, 질량, 일, 에너지, 전위
- ② 표현법 : A, a, $\overline{\mathrm{A}}$, $\overline{\mathrm{OP}}$

(2) 벡터
- ① 크기와 방향 : 변위, 힘, 속도, 가속도, 전계, 자계
- ② 표현법 : $\boldsymbol{A}$, $\boldsymbol{a}$, $\overrightarrow{\mathrm{A}}$, $\overrightarrow{\mathrm{OP}}$

1.2.3 벡터의 합과 차

(1) 벡터의 합

벡터 A와 B의 기하학적인 합은 그림 1.4와 같이 평행사변형법 또는 삼각형법에 의하여 구한다.

그림 1.4(a)의 평행사변형법은 두 벡터의 시점을 원점 O에 일치시킨 후, 벡터 A, B를 양변으로 하는 평행사변형의 대각선 C가 벡터 A와 B의 합이 된다. 또 그림 1.4(b)의 삼각형법은 벡터 A의 종점에 벡터 B의 시점을 놓았을 때 그려지는 삼각형의 사변 C가 벡터 A와 B의 합이 된다.

$$A+B=C \tag{1.1}$$

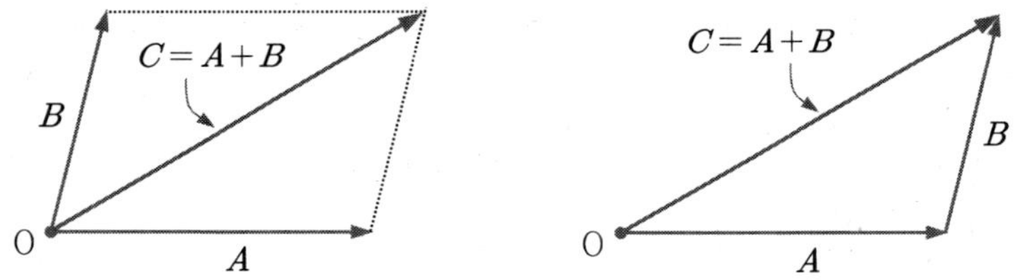

(a) 평행사변형법 (b) 삼각형법

그림 1.4 ▶ 벡터의 합

(2) 벡터의 차

벡터 A와 B의 기하학적인 차는 벡터 A와 벡터 B의 역벡터인 $-B$의 합과 같다. 따라서 그림 1.5와 같이 벡터 A에 벡터 B의 방향을 반대로 취한 역벡터와의 합으로 주어진다.

$$A-B=A+(-B) \tag{1.2}$$

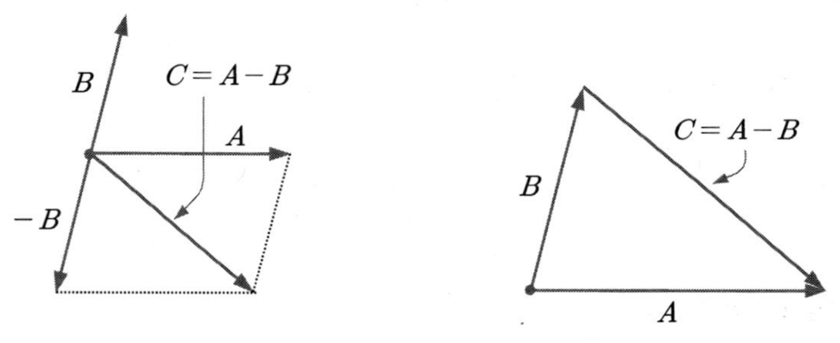

(a) 평행사변형법 (b) 삼각형법

그림 1.5 ▶ 벡터의 차

1.2.4 단위벡터

벡터 A와 방향이 같고 크기가 1인 벡터를 a라 하면, A는 크기 A와 a의 곱으로 나타내어지므로

$$A=Aa \tag{1.3}$$

이다. 즉, 크기가 1이고 방향만을 갖는 벡터 $\boldsymbol{a}$를 단위벡터(unit vector)라 하고, 크기 A를 벡터 $\boldsymbol{A}$의 $\boldsymbol{a}$ 방향 성분(component)이라 한다.

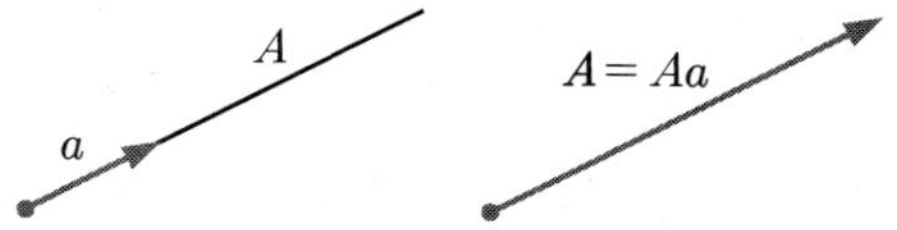

그림 1.6 ▸ 단위벡터

특히 그림 1.7의 좌표계에서 x, y, z 각 축의 양의 방향으로 크기가 1인 단위벡터 $\boldsymbol{i}$, $\boldsymbol{j}$, $\boldsymbol{k}$를 기본벡터(fundamental vector)라 하며, 이들은 서로 각도가 90°의 관계를 이루고 있는 벡터 계산에 중요하게 사용되는 벡터량이다.

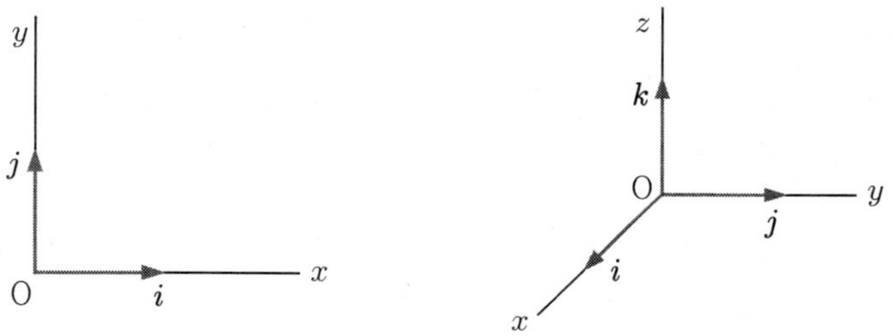

(a) 직교 좌표계 (b) 직각 좌표계

그림 1.7 ▸ 기본벡터

1.2.5 위치벡터와 변위벡터

물체의 운동을 정의하려면 물체의 위치를 먼저 정확히 설명해야 한다. 물체가 어디로부터 어느 방향으로 얼마만큼 떨어진 거리로 표현해 주어야 한다. 즉, 어디로부터라는 기준점에 따라 물체의 위치는 다르게 표시되므로 물체의 위치는 기준점과 그 점으로부터 방향과 거리의 세 가지를 동시에 표현해야 정확하게 파악할 수 있다.

마찬가지로 물리계에서도 물체의 위치를 설명하려면 공통의 기준점을 선택하고 동시에 방향과 거리를 표현해야 한다.

공통의 기준점을 시점으로 하고 방향과 거리의 두 개의 양에 의한 다른 한 점을 종점으로 취한 벡터를 위치벡터라 한다. 또 공통의 기준점을 시점으로 하지 않고 다른 한 점을 시점으로 취한 벡터를 변위벡터라고 한다.

특히 좌표계에서는 원점을 기준점으로 정하기 때문에 원점 O를 시점으로 하는 벡터를 위치벡터, 원점 O를 시점으로 취하지 않는 벡터를 변위벡터라고 한다.

변위벡터는 종점의 위치벡터에서 시점의 위치벡터를 뺀 것으로 정의한다.

1.2.6 벡터의 성분

2차원 평면 또는 3차원 공간에서 물체의 운동을 기술하려면 벡터의 성분 표시가 기본적으로 사용되고, 또 많은 벡터 지식을 필요로 하게 된다.

그러나 이 교재에서는 물체가 직선상에서 운동하는 것을 주로 다루기 때문에 다음 좌표계의 벡터 단원은 심화를 필요로 하는 학생들만 학습해도 된다.

(1) 직교 좌표계

임의의 한 점에 대한 벡터를 수식적으로 표현할 때 2차원 평면의 직교 좌표계를 이용하면 이해하는 데 편리하다.

그림 1.8에서와 같이 x, y 평면상에서 원점 O를 시점으로 하고 점 $\mathrm{A}(A_x,\ A_y)$를 종점으로 하는 벡터, 즉 위치벡터 $\boldsymbol{A}$는 x, y축 방향의 성분이 각각 A_x, A_y이고 축방향의 성분벡터는 $A_x\boldsymbol{i}$, $A_y\boldsymbol{j}$이다. 따라서 위치벡터 $\boldsymbol{A}$는 각 성분벡터의 합으로 나타낼 수 있다. 즉,

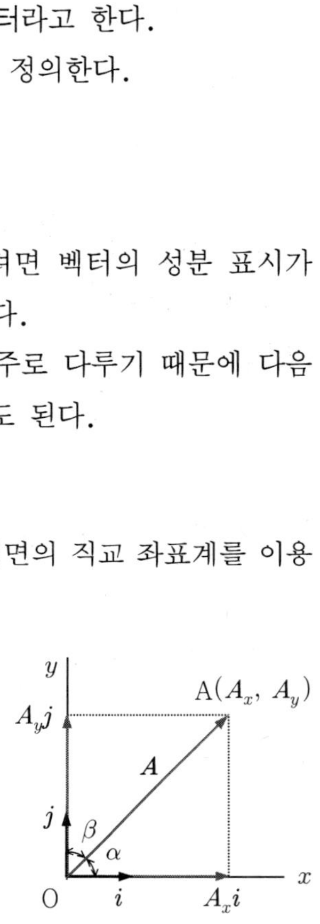

그림 1.8 ▸ 벡터성분 표시

$$\boldsymbol{A} = A_x\boldsymbol{i} + A_y\boldsymbol{j} \tag{1.4}$$

여기서 벡터 $\boldsymbol{A}$의 크기 A는 피타고라스 정리(Pythagolas's theorem)에 의해

$$A = |\boldsymbol{A}| = \sqrt{{A_x}^2 + {A_y}^2} \tag{1.5}$$

이 된다.

따라서 벡터 $\boldsymbol{A}$의 단위벡터 $\boldsymbol{a}$는 식 (1.3)에 의해 다음과 같이 나타낼 수 있다.

$$a = \frac{A}{A} = \frac{A}{|A|} = \frac{A_x}{A}i + \frac{A_y}{A}j \tag{1.6}$$

이와 같이 각 좌표축에 대한 성분을 대수적으로 취급하는 계산 방법을 벡터 해석(vector analysis)이라고 한다.

예제 1.1 **한 물체가 점 A(3, −2)[m]에서 점 B(4, 3)[m]까지 이동하였다. 이 때 변위벡터와 단위벡터를 구하라.**

풀이

그림 1.9와 같이 점 A에서 점 B로 향하는 변위벡터 C를 그린 후, 좌표의 원점을 시점으로 하고 변위벡터의 시점과 종점을 각각 종점으로 취하는 위치벡터 A, B를 그린다. 위치벡터는 x, y축의 방향 성분이 주어졌을 때, 식 (1.4)에 의하여 다음과 같이 간단히 표현된다.

$$A = 3i - 2j, \quad B = 4i + 3j$$

변위벡터 C는 식 (1.2)에서 벡터의 차 또는 정의에 의해 종점의 위치벡터에서 시점의 위치벡터를 뺀 것이 되므로 다음과 같이 구해진다.

(변위벡터 = 종점 위치벡터 − 시점 위치벡터)

$$C = B - A = (4i + 3j) - (3i - 2j)$$

$$= (4-3)i + (3+2)j = i + 5j \text{ [m]}$$

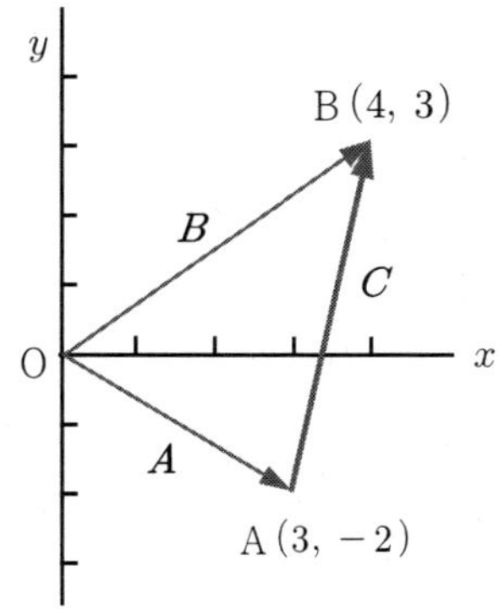

그림 1.9 ▸ 변위벡터의 계산

이동 거리 C와 단위벡터 a는 각각 구해진다.

$$C = |C| = \sqrt{1^2 + 5^2} = \sqrt{26} \text{ [m]}$$

$$a = \frac{C}{C} = \frac{C}{|C|} = \frac{1}{\sqrt{26}}(i + 5j) = 0.196i + 0.981j$$

(2) 직각 좌표계

임의의 한 점의 위치를 공간에 표시하려면 3차원의 직각 좌표계에서 **그림 1.10**과 같은 x, y, z축을 취하여 나타낼 수 있다. 벡터 해석은 2차원 평면의 직교 좌표계에서 구한 결과에 z축을 확장하여 표현하면 간단히 해석할 수 있다.

x, y, z축에 대한 벡터 $\boldsymbol{A}$의 축방향 성분이 $(A_x,\ A_y,\ A_z)$일 때, 위치벡터 $\boldsymbol{A}$는

$$\boldsymbol{A} = A_x\boldsymbol{i} + A_y\boldsymbol{j} + A_z\boldsymbol{k} \tag{1.7}$$

이고, 벡터 $\boldsymbol{A}$의 크기 A는 다음과 같다.

$$A = |\boldsymbol{A}| = \sqrt{{A_x}^2 + {A_y}^2 + {A_z}^2} \tag{1.8}$$

벡터 $\boldsymbol{A}$의 단위벡터 $\boldsymbol{a}$는 다음과 같이 나타낼 수 있다.

$$\boldsymbol{a} = \frac{\boldsymbol{A}}{A} = \frac{\boldsymbol{A}}{|\boldsymbol{A}|} = \frac{A_x}{A}\boldsymbol{i} + \frac{A_y}{A}\boldsymbol{j} + \frac{A_z}{A}\boldsymbol{k} \tag{1.9}$$

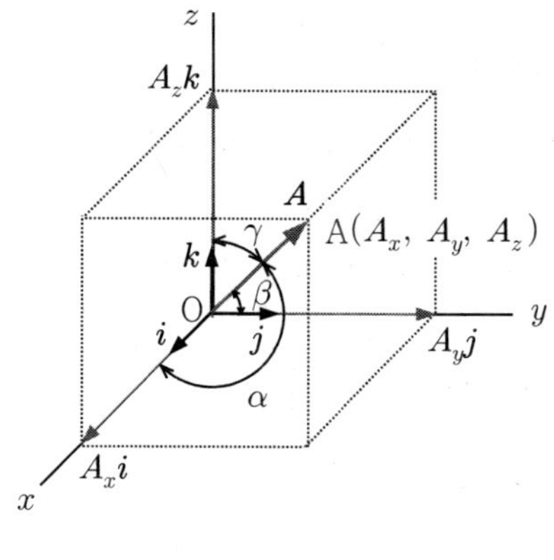

그림 1.10 ▶ 벡터성분 표시

> **예제 1.2** x, y, z축의 공간좌표의 한 점 A(2, 3, 4)에 대해 다음을 각각 구하라.
>
> (1) 위치벡터 (2) 크기(거리) (3) 단위벡터

풀이

(1) 위치벡터

$$\boldsymbol{A} = 2\boldsymbol{i} + 3\boldsymbol{j} + 4\boldsymbol{k}$$

(2) 크기(거리)

$$A = |\boldsymbol{A}| = \sqrt{2^2 + 3^2 + 4^2} = \sqrt{29}$$

(3) 단위벡터

식 (1.3) 또는 식 (1.6)으로부터 단위벡터 $\boldsymbol{a}$는 다음과 같이 구해진다.

$$\boldsymbol{a} = \frac{\boldsymbol{A}}{A} = \frac{\boldsymbol{A}}{|\boldsymbol{A}|} = \frac{2\boldsymbol{i} + 3\boldsymbol{j} + 4\boldsymbol{k}}{\sqrt{29}} = \frac{2}{\sqrt{29}}\boldsymbol{i} + \frac{3}{\sqrt{29}}\boldsymbol{j} + \frac{4}{\sqrt{29}}\boldsymbol{k}$$

예제 1.3 점 A(1, 2, −3)에서 점 B(4, 3, 2)로 향하는 변위벡터와 단위벡터를 구하라.

풀이

시점을 원점으로 하고 점 A, B를 각각 종점으로 하는 위치벡터 $\boldsymbol{A}$, $\boldsymbol{B}$는 식 (1.7) 의해

$$\boldsymbol{A} = \boldsymbol{i} + 2\boldsymbol{j} - 3\boldsymbol{k}\ , \quad \boldsymbol{B} = 4\boldsymbol{i} + 3\boldsymbol{j} + 2\boldsymbol{k}$$

이고, 점 A에서 점 B로 향하는 변위벡터를 $\boldsymbol{C}$라 하면

$$\begin{aligned}\boldsymbol{C} = \boldsymbol{B} - \boldsymbol{A} &= (4\boldsymbol{i} + 3\boldsymbol{j} + 2\boldsymbol{k}) - (\boldsymbol{i} + 2\boldsymbol{j} - 3\boldsymbol{k}) \\ &= (4-1)\boldsymbol{i} + (3-2)\boldsymbol{j} + (2+3)\boldsymbol{k} \\ &= 3\boldsymbol{i} + \boldsymbol{j} + 5\boldsymbol{k}\end{aligned}$$

가 얻어진다. 여기서 벡터 $\boldsymbol{C}$의 크기(거리) C는

$$C = |\boldsymbol{C}| = \sqrt{3^2 + 1^2 + 5^2} = \sqrt{35}$$

가 된다. 또 단위벡터 $\boldsymbol{a}$는 식 (1.9)에 의해 다음과 같이 구해진다.

$$a = \frac{C}{C} = \frac{3}{\sqrt{35}}i + \frac{1}{\sqrt{35}}j + \frac{5}{\sqrt{35}}k$$

$$= 0.5i + 0.17j + 0.85k$$

1.3 물체의 운동

1.3.1 물체의 운동

물체의 운동을 살펴보면 물체는 빠르게 운동하거나 느리게 운동하기도 하고, 또 직선 운동을 하거나 곡선 운동을 한다. 운동하는 물체는 어떤 경로를 따라 움직이며 시간이 지나면서 위치가 변화한다. 따라서 **물체의 운동**은 기준점을 먼저 정하고 그 기준점으로부터 크기와 방향으로 물체의 위치를 나타내면서 동시에 시간도 명확하게 기술해야 한다.

물체가 직선 운동을 하고 있을 때 그 위치는 직선을 x축으로 하여 x좌표만으로 표시한다. 즉 **물체의 위치**는 일직선을 x축으로 하여 x좌표상의 기준점을 원점으로 정하고 원점으로부터의 거리로 나타낸다.

1.3.2 이동 거리와 변위

정지하고 있는 물체는 시간이 지나도 위치가 변하지 않지만, 운동하고 있는 물체는 어떤 경로를 따라 움직이면서 시간이 지남에 따라 그 위치도 달라진다. 이 때 물체가 실제로 이동한 경로의 길이를 **이동 거리**라고 한다.

그림 1.11과 같이 출발점에서 도착점까지 이동하는 세 가지 경로에서 경로 1의 이동 거리는 60[m]이고, 경로 2는 직선 거리로 이동 거리는 50[m]이다. 또 경로 3의 총 이동 거리는 출발점에서 A 지점까지의 이동 거리 40[m]와 A 지점에서 도착점까지의 이동거리 30[m]의 합이 되므로 70[m]가 된다. 이와 같이 물체가 실제로 이동한 총 경로를 나타내는 이동 거리는 운동 경로에 따라 다르게 된다.

물체가 운동하고 있을 때 물체의 위치 변화를 **변위**라고 한다. 변위는 물체의 이동 경로와는 관계가 없고 단지 출발점에서 도착점을 연결한 최단 거리인 직선 거리와 그 직선 방향으로 나타낸다. 따라서 **그림 1.11**의 세 가지 경로에서 이동 거리는 서로 다르지만, 변위의 크기는 모두 50[m]이고 변위의 방향도 출발점에서 도착점으로 향하는 직선 방향이 되므로 세 가지 경로의 변위는 모두 같다.

이동 거리는 크기만 나타내는 물리량으로 스칼라이지만, 변위는 크기와 방향으로 나타내는 물리량으로 벡터가 된다.

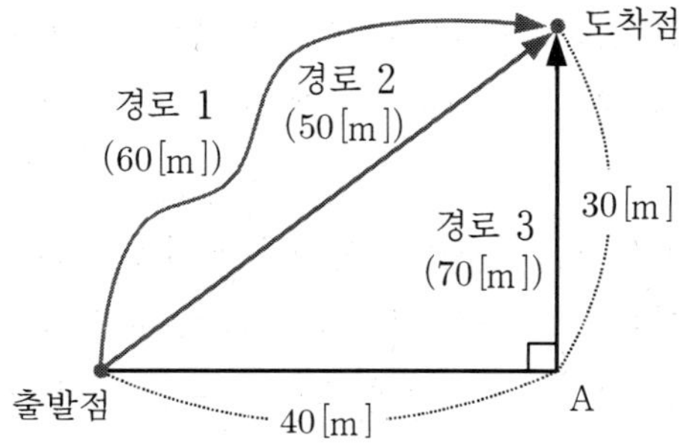

구 분	이동 거리	변위의 크기
경로 1	60[m]	50[m]
경로 2	50[m]	50[m]
경로 3	70[m]	50[m]

그림 1.11 ▶ 이동 거리와 변위

예제 1.4 그림 1.12와 같이 일직선 도로 위의 O 점에서 출발한 사람이 600[m]를 걸어서 A 점까지 갔다가 다시 출발점을 향하여 400[m] 걸어서 B 점에 도달하였다. 이 사람의 이동 거리와 변위를 각각 구하라.

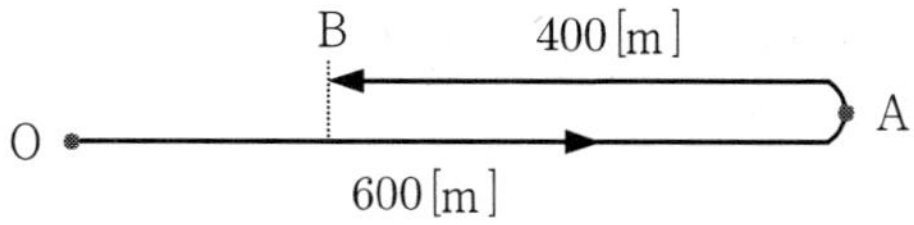

그림 1.12

풀이

(1) 이동 거리 = 600 + 400 = 1000 [m]

(2) 변위 = 600 − 400 = 200 [m] , 즉 변위는 O 에서 A 방향으로 200[m]

1.4 속력

1.4.1 속력

물체의 운동은 기준점에 대한 크기와 방향으로 나타내는 물체의 위치 외에 물체의 위치가 시간에 따라 얼마나 빠르게 변하였는가를 알아야 한다.

빠르기를 나타낼 때는 수영이나 육상 경기와 같이 같은 거리를 이동하는 데 걸리는 시간으로 나타낼 수 있고, 자동차와 같이 같은 시간 동안에 이동한 거리로 나타낼 수 있다.

물리학에서 **물체의 빠르기**는 자동차와 같이 같은 시간 동안에 이동한 거리를 나타내는 것이 일반적이다. 즉, **단위 시간(1초) 동안에 물체가 이동한 거리**를 **속력(speed)**이라 한다. 시간 t[s] 동안에 이동한 거리가 s[m]라고 하면 그 물체의 속력 v는 다음과 같이 나타내고, 속력의 단위는 [m/s]이다.

$$\text{속력} = \frac{\text{이동한 거리}}{\text{걸린 시간}}, \qquad v = \frac{s}{t}\ [\text{m/s}] \tag{1.10}$$

1.4.2 평균 속력과 순간 속력

운동하고 있는 물체들은 대부분 시간에 따라 속력이 변하는 운동을 한다. 자동차를 타고 먼 거리를 여행할 때에 빨리 달리거나 느리게 달리기도 하고 휴게소에서 정차하기도 한다. 이와 같이 물체가 운동할 때 시시각각 속력이 변하는 경우에 **평균 속력**과 **순간 속력**으로 나누어 생각하여 속력을 구한다.

(1) 평균 속력

두 지점 사이를 물체가 운동할 때 도중의 속력의 변화는 무시하고 두 지점 사이의 이동 거리를 걸린 시간으로 나누어서 구한 속력을 **평균 속력**이라고 한다.

자동차가 기준점을 출발하여 시각 t_1에서의 위치가 s_1이고 시각 t_2에서의 위치가 s_2일 때, 자동차가 이동한 거리와 걸린 시간은 각각 Δs와 Δt로 간단히 표현한다.

Δ는 그리스 대문자의 델타(delta)이고, 나중 값에서 처음 값을 뺀 변화량을 나타내는 기호이다. 즉 Δs는 거리의 변화량이고, Δt는 시간의 변화량이다. 특히 Δs와 Δt는 항상 나중 값에서 처음 값을 뺀 변화량임을 명심해야 한다.

$$\Delta s = s_2 - s_1, \quad \Delta t = t_2 - t_1 \tag{1.11}$$

물체가 시간 Δt[s] 동안에 이동한 거리가 Δs[m]라고 하면 그 물체의 평균 속력 v는 다음과 같이 나타낸다.

$$\text{평균 속력} = \frac{\text{이동한 거리}}{\text{걸린 시간}}, \quad v_{\text{평균}} = \frac{\Delta s}{\Delta t} = \frac{s_2 - s_1}{t_2 - t_1} \ [\text{m/s}] \tag{1.12}$$

식 (1.12)로부터 평균 속력은 시간에 대한 위치의 변화율을 나타낸다.

여행하는 운전자는 일반적으로 총 이동 거리를 여행 시간으로 나누어 계산한다. 따라서 자동차의 속력은 정지 상태까지 포함한 속력의 변화를 무시하고 일정한 빠르기로 이동한 것이 되기 때문에 평균 속력을 구한 것과 같게 된다.

(2) 순간 속력

자동차는 속력이 변하면서 달리기 때문에 평균 속력만으로 어느 순간의 속력이 가장 빠른지 알 수 없다. 따라서 어느 한 순간이나 혹은 운동 경로의 한 점에서 속력을 나타내는 것이 순간 속력이다.

물리학에서 사용되는 순간은 시간차 Δt가 전혀 없는 한 점의 시각을 의미한다. 그러나 식 (1.12)에서 $\Delta t = 0$은 수학적으로 계산도 할 수 없으므로 정의할 수도 없다. 따라서 순간 속력은 극히 짧은 시간 동안의 평균 속력으로 정의하고, 시간차 Δt가 0으로 가까이 접근해 갈 때 평균 속력($\Delta s/\Delta t$)의 극한값을 ds/dt로 쓰고 s를 t로 미분한다는 것으로 수학적 기호이다. 따라서 순간 속력 v는 다음과 같이 나타낸다.

$$v = \lim_{\Delta t \to 0} \frac{\Delta s}{\Delta t} = \frac{ds}{dt} \ [\text{m/s}] \tag{1.13}$$

식 (1.13)으로부터 순간 속력은 시간에 대한 위치의 순간 변화율을 나타낸다.

(3) 거리-시간(s-t) 그래프에서 속도

그림 1.13은 물체가 속력이 계속 변하는 운동을 할 때 거리 s와 시간 t와의 관계를 나타낸 곡선이다.

그림 1.13(a)에서 걸린 시간 $\Delta t = t_2 - t_1$ 동안 이동한 거리 $\Delta s = s_2 - s_1$이므로 평균 속력 $v_{\text{평균}} = \Delta s/\Delta t$은 두 점 P와 Q를 연결하는 직선의 기울기를 나타낸다.

그림 1.13(b)와 같이 시각 t_2를 t_1에 접근시켜서 시간 간격 $t_2 - t_1 = \Delta t$를 매우 짧게

하면 두 점 P와 Q를 연결하는 선분의 기울기는 점 P에서의 접선 기울기가 된다. 이것이 시각 t_1에서의 순간 속력을 나타낸다.

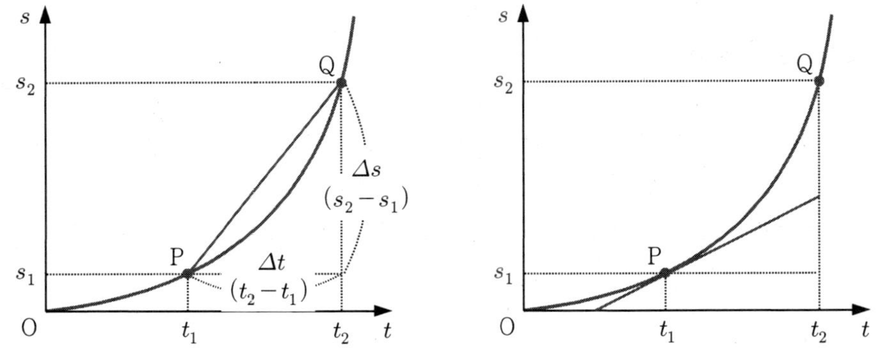

(a) 평균 속력 (b) 순간 속력

그림 1.13 ▸ 평균 속력과 순간 속력

TIP 평균 속력과 순간 속력

(1) 평균 속력=직선 PQ의 기울기

$$v_{\text{평균}} = \frac{\Delta s}{\Delta t} = \frac{s_2 - s_1}{t_2 - t_1} \text{ [m/s]}$$

(2) 순간 속력=점 P에서의 접선 기울기

$$v = \lim_{\Delta t \to 0} \frac{\Delta s}{\Delta t} = \frac{ds}{dt} \text{ [m/s]}$$

1.5 속도

1.5.1 속도

운동하는 물체의 빠르기를 알려면 그 물체의 속력을 구하면 된다. 그러나 똑같은 속력으로 운동하여도 서로 반대 방향으로 운동하는 물체는 속력만으로 충분하지 않다.

물체의 운동 상태는 물체의 빠르기를 나타내는 속력뿐만 아니라 운동 방향도 함께 고려해야 명확하게 표현할 수 있다.

이와 같이 물체의 속력과 방향을 함께 표시한 벡터량을 속도(velocity)라고 한다. 물체가 운동하여 위치의 변화량인 이동한 거리와 방향을 함께 나타내는 것이 변위이므로 속도는 단위 시간(1초) 동안에 일어난 변위로 구한다. 즉, 시간 t[s] 동안에 물체가 운동한 변위를 $\vec{s}$라고 하였을 때 속도 $\vec{v}$는 다음과 같이 나타낸다.

$$\text{속도} = \frac{\text{변위}}{\text{걸린 시간}}, \qquad \vec{v} = \frac{\vec{s}}{t}\ [\mathrm{m/s}] \tag{1.14}$$

속도는 다음과 같은 성질이 있다.

① 속도의 크기는 속력이고, 단위는 [m/s]이다.

② 속도의 방향은 변위의 방향과 같으므로 출발점에서 도착점을 향하는 직선 방향이다.

③ 물체의 빠르기만을 나타내는 속력은 스칼라량이고, 속력과 변위로 나타내는 속도는 벡터량이다.

④ 속도의 크기(속력)는 같아도 운동 방향이 다르면 속도는 다르다.

⑤ 그림 1.14와 같이 직선 운동을 하는 경우에 한쪽 방향의 속도를 (+)로 표시하면 반대 방향의 속도는 (−)로 나타낸다.

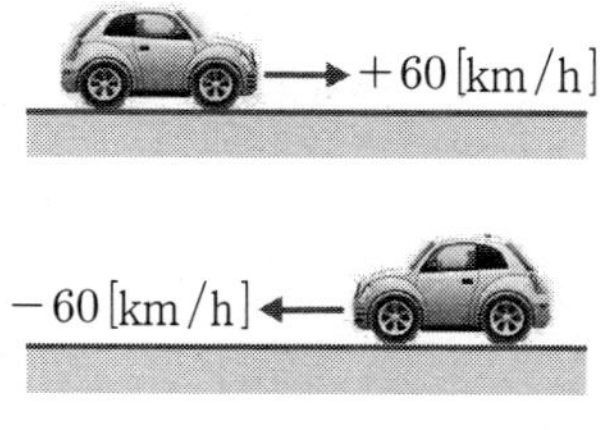

그림 1.14 ▸ 속도의 표시

1.5.2 평균 속도와 순간 속도

물체가 직선 위를 일정한 속력으로 운동하는 것은 속력뿐만 아니라 방향도 일정한 운동을 하는 것이기 때문에 이 물체의 운동은 일정한 속도로 운동하는 것이 된다. 바꾸어 말하면, 일정한 속도로 운동하는 물체는 직선 위에서 일정한 속력으로 운동하는 것과 같은 의미가 되는 것이다.

속력과 변위로 나타내는 속도는 벡터량이기 때문에 물체의 속력 또는 운동 방향 중에 한 가지라고 바뀌게 되면 속도는 변한다.

따라서 **그림 1.15**와 같이 물체가 곡선 운동을 할 때 일정한 속력으로 운동한다고 해도 곡선을 따라 매 순간마다 운동 방향은 접선 방향으로 계속 바뀌게 되므로 속도도 일정하지 않고 계속 바뀌는 것이다.

그림 1.15에서 물체가 점 A에서 점 B로 곡선 운동하는 경우, 두 지점 사이를 통과하는 시간이 $\Delta t = t_2 - t_1$ 이었을 때 평균 속력은 이동 거리를 걸린 시간으로 나누어 구할 수 있다. 그러나 **평균 속도**는 위치의 변화량인 변위 $\vec{\Delta s}$를 걸린 시간 Δt로 나누어 구한다. 평균 속도의 방향은 변위 $\vec{\Delta s}$의 방향이다.

$$\vec{v}_{평균} = \frac{\vec{\Delta s}}{\Delta t} \ [\text{m/s}] \tag{1.15}$$

시간 Δt를 극히 짧게 하면 점 B는 점 A에 가까워지고 극한값이 점 A에서의 **순간 속도**라고 하고 다음과 같이 나타낼 수 있다. 또 순간 속도의 방향은 그 점에서의 접선 방향이다.

$$\vec{v}_{순간} = \lim_{\Delta t \to 0} \frac{\vec{\Delta s}}{\Delta t} \ [\text{m/s}] \tag{1.16}$$

물체의 속도는 보통 순간 속도를 말하며, 곡선 운동에서 **그림 1.15**의 $\vec{v}_1$, $\vec{v}_2$와 같이 순간 속도의 방향은 그 점에서의 접선 방향이다. 또 등속 직선 운동은 평균 속도와 순간 속도는 같다.

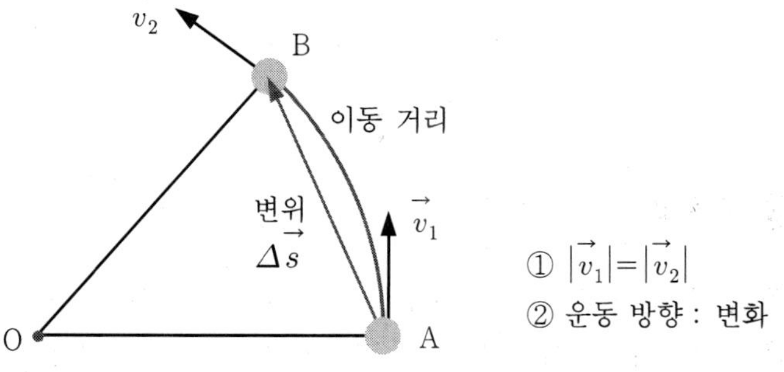

그림 1.15 ▸ 평균 속도와 순간 속도

예제 1.5 자동차가 동쪽 방향으로 4초 동안은 25[m/s]의 속도로 달린 후 1초 동안은 서쪽 방향으로 20[m/s]의 속도로 달렸다고 한다. 다음을 각각 구하라.

(1) 자동차가 5초 동안 이동한 거리와 그 동안의 변위

(2) 자동차의 평균 속력과 평균 속도

풀이

(1) 이동 거리 $s_1 = v_1 t_1 = 25 \times 4 = 100$ [m], $s_2 = v_2 t_2 = 20 \times 1 = 20$ [m]

$$\therefore \quad s = s_1 + s_2 = 100 + 20 = 120 \text{ [m]}$$

변위 $\vec{s} = 100 - 20 = 80$ [m], 동쪽 방향

(2) 평균 속력 $v_{평균} = \dfrac{이동\ 거리}{걸린\ 시간} = \dfrac{120}{5} = 24$ [m/s]

평균 속도 $\vec{v}_{평균} = \dfrac{변위}{걸린\ 시간} = \dfrac{80}{5} = 16$ [m/s] (동쪽 방향)

예제 1.6 그림 1.16과 같이 어떤 물체가 A에서 B까지 이동하는 데 6초가 걸리고, B에서 C까지 이동하는 데 4초가 걸렸다. 이때 다음을 각각 구하라.

(1) 물체의 평균 속력 (2) 물체의 평균 속도

풀이

(1) 이동 거리 $s = 40 + 30 = 70$ [m]

걸린 시간 $t = 6 + 4 = 10$ [s]

평균 속력

$$v_{평균} = \frac{이동\ 거리}{걸린\ 시간} = \frac{70}{10} = 7 \text{ [m/s]}$$

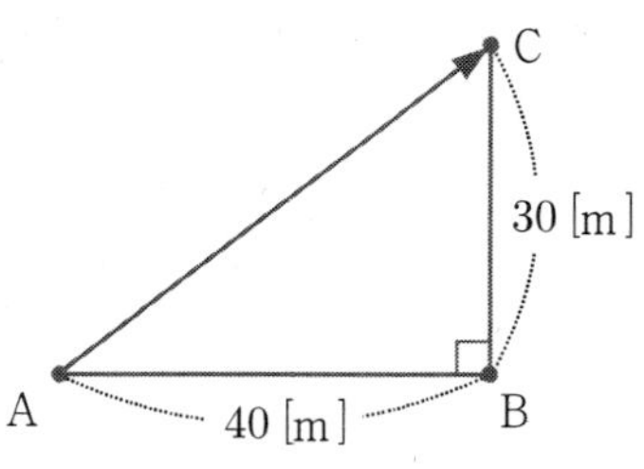

그림 1.16

(2) 변위의 크기 $s = \sqrt{40^2 + 30^2} = 50$ [m]

걸린 시간 $t = 6 + 4 = 10$ [s]

평균 속도 $\vec{v}_{평균} = \dfrac{변위}{걸린\ 시간} = \dfrac{50}{10} = 5$ [m/s](점 A에서 점 C로 향하는 방향)

1.5.3 등속도 운동

백화점이나 지하철역의 에스컬레이터나 공장의 컨베이어 벨트 등은 직선 경로를 일정한 속력으로 운동을 하는 운송 기구이다. 이와 같이 **물체가 일직선상을 일정한 속력으로 운동하는 것**을 **등속 직선 운동** 또는 **등속도 운동**이라고 한다. 즉, 속도의 크기(속력)와 방향(변위)이 일정한 등속도 운동은 직선 운동만 한다.

운동 방향이 변하지 않는 등속도 운동은 이동 거리와 변위의 크기가 같으므로 속력과 속도의 크기도 같다. 이 경우에 속력과 속도를 구분하지 않고 혼용하여 사용한다.

등속도 운동은 **그림 1.17(a)**와 같이 속력이 일정하므로 물체가 이동하는 거리는 시간에 비례하여 증가한다. 따라서 시간 t 동안 일정한 속도 v로 운동하는 물체의 이동 거리 s는

$$s = vt \tag{1.17}$$

가 된다. 이 식으로부터 속도 v는 다음과 같이 나타낼 수 있다.

$$v = \frac{s}{t} = (\text{일정}) \tag{1.18}$$

속도는 벡터량이므로 v 또는 $\vec{v}$를 사용해야 하지만, 이동 거리와 변위의 크기가 같은 등속 직선 운동에서의 속도는 속도의 크기(속력)인 v를 사용하는 것이 일반적이다.

그림 1.17(a)의 이동 거리와 시간 그래프에서 $s = vt$ 이므로 원점을 지나는 기울기가 일정한 직선 그래프가 되고, 직선의 기울기는 속도 v의 크기가 된다.

그림 1.17(b)의 속도와 시간 그래프에서 속도 v가 시간 t에 관계없이 일정하므로 시간 축에 평행한 직선이 되고, 이 직선과 시간 축 사이의 넓이 vt는 이동 거리 s가 된다.

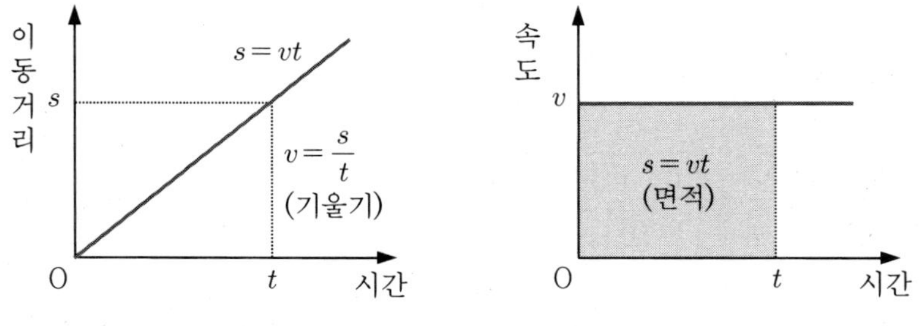

(a) $s-t$ 그래프 (b) $v-t$ 그래프

그림 1.17 ▸ 등속도 운동의 그래프

예제 1.7 자동차가 20[m/s]의 일정한 속력으로 800[m]를 진행하는 데 걸리는 시간 [s]을 구하라

풀이

속도 $v=\frac{s}{t}$ 에서 시간 $t=\frac{s}{v}$ 이다. 즉,

$$t=\frac{s}{v}=\frac{800}{20}=40\ [\mathrm{s}]$$

가 된다.

예제 1.8 그림 1.18은 직선 운동을 하는 물체의 속도–시간 그래프이다.

(1) 이 물체의 운동은 어떤 운동이며, 그 속력[m/s]을 구하라.

(2) 이 물체가 10초 동안 이동한 거리[m]를 구하라.

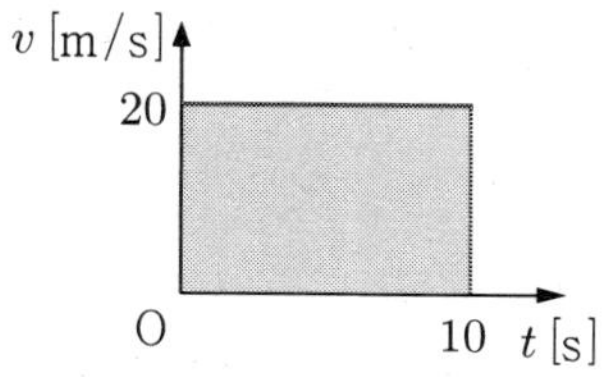

그림 1.18

풀이

(1) $v-t$ 그래프에서 v가 시간 축에 평행하므로 일정한 속력으로 운동하는 등속 직선 운동을 나타낸다. 또 속력은 속도축의 값이 20[m/s]이므로 속력은 $v=20\,[\mathrm{m/s}]$이다.

(2) $v-t$ 그래프의 면적이 이동 거리 s를 나타내므로 다음과 같이 구해진다.

$$s=vt=20\,[\mathrm{m/s}]\times 10\,[\mathrm{s}]=200\ [\mathrm{m}]$$

1.5.4 상대 속도

달리고 있는 열차의 차창 밖을 바라보면 가로수나 건물이 뒤로 이동하는 것처럼 보이는 것을 경험하였을 것이다.

두 대의 자동차가 같은 속도로 달리고 있을 때 한 자동차에서 다른 자동차를 보면 정지해 있는 것처럼 보인다. 또 속도가 빠른 자동차에서 느리게 달리는 자동차를 바라보면 뒤로 달리는 것처럼 보이고, 느리게 달리는 자동차에서 빠르게 달리는 자동차를 바라보면 앞으로 달리는 것처럼 보이게 된다.

이와 같이 운동하는 물체의 속도는 관측하는 사람의 운동 상태에 따라서 다르게 나타난다. 즉, 운동하고 있는 상태에서 관측자가 느낀 다른 물체의 속도를 **상대 속도**(relative velocity)라고 한다.

관측자 A의 속도를 v_A, 물체 B의 속도를 v_B라고 할 때, 관측자 A가 본 물체 B의 상대 속도 v_{AB}는 다음과 같이 나타낸다.

상대 속도=상대방 속도−관측자의 속도

$$v_{AB}=v_B-v_A \tag{1.19}$$

상대 속도 v_{AB}는 v_B와 $-v_A$를 합성한 값으로 항상 벡터적으로 계산해야 한다.

예제 1.9 고속도로에서 동쪽으로 100[km/h]의 속력으로 달리는 승용차에 탄 사람이 서쪽으로 60[km/h]의 속력으로 달려오는 화물차를 보았다. 승용차에 탄 사람이 본 화물차의 상대 속도[km/h]를 구하라.

풀이

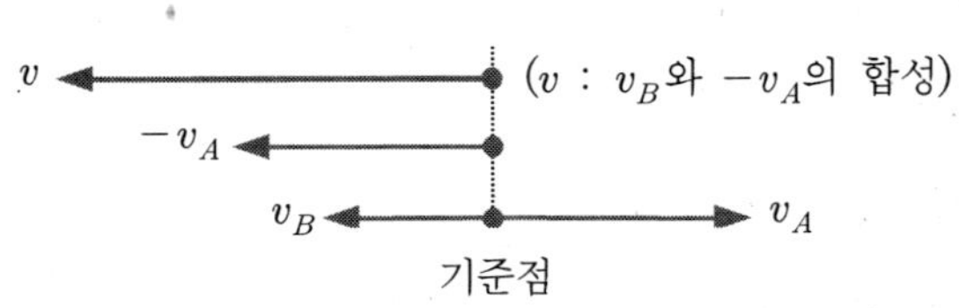

그림 1.19

승용차의 속도 v_A, 화물차의 속도 v_B라 할 때, 승용차에서 본 화물차의 상대 속도는 $v_{AB}=v_B-v_A$로부터 v_B와 $-v_A$를 합성하면 **그림 1.19**와 같은 벡터도가 된다.

따라서 승용차에서 바라본 화물차의 상대 속도는

$$v=v_A+v_B=100+60=160\ [\mathrm{km/h}]$$

로 구해진다.

예제 1.10 **동쪽으로 $4[\mathrm{m/s}]$로 달리는 관측자가 북쪽으로 $3[\mathrm{m/s}]$로 달리는 물체를 보았을 때 관측자가 본 물체의 속도를 구하라.**

풀이

관측자의 속도 v_A, 물체의 속도 v_B라 할 때 관측자가 본 물체의 상대 속도는 $v_{AB}=v_B-v_A$로부터 v_B와 $-v_A$를 평행사변형법에 의해 합성하면 다음과 같은 벡터도가 된다.

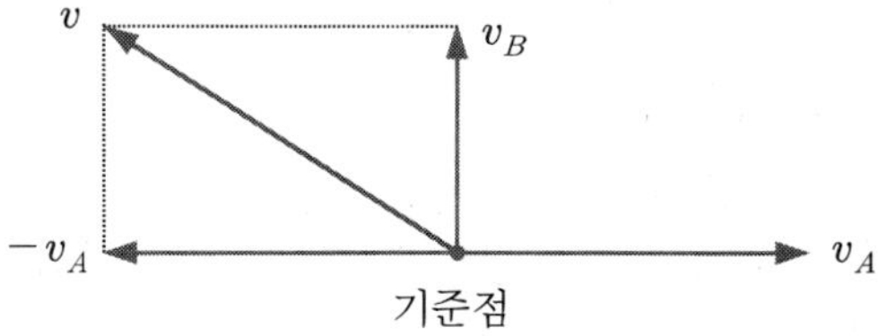

그림 1.20

따라서 관측자가 본 물체의 상대 속도는

$$v=\sqrt{{v_A}^2+{v_B}^2}=\sqrt{4^2+3^2}=5\ [\mathrm{m/s}]$$

로 구해진다.

1.6 등가속도 운동

1.6.1 가속도

직선 운동을 하는 물체에서 등속도 운동을 제외한 모든 운동은 가속도 운동을 하게 되며, 가속도 운동의 종류는 다음과 같다.

(1) 운동하는 물체의 속력, 즉 빠르기만 변하는 경우
[예] 자동차가 출발하거나 정지하는 운동, 자유낙하운동
(2) 물체의 운동 방향만 변하는 경우
[예] 자동차가 곡선 도로를 일정한 속력으로 달리는 운동, 등속 원운동
(3) 운동하는 물체의 속력과 운동 방향이 동시에 변하는 경우
[예] 포물선 운동, 진자운동

이와 같이 물체의 속력과 운동 방향이 시간에 따라 변할 때 가속도가 있다고 한다. 즉, 가속도(acceleration)는 단위 시간(1초)에 대한 속도의 변화량으로 정의하며, 다음과 같이 나타낸다.

$$\text{가속도} = \frac{\text{속도의 변화량}}{\text{걸린 시간}} = \frac{\text{나중 속도} - \text{처음 속도}}{\text{걸린 시간}}$$

$$\vec{a} = \frac{\Delta\vec{v}}{\Delta t} = \frac{\vec{v_2} - \vec{v_1}}{t_2 - t_1} \tag{1.20}$$

가속도는 벡터량이며, 가속도의 방향은 속도의 변화와 같은 방향이다. 가속도는 직선 운동만을 취급하는 경우에는 벡터량이라도 벡터 기호를 생략하여 $\vec{a}$를 a와 같이 나타낼 수 있다. 즉 식 (1.20)은 다음과 같이 나타낸다.

$$a = \frac{\Delta v}{\Delta t} = \frac{v_2 - v_1}{t_2 - t_1}\ [\mathrm{m/s^2}] \tag{1.21}$$

물체가 자동차처럼 정지 상태에서 속력이 증가하다가 그 속력으로 일정하게 운동하고, 점차 속력이 감소하여 정지하게 되는 직선 운동을 생각한다.

물체의 속력이 점점 증가하면 나중 속도가 처음 속도보다 크므로 (+)의 가속도를 갖게 되고, 일정한 속력으로 등속도 운동을 하는 상태에서는 나중 속도와 처음 속도가

같으므로 가속도는 0이 된다. 또 속력이 점점 감소하게 되면 나중 속도가 처음 속도보다 작아지므로 (−)의 가속도를 갖는다. 따라서 가속도는 일반적으로 속도가 증가하면 (+), 속도가 감소하면 (−)의 값을 나타낸다.

가속도는 다음과 같은 성질이 있다.

① 가속도는 단위 시간(1초)에 대한 속도의 변화량으로 정의하고, 단위는 $[m/s^2]$이다.
② 가속도의 방향은 속도의 변화와 같은 방향이다.
③ 가속도의 부호는 직선 운동하는 물체의 속력이 증가하면 (+)의 값, 속력이 감소하면 (−)의 값을 갖고, 등속 직선 운동에서의 가속도는 0이다.
④ 직선 운동에서 등속도 운동 이외의 운동은 속력 또는 방향이 변하는 가속도 운동이다.
⑤ 모든 곡선 운동은 방향이 변하는 운동이므로 가속도 운동이다.

예제 1.11 **직선상에서 초속도 4[m/s]로 달리는 자동차가 등가속도로 운동하여 5초 후에 24[m/s]의 속도가 되었다. 이 자동차의 가속도의 크기를 구하라.**

풀이

식 (1.21)에 의해

$$a = \frac{v_2 - v_1}{t} = \frac{24-4}{5} = 4\ [\mathrm{m/s^2}]$$

으로 구해진다.

1.6.2 평균 가속도와 순간 가속도

어떤 시간 동안의 속도 변화량을 **평균 가속도**라고 하며, 그림 1.21과 같이 시각 t_1과 t_2에서 속도가 각각 v_1, v_2로 되었다면 평균 가속도는

$$\vec{a} = \frac{\Delta\vec{v}}{\Delta t} = \frac{\vec{v_2} - \vec{v_1}}{t_2 - t_1} = \frac{\overline{\mathrm{BC}}}{\overline{\mathrm{AC}}} \tag{1.22}$$

가 된다. 즉, 시간 t_2-t_1 사이의 **평균 가속도**라고 하고, 두 점 A, B를 잇는 **직선의 기울기**로 구할 수 있다.

시간 구간을 매우 작게 하였을 때 순간에 가까운 가속도를 **순간 가속도**라 하고, 그림 1.21에서 시간 간격 $\Delta t=t_2-t_1$을 매우 짧게 하였을 때 그 동안의 속도 변화량 $\Delta\vec{v}=\vec{v}_2-\vec{v}_1$도 매우 작아진다. 이때의 가속도는

$$\vec{a}=\lim_{\Delta t\to 0}\frac{\Delta\vec{v}}{\Delta t}=\frac{\overline{\mathrm{CD}}}{\overline{\mathrm{AC}}} \tag{1.23}$$

가 된다. 이것을 시각 t_1에서의 **순간 가속도**라 하고, 시각 t_1에서 **접선의 기울기**로 구할 수 있다.

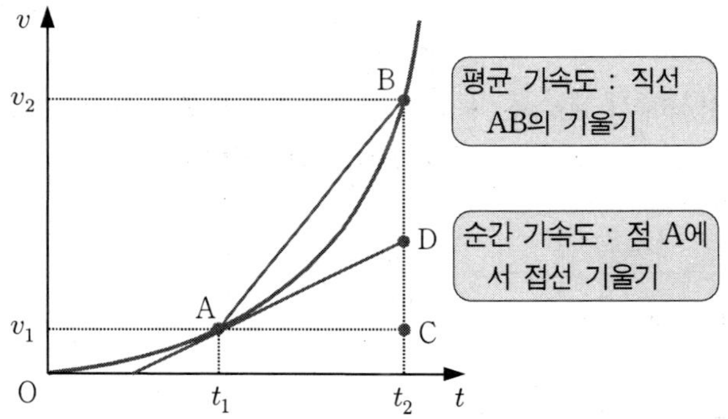

그림 1.21 ▶ 평균 가속도와 순간 가속도

TIP 평균 가속도와 순간 가속도

(1) 평균 가속도=직선 AB의 기울기

$$\vec{a}=\frac{\Delta\vec{v}}{\Delta t}=\frac{\vec{v_2}-\vec{v_1}}{t_2-t_1}=\frac{\overline{\mathrm{BC}}}{\overline{\mathrm{AC}}}$$

(2) 순간 가속도=점 A에서의 접선 기울기

$$\vec{a}=\lim_{\Delta t\to 0}\frac{\Delta\vec{v}}{\Delta t}=\frac{\overline{\mathrm{CD}}}{\overline{\mathrm{AC}}}$$

1.6.3 등가속도 운동

건물 옥상에서 물체를 가만히 놓거나 경사면의 상부에 공을 가만히 굴리면 그 속도는 점점 빨라진다. 또 물체가 연직 상방 운동을 하거나 포물선 운동을 하게 되면 최고점에 도달하기까지 속도는 점점 감소하고, 그 이후부터는 속도가 점점 증가하면서 떨어지는 것을 알 수 있다. 이처럼 우리 주변에 물체의 속도가 일정하게 증가하거나 감소하는 운동을 많이 볼 수 있다.

이와 같이 물체가 일정한 방향과 크기의 힘을 받아 시간에 따른 속도 변화율이 일정한 상태로 운동하는 것, 즉 가속도가 일정한 상태로 운동하는 물체의 운동을 **등가속도 운동**이라 한다. 특히 직선 상에서 가속도가 일정한 물체의 운동을 **등가속도 직선 운동**이라고 한다.

등가속도 직선 운동은 다음과 같은 성질이 있다.

① 등가속도 직선 운동은 물체의 가속도가 일정하므로 속도는 일정한 비율로 증가하거나 감소한다. 따라서 평균 가속도와 순간 가속도는 같다.

② 그림 1.22(a)와 같이 자동차가 출발하여 속도가 점점 빨라지면 속도와 가속도의 부호는 모두 (+)의 값이 된다. 그림 1.22(b)와 같이 자동차가 정지할 때에는 속도가 점점 감소하여 나중 속도가 작아지므로 속도는 (+)의 값이지만 가속도는 (−)의 값이 된다. 즉 가속도는 속도 방향(운동 방향)과 반대 방향이 된다.

③ 가속도가 (+)의 부호이면 속도는 점점 증가하여 빨라지고, (−)의 부호이면 속도는 점점 감소하여 느려지게 된다.

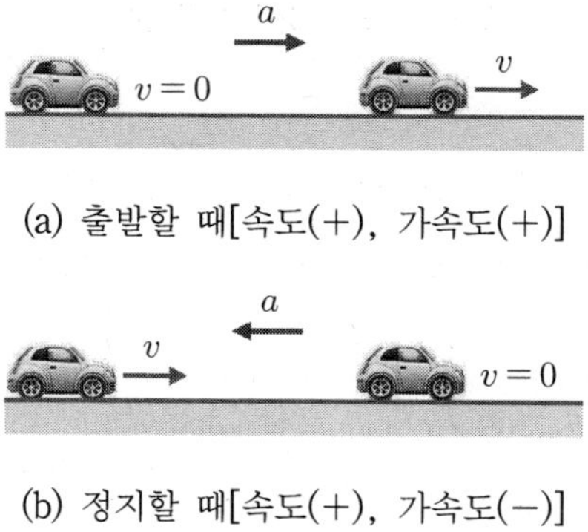

(a) 출발할 때[속도(+), 가속도(+)]

(b) 정지할 때[속도(+), 가속도(−)]

그림 1.22 ▸ 속도와 가속도의 부호

1.6.4 등가속도 직선 운동의 공식

물체가 직선 상에서 일정한 가속도 a로 운동하는 물체의 운동을 **등가속도 직선 운동**이라 한다.

처음 속도 또는 초속도 v_0인 물체가 일정한 가속도 a로 직선 운동을 하여 t초 후에 나중 속도 v가 되었다면 가속도 a는 식 (1.21)에 의해

$$a = \frac{v - v_0}{t} \tag{1.24}$$

이다. 이 식의 양변에 t를 곱하면 $at = v - v_0$이므로 t초 후의 속도 v는

$$v = v_0 + at \tag{1.25}$$

가 구해진다.

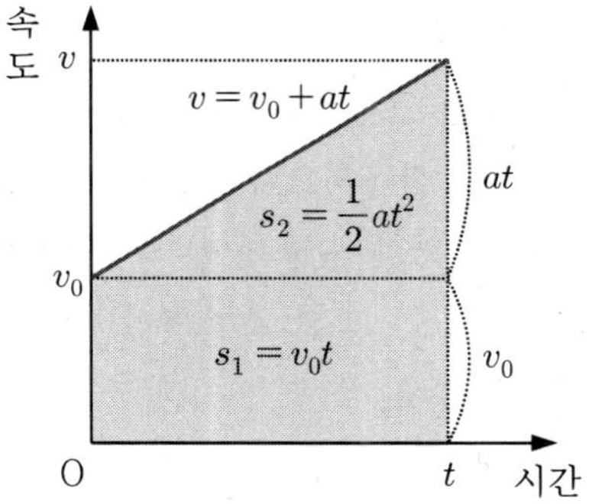

그림 1.23 ▸ 등가속도 운동

그림 1.23은 식 (1.25)의 $v-t$ 그래프를 나타낸 것이다. 이 $v-t$ 그래프에서 면적은 이동 거리(변위)이므로 이동 거리 s는 다음과 같이 얻어진다.

$$s = s_1 + s_2 = v_0 t + \frac{1}{2}at^2 \tag{1.26}$$

또 식 (1.25)를 시간 t로 변형하면 $t = (v - v_0)/a$이고, 시간 t를 식 (1.26)에 대입하면 이동 거리 s와 속도 v의 관계식은 다음과 같이 구해진다.

$$s = v_0 t + \frac{1}{2}at^2 = v_0 \frac{v - v_0}{a} + \frac{1}{2}a\left(\frac{v - v_0}{a}\right)^2$$

$$2as = 2v_0(v - v_0) + (v - v_0)^2 = (v - v_0)(v + v_0)$$

$$\therefore \quad 2as = v^2 - {v_0}^2 \tag{1.27}$$

TIP 등가속도 직선 운동의 관계식

(1) 속도 v : $v = v_0 + at$

(2) 이동 거리 s : $s = v_0 t + \frac{1}{2}at^2$

(3) 이동 거리 s와 속도 v의 관계식 : $2as = v^2 - {v_0}^2$

위의 식들은 운동의 상태를 기술하는 데 매우 유용하게 사용되므로 기억해 두면 매우 편리하다.

예제 1.12 초속도 $20[\mathrm{m/s}]$로 오른쪽 방향으로 운동하던 물체가 등가속도 직선 운동을 하여 10초 후에 왼쪽 방향으로 $80[\mathrm{m/s}]$의 속도가 되었다. 다음을 각각 구하라.

(1) 물체의 가속도
(2) 속도가 0이 되는 시간과 그 때의 변위
(3) 10초 후의 변위
(4) 10초 동안의 이동 거리

풀이

(1) 먼저 속도의 방향을 오른쪽 방향으로 (+) 방향을 취해 주면 $v_0 = 20[\mathrm{m/s}]$, $v = -80[\mathrm{m/s}]$, $t = 10$[초]이다.
식 (1.25)의 $v = v_0 + at$로부터 가속도 a는 다음과 같이 구해진다.

$$a=\frac{v-v_0}{t}=\frac{-80-20}{10}=-10\,[\mathrm{m/s^2}] \qquad \therefore \quad a=-10\,[\mathrm{m/s^2}]$$

(2) 식 (1.25)에서 속도가 0이 되는 시간 t는

$$t=\frac{v-v_0}{a}=\frac{0-20}{-10}=2\,[\mathrm{s}] \qquad \therefore \quad t=2\,[\mathrm{s}]$$

변위 s는 식 (1.26)으로부터

$$s=v_0t+\frac{1}{2}at^2=20\times2+\frac{1}{2}\times(-10)\times2^2=20\,[\mathrm{m}]$$

$$\therefore \quad s=20\,[\mathrm{m}]$$

즉, 속도가 0이 되는 시간은 2초 후, 이때의 변위는 오른쪽 방향으로 20[m]가 된다.

(3) 식 (1.27)의 $2as=v^2-{v_0}^2$으로부터 변위 s는

$$s=\frac{v^2-{v_0}^2}{2a}=\frac{(-80)^2-(20)^2}{2\times(-10)}=-300\,[\mathrm{m}]$$

$$\therefore \quad s=-300\,[\mathrm{m}]$$

즉, 10초 후의 변위는 왼쪽 방향으로 300[m]가 된다.

(4) 10초 동안에 물체의 운동은 오른쪽 방향으로 20[m]이동하였다가 다시 원위치로 돌아온 후 왼쪽 방향으로 300[m]가 이동하였으므로 총 이동 거리 s는

$$s=20\times2+300=340\,[\mathrm{m}] \qquad \therefore \quad s=340\,[\mathrm{m}]$$

1.6.5 등가속도 직선 운동의 그래프

(1) 등가속도 직선 운동

등가속도 직선 운동에서 가속도－시간($a-t$) 그래프, 속도－시간($v-t$) 그래프, 이동 거리－시간($s-t$) 그래프를 종합하여 표 1.1에 나타낸다.

그래프를 통하여 등가속도 직선 운동에 관한 특성을 정확히 이해하기로 한다.

표 1.1 ▶ 등가속도 직선 운동의 그래프

그래프	그래프 성질	속도 증가($a > 0$)	속도 감소($a < 0$)
$a-t$ 그래프 (a =일정)	① 시간축에 평행한 직선 ② 면적 : 속도 변화량(Δv)	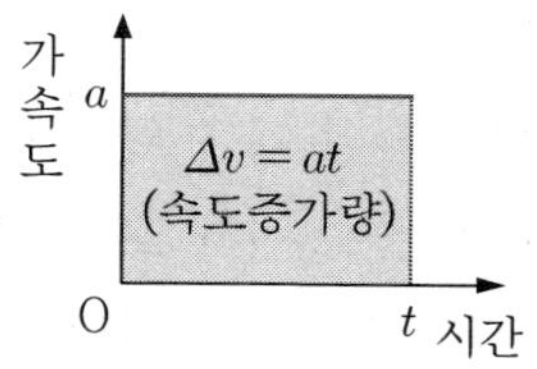	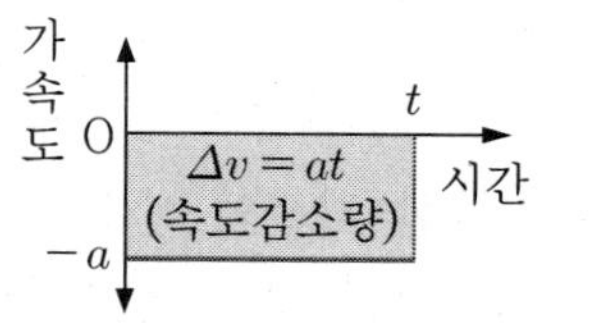
$v-t$ 그래프 ($v = v_0 + at$)	① 일차함수 (경사 직선) ② 면적 : 변위 (이동 거리) ③ 기울기 : 가속도	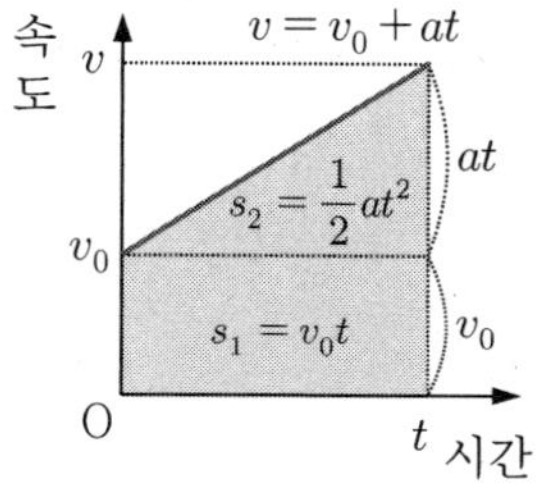	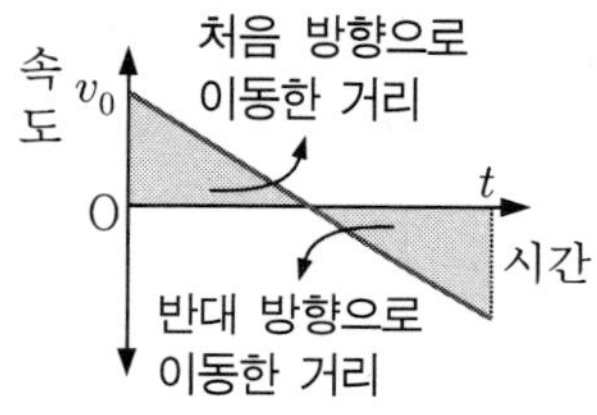
$s-t$ 그래프 $\left(s = v_0t + \frac{1}{2}at^2\right)$	① 이차함수 (포물선) ② 기울기 : 속도	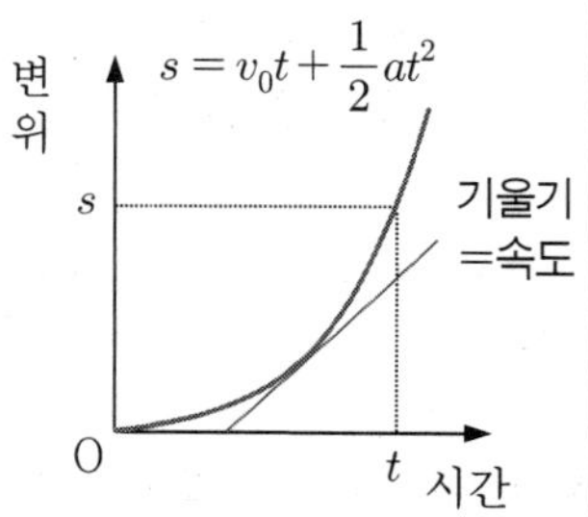	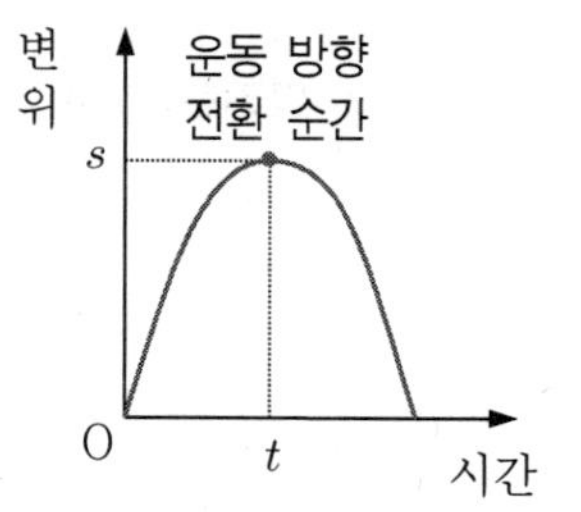

(2) 변위, 속도, 가속도의 관계

(1) 변위(s), 속도(v), 가속도(a)는 각각 함수로 주어지면 미분 또는 적분으로 구할 수 있다.

① 변위 함수를 미분하면 속도가, 속도 함수를 미분하면 변위 함수가 구해진다.

② 가속도 함수를 적분하면 속도가, 속도 함수를 적분하면 변위 함수가 구해진다.

(2) 변위(s), 속도(v), 가속도(a)는 각각 그래프로 주어지면 기울기 또는 면적으로 구할 수 있다.

① 변위 그래프에서 기울기를 구하면 속도가, 속도 그래프에서 기울기를 구하면 가속도가 얻어진다.

② 가속도 그래프에서 면적을 구하면 속도가, 속도 그래프에서 면적을 구하면 변위가 얻어진다.

변위(s), 속도(v), 가속도(a) 순으로 함수의 차수는 일차씩 낮아지고, 반대로는 일차씩 높아진다.

즉, 속도 함수가 등가속도 직선 운동과 같은 일차 직선 함수일 때, 가속도는 시간 축과 평행한 직선의 상수 함수이고 변위는 이차 포물선이 된다. 또 속도 함수가 등속도 운동과 같은 시간 축과 평행한 직선의 상수 함수일 때, 가속도는 0이고 변위는 일차 직선 함수가 된다.

이와 같은 변위, 속도, 가속도의 관계를 요약하여 그림 1.24에 나타낸다.

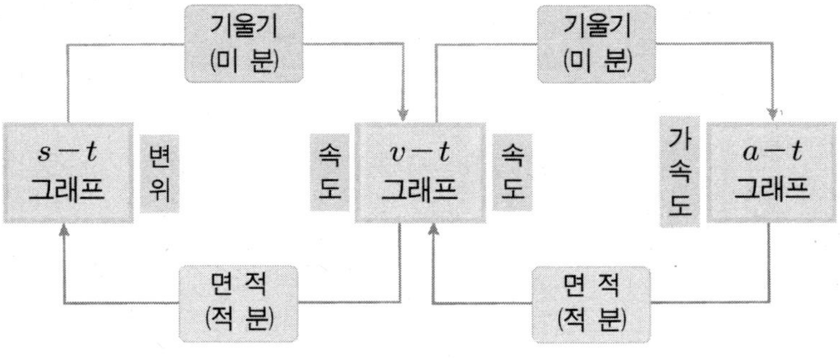

그림 1.24 ▶ 변위, 속도, 가속도의 관계

심화학습

그림 1.25의 속도($v-t$) 그래프로부터 가속도($a-t$) 및 변위($s-t$) 그래프의 개형도를 그리는 방법과 속도 그래프의 성질로부터 가속도와 변위(이동 거리)의 관계를 유추하는 방법에 대하여 알아본다.

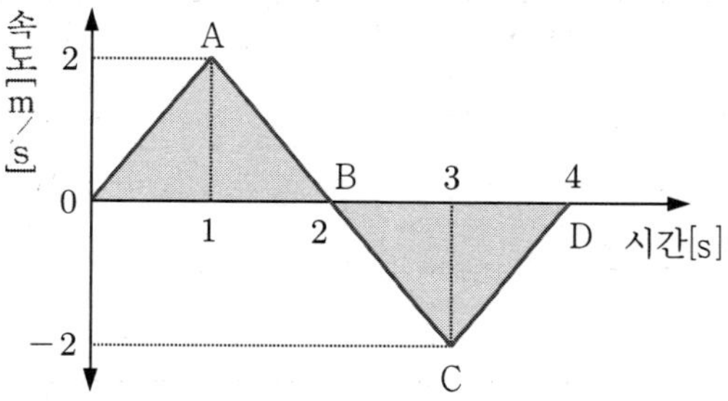

그림 1.25 ▸ $v-t$ 그래프

(1) 속도 그래프에서 가속도 그래프의 개형도 작성법

① [기울기] 가속도는 $v-t$ 그래프에서 기울기로 구간 별로 나누어 각각 구한다.

0~1초 : $+2\,[\mathrm{m/s^2}]$, 1~3초 : $-2\,[\mathrm{m/s^2}]$, 3~4초 : $+2\,[\mathrm{m/s^2}]$

② [그래프 작성] 속도의 일차 직선 그래프는 가속도의 상수 함수 직선 그래프가 된다.

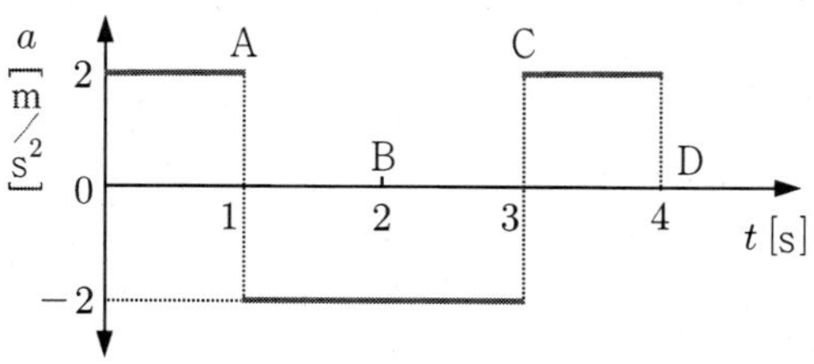

그림 1.26 ▸ $a-t$ 그래프

(2) 속도 그래프에서 변위 그래프의 개형도 작성법

① [면적] 변위(이동 거리)는 $v-t$ 그래프에서 면적으로 구한다.

이때 면적은 항상 출발점에서 누적된 면적으로 계산하며, 2~4초 구간과 같이 (−) 면적인 경우에는 누적 면적에서 빼면서 계산하면 변위(물체의 위치)가 되고, 계속적으로 더하면서 계산하면 이동 거리가 된다.

그림 1.25에서 주어진 시각에 대한 물체의 위치를 나타내는 변위와 이동 거리를 각각 구하여 표 1.2에 나타내었다.

표 1.2 ▶ 변위와 이동 거리

범 위	변위(물체의 위치)	이동 거리
0~1초	$s_{(1초)} = 1$ [m]	$s_{(1초)} = 1$ [m]
0~2초	$s_{(2초)} = 2$ [m]	$s_{(2초)} = 2$ [m]
0~3초	$s_{(3초)} = 2 - 1 = 1$ [m]	$s_{(3초)} = 2 + 1 = 3$ [m]
0~4초	$s_{(4초)} = 1 - 1 = 0$ [m]	$s_{(4초)} = 3 + 1 = 4$ [m]

② 위에서 구한 변위의 값을 그림 1.27과 같이 A, B, C, D에 점으로 나타낸다.

③ [변곡점] 그림 1.25와 같이 점 A의 전후에서 속도의 부호(방향)는 바뀌지 않고 기울기의 부호만 (+)에서 (−)로, 또 점 C의 전후에서도 기울기의 부호만 (−)에서 (+)로 바뀐다. 이와 같이 기울기의 부호가 바뀌는 점 A와 C를 변곡점이라 한다.

④ [극대, 극소] 그림 1.25의 점 B와 같이 속도가 0이고 그 점의 전후에서 속도의 부호(방향) 변화가 (+)에서 (−)로 바뀌면 $s-t$ 그래프는 위로 볼록한 곡선(극대)이 된다. 마찬가지로 속도가 0이고 속도의 부호 변화가 (−)에서 (+)로 바뀌면 아래로 볼록한 곡선(극소)이 된다. 또 속도의 부호(방향)가 그림 1.25의 점 B에서 (+)에서 (−)로 바뀐 것은 물체의 운동 방향이 전환된 것을 의미하므로 변위가 최대로 증가했다가 감소하는 상태가 되는 것을 알 수 있다.

⑤ [그래프 작성] 위의 그래프에서 구한 변위, 변곡점과 극대점 등을 이용하면 그림 1.27과 같이 변위($s-t$) 그래프의 개형도가 그려진다.

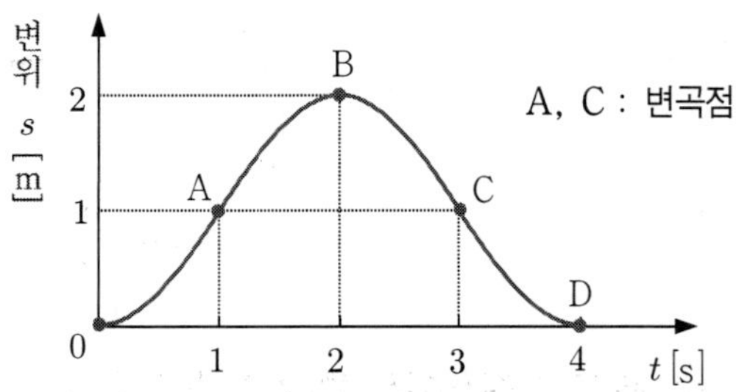

그림 1.27 ▶ $v-t$ 그래프

(3) 속도와 가속도의 부호 관계

① 속도의 부호(방향)는 운동 방향이므로 속도의 부호가 (+)를 한 방향으로 설정하면 (−)는 반대 방향을 의미한다. 그러므로 그림 1.25의 점 B와 같이 속도의 부호가 (+)에서 (−) 또는 (−)에서 (+)로 바뀌면 운동 방향이 바뀌는 것을 나타낸다.

② 가속도의 부호(방향)는 속도의 변화량이므로 가속도의 부호가 (+)는 속도의 방향(운동 방향)과 같은 방향으로 작용하고, (−)는 원래의 속도의 방향(운동 방향)과 반대 방향으로 작용하는 것을 의미한다.

표 1.3과 같이 속도의 부호(방향)와 가속도의 부호(방향)가 같으면 속력이 증가하고, 속도의 부호(방향)와 가속도의 부호(방향)가 반대이면 속력이 감소한다.

표 1.3 ▸ 속도와 가속도의 부호 관계

구 간	속도 부호(방향)		가속도 부호(방향)		운동 상태
0~1초	(+)	오른쪽	(+)	오른쪽	속력 증가(가속력)
1~2초	(+)	오른쪽	(−)	왼쪽	속력 감소(감속력)
2~3초	(−)	왼쪽	(−)	왼쪽	속력 증가(가속력)
3~4초	(−)	왼쪽	(+)	오른쪽	속력 감소(감속력)

(4) 변곡점의 정의

그림 1.28(a)와 같이 점 A에서 그 점을 전후로 접선 기울기의 부호는 바뀌지 않으면서 기울기만 감소하다가 증가하는 점을 **변곡점**이라 한다. 또 역으로 기울기만 증가하다가 감소하는 점도 변곡점이라 한다. 변곡점은 위로 볼록인 상태에서 오목인 상태 또는 위로 오목인 상태에서 볼록인 상태로 변하는 요철이 있는 곡선 부분의 한 점이다.

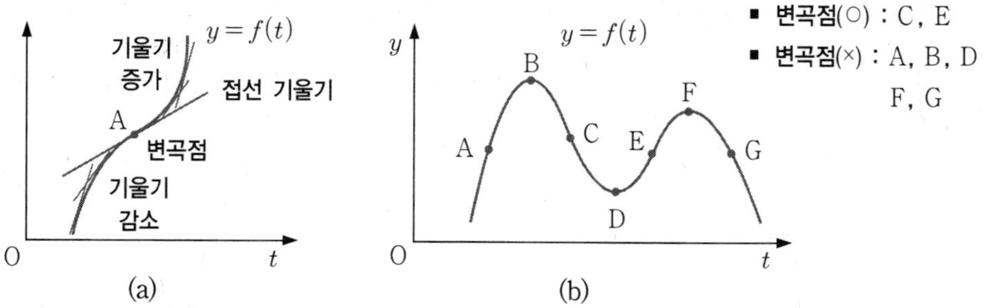

그림 1.28 ▸ 변곡점

예제 1.13 그림 1.29는 직선상에서 운동하고 있는 어떤 물체의 속도를 시간에 따라 나타낸 것이다. 이 물체의 운동에 대한 설명으로 옳은 것을 모두 선택하라.

[보기]
① 1초 때 운동 방향이 바뀌었다.
② 0~1초 동안 등가속도 운동을 하였다.
③ 3초 동안 이동 거리는 3[m]이다.
④ 0~3초 동안 평균 속력은 2[m/s]이다.
⑤ 가속도의 크기는 0~1초 때가 1~3초 때보다 크다.

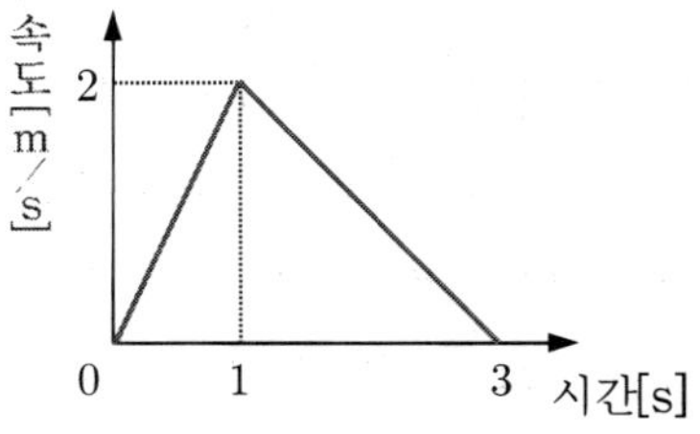

그림 1.29

풀이

(1) 속도의 방향은 물체의 운동 방향을 의미하므로 그래프에서 속도의 값은 항상 (+)이므로 운동 방향은 바뀌지 않는다. 그러나 $v-t$ 그래프에서 1초를 기준으로 직선 기울기의 부호가 (+)에서 (−)로 바뀌는 순간에 가속도의 방향 변화를 의미하는 것이다.

(2) 0~1초 동안 기울기가 일정하므로 물체는 가속도가 일정한 등가속도 운동을 한다.

(3) $v-t$ 그래프에서 면적은 이동 거리를 의미하므로

$$s = \frac{1}{2}(1 \times 2) + \frac{1}{2}(2 \times 2) = 3\,[\mathrm{m}] \qquad \therefore \quad s = 3\,[\mathrm{m}]$$

(4) 평균 속력

$$v = \frac{\text{이동 거리}}{\text{걸린 시간}} = \frac{3}{3} = 1\,[\mathrm{m/s}] \qquad \therefore \quad v = 1\,[\mathrm{m/s}]$$

(5) 가속도는 $v-t$ 그래프에서 기울기를 의미하므로 시간 구간별로 구하면

0~1초 : $a = \frac{2}{1} = 2\,[\mathrm{m/s^2}]$(가속도 방향 : 운동 방향과 같은 방향, 가속)

1~3초 : $a = -\frac{2}{2} = -1\,[\mathrm{m/s^2}]$(가속도 방향 : 운동 방향과 반대 방향, 감속)

가속도의 크기는 0~1초($2\,[\mathrm{m/s^2}]$)가 1~3초($1\,[\mathrm{m/s^2}]$)보다 크다.

정답 ②, ③, ⑤

연 / 습 / 문 / 제

1-1 72[km/h]의 속력으로 달리고 있는 자동차가 800[m]을 달리는 데 걸리는 시간[s]을 구하라.

1-2 동쪽에서 40[m/s]의 속도로 달리고 있는 자동차가 브레이크를 밟아 5초 후에 정지하였다. 5초 동안의 평균 가속도를 구하라.

1-3 초속도 4[m/s]인 물체가 2초 동안 등가속도 직선 운동을 하여 12[m/s]의 속도가 되었다. 이때 이동한 거리를 구하라.

1-4 그림 1.30은 직선상에서 운동하는 물체의 속도를 시간에 따라 나타낸 것이다. 다음을 각각 구하라.

(a) 5초 동안의 평균 속력

(b) 5초 동안의 평균 속도

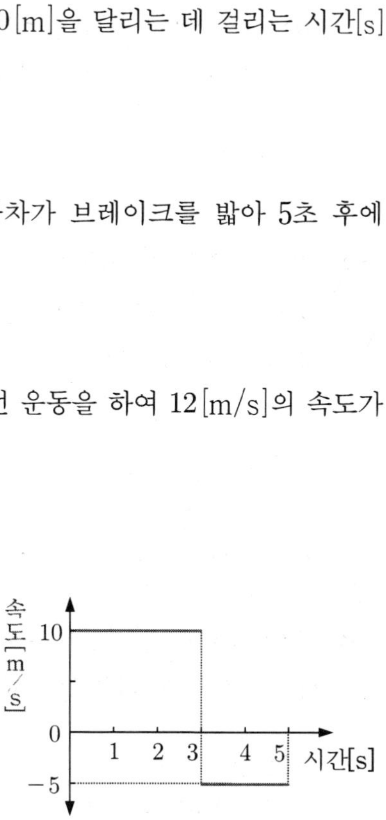

그림 1.30

1-5 그림 1.31은 직선 운동을 하는 물체의 속도와 시간의 관계를 나타낸 것이다. 다음을 각각 구하라.

(a) 각 구간별로 가속도의 크기 (OA, AB, BC)

(b) 15초 동안 물체가 이동한 거리

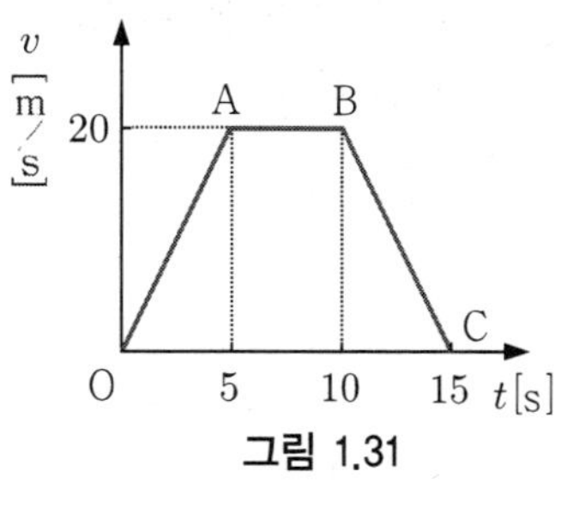

그림 1.31

1-6 그림 1.32는 정지해 있던 물체가 운동하였을 때 가속도와 시간의 관계를 나타낸 것이다. 다음을 각각 구하라.

(a) 4초 때 이 물체의 속력

(b) 6초 동안 물체가 움직인 거리

(c) 6초 동안의 물체의 평균 속력

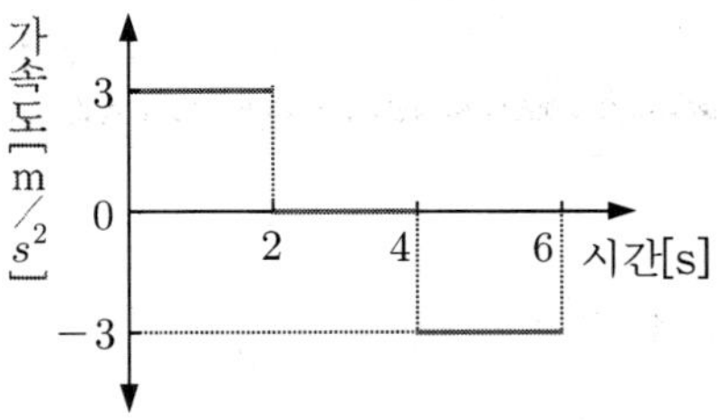

그림 1.32

1-7 정지해 있던 두 자동차 A, B가 동시에 출발하여 그림 1.33과 같은 운동을 하였다. 4초 때 두 자동차 사이의 거리를 구하라.

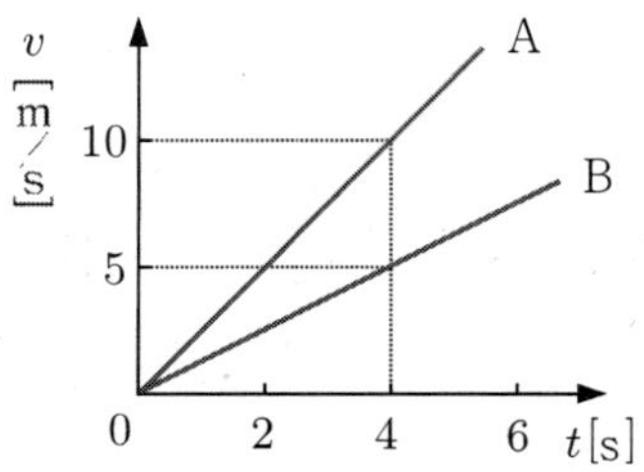

그림 1.33

1-8 그림 1.34는 직선상에서 같은 위치를 동시에 통과하는 자동차 A와 B의 속도를 시간에 따른 그래프로 나타낸 것이다. 다음 보기에서 옳은 것을 모두 골라라.

[보기]

① 5초 때 두 자동차는 서로 만난다.

② 10초부터 A가 B를 앞선다.

③ 10초 이후 두 자동차 A와 B 사이의 거리는 일정하다.

④ A가 볼 때 B는 운동 방향이 한 번 바뀌었다.

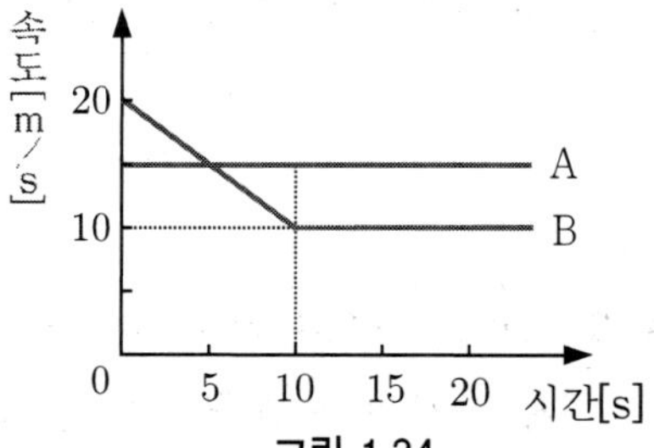

그림 1.34

chapter 2

운동의 법칙

2.1 힘

고무줄이나 용수철은 잡아당겨서 길이를 변화시킬 수 있고, 풍선은 눌러서 모양을 변형시킬 수 있다. 또 지구상에 있는 물체는 지구에서 당기기 때문에 아래로 떨어지고, 손에 있는 야구공을 던지거나 정지해 있는 축구공을 차면 공중으로 날아간다. 이와 같이 물체에 힘을 가하면 정지해 있는 물체는 운동을 하게 되고, 운동하고 있는 물체에 힘을 가하면 정지시킬 수 있다. 이와 같이 힘은 물체의 모양을 변형시키거나 운동하는 물체의 속도의 크기(빠르기)나 운동 방향을 변화시키는 원인이 된다.

즉, 물체의 모양이나 운동 상태를 변화시키는 물리량을 **힘**(force)이라 한다.

2.1.1 힘의 3요소

그림 2.1과 같이 책상 위에 놓여있는 물체의 위쪽인 점 A에 힘을 주어 밀면 물체는 이동하지 않고 넘어진다. 그러나 물체의 아래쪽인 점 B에 힘을 주어 밀면 물체는 수평 방향으로 이동하게 된다. 이와 같이 물체에 같은 방향으로 같은 힘을 작용해도 힘을 가하는 점(작용점)에 따라 물체의 운동은 달라진다. 또 물체의 작용점에 작용하는 힘의 효과는 힘의 크기와 방향에 의해서도 운동 상태가 달라진다.

따라서 힘이 작용하는 효과는 **힘의 크기**, **방향**, **작용점**을 고려해야 하며, 이 세 가지를 힘의 3요소라고 한다.

물체에 작용하는 힘의 표시는 힘의 3요소를 이용하여 그림 2.2와 같이 나타낸다. 즉 힘이 작용하는 작용점에서 힘의 방향으로 화살표를 그리고 힘의 크기는 이 크기에 비례하는 화살의 길이로 나타낸다.

힘의 기호는 크기와 방향을 갖는 벡터량이므로 $\vec{F}$ 또는 $\boldsymbol{F}$와 같이 문자 위에 화살표를 붙이거나 고딕체로 표시한다.

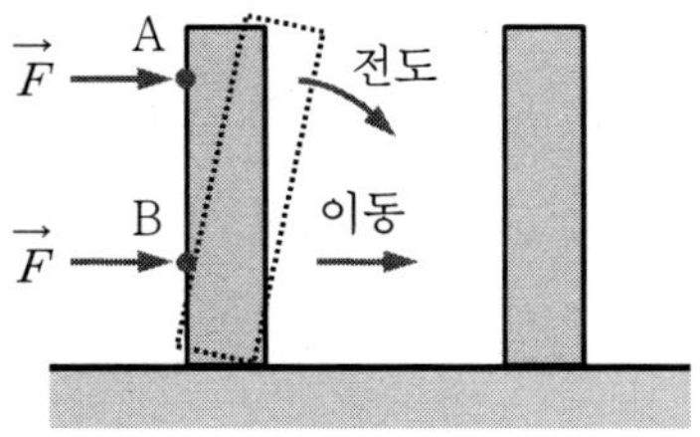

그림 2.1 ▶ 힘의 작용

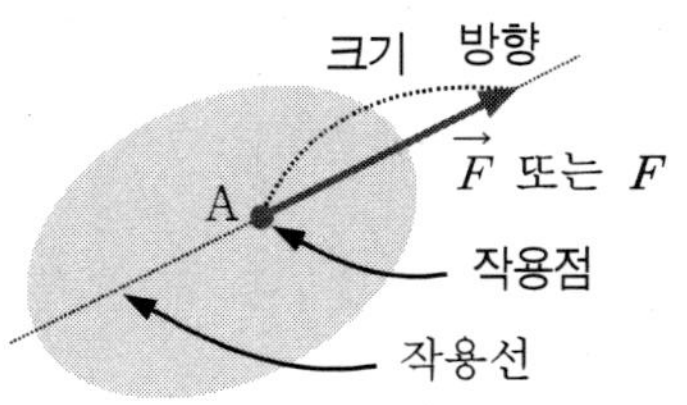

그림 2.2 ▶ 힘의 표시(벡터)

2.1.2 힘의 합성과 평형

힘은 크기와 방향을 갖는 벡터량이므로 변위 또는 속도와 마찬가지로 제 1.2.3 절 벡터의 합성법을 이용하여 힘의 합성을 구한다.

(1) 힘의 합성

한 물체에 두 개 이상의 힘이 작용하고 있을 때, 여러 개의 힘의 합을 동일한 효과가 나타나는 한 개의 힘으로 구하는 것을 힘의 합성이라 하고, 합성된 한 개의 힘을 합력이라 한다.

힘은 크기와 방향을 갖는 벡터이고, 부호(+, −)는 방향을 나타낸다. 따라서 힘 $\vec{F}$가 동일 직선상의 오른쪽으로 힘이 작용할 때 $+F$ 또는 F로 나타낸다면, 반대 방향인 왼쪽으로 작용하는 힘은 $-F$로 나타낼 수 있다.

한 물체에 작용하는 두 힘의 합력을 구하는 방법은 다음과 같다.

(1) 동일 직선상의 두 힘의 합력 : $\vec{F} = \vec{F}_1 + \vec{F}_2$

① 두 힘 $\vec{F}_1$, $\vec{F}_2$가 같은 방향으로 작용할 때, 힘의 크기는 F_1, F_2로 나타낼 수

있으므로 합력 F의 크기는 두 힘의 크기를 합한 것과 같다. 즉,

$$F = F_1 + F_2 \tag{2.1}$$

이고, 합력의 방향은 두 힘과 같은 방향이 된다.

② 두 힘 $\vec{F}_1$, $\vec{F}_2$가 반대 방향으로 작용할 때, $\vec{F}_1$은 F_1으로 나타내면 $\vec{F}_2$는 $-F_2$로 나타낼 수 있다. 따라서 합력의 크기 F는 두 힘의 합으로 나타내거나 두 힘의 크기 F_1, F_2를 뺀 것의 절대값과 같다. 즉,

$$F = F_1 + (-F_2) = F_1 - F_2 \tag{2.2}$$

이고, 합력의 방향은 두 힘 중 큰 힘의 방향과 같다.

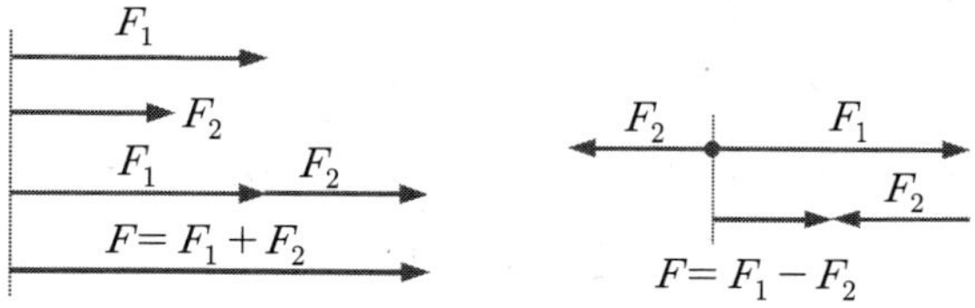

(a) 같은 방향 (b) 반대 방향

그림 2.3 ▶ 동일 직선상의 두 힘의 합성

(2) 동일 직선상이 아닌 두 힘의 합력

동일 직선상이 아닌 방향이 다른 두 힘의 합력은 **그림 2.4**와 같이 평행사변형법과 삼각형법에 구한다.

① 평행사변형법

그림 2.4(a)와 같이 한 물체에 작용하는 두 힘의 크기를 두 변으로 하는 평행사변형을 그린다. 이 평행사변형에서 화살표로 나타낸 대각선이 합력 $\vec{F}$가 된다. 따라서 합력의 크기는 대각선의 길이가 되고, 방향은 대각선의 방향이다.

$$\vec{F} = \vec{F}_1 + \vec{F}_2 \tag{2.3}$$

합력의 크기 F는 두 힘이 이루는 각 θ라 할 때 다음과 같다.

$$F = \sqrt{F_1^{\ 2} + F_2^{\ 2} + 2F_1F_2\cos\theta} \tag{2.4}$$

② 삼각형법

삼각형법은 평행사변형법을 변형한 것으로 그림 2.4(a)의 평행사변형법에서 힘 $\vec{F}_2$를 평행 이동시켜 $\vec{F}_2$의 시점을 $\vec{F}_1$의 종점에 오도록 한 것과 같다. 벡터는 평행 이동시켜도 동일한 벡터이기 때문이다. 따라서 그림 2.4(b)와 같이 힘 $\vec{F}_1$의 종점에 힘 $\vec{F}_2$의 시점을 놓았을 때 그려지는 삼각형의 사변의 길이가 합력의 크기이고, 방향은 사변의 방향이 된다.

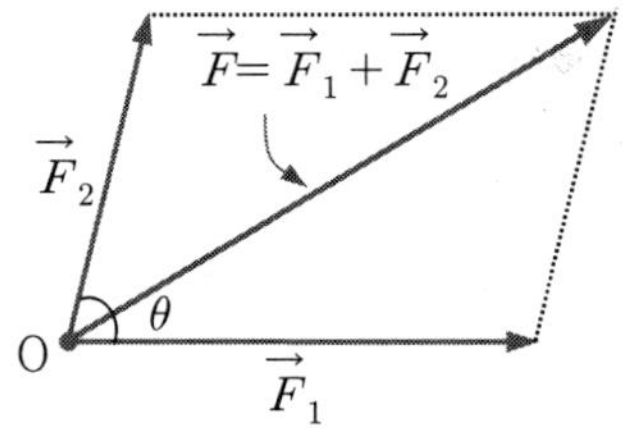

(a) 평행사변형법

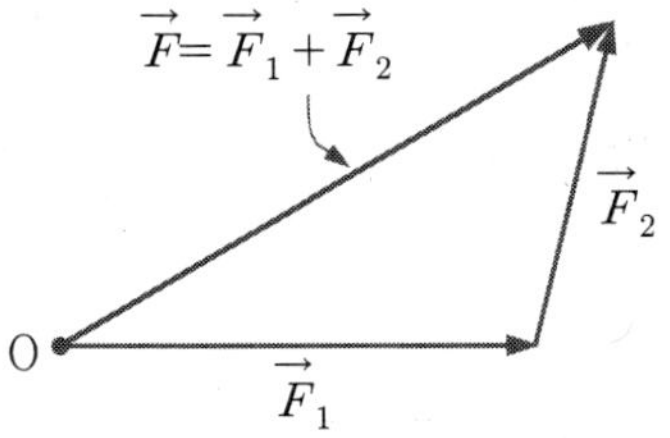

(b) 삼각형법

그림 2.4 ▶ 힘의 합성

TIP 알짜힘

> 알짜힘(=합력) F
> ① 한 물체에 작용하는 여러 힘의 합력
> ② 물체의 운동 상태 변화를 결정
> ③ 알짜힘 $F=0$: 운동 상태 변하지 않음(정지 또는 등속도 운동)
> ④ 알짜힘 $F\neq 0$: 운동 상태 변함(가속도 운동)
> ▪ 힘의 방향과 운동 방향 같음 : 속력 증가
> ▪ 힘의 방향과 운동 방향 반대 : 속력 감소

(2) 힘의 분해

힘을 합성하는 경우와 반대로 주어진 한 힘과 같은 효과를 갖는 두 힘으로 나누는 것을 힘의 분해라 하고, 분해된 각 힘을 분력이라 한다.

일반적으로 직교 좌표계에서 분해하는 방법을 많이 사용하며, 그림 2.5와 같이 x 방향 성분 F_x, y 방향 성분 F_y라 할 때 다음과 같이 구해진다.

$$\vec{F} = \vec{F}_x + \vec{F}_y \quad \begin{cases} F_x = F\cos\theta \\ F_y = F\sin\theta \end{cases} \tag{2.5}$$

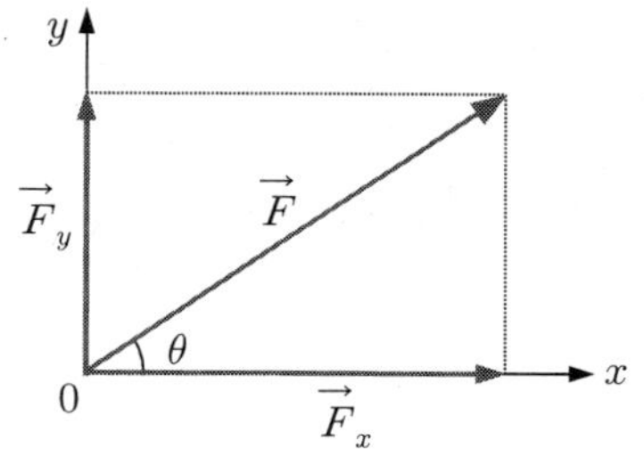

그림 2.5 ▶ 힘의 분해

(3) 힘의 평형

줄다리기를 할 때 양쪽에서 힘껏 잡아당겨도 중앙의 매듭이 움직이지 않는 경우가 일어난다. 이것은 양쪽의 두 힘이 서로 상쇄되어 힘의 효과가 나타나지 않기 때문이고, 이러한 경우에 두 힘은 서로 **평형**을 이룬다고 한다.

그림 2.6(a)와 같이 한 물체에 두 힘이 작용하여 평형을 이룰 때, 두 힘은 작용선 위에서 크기가 같고 방향은 서로 반대가 되어 두 힘의 합력은 0이 된다. 이 때 두 힘의 합력은 다음과 같은 관계가 항상 성립한다.

$$\vec{F}_1 + \vec{F}_2 = 0 \tag{2.6}$$

그림 2.6(b)와 같이 동일 평면 위의 세 힘이 평형을 이루는 경우에 두 힘 $\vec{F}_1$과 $\vec{F}_2$의 합력 $\vec{F}_{12}$는 나머지 한 힘 $\vec{F}_3$과 서로 부(−)의 벡터이고, 동일한 작용선 위에서 크기는 같고 방향은 반대인 벡터이다. 따라서 세 힘의 합력은 다음과 같다.

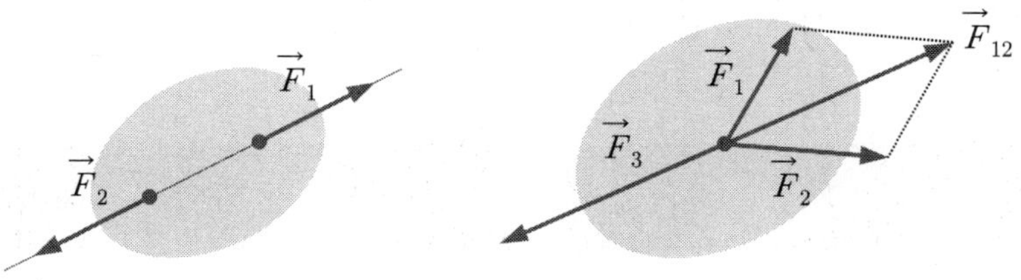

(a) 두 힘의 평형 (b) 세 힘의 평형

그림 2.6 ▶ 힘의 평형

$$\vec{F}_1+\vec{F}_2+\vec{F}_3=0 \tag{2.7}$$

일반적으로 물체에 여러 힘이 작용하여 평형을 이루고 있는 경우에 이들의 합력의 항상 0이므로

$$\vec{F}_1+\vec{F}_2+\vec{F}_3+\cdots\cdots=0 \qquad \therefore \ \sum\vec{F}_i=0 \tag{2.8}$$

이 성립하고, 식 (2.8)을 **평형 조건**이라고 한다.

2.2 운동의 법칙

물체에 힘을 작용하면 정지하고 있는 물체는 힘의 방향으로 운동하고, 운동하고 있는 물체는 힘의 방향에 따라 속도나 운동 방향이 변한다. 이와 같이 물체에 작용하는 힘에 따라 운동의 상태가 변하는 현상들은 이미 알고 있다.

여기서 힘과 운동 사이의 규칙과 이들의 관계에 대해 알아보기로 한다.

2.2.1 운동의 제1법칙(관성의 법칙)

조약돌을 나무로 된 수평면에서 밀면 짧게 미끄러지다가 정지하지만, 유리면에서 밀면 멀리까지 미끄러지다가 정지한다. 이것은 나무의 면과 유리면에서 작용하는 마찰력이 각각 다르기 때문에 나타나는 현상이고, 유리면이 나무의 면보다 방해하려고 하는 마찰력이 작기 때문이다. 이와 같이 물체와 접촉면 사이의 마찰을 작게 할수록 물체가 정지할 때까지 운동 거리는 길어진다.

만약 물체가 외부의 마찰력이나 공기 저항 등의 힘이 작용하지 않는다면 물체는 아주 멀리까지 운동하게 되고 속도의 변화도 없을 것이라고 생각할 수 있다.

이 현상을 조사하기 위해 **그림 2.7**은 마찰이 거의 없는 수평면 위에서 굴러가는 공을 일정한 시간 간격으로 찍은 섬광 사진이다.

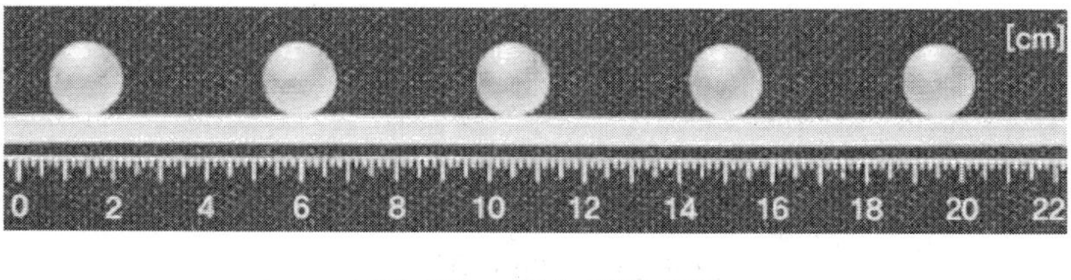

그림 2.7 ▶ 등속 직선 운동

그림 2.7로부터 같은 시간 동안 이동한 거리는 모두 일정하므로 등속도 운동을 하고 있다는 것을 확인할 수 있다.

따라서 물체에 외부의 힘이 작용하지 않는다면 물체는 처음의 속도를 유지하면서 등속도 운동을 계속할 것이다.

물체의 힘과 운동에 관한 연구는 이탈리아 물리학자 갈릴레이(G. Galilei)에 의한 빗면 실험을 통해 연구되었고, 그 후에 영국의 물리학자 뉴턴(I. Newton)에 의해 다음과 같이 체계적으로 정리하였다.

"외부로부터 물체에 힘이 작용하지 않는 한 정지하고 있던 물체는 계속해서 정지해 있고, 운동하고 있는 물체는 등속도 운동을 계속한다."

이러한 성질, 즉, 현재의 운동 상태를 계속 유지하려는 성질을 **관성**이라 하고, 이것을 **관성의 법칙** 또는 **뉴턴의 운동 제 1 법칙**이라고 한다.

관성의 법칙에 의해 물체의 운동 상태를 변화시키는 원인은 힘(알짜힘)이고, 정지 상태 또는 등속도 운동하는 물체는 모두 가속도가 0인 운동 상태인 것을 확인할 수 있게 되었다.

정지하고 있는 질량이 큰 물체와 질량이 작은 물체에서 움직이려고 할 때 질량이 큰 물체가 작은 물체보다 큰 힘이 필요하고, 같은 속도로 운동하고 있는 질량이 큰 물체와 질량이 작은 물체에서도 질량이 큰 물체가 정지시키기 더 어렵다는 것을 경험으로 알고 있을 것이다. 따라서 **관성의 크기**는 **질량이 큰 물체**일수록 크고, 관성이 클수록 물체의 운동 상태를 변화시키기 어렵다.

우리 생활 주변에서 일어나는 대표적인 관성에 의한 현상으로써 자동차가 갑자기 출발할 때 몸이 뒤로 젖혀지고 또 갑자기 정지할 때 몸이 앞으로 쏠리게 된다. 여기서 **관성의 방향**은 자동차(가속도 운동을 하는 계)의 **가속도 방향**과 **반대 방향**이 되고, 또 몸에는 보이지 않는 가상의 힘(관성력)이 작용하고 있다는 것을 알 수 있다.

관성력은 자동차 또는 엘리베이터와 같이 가속도 운동을 하는 계 안에 있는 물체에 관성에 의해 나타나는 가상적인 힘이고, 물체의 질량 m에 가속도 운동을 하는 계의 가속도 a를 곱한 값($F=-ma$)으로 나타낸다. 이 식에서 음(−)의 부호는 관성력의 방향이 가속도와 반대 방향임을 나타낸다.

그 외에도 관성에 의한 현상은 식탁보를 갑자기 빼면 식탁보 위의 물체가 식탁 위에 정지해 있는 것, 이불을 방망이로 두드려 먼지를 떨어내는 것과 달리던 사람의 발이 돌부리에 걸려 넘어지는 것 등이 있다.

2.2.2 운동의 제 2 법칙(가속도의 법칙)

운동하고 있는 물체에 외부에서 힘이 작용하지 않거나 알짜힘(합력)이 0이면 그 물체는 등속도 운동을 한다. 그러나 물체의 운동 상태를 바꾸려면 물체의 속도를 변화시켜서 가속도가 생기게 해야 한다. 또 가속도를 생기게 하려면 반드시 물체에 힘을 가해 주어야 한다.

(1) 힘과 가속도

그림 2.8(a)와 같이 물체의 질량을 일정하게 하고, 물체에 작용하는 힘을 F, $2F$, $3F$, …… 로 증가시키면 물체의 가속도는 a, $2a$, $3a$, …… 로 증가한다. 즉 물체의 질량 m이 일정할 때 힘 F와 가속도 a는 서로 비례하고, 힘과 가속도의 사이에는

$$a \propto F \tag{2.9}$$

의 관계가 성립한다. 이때 가속도의 방향은 힘의 방향과 같은 방향이다.

(2) 질량과 가속도

그림 2.8(b)와 같이 물체에 작용하는 힘을 일정하게 하고, 물체의 질량을 m, $2m$, $3m$, …… 로 증가시키면 물체의 가속도는 $1/a$, $1/2a$, $1/3a$, …… 로 감소한다. 즉 물체에 작용하는 힘 F가 일정할 때 질량 m과 가속도 a는 서로 반비례하고, 질량과 가속도의 사이에는 다음의 관계가 성립한다.

$$a \propto \frac{1}{m} \tag{2.10}$$

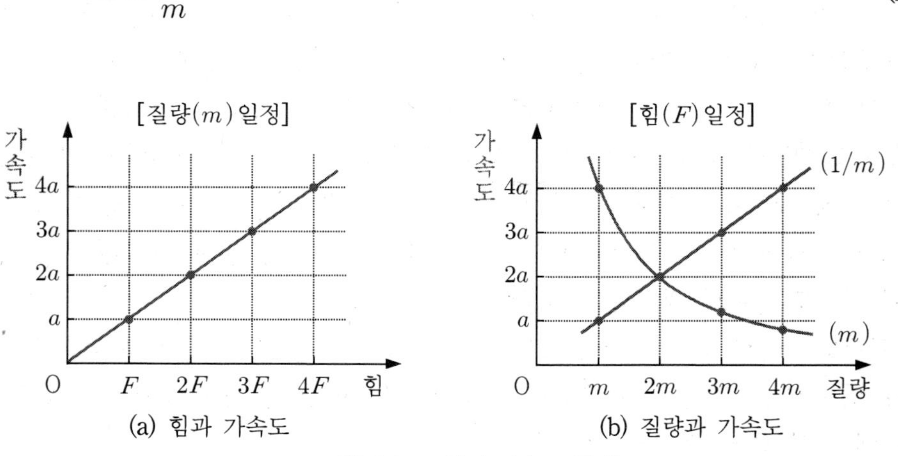

그림 2.8 ▶ 힘과 가속도 관계

(3) 운동의 제 2 법칙

이상의 결과에서 물체의 질량 m이 일정할 때 힘 F와 가속도 a는 서로 비례하고, 또 물체에 작용하는 힘 F가 일정할 때 질량 m과 가속도 a는 서로 반비례하는 것을 알게 되었다. 뉴턴은 이들의 두 관계를 하나의 관계로 다음과 같이 체계화하여 정립하였다.

"물체에 생기는 가속도는 물체에 작용하는 힘의 크기에 비례하고 질량에 반비례한다. 가속도의 방향은 물체에 작용하는 힘의 방향과 같다."

이것을 가속도의 법칙 또는 뉴턴의 운동 제 2 법칙이라 한다.

물체의 질량 m, 가속도 a, 힘 F라 할 때, 운동의 제 2 법칙은 식 (2.9)와 식 (2.10)에 의하여 한 식으로 결합하여 나타내면 다음과 같다.

$$a \propto \frac{F}{m}, \qquad \therefore \quad F = kma \tag{2.11}$$

여기서 k는 비례 상수이고, k가 1이 되도록 단위를 정하면 운동의 제 2 법칙은

$$F = ma \tag{2.12}$$

로 나타낼 수 있다. 이것을 운동 방정식이라 한다.

(4) 힘의 단위

힘의 단위는 운동 방정식 $F=ma$를 이용하여 질량 1 [kg]의 물체에 힘이 작용하여 힘의 방향으로 가속도 1 [m/s^2]가 생기도록 하는 힘의 크기를 국제 단위계(SI)로 1뉴턴 (1 [N])이라고 한다.

$$1\,[\text{N}] = 1\,[\text{kg}] \times 1\,[\text{m/s}^2] = 1\,[\text{kg}\cdot\text{m/s}^2]$$

$$\therefore \quad 1\,[\text{N}] = 1\,[\text{kg}\cdot\text{m/s}^2] \tag{2.13}$$

TIP 힘의 중력 단위

> 힘의 단위는 중력 $F=mg$에서 정해진 것을 중력 단위라 한다. 질량 1 [kg]의 물체에 작용하는 중력과 같은 크기의 힘을 1 [kgf]라 한다. 즉,
>
> $$1\,[\text{kgf}] = 9.8\,[\text{N}]$$

(5) 운동 방정식의 응용

(1) 질량 m[kg]인 물체에 힘 F[N]이 작용하였을 때 생기는 가속도가 a[m/s^2]이라면 다음의 운동 방정식을 적용한다. 단, 여기서 힘은 합력, 즉 알짜힘을 의미한다.

$$F = ma \tag{2.14}$$

(2) 한 물체에 여러 힘이 동시에 작용하는 경우에는 여러 힘의 합력(알짜힘)을 구하면 된다. 물체에 작용하는 힘 $\vec{F}_1$, $\vec{F}_2$, $\vec{F}_3$, …라 할 때 다음의 운동 방정식을 적용한다. 즉,

$$\vec{F}_1 + \vec{F}_2 + \vec{F}_3 + \cdots\cdots = \sum \vec{F}_i = ma \tag{2.15}$$

(3) 여러 개의 물체가 연결되어 동시에 같은 운동을 하는 경우에는 전체를 한 물체로 생각하고 힘의 합력(알짜힘)을 구한 다음 운동 방정식의 m 대신에 전체 질량의 합 $\sum m_i$ 을 적용한다. 즉,

$$F = (m_1 + m_2 + m_3 + \cdots\cdots)a = \sum m_i\, a \tag{2.16}$$

$$\left(\sum m_i = m_1 + m_2 + m_3 + \cdots\cdots\right)$$

여기서 힘 F는 물체들 사이에서 작용하는 힘이 아니고 외부에서 받는 힘이 된다. 또는 각각의 물체에 직접 받는 힘을 표시하고 가속도는 한 방향을 정하여 (+), (−) 부호로 표시한 다음 각각의 물체에 대한 운동 방정식 $\sum F = ma$를 세워 연립 방정식으로 계산하여 구해도 된다. 운동 방정식의 응용은 예제를 통하여 공부하기로 한다.

예제 2.1 (1) **질량이 3[kg]인 물체가 4[m/s^2]의 가속도로 운동하고 있다. 이 물체에 작용하는 힘[N]을 구하라.**

(2) **어떤 물체에 20[N]의 힘을 작용시킬 때 4[m/s^2]의 가속도가 생겼다. 이 물체의 질량[kg]을 구하라.**

풀이

(1) 식 (2.12)에 의해 $F = ma = 3 \times 4\ [\text{kg}\cdot\text{m/s}^2] = 12\ [\text{N}]$

(2) $m = \dfrac{F}{a} = \dfrac{20}{4} = 5\ [\text{kg}]$

예제 2.2 그림 2.9와 같이 질량 m_1, m_2인 두 물체를 실로 연결하여 마찰이 무시되는 책상면에 놓고 힘 F를 일정하게 주면서 끌었다. 이때 다음을 각각 구하라.

(1) 물체의 가속도 a

(2) 물체 A, B 사이의 실의 장력 T

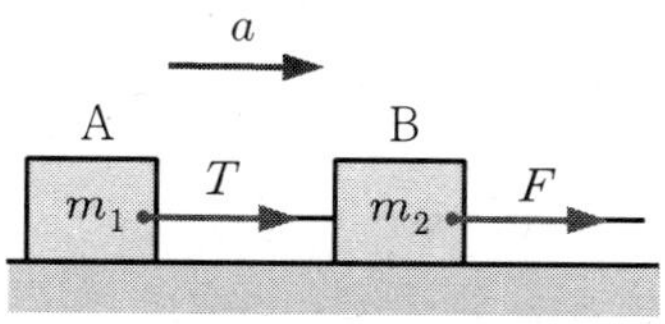

그림 2.9

풀이

[여러 물체를 한 물체의 운동계로 계산하는 방법]

물체계에서 운동 방정식을 세울 때 고려할 사항은 다음과 같다.

(a) 여러 물체를 한 물체계로 볼 때의 운동 방정식은 외부의 힘 또는 마찰력 등과 같은 외력만을 고려하고, 각각의 질량은 전체 질량$\left(\sum m\right)$을 구하여 적용한다.

(b) 각각의 물체에 대해 운동 방정식을 세울 때에는 외력과 내력(장력)을 모두 고려한다. 즉 이 경우에는 내력도 외력으로 생각한다.

(c) 위의 두 가지를 고려하면서 운동 방정식 $F=ma$의 좌변과 우변에 물체계에 작용하는 알짜힘의 관계식이 성립하도록 방정식을 세운다.

(1) 두 물체 A, B가 실로 연결되어 있으므로 한 개의 물체계로 생각하면, 물체계에 작용하는 외력은 F뿐이고 전체 질량은 m_1+m_2이다.

즉, 운동 방정식은 $F=ma$에서 $F=(m_1+m_2)a$가 된다. 즉 가속도 a는

$$\therefore \quad a=\frac{F}{m_1+m_2}$$

(2) 한 물체 A의 운동 방정식은 장력 T를 외력으로 생각하고, 물체 A의 알짜힘 $F=m_1a$와 장력 T는 같으므로 $T=m_1a$가 된다. 따라서 장력 T는

$$T=m_1a \qquad \therefore \quad T=m_1a=\frac{m_1F}{m_1+m_2}$$

예제 2.3 그림 2.10과 같이 질량 m_1, m_2인 두 물체를 늘어나지 않는 가벼운 실로 연결하여 매어 달았다. 물체 m_1의 가속도 및 실의 장력을 구하라. (단, 책상면 및 도르래의 마찰은 무시하고, 중력 가속도는 g이다.)

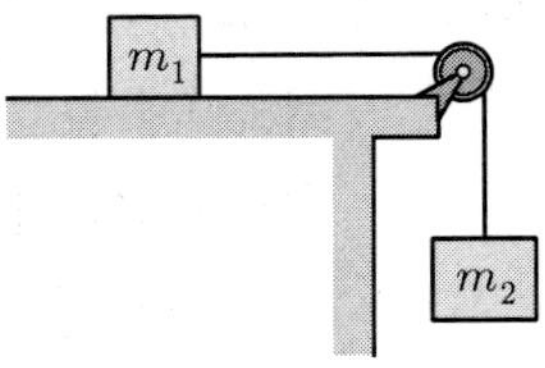

그림 2.10

풀이

[여러 물체를 한 물체의 운동계로 계산하는 방법]

두 물체 m_1, m_2가 실로 연결되어 한 개의 물체계로 생각할 수 있다. 따라서 외력 F는 중력 m_2g뿐이고 계의 전체 질량은 m_1+m_2이다.

즉, 물체계의 운동 방정식은 $F=ma$에서 $F=m_2g$와 $m=m_1+m_2$를 각각 대입하여 다음과 같이 구할 수 있고, 이때 가속도 a는 다음과 같다.

$$m_2g=(m_1+m_2)a \qquad \therefore \quad a=\frac{m_2}{m_1+m_2}g$$

또 물체 m_1에서의 운동 방정식은 장력 T를 외력으로 생각하고, 물체 m_1의 알짜힘 $F=m_1a$와 장력 T는 같으므로 $T=m_1a$가 되고, 장력 T가 구해진다.

$$T=m_1a \qquad \therefore \quad T=\frac{m_1m_2}{m_1+m_2}g$$

[각각의 물체에 대해 운동 방정식을 세워 계산하는 방법]

운동 방정식은 각 물체에 작용하는 외력과 내력을 모두 고려한 후에 모두 외력으로 생각하고, 물체계의 알짜힘에 관한 운동 방정식을 세운다.

물체계의 가속도를 a, 실의 장력을 T라 하고, 그림 2.11에서 각각의 두 물체에 대해 운동 방정식을 세운다.

① 질량 m_1 : $T=m_1a$

② 질량 m_2 : $m_2g-T=m_2a$

연립 방정식의 해법에 의해 $m_2g-T=m_2a$에서 $T=m_1a$를 대입하면 가속도 a를 구할 수 있다.

또 장력은 위에서 구한 가속도 a를 $T=m_1a$에 대입하면 다음과 같이 구할 수 있다.

$$\therefore \quad a=\frac{m_2}{m_1+m_2}g$$

$$\therefore \quad T=\frac{m_1m_2}{m_1+m_2}g$$

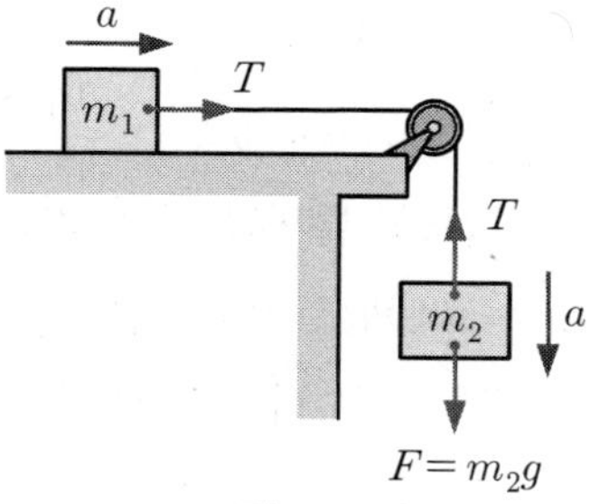

그림 2.11

예제 2.4 그림 2.12와 같이 질량 m_1, m_2인 추를 가벼운 실로 연결하여 걸었다. 추의 가속도와 실의 장력을 구하라. (단, $m_1<m_2$이고, 중력 가속도는 g이며, 도르래의 마찰은 무시한다.)

풀이

[여러 물체를 한 물체의 운동계로 계산하는 방법]

두 물체 m_1, m_2가 실로 연결되어 한 개의 물체계로 생각할 수 있다. 따라서 물체계에 작용하는 외력 F는 중력 m_1g와 m_2g이고 방향은 반대로 작용한다. 즉, 물체계에 작용하는 알짜힘 F는

$$F=m_1g-m_2g=(m_1-m_2)g$$

이고, 전체 질량은 $m=m_1+m_2$이다.

물체계의 운동 방정식은 $F=ma$로부터 다음과 같이 세울 수 있고, 이로부터 가속도 a를 구할 수 있다.

$$(m_2-m_1)g=(m_1+m_2)a$$

$$\therefore \quad a=\frac{m_2-m_1}{m_1+m_2}g$$

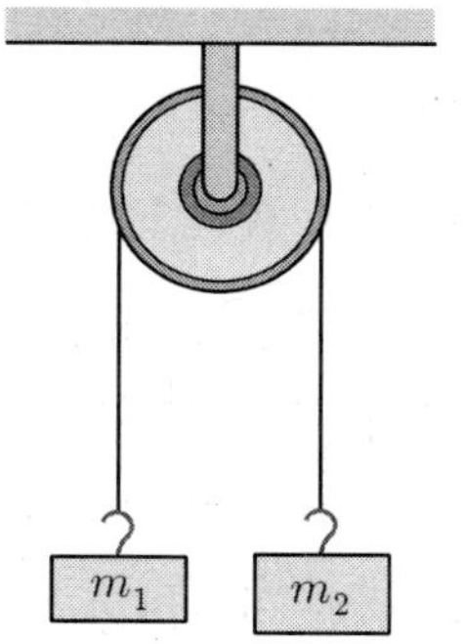

그림 2.12 ▸ 예제 2.4

또 물체 m_1 자체의 운동 방정식은 $T-m_1g=m_1a$이고, 위에서 구한 가속도 a를 대입하면 장력 T는 다음과 같이 구할 수 있다. 즉,

$$\therefore \quad T = \frac{2m_1 m_2}{m_1 + m_2} g$$

[각각의 물체에 대해 운동 방정식을 세워 계산하는 방법]

물체계의 가속도를 a, 실의 장력을 T라 하고, 그림 2.13에서 각각의 두 물체에 대해 운동 방정식을 세운다.

① 질량 m_1 : $T - m_1 g = m_1 a$

② 질량 m_2 : $m_2 g - T = m_2 a$

두 식을 연립하여 풀면 가속도 a와 장력 T를 다음과 같이 구할 수 있다.

$$\therefore \quad a = \frac{m_2 - m_1}{m_1 + m_2} g, \qquad \therefore \quad T = \frac{2m_1 m_2}{m_1 + m_2} g$$

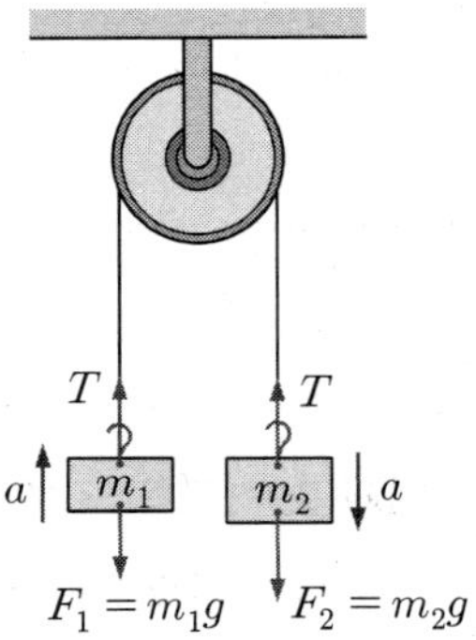

그림 2.13

2.2.3 운동의 제 3 법칙(작용과 반작용의 법칙)

그림 2.14(a)와 같이 잔잔한 호수 위에 보트 두 척 A, B가 있다.

보트 A에 탄 사람이 막대로 보트 B를 힘으로 밀면 두 척 모두 반대 방향으로 움직이면서 멀어져간다. 이것은 보트 A가 보트 B를 밀면 B는 A에 의해 F_A의 힘을 받고 동시에 A는 B에 의해 F_B의 힘을 받아서 멀어져간다.

또 그림 2.14(b)와 같이 보트 두 척을 줄로 연결해 놓고 보트 A에 탄 사람이 보트 B를 줄로 당기면 두 척 모두 반대 방향으로 움직이면서 가까워진다. 이것은 보트 A가 보트 B를 당기면 B는 A에 의해 F_A의 힘을 받고 동시에 A는 B에 의해 F_B의 힘을 받아서 가까워진다.

이와 같이 동일한 작용선 상에서 힘의 크기는 같고 방향이 반대이며 작용점은 두 물체에 각각 존재하기 때문에 움직이게 된다. 즉,

$$F_A = -F_B \tag{2.17}$$

이고, 보트 A가 B에 작용하는 힘 F_A를 작용이라 하고, 보트 B가 A에 작용하는 힘

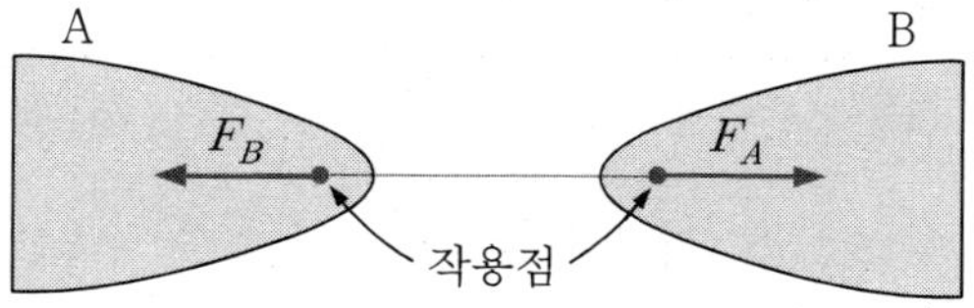

(a) 보트 A에서 B를 미는 경우

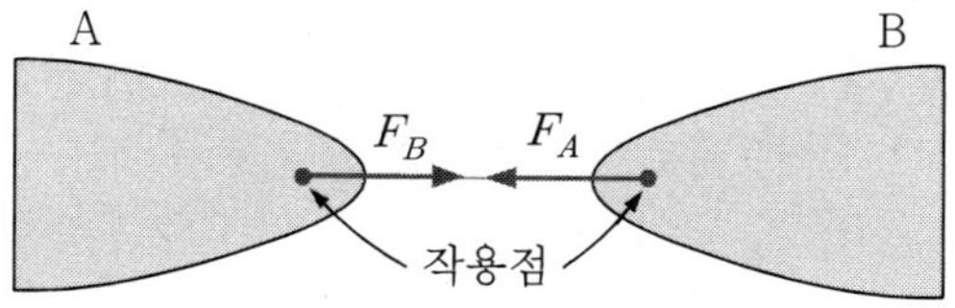

(b) 보트 A에서 B를 당기는 경우

그림 2.14 ▶ 작용과 반작용

F_B를 반작용이라고 한다.

뉴턴은 이와 같은 현상을 다음과 같이 정리하였다.

> "두 물체 사이에서 한 물체에 힘이 작용하면 반드시 다른 물체에 힘의 크기가 같고 방향이 반대인 힘이 반작용으로 나타난다."

이것을 **작용과 반작용의 법칙** 또는 **뉴턴의 운동 제 3 법칙**이라 한다.

작용과 반작용은 손으로 벽면을 치면 손이 아프거나 달리기 선수가 출발할 때 받침대를 이용하는 현상, 로켓이 가스를 분출하면서 올라가는 현상 등이 해당된다.

작용과 반작용의 법칙의 주요 특징은 다음과 같다.

(1) 정지하고 있거나 운동하고 있는 물체 사이에서도 성립한다.

(2) 작용과 반작용의 법칙 및 평형은 힘의 크기와 방향이 반대인 현상은 동일하지만, 작용과 반작용의 법칙은 반드시 두 물체 사이에서 상호의 두 힘이 작용하고, 두 힘의 평형은 한 물체에서 두 힘이 작용하는 것이 큰 차이이다.

(3) 작용과 반작용에 의해 두 물체에 각각 작용점이 있으므로 합력(알짜힘)은 0이 되지 않는다. 그러나 두 힘의 평형은 한 물체에 작용점이 두 개가 있게 되어 합력(알짜힘)은 0이다.

(4) 두 물체가 접촉되어 있거나 떨어져 있는 경우(전기력, 자기력, 만유 인력 등)에도 성립한다.

TIP 작용과 반작용의 법칙 및 두 힘의 평형 비교

구 분	작용과 반작용	두 힘의 평형
공통점	두 힘의 크기는 같고 방향이 반대이며, 동일한 작용선 상에 있음	
차이점	▪ 두 물체 사이에 작용하는 두 힘 ▪ 두 힘의 작용점이 상대 물체에 각각 있음 ▪ 합력(알짜힘) : $F \neq 0$	▪ 한 물체에 작용하는 두 힘 ▪ 두 힘의 작용점이 한 물체에 모두 있음 ▪ 합력(알짜힘) : $F = 0$
적 용	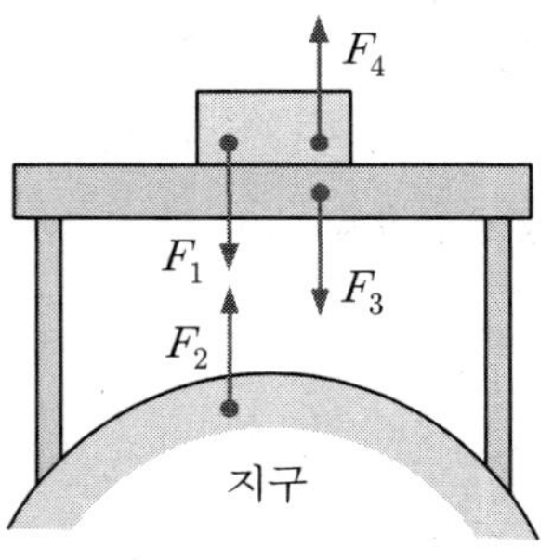	F_1 : 지구가 물체를 당기는 힘 F_2 : 물체가 지구를 당기는 힘 F_3 : 물체가 책상면을 누르는 힘 F_4 : 책상면이 물체를 떠 받치는 힘 ▪ 작용과 반작용의 관계인 두 힘 F_1과 F_2, F_3와 F_4 ▪ 힘의 평형 관계인 두 힘 F_1과 F_4

보충학습

(1) 수직 항력

그림 2.15(a)와 같이 손가락을 힘 f로 책상면을 비스듬히 누르면 두 물체 사이의 상호작용에 의해 그 반작용으로 손가락은 책상면으로부터 힘 R을 받아서 밀리게 된다.

이와 같이 물체가 면으로부터 받는 힘을 **항력** R이라 하고, 항력을 분해하면 면에 수직한 분력 N과 면에 평행한 분력 F로 나누어진다. 여기서 면에 수직한 분력 N을 **수직항력**이라 하고 접촉면에 수직 방향으로 접촉면이 물체를 떠받치는 힘이다. 또 면에 평행한 분력 F를 **마찰력**이라고 한다.

그림 2.15(b)와 같이 물체를 책상 위에 놓으면 중력이 작용해도 정지하고 있다. 이것은 책상면을 누르는 힘의 반작용으로 책상면이 물체를 미는 힘, 즉 수직 항력 N과 지구가 물체를 당기는 힘(중력) F가 평형이 되기 때문이다.

그림 2.15(a), (b)와 같이 수직 항력의 작용선은 연직선 위에 있지만, 그림 2.15(c)와 같이 경사면 위의 물체에서는 접촉면에 수직하지만 연직 방향이 아닌 경우도 있다.

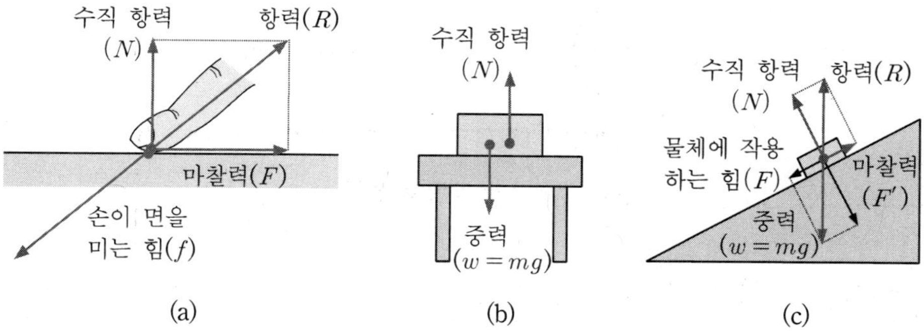

그림 2.15 ▸ 수직 항력

(2) 질량과 무게

지구상의 모든 물체는 항상 지구가 당기는 힘(인력)을 받고 있는 데, 이 힘을 **중력**이라 하고 중력의 방향은 지구 중심 방향이다.

무게 w는 물체가 받는 중력의 크기 $w = mg$이고 중력 가속도 g가 위치에 따라 일정하지 않으므로 변하는 값이다. 그러나 **질량** m은 그 물체가 가지고 있는 고유한 양으로 장소가 달라져도 일정한 값을 가진다.

2.3 여러 가지 힘

2.3.1 자연계의 힘

(1) 만유 인력

뉴턴은 그림 2.16과 같이 우주계의 모든 두 물체 사이에 작용하는 힘은 다음과 같이 체계화 하였다.

"두 물체의 질량 m_1, m_2가 거리 r 만큼 떨어져 있을 때, 서로 잡아당기는 인력이 작용하고, 이때 힘의 크기는 두 물체의 질량 m_1, m_2의 곱에 비례하고 두 물체 사이의 거리 r의 제곱에 반비례한다."

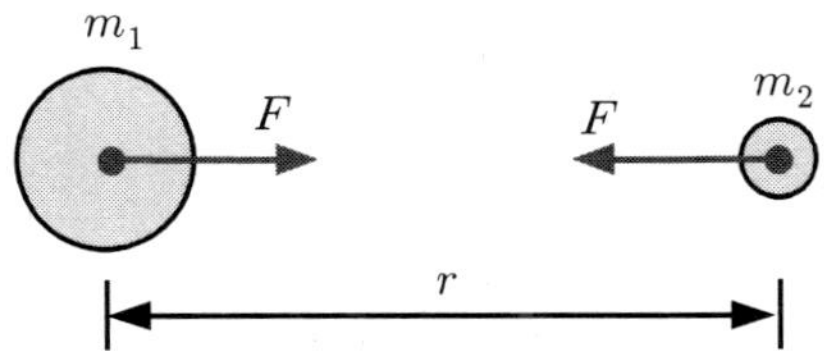

그림 2.16 ▸ 만유 인력

이 관계는 다음의 식으로 나타낼 수 있다.

$$F = G\frac{m_1 m_2}{r^2} \tag{2.18}$$

이것을 **만유 인력의 법칙**이라 한다. 여기서 비례 상수 G는 모든 물체의 공통 상수이고, 만유 인력 상수라고 하며 $G = 6.67 \times 10^{11}$ $[\mathrm{N \cdot m^2/kg^2}]$이다.

특히 지구와 지구상의 물체 사이에도 만유 인력이 작용하고, 항상 지구 중심 방향으로 작용한다. 이것을 지구의 **중력**이라 한다.

지구의 중력 F는 지구의 질량 M, 지구상의 물체의 질량 m, 지구 반지름 R이라 할 때

$$F = G\frac{Mm}{R^2} = mg \ [\mathrm{N}] \tag{2.19}$$

이다. 여기서 g는 중력장의 세기이고 $g = GM/R^2$이 된다.

그런데 운동의 법칙 $F = ma$와 비교해 보면 g는 가속도 a에 해당하므로 이를 지구의 **중력 가속도**라고 한다. 중력 가속도 g는 지구가 완전한 구가 아니고 지구 반지름 R이 일정하지 않기 때문에 약간 차이가 있지만 평균하여 약 $9.8 [\mathrm{m/s^2}]$이다.

또 물체에 작용하는 **중력의 크기**를 **무게**라고 하며, 무게 w는 물체의 질량에 중력 가속도를 곱한 값으로 나타낸다. 즉, 무게는 다음과 같이 나타낼 수 있다.

$$w = mg \ [\mathrm{N}] \tag{2.20}$$

따라서 같은 물체라도 달과 지구에서 받는 중력의 크기는 다르므로 무게는 다르다. 그러나 **질량** m은 그 물체가 가지고 있는 고유한 양으로 장소가 달라져도 일정한 값을 가진다.

(2) 전기력과 자기력

전하 사이에 작용하는 힘을 **전기력**이라 하고, 자석과 자석 사이 또는 자석과 전류 사이 또는 전류와 전류 사이에서 작용하는 힘을 **자기력**이라고 한다.

정지하고 있는 두 점전하 Q_1, Q_2가 거리 r 만큼 떨어져 있을 때, 전기력은 다음과 같이 된다.

$$F = k\frac{Q_1 Q_2}{r^2} \tag{2.21}$$

여기서 k는 비례 상수이고, 같은 전하에서는 반발력, 다른 종류의 전하에서는 인력이 작용한다. 이 관계를 **쿨롱의 법칙**(Coulomb's law)이라 한다.

2.3.2 마찰력

구슬을 마루와 빙판 위에서 각각 굴릴 때 마루보다는 빙판에서 굴리는 것이 많이 운동할 것이고 결국에는 모두 정지하게 된다. 구슬이 빙판에서 많이 운동하는 것은 빙판이 마루보다 마찰이 적고, 마루와 빙판 모두 정지하는 것은 구슬과 바닥면 사이에서 운동을 방해하는 힘이 작용하기 때문이다.

이와 같이 물체와 접촉면 사이에서 물체의 운동을 방해하는 힘을 **마찰력**(friction force)이라 한다. 마찰력은 물체의 운동을 방해하기 때문에 운동 방향과 반대 방향으로 작용한다.

그림 2.17과 같이 수평한 책상 위에 있는 물체에 접촉면에 평행한 힘, 즉 외력 f를 가해도 힘의 크기가 어느 정도 이상이 되지 않으면 물체는 움직이지 않는다. 이것은 두 접촉면 사이에 마찰력 F가 작용하여 외부에서 가하는 외력 f와 평형을 이루기 때문이다.

이와 같이 물체에 외력을 작용해도 물체가 정지하고 있을 때에 작용하는 마찰력을 **정지 마찰력**이라고 한다.

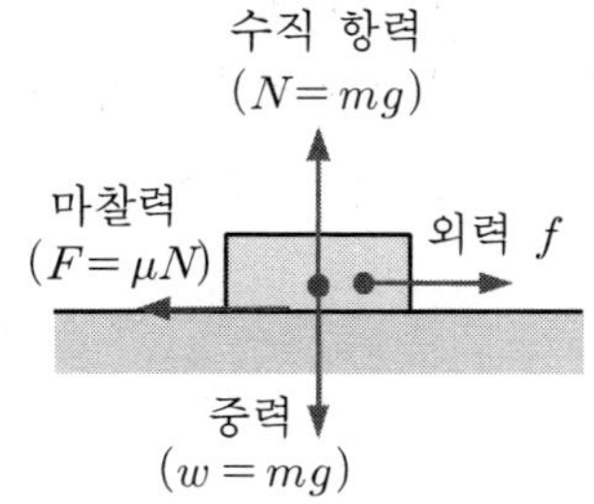

그림 2.17 ▸ 마찰력

정지 마찰력은 물체에 외력을 가할 때부터 생기기 시작하고, 정지하고 있는 동안은 외력 f와 정지 마찰력 F의 크기는 항상 같고, 방향은 반대이다. 이것은 물체가 정지해 있으므로 물체의 합력(알짜힘)은 0이고 외력과 정지 마찰력은 평형을 이루어야 하기 때문이다. 이 때 외력의 크기를 증가시키면 정지 마찰력도 증가한다.

그러나 마찰력에는 한계가 있고 이 한계 이상의 힘을 가하면 물체는 움직이기 시작한다. 이와 같이 물체가 움직이기 시작하기 직전의 마찰력이 정지 마찰력 중에서 가장 크기 때문에 **최대 정지 마찰력**이라고 한다.

최대 정지 마찰력 F_0은 접촉면의 면적에 관계없으며 수직 항력 N에 비례한다. 즉,

$$F_0 = \mu N \, (= \mu mg = f) \tag{2.22}$$

이고, 여기서 비례 상수 μ를 **정지 마찰 계수**라고 한다.

물체가 운동하고 있는 동안에도 마찰력이 작용하고, 이때의 마찰력을 **운동 마찰력**이라 한다. 운동 마찰력 F'은 접촉면의 면적이나 속도에 관계없으며 수직 항력 N에 비례한다. 즉,

$$F' = \mu' N \tag{2.23}$$

이고, 여기서 비례 상수 μ'을 **운동 마찰 계수**라고 한다. 일반적으로 운동 마찰 계수 μ'은 최대 정지 마찰 계수 μ보다 작다.

그림 2.18은 정지 및 운동 마찰력과 외력의 관계를 나타낸 것이고, 물체가 정지하고 있는 상태에서 외력을 가하여 운동할 때까지 마찰력과 외력의 관계는 다음과 같이 설명할 수 있다.

정지 구간에서 물체는 정지해 있으므로 알짜힘이 0이고, 따라서 정지 마찰력과 외력은 평형을 이루어야 한다. 즉,

∴ 정지 마찰력(F)=외력(f)

또 외력이 증가하여 최대 정지 마찰력 F_0 이상이 되면 물체는 움직이기 시작하고 일단 움직이면 마찰력은 감소하여 운동 마찰력 F'과 같은 크기가 된다. 또 운동 상태에서 외력이 증가해도 운동 마찰력은 항상 일정하다.

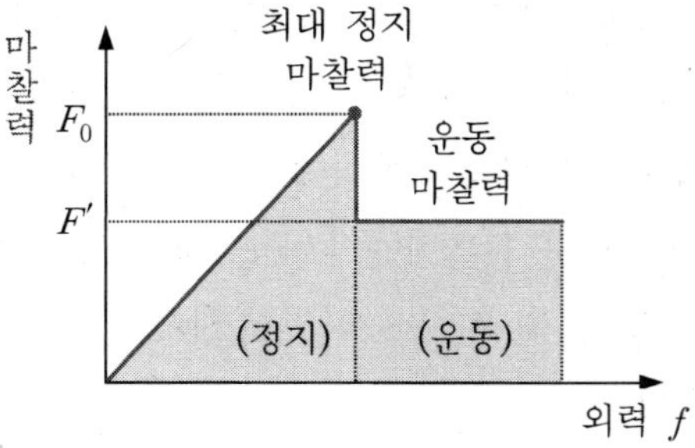

그림 2.18 ▸ 마찰력과 외력의 관계

예제 2.5 (1) 다음의 주어진 그림 2.19에서 수직 항력의 크기를 각각 구하라.
(단, 중력 가속도는 10[m/s^2]이다.)
(2) 수평면 위에 놓인 물체에 수평면 방향으로 20[N]의 힘을 오른쪽으로 작용시켰더니 움직이지 않았다. 이때 물체가 받는 마찰력의 크기와 방향을 구하라.

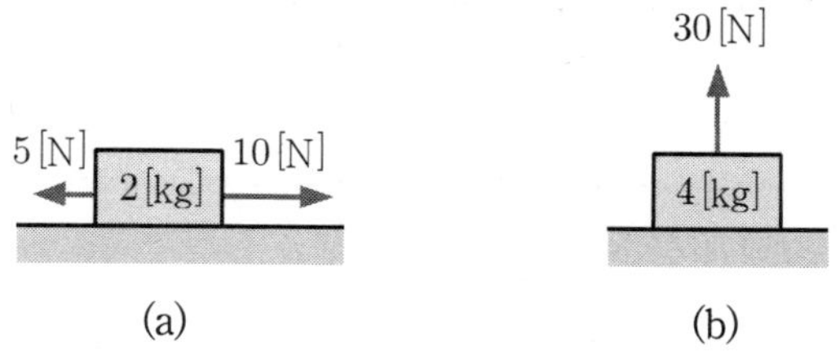

그림 2.19

풀이

(1) (a) 수직 항력은 물체의 중력의 크기와 같다. 즉,

$$N = mg = 2 \times 10 = 20\ [\mathrm{N}]$$

(b) 물체의 중력(아래 방향) : $w = mg = 4 \times 10 = 40\ [\mathrm{N}]$

위로 작용하는 외력 : $F = 30\ [\mathrm{N}]$

중력 방향의 알짜힘은 $w - F$이고, 알짜힘은 수직 항력과 평형 관계로부터

$$\therefore\quad N = w - F = 40 - 30 = 10\ [\mathrm{N}]$$

(2) 정지 상태에서는 마찰력의 크기는 외력과 같고 방향이 반대이므로

마찰력의 크기 : 20[N], 방향 : 왼쪽

예제 2.6 수평면 위에 질량 3[kg]인 물체가 놓여 있다. 물체와 수평면 사이의 정지 마찰 계수가 0.3, 운동 마찰 계수가 0.2일 때 최대 정지 마찰력과 운동 마찰력의 크기를 각각 구하라.(단, 중력 가속도는 10[m/s^2]이다.)

풀이

최대 정지 마찰력은 식 (2.22)에 의해

$$F_0 = \mu N = \mu mg = 0.3 \times 3 \times 10 = 9\,[\mathrm{N}]$$

운동 마찰력은 식 (2.23)에 의해

$$F' = \mu' N = \mu' mg = 0.2 \times 3 \times 10 = 6\,[\mathrm{N}]$$

이 구해진다.

예제 2.7 그림 2.20과 같이 정지해 있는 질량이 5[kg]인 물체에 30[N]의 힘을 가하였더니 2[m/s^2]의 가속도 운동을 하였다. (단, 중력 가속도는 10[m/s^2]이다.) 다음을 각각 구하라.

(1) 물체에 작용하는 알짜힘

(2) 물체에 작용하는 수직 항력

(3) 지면과 물체 사이의 마찰력

(4) 운동 마찰 계수

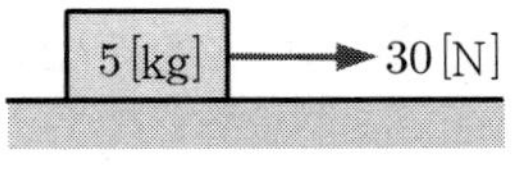

그림 2.20

풀이

(1) 알짜힘 : $F = ma = 5 \times 2 = 10\,[\mathrm{N}]$

(2) 수직 항력 : $N = mg = 5 \times 10 = 50\,[\mathrm{N}]$

(3) 알짜힘(F)=외력(f)−마찰력(F')

$$\therefore \quad F' = f - F = 30 - 10 = 20\,[\mathrm{N}]$$

(4) 운동 마찰력 $F' = \mu' N$로부터 운동 마찰 계수 μ'은 다음과 같이 얻어진다.

$$\mu' = \frac{F'}{N} = \frac{20}{50} = 0.4$$

예제 2.8 그림 2.21과 같이 질량이 각각 2[kg], 3[kg]인 두 물체를 실로 연결하여 마찰이 무시되는 책상면에 놓고 힘 15[N]의 힘으로 끌었다. 이때 A, B가 받는 운동 마찰력은 각각 2[N], 3[N]이다. (단, 중력 가속도는 10[m/s^2]이다.)

(1) 물체의 가속도 a

(2) 두 물체 A, B 사이의 실의 장력 T

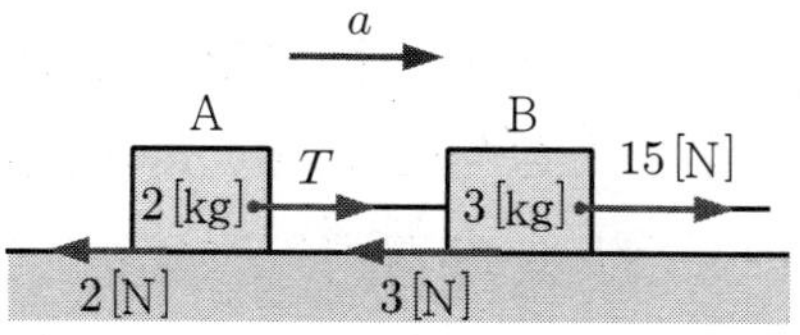

그림 2.21

풀이

본 예제는 마찰력이 작용하는 문제이므로 마찰이 무시되는 예제 2.2의 유사 문제와 비교하면서 풀어보면 쉽게 이해할 수 있다.

(1) 두 물체 A, B가 실로 연결되어 있으므로 하나의 물체계로 생각할 수 있다. 물체계에 작용하는 외력은 오른쪽으로 15[N]을 받고, 왼쪽으로 2[N], 3[N]의 운동 마찰력을 받는다. 따라서 전 물체계에 작용하는 외력의 알짜힘(합력) F는

$$F = 15[N] - 5[N] = 10[N]$$

이고, 전체 질량은 $m = 2 + 3 = 5[kg]$이다.

이들을 운동 방정식 $F = ma$에 각각 대입하면 전체 계에 대한 운동 방정식을 다음과 같이 구할 수 있으며, 이로부터 가속도 a도 얻어진다.

$$10 = 5a \qquad \therefore \quad a = 2\,[m/s^2]$$

(2) 물체 A에서 장력 T와 물체 A의 마찰력 2[N]이 외력으로 작용하고 방향이 반대이므로 물체 A의 외력은 $F = T - 2[N]$이 된다.

또 물체 A의 알짜힘은 $m_1 a = 2 \times 2 = 4[N]$이므로 $F = ma$에 적용하면, 물체 A의 운동 방정식은 $T - 2 = m_1 a$이다. 즉 장력 T는 다음과 같이 구해진다.

$$T - 2 = 4 \qquad \therefore \quad T = 6\,[N]$$

2.3.3 탄성력

활시위에 힘을 가하여 활을 휘게 하거나 또는 용수철에 힘을 가하여 늘리거나 압축시키면 모양이 변한다. 이때 활의 시위나 용수철에 가한 힘을 없애주면 처음의 상태로 되돌아간다.

이와 같이 물체에 외력을 가하여 모양을 변형시켰을 때, 외력을 제거하면 원래의 상태로 되돌아가려는 성질이 있다. 이 성질을 **탄성**(elasticity)이라 하고, 물체 내부에서 원래의 상태로 되돌아가려는 힘을 **탄성력**(elasticity force)이라고 한다.

그림 2.22와 같이 용수철에 작용하는 힘(외력) F는 용수철의 늘어난 길이 x에 비례한다. 즉,

$$F = kx \tag{2.24}$$

이고, 이 관계식을 **훅**(Hooke)**의 법칙**이라 한다. 여기서 비례 상수 k는 용수철의 **탄성 계수**이고 $F-x$ 그래프에서 기울기가 된다.

탄성 계수는 용수철의 재료나 크기에 따라 달라지는 상수이고, 탄성 계수의 단위는 [N/m]이다.

물체의 변형된 모양을 유지하려면 계속해서 물체의 탄성력과 같은 외력을 작용해야 한다. 이것은 탄성력이 훅의 법칙에 의해 구한 외력과 크기가 같고 방향이 반대인 힘을 의미한다. 따라서 탄성력은 다음과 같이 나타낼 수 있다.

$$F = -kx \tag{2.25}$$

여기서 (−)부호는 탄성력이 외력과 반대 방향으로 작용함을 의미한다.

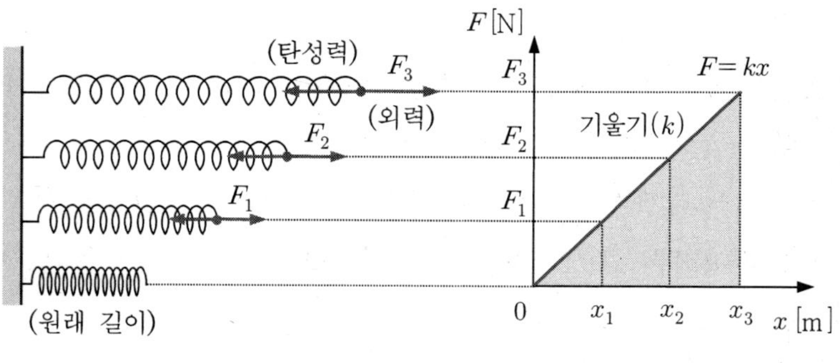

그림 2.22 ▶ 훅(Hooke)의 법칙

예제 2.9 30[N]의 힘으로 용수철을 당겼더니 6[cm]가 늘어났다. 이 용수철의 탄성 계수[N/m]를 구하라.

풀이

식 (2.24)의 훅의 법칙 $F=kx$에서 탄성 계수 k는

$$k=\frac{F}{x}=\frac{30}{6\times 10^{-2}}=500\ [\mathrm{N/m}]$$

2.4 중력장 내의 운동

손에 들고 있던 공을 가만히 놓으면 연직 아래로 떨어지고, 수평 방향으로 던지면 포물선을 그리면서 아래로 떨어진다. 이것은 지면 위의 모든 물체는 연직 아래로 중력이 작용하기 때문이며, 이와 같이 **지구의 중력이 미치는 공간을 중력장**이라고 한다.

여기서는 물체가 중력장 내에서 중력을 받으면서 운동하는 자유 낙하 운동, 연직으로 던진 운동, 포물선 운동 등에 대해 알아본다.

2.4.1 자유 낙하 운동

손에 들고 있던 공을 가만히 놓아 떨어뜨릴 때와 같이 초속도가 없이 정지 상태에서 중력만을 받아서 낙하하는 등가속도 직선 운동을 **자유 낙하 운동**이라고 한다.

그림 2.23과 같이 자유 낙하 운동은 처음 위치를 원점으로 하고 그 위치에서 연직 아래 방향을 (+) 방향으로 하면 초속도 v_0은 0이고 가속도 a가 g인 등가속도 직선 운동이 된다.

따라서 등가속도 운동의 관계식 (1.25), (1.26), (1.27)에서 초속도 $v_0=0$, 가속도 $a=g$를 대입하면 다음과 같은 운동을 한다.

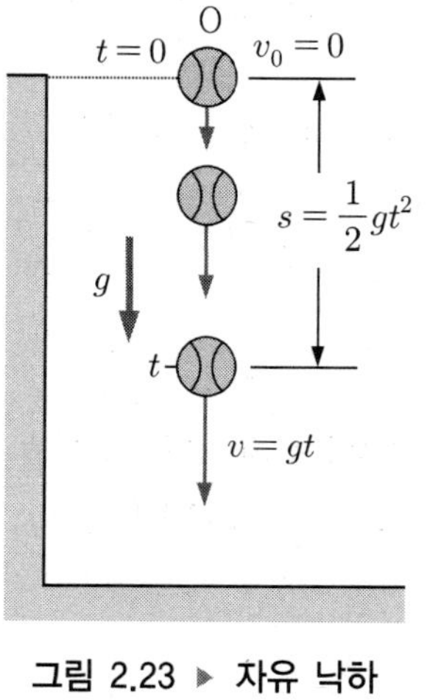

그림 2.23 ▸ 자유 낙하

$$v = v_0 + at \qquad\qquad v = at$$
$$s = v_0 t + \frac{1}{2}at^2 \quad \Rightarrow \quad s = \frac{1}{2}gt^2 \tag{2.26}$$
$$2as = v^2 - {v_0}^2 \qquad\qquad 2as = v^2$$

높이 h인 곳에서 물체가 자유 낙하를 할 때, 낙하 시간 t는 거리 $s=h$를 대입하여

$$h = \frac{1}{2}gt^2 \qquad \therefore \quad t = \sqrt{\frac{2h}{g}} \tag{2.27}$$

이며, 지표 바닥에 도달할 때의 낙하 속도 v는 다음과 같다.

$$v^2 = 2gh \qquad \therefore \quad v = \sqrt{2gh} \tag{2.28}$$

그림 2.24는 물체가 자유 낙하 운동할 때 가속도－시간, 속도－시간, 거리－시간 그래프를 나타낸 것이다.

(a) 가속도－시간 그래프 (b) 속도－시간 그래프 (c) 거리－시간 그래프

그림 2.24 ▸ 자유 낙하 운동

예제 2.10 어떤 물체를 높이 $19.6[\mathrm{m}]$인 곳에서 자유 낙하시켰다. 지면에 도달할 때까지 걸리는 시간과 속력을 구하라.

풀이

(1) $h = \frac{1}{2}gt^2$에서 $\therefore \quad t = \sqrt{\frac{2h}{g}} = \sqrt{\frac{2 \times 19.6}{9.8}} = 2\,[\mathrm{s}]$

(2) $v^2 = 2gh$에서 $\therefore \quad v = \sqrt{2gh} = \sqrt{2 \times 9.8 \times 19.6} = 19.6\,[\mathrm{m/s}]$

2.4.2 연직으로 던진 물체의 운동

(1) 연직 아래로 던진 물체의 운동

자유 낙하 운동과 같이 물체를 가만히 놓는 물체의 운동은 초속도가 0이지만, 물체를 던진 운동은 초속도가 주어지는 것을 의미한다.

임의의 높이에서 물체를 연직 아래 방향으로 초속도 v_0를 주어 낙하시키면 손을 떠난 물체에 작용하는 힘은 오로지 중력만이 작용하기 때문에 자유 낙하 운동과 같이 등가속도 직선 운동을 한다.

물체를 연직 아래로 던져 손을 떠난 위치를 원점으로 하고 그 위치에서 연직 아래 방향을 (+)방향으로 하면 중력의 방향이 아래쪽이므로 물체의 가속도는 $a = g$가 된다.

따라서 등가속도 운동의 관계식 (1.25), (1.26), (1.27)에서 초속도 v_0, 가속도 $a = g$를 대입하면 다음과 같이 된다.

$$\begin{aligned} v &= v_0 + at \\ s &= v_0 t + \frac{1}{2}at^2 \\ 2as &= v^2 - {v_0}^2 \end{aligned} \quad \Rightarrow \quad \begin{aligned} v &= v_0 + gt \\ s &= v_0 t + \frac{1}{2}gt^2 \\ 2gs &= v^2 - {v_0}^2 \end{aligned} \tag{2.29}$$

(2) 연직 위로 던진 물체의 운동

그림 2.25와 같이 물체를 연직 위로 초속도 v_0로 던져 올리면 물체의 속력은 점점 느려지고 최고점에서 정지(0) 되었다가 다시 낙하하면서 점점 빨라지는 등가속도 운동을 한다. 이것은 물체가 운동하는 동안 중력만이 아래쪽으로 항상 작용하기 때문이다.

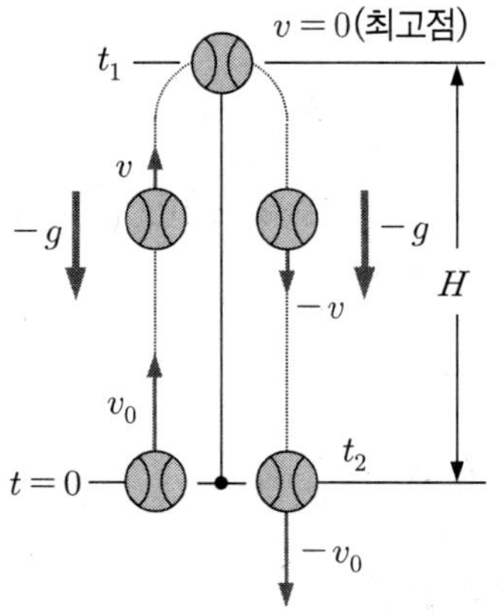

그림 2.25 ▸ 연직 상방 운동

연직 위쪽을 (+)방향으로 정하면 중력의 방향은 아래쪽이므로 물체가 운동하는 동안의 상승과 하강할 때에 항상 물체의 가속도는 $a = -g$가 된다.

따라서 물체를 위로 던진 위치를 원점으로 하고 등가속도 운동의 관계식 (1.25), (1.26), (1.27)에서 초속도 v_0, 가속도 $a = -g$를 대입하면 다음과 같은 운동을 한다.

$$\begin{aligned} v &= v_0 + at \\ s &= v_0 t + \frac{1}{2}at^2 \\ 2as &= v^2 - {v_0}^2 \end{aligned} \quad \Rightarrow \quad \begin{aligned} v &= v_0 - gt \\ s &= v_0 t - \frac{1}{2}gt^2 \\ -2gs &= v^2 - {v_0}^2 \end{aligned} \qquad (2.30)$$

연직 위로 던진 물체는 시간 t_1 후에 최고점에 도달하며 그 순간의 물체의 속도는 0이 되고, 그 후 물체는 자유 낙하 운동을 하며 떨어진다.

물체가 최고점까지 올라가는 데 걸리는 시간을 t_1이라 할 때, 식 (2.30)의 $v = v_0 - gt$에서 $v = 0$, $t = t_1$을 대입하면 다음과 같이 구해진다.

$$t_1 = \frac{v_0}{g} \qquad (2.31)$$

또 최고점까지의 높이 H는 식 (2.30)의 $-2gs = v^2 - {v_0}^2$에서 $v = 0$, $s = H$를 대입

하면 다음과 같이 구해진다.

$$H = \frac{{v_0}^2}{2g} \tag{2.32}$$

그림 2.26은 연직 위로 던진 물체의 운동에 대한 가속도－시간, 속도－시간, 변위－시간 그래프를 나타낸 것이다.

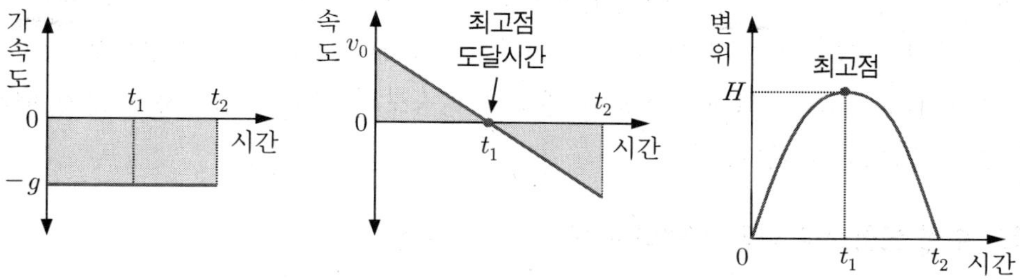

(a) 가속도－시간 그래프 (b) 속도－시간 그래프 (c) 변위－시간 그래프

그림 2.26 ▸ 연직 위로 던진 물체의 운동(연직 상방 운동)

연직 위로 던진 물체는 중력만이 작용하므로 올라갈 때나 내려올 때의 가속도는 중력가속도와 같고 초속도와 반대 방향이므로 모두 $a = -g$로 같게 된다.

임의의 한 점에서 올라갈 때와 내려올 때의 속력은 같고, 임의의 위치에서 최고점까지 올라가는 데 걸리는 시간과 내려오는 데 걸리는 시간도 같다.

이와 같이 연직 위로 던진 물체의 운동은 올라갈 때와 내려올 때의 운동 상태가 같다. 따라서 운동의 대칭성이 성립한다.

예제 2.11 지상에서 초속도 19.6[m/s]로 공을 연직 상방으로 던져 올렸다. 최고점에 도달하는 시간과 최고점의 높이를 구하라.

풀이

(1) 최고점에서 $v = 0$이므로 $v = v_0 - gt$에서 $\therefore \ t = \frac{v_0}{g} = \frac{19.6}{9.8} = 2\,[\mathrm{s}]$

(2) $-2gs = v^2 - {v_0}^2$에서 $v = 0$, $s = H$를 대입하면 다음과 같이 구해진다.

$$\therefore \quad H = \frac{{v_0}^2}{2g} = \frac{19.6^2}{2 \times 9.8} = 19.6\ [\mathrm{m}]$$

2.4.3 물체의 포물선 운동

수평으로 날아가는 비행기에서 떨어뜨린 구호품이나 야구 경기에서 타자가 쳐낸 공은 포물선을 그리면서 지면으로 떨어진다. 이와 같이 공중에서 수평으로 던지거나 비스듬히 위로 던진 물체는 초속도의 방향과 가속도의 방향이 일치하지 않기 때문에 포물선 운동을 하게 된다.

(1) 수평 방향으로 던진 물체의 운동

그림 2.27(a)는 자유 낙하시킨 공 A와 수평으로 던진 공 B를 동시에 운동하는 모습을 나타낸 것이다.

수평으로 던진 공 B는 수평 방향으로 일정한 간격을 보이고 있으며, 이것은 시간에 대해 이동 거리가 같은 등속도 운동을 하고 있는 것이다. 또 공 A와 B의 연직 아래 방향을 관찰해 보면 같은 시간에 대해 낙하 거리가 같은 것을 알 수 있다.

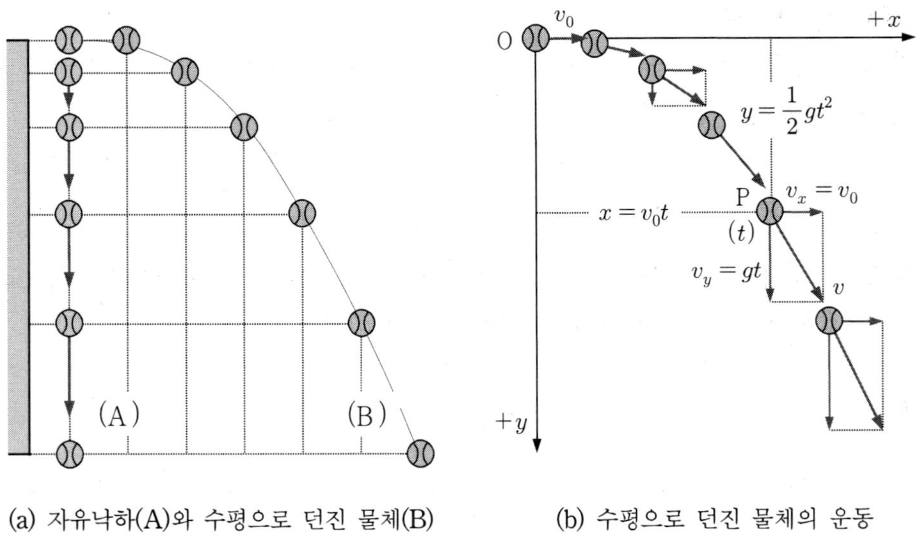

(a) 자유낙하(A)와 수평으로 던진 물체(B)　　(b) 수평으로 던진 물체의 운동

그림 2.27 ▶ 수평 방향으로 던진 물체의 운동

즉, 수평 방향으로 던진 물체의 운동은 수평 방향으로는 초속도 v_0와 같은 등속도 운동을 하고, 연직 아래 방향으로는 등가속도 운동을 하고 있다. 따라서 이 운동은 그림 2.27(b)와 같이 수평 방향과 연직 아래 방향의 운동을 합성하여 표현해야 된다.

그림 2.27(b)의 점 P에서 속도 v의 x 성분과 y 성분을 각각 v_x, v_y라고 하면

$$v_x = v_0, \quad v_y = gt \tag{2.33}$$

이므로 시간 t에서 속도 v는 다음과 같다.

$$v = \sqrt{{v_x}^2 + {v_y}^2} = \sqrt{{v_0}^2 + (gt)^2} \tag{2.34}$$

또 시간 t에서 수평 방향으로 이동한 거리 x와 연직 아래 방향으로 낙하한 거리 y는 각각 다음과 같이 구해진다.

$$x = v_0 t, \quad y = \frac{1}{2}gt^2 \tag{2.35}$$

식 (2.35)에서 t를 소거하면 다음과 같이 x와 y의 관계식을 구할 수 있다. 즉,

$$y = \frac{g}{2{v_0}^2}x^2 \tag{2.36}$$

이고, 이 식 (2.36)에서 y는 x의 이차함수이므로 물체의 운동 경로는 포물선의 곡선을 나타내고 있다.

높이 H 되는 곳에서 수평 방향으로 속도 v_0으로 던질 때 지면에 도달하는 데 걸리는 시간 t는 높이 H에서 자유 낙하하는 시간과 같다. 즉,

$$H = \frac{1}{2}gt^2, \quad t = \sqrt{\frac{2H}{g}} \tag{2.37}$$

이다. 이 식에서 수평 방향으로 물체를 던질 때, 지면에 도달하는 시간은 초속도 v_0와 관계없고 높이 H의 제곱근에 비례한다는 것을 알 수 있다.

또 수평 방향으로는 낙하 시간 t 동안 등속도 운동을 하므로 수평 도달 거리 R은

$$R = v_0 t = v_0\sqrt{\frac{2H}{g}} \tag{2.38}$$

가 된다.

예제 2.12 높이 19.6 [m]의 건물 옥상에서 수평 방향으로 19.6 [m/s]의 속력으로 공을 던졌다. 다음을 각각 구하라.

(1) 공이 지상에 도달하는 데 걸리는 시간

(2) 건물 옥상에서 떨어진 지점까지의 수평 거리

풀이

(1) 연직 아래 방향은 자유 낙하에 의한 등가속도 운동이므로 $H=\frac{1}{2}gt^2$에서

$$\therefore \quad t=\sqrt{\frac{2H}{g}}=\sqrt{\frac{2\times 19.6}{9.8}}=2\,[\mathrm{s}]$$

(2) 수평 방향은 등속도 운동이므로 식 (2.38)에 의해 수평 거리 R은 다음과 같이 구해진다.

$$R=v_0t=19.6\times 2=39.2\,[\mathrm{m}]$$

(2) 비스듬히 던진 물체의 운동

축구 선수가 멀리 차 올린 공 또는 배드민턴 선수가 라켓으로 멀리 친 셔틀콕 등은 포물선 운동을 한다.

그림 2.28과 같이 수평면과 각 θ를 이루면서 초속도 v_0으로 던진 물체의 운동에 대해 알아본다.

물체를 던진 위치의 원점에서 초속도 v_0의 x 성분과 y 성분을 각각 v_{0x}, v_{0y}라고 하면

$$v_{0x}=v_0\cos\theta, \quad v_{0y}=v_0\sin\theta \tag{2.39}$$

가 된다. 비스듬히 던진 물체는 앞 절에서 배운 수평 방향으로 던진 물체의 운동과 마찬가지로 수평 방향으로는 등속도 운동을 하고, 연직 방향으로는 중력만이 작용하여 가속도가 $-g$인 등가속도 운동을 한다.

물체가 점 P$(x,\ y)$에 도달하는 시간을 t, 이때 속도 v의 x 성분과 y 성분을 각각 v_x, v_y라고 하면

$$v_x=v_0\cos\theta, \quad v_y=v_0\sin\theta-gt \tag{2.40}$$

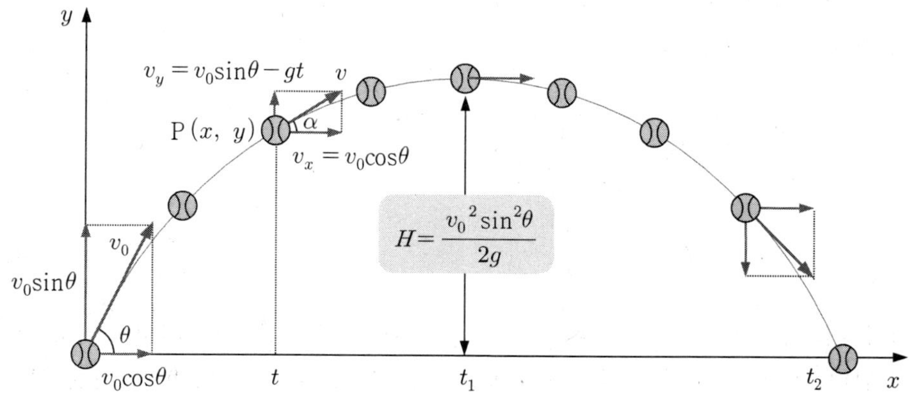

그림 2.28 ▸ 비스듬히 던진 물체의 운동

이다. 따라서 시간 t에서 물체의 속도 v는 다음과 같다.

$$v = \sqrt{v_x^{\ 2} + v_y^{\ 2}}, \qquad \tan\theta = \frac{v_y}{v_x} \tag{2.41}$$

이때 물체의 수평 방향과 연직 방향의 이동 거리 x, y는 각각

$$\begin{cases} x = v_0\cos\theta \cdot t \\ y = v_0\sin\theta \cdot t - \dfrac{1}{2}gt^2 \end{cases} \tag{2.42}$$

이 된다. 위의 식 (2.42)에서 t를 소거하면 다음과 같이 x와 y의 관계식을 구할 수 있다. 즉,

$$y = \tan\theta \cdot x - \frac{g}{2v_0^{\ 2}\cos^2\theta}x^2 \tag{2.43}$$

이고, 이 식 (2.43)에서 y는 x의 이차함수이므로 비스듬히 던진 물체의 운동 경로는 포물선의 곡선을 나타내고 있다.

이와 같이 물체가 포물선 운동을 할 때 최고점에서는 연직 방향의 속도 v_y가 0이 되므로 식 (2.40)에서 최고점까지 도달하는 시간 t_1은 다음과 같이 구할 수 있다.

$$v_y = v_0\sin\theta - gt = 0 \qquad \therefore\ t_1 = \frac{v_0\sin\theta}{g} \tag{2.44}$$

또 최고점의 높이 H는 식 (2.42)의 y 대신에 H, t 대신에 식 (2.44)의 t_1을 대입하면 다음과 같이 구할 수 있다.

$$H = v_0 \sin\theta \left(\frac{v_0 \sin\theta}{g} \right) - \frac{1}{2} g \left(\frac{v_0 \sin\theta}{g} \right)^2$$

$$\therefore \quad H = \frac{{v_0}^2 \sin^2\theta}{2g} \tag{2.45}$$

물체가 최고점까지 올라가는 데 걸리는 시간과 다시 지면으로 내려오는 데 걸리는 시간은 같다. 따라서 물체가 원점을 출발하여 다시 지면에 도달하는 데 소요되는 시간 t_2는 $2t_1$이므로 물체의 수평 도달 거리 R은

$$R = v_0 \cos\theta \cdot t_2 = v_0 \cos\theta \cdot \frac{2v_0 \sin\theta}{g} = \frac{2{v_0}^2 \sin\theta \cos\theta}{g} \tag{2.46}$$

이고, 여기서 $2\sin\theta\cos\theta = \sin 2\theta$이므로 다음과 같이 구해진다.

$$\therefore \quad R = \frac{{v_0}^2 \sin 2\theta}{g} \tag{2.47}$$

R이 최대가 되려면 식 (2.47)에서 $\sin 2\theta = 1$이 되어야 하므로 $2\theta = 90°$이다. 즉 $\theta = 45°$가 최대가 되는 경우이다. 그러므로 물체를 수평면과 45°의 각으로 비스듬히 던질 때 가장 멀리 나아가는 것을 알 수 있다. 이때 최대 도달 거리 R_{max}는

$$\therefore \quad R_{max} = \frac{{v_0}^2}{g} \tag{2.48}$$

이다.

예제 2.13 야구 선수가 배트로 공을 쳤더니 2초 동안 포물선 운동을 하여 60[m]를 날아갔다. (단, 중력 가속도는 10[m/s]이다.) 다음을 각각 구하라.

(1) 공이 올라간 최고점의 높이

(2) 최고점에서의 공의 속도

풀이

(1) 식 (2.44)의 $t_1 = \dfrac{v_0 \sin\theta}{g}$ 에서 $v_0 \sin\theta = g t_1$ 이므로 최고점 높이 H는 다음과 같이 구해진다.

$$H = \frac{{v_0}^2 \sin^2\theta}{2g} = \frac{(v_0 \sin\theta)^2}{2g} = \frac{g{t_1}^2}{2} = \frac{10 \times 2^2}{2} = 20\ [\mathrm{m}]$$

(2) 최고점의 속도 v는 초속도의 수평 방향 속도와 같으므로 $v = v_0 \cos\theta$이다. 따라서 식 (2.46)의 수평 도달 거리 $R = v_0 \cos\theta \cdot t_2 = v t_2$이고 $t_2 = 2t_1$이므로 최고점의 속도 v는 다음과 같이 구해진다.

$$v = v_0 \cos\theta = \frac{R}{t_2} = \frac{R}{2t_1} = \frac{60}{2 \times 2} = 15\ [\mathrm{m/s}]$$

연 / 습 / 문 / 제

2-1 마찰이 없는 수평면에 질량이 5[kg]인 물체가 놓여 있다. 이 물체에 수평 방향으로 20[N]의 힘을 4[s] 동안만 작용하였다. 다음을 각각 구하라.

(a) 물체의 가속도

(b) 4[s] 때의 물체의 속력

(c) 5[s] 때의 물체의 속력

(d) 5[s] 동안 물체가 이동한 거리

2-2 물체 A에 48[N]의 힘을 작용시켰더니 8[m/s^2]의 가속도가 생겼다. 물체 A에 다른 물체 B를 하나로 묶어서 같은 힘을 작용시켰더니 6[m/s^2]의 가속도가 생겼다. 두 물체의 질량 m_1, m_2의 합을 구하라.

2-3 그림 2.29는 질량 2[kg]인 물체가 원점에서 동쪽으로 직선상을 운동하는 속도-시간 그래프이다. 출발 후 2초, 5초, 7초일 때 물체에 작용하는 힘의 크기와 방향을 각각 구하라.

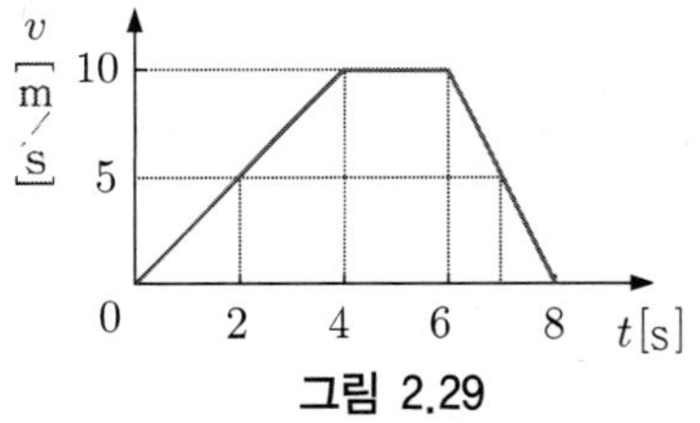

그림 2.29

2-4 그림 2.30과 같이 정지해 있는 질량이 5[kg]인 물체에 30[N]의 힘을 가하여 물체의 속도가 일정하게 되도록 하였다. 다음을 각각 구하라. (단, 중력 가속도는 10[m/s^2]이다.)

(a) 물체에 작용하는 마찰력의 크기

(b) 물체와 바닥면 사이의 운동 마찰 계수

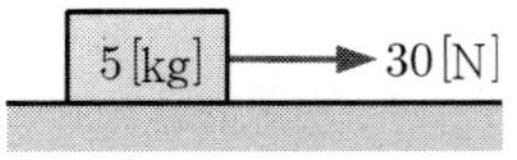

그림 2.30

2-5 그림 2.31과 같이 두 물체 A, B의 질량이 2[kg], 3[kg]이다. 이 두 물체를 가벼운 실로 연결하여 마찰이 무시되는 책상면에 놓고 힘 30[N]를 일정하게 작용시키면서 끌었다. 다음을 각각 구하라.

(a) 물체의 가속도 a

(b) 물체 A, B 사이의 실의 장력 T

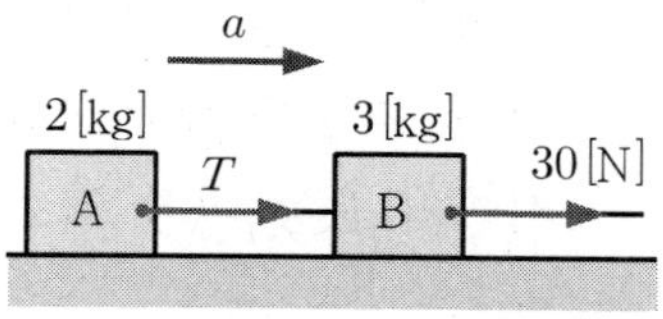

그림 2.31

2-6 그림 2.32와 같이 두 물체 A, B의 질량 $m_1 = 3$[kg]과 $m_2 = 2$[kg]인 두 물체를 늘어나지 않는 가벼운 실로 연결하여 매어 달았다. 다음을 각각 구하라. (단, 책상면 및 도르래의 마찰은 무시하고, 중력 가속도는 10[m/s^2]이다.)

(a) 물체 A를 잡고 있을 때 실의 장력

(b) 물체 A의 가속도

(c) 실의 장력

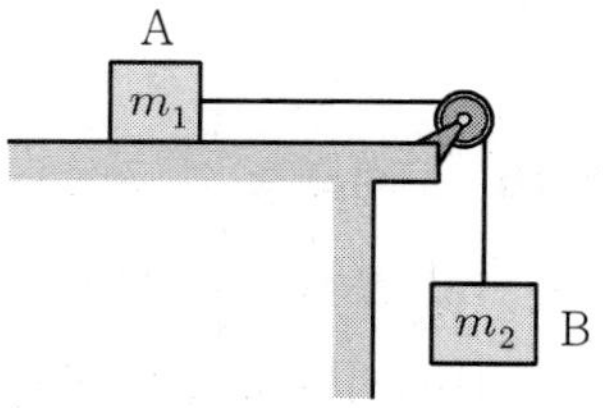

그림 2.32

2-7 그림 2.33과 같이 두 물체 A, B의 질량 1[kg], 3[kg]을 가벼운 실로 연결하여 걸어 놓았다. 물체 A의 가속도와 실의 장력을 각각 구하라. (단, 도르래의 마찰은 무시하고, 중력 가속도는 10[m/s^2]이다.)

(a) 물체 A의 가속도

(b) 실의 장력

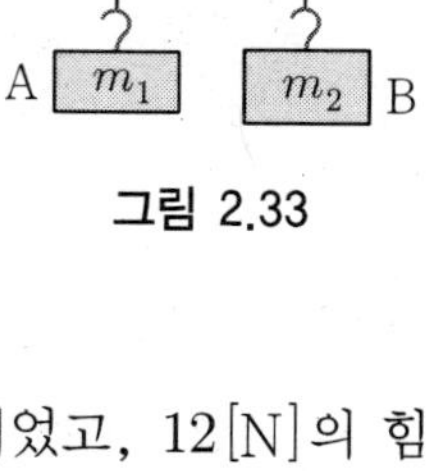

그림 2.33

2-8 용수철을 6[N]의 힘으로 당기었더니 전체 길이가 10[cm]로 되었고, 12[N]의 힘으로 당기었더니 전체 길이가 12[cm]로 되었다. 이 용수철의 원래 길이[cm]와 탄성 계수[N/m]를 구하라.

2-9 그림 2.34와 같이 두 물체 A, B의 질량 $m_1 = 2$[kg]과 $m_2 = 5$[kg]인 두 물체를 늘어나지 않는 가벼운 실로 연결하여 매어 달았다. 다음을 각각 구하라. (단, 바닥면과 물체 사이의 운동 마찰 계수는 0.4, 중력 가속도는 10[m/s^2]이다.)

(a) 물체 A의 가속도

(b) 실의 장력

(c) 물체 A가 미끄러지기 시작하여 0.5[m] 운동하였을 때 물체 A의 속력

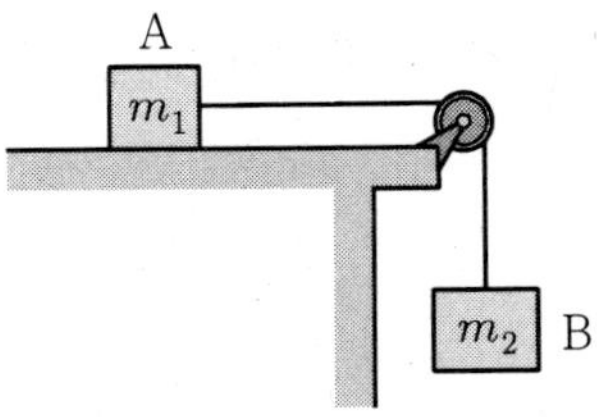

그림 2.34

2-10 물체를 높은 곳에서 떨어뜨렸더니 4초 후에 지면에 떨어졌다. 다음을 각각 구하라.

(a) 물체를 떨어뜨린 위치의 높이

(b) 지면에 떨어지기 직전의 속력

2-11 물체를 연직 아래 방향으로 초속도 10[m/s]로 던졌다. 다음을 각각 구하라.

(a) 4초 후의 속력

(b) 4초 동안 낙하 거리

2-12 지면에서 테니스공을 연직 위의 방향으로 던졌더니 4초 후에 지면에 떨어졌다. 최고점의 높이를 구하라.

2-13 테니스공을 연직 위의 방향으로 속도 20[m/s]로 던졌다. 다음을 각각 구하라. (단, 중력 가속도는 10[m/s^2]이다.)

(a) 공이 최고점에 도달하는 데 걸리는 시간

(b) 공이 올라간 최고점 높이

2-14 옥상에서 수평 방향으로 작은 돌을 던졌더니 3초 후에 옥상으로부터 30[m]인 지점에 떨어졌다. 다음을 각각 구하라. (단, 중력 가속도는 10[m/s^2]이다.)

(a) 돌의 최초 속도

(b) 지면에서 옥상까지의 높이

chapter 3

운동량과 충격량

3.1 운동량과 충격량

두 대의 자동차가 충돌하여 속도가 급격히 변하거나 태권도 선수가 손을 이용하여 여러 장의 벽돌을 격파하는 경우와 같이 순간적으로 큰 힘이 작용한다. 즉, 물체에 작용하는 힘과 시간에 따라 물체의 운동 변화는 다르게 나타난다.

이와 같은 물체의 운동은 시간이 매우 짧고 힘도 일정하지 않기 때문에 물리량을 측정하는 것은 매우 어렵고 뉴턴의 운동 법칙으로 설명하기에도 무리가 따르게 된다.

따라서 이러한 물체의 운동을 해석하기 위하여 뉴턴의 운동 법칙을 기초로 한 운동량과 충력량에 대해 알아보기로 한다.

3.1.1 운동량

도로 위에서 트럭과 승용차가 같은 속도로 달릴 때, 질량이 작은 승용차를 멈추게 하는 것보다 질량이 큰 트럭을 멈추게 하는 것이 더 어렵다. 또 질량이 같은 야구공을 속도를 느리게 던져 받는 것보다 빠르게 던져 받는 것이 손이 더 아프다.

이와 같이 운동하고 있는 물체의 질량이 클수록, 또 속도가 빠를수록 운동의 효과는 더욱 크게 나타난다. 물체의 운동 효과는 질량과 속도의 물리량과 매우 밀접한 관계가 있다.

물체의 운동 효과는 물체의 질량과 속도의 곱으로 나타낼 수 있는 데 이를 **운동량**(momentum)이라 한다.

즉, 그림 3.1과 같이 질량 m인 물체가 속도 v로 운동하고 있을 때, 이 물체의 운동량 p는

$$p = mv \tag{3.1}$$

로 정의된다.

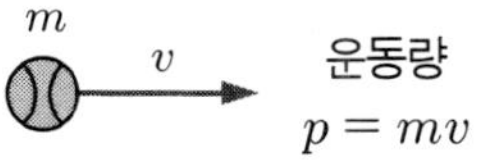

그림 3.1 ▶ 운동량

운동량은 속도 v와 같이 방향을 갖는 벡터량이고, 운동량의 방향은 속도의 방향과 같으며, 단위는 [kg·m/s]이다.

운동량의 식 (3.1)에서 물체의 질량과 속도가 모두 크거나 둘 중에 하나라도 크면 운동량이 커지는 것을 알 수 있다. 따라서 작은 탄환이라도 속도가 빨리 날아가기 때문에 큰 운동량을 가지고 나무판을 관통할 수 있는 것이다.

예제 3.1 질량이 2[kg]인 물체가 10[m/s]의 속도로 동쪽으로 운동하고 있다. 이 물체의 운동량의 크기와 방향을 구하라.

풀이

운동량의 식 (3.1)에 의해

$$p = mv = 2 \times 10 = 20\ [\text{kg}\cdot\text{m/s}] \qquad \therefore \text{ 동쪽으로 } 20\ [\text{kg}\cdot\text{m/s}]$$

3.1.2 충격량

유리컵을 시멘트 바닥 위에 떨어뜨리면 깨어지지만 스펀지 위에 떨어뜨리면 깨어

지지 않는다. 또 글로브를 낀 손으로 야구공을 받을 때 손을 앞으로 뻗으면서 받으면 큰 충격을 느끼고 손을 뒤로 빼면서 받으면 손에 느끼는 충격은 훨씬 작아지는 것을 알 수 있다.

뉴턴의 운동 제2법칙에 의해 물체에 힘이 작용하면 속도가 변하고, 운동량의 정의에 의해 속도가 변하면 운동량이 변화한다. 따라서 물체에 힘이 작용하면 운동량이 변화한다는 것을 알 수 있다.

물체에 작용하는 힘이 커지면 운동량의 변화는 크게 되고, 짧은 시간 동안 물체에 힘을 작용시키면 운동량의 변화는 작고, 같은 힘을 긴 시간 동안 작용시키면 운동량의 변화가 크게 된다. 이와 같이 운동량의 변화는 물체에 작용하는 힘의 크기와 시간에 밀접한 관계가 있음을 알 수 있다.

즉, 물체에 작용하는 힘 F와 그 힘이 작용하는 시간 t의 곱을 **충격량**(I, impulse)이라 정의한다. 즉,

$$I = Ft \tag{3.2}$$

로 나타내며, 충격량 I는 벡터량이고 힘과 같은 방향이며, 단위는 [N·s]를 사용한다.

또 식 (3.2)의 물체에 작용하는 힘 F는 물체가 충돌하여 운동량이 변화할 때 짧은 시간에 물체에 작용하는 힘으로 이것을 **충격력**(impulsive force)이라 한다. 물체에 작용하는 힘(충격력)은 일정하지 않은 경우가 대부분이므로 물체에 충격이 가해지는 동안의 평균적인 힘으로 나타낸다.

(1) 충격량과 운동량의 관계

그림 3.2와 같이 직선상을 속도 v_0으로 운동하고 있는 질량 m의 물체에 같은 방향으로 일정한 힘 F를 시간 t 동안 작용하여 그 속도가 v로 되었을 때 뉴턴의 운동 제2법칙

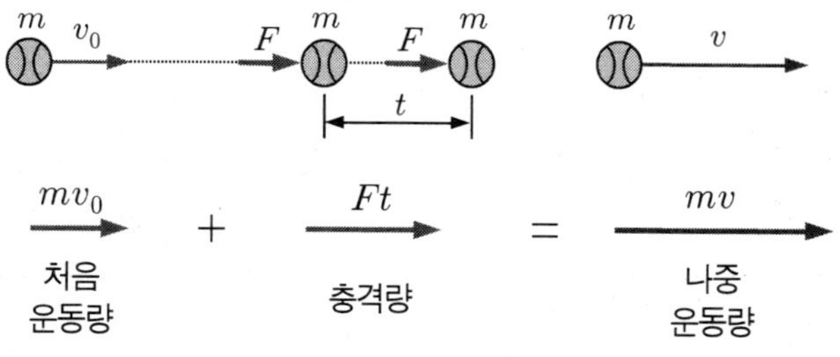

그림 3.2 ▸ 운동량의 변화와 충격량

에 의한 물체의 운동 방정식은 다음과 같이 나타낼 수 있다.

$$F = ma = \frac{m(v - v_0)}{t} \tag{3.3}$$

물체에 작용하는 힘(충격력)은 단위 시간당 운동량의 변화량이 되고, 이 식은 다음과 같이 변형시킬 수 있다.

$$Ft = mv - mv_0 \ (= \Delta p) \tag{3.4}$$

식 (3.4)는 충격량 $I = Ft$ 이므로 충격량과 운동량의 관계는

$$I = Ft = mv - mv_0 \ (= \Delta p) \tag{3.5}$$

이고, 물체에 주어진 **충격량은 운동량의 변화량**과 같다는 것을 의미한다.

물체가 충돌하는 순간에 작용하는 힘은 측정하기 어렵고 이것은 충격량의 측정도 불가능하게 된다. 따라서 운동량의 변화량을 측정하여 충격량을 구하면 힘의 크기를 쉽게 알아낼 수 있다.

식 (3.5)에 의하면, 물체에 같은 크기의 힘이 작용할 때 그 힘이 작용하는 시간이 길수록 운동량의 변화(충격량)는 커지고, 물체에 같은 운동량의 변화(충격량)를 줄 때 그 작용하는 시간이 짧을수록 힘은 커지게 된다.

(2) 충격량의 그래프

그림 3.3은 물체가 충돌하는 동안 힘의 크기를 시간에 따라 나타낸 힘(F)−시간(t) 그래프이다.

충격량 I는 Ft이고 물체에 작용하는 힘(충격력)과 그 힘이 작용하는 시간의 곱이기

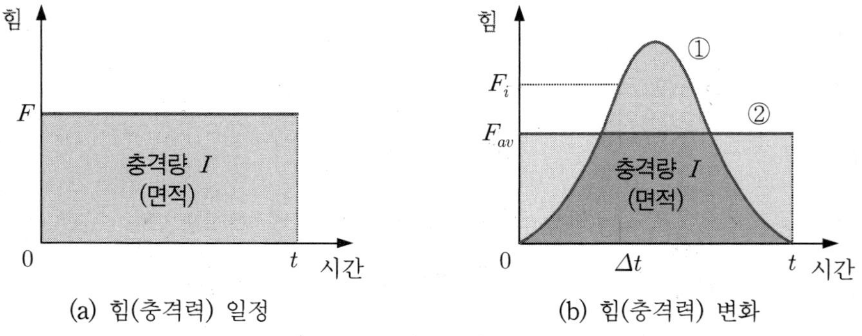

그림 3.3 ▸ 충격량($F-t$ 그래프)

때문에 곡선과 시간 축으로 둘러싸인 부분의 면적이 그 시간 동안에 물체에 작용한 충격량이 된다.

그림 3.3(a)는 물체에 작용하는 힘, 즉 충격력이 일정한 경우를 나타낸 $F-t$ 곡선이다. 여기서 직사각형의 면적 Ft가 물체에 작용하는 충격량이 된다.

그림 3.3(b)의 $F-t$ 그래프 ①은 축구선수가 축구공을 찰 때와 마찬가지로 일반적으로 두 물체가 충돌하는 경우의 충격량을 나타낸 곡선이며, 매 시각마다 힘이 일정하지 않은 곡선이다.

미소 면적 $F_i \Delta t$는 물체에 작용하는 힘이 F_i이고 그 힘이 작용하는 매우 짧은 시간 Δt 동안의 충격량 또는 운동량 변화량을 나타낸다. 따라서 총 충격량은 미소 면적의 합 $\sum F_i \Delta t$가 되고 곡선 ①의 아래 면적과 같다.

이 면적은 그림 3.3(b)의 ②과 같이 모든 힘을 평균한 값, 충격력 F_{av}를 취하여 구한 면적 $F_{av}t$와 같다. 따라서 $F_{av}t$는 같은 시간 동안 시간에 따라 변하는 힘의 충격량과 같다.

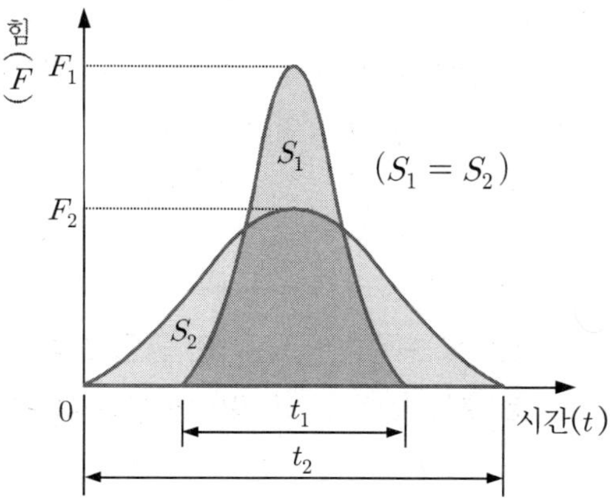

그림 3.4 ▸ $F-t$ 그래프(충격량 일정)

그림 3.4는 물체가 충돌하는 동안 같은 충격량($S_1 = S_2$)을 주었을 때 힘의 크기와 그 힘이 작용하는 시간의 관계를 나타낸 그래프이다.

이 곡선으로부터 짧은 시간 동안에 물체의 운동량을 변하게 하려면 큰 힘이 필요하고, 긴 시간에 걸쳐서 변하게 하려면 작은 힘이 필요하다는 것을 알 수 있다.

즉, 우리 주변에서 달리는 자동차를 급히 정지시키려면 큰 힘을 필요로 하지만 서서히 정지시키려면 작은 힘으로도 가능하다는 것으로부터 이해할 수 있을 것이다.

(3) 충격량, 충격력, 시간의 관계

충격량, 충격력, 시간의 관계는 우리 주변의 일상생활에서 일어나는 충격량과 운동량의 관계가 적용된 다음의 예로부터 이해하는 데 매우 도움이 된다.

(1) 충격량이 일정할 때 충돌 시간을 길게 하여 충격력을 줄이는 예

① 유리컵을 시멘트 바닥 위에 떨어뜨리면 깨어지지만 스펀지 위에 떨어뜨리면 깨어지지 않는다.

② 야구 선수가 야구공을 받을 때 손을 뒤로 빼면서 받는다.

③ 자동차가 충돌할 때 에어백이 작동한다.

④ 유도 선수가 넘어질 때 낙법을 이용한다.

(2) 충격력이 일정할 때 충돌 시간을 길게 하여 충격량을 크게 하는 예

① 야구 방망이를 끝까지 휘두르면 방망이와 공의 접촉 시간이 길어지게 되어 공은 멀리 날아간다.

② 대포의 포신이 길수록 충격량이 커져서 포탄이 더 멀리 날아간다.

(3) 충격량이 일정할 때 충격력과 충돌 시간을 변하게 하는 예

① 자동차를 짧은 시간 동안에 급정거시킬 때에는 힘(충격력)이 커야 하고, 오랜 시간 동안 정지시킬 때에는 힘(충격력)을 작게 주어야 한다.

예제 3.2 속력 $40\,[\mathrm{m/s}]$로 날아오는 질량 $0.1\,[\mathrm{kg}]$인 공을 방망이로 쳐서 반대 방향으로의 속력 $60\,[\mathrm{m/s}]$로 날려 보냈다. 이 공이 받은 충격량의 크기를 구하라.

풀이

충격량은 벡터량이므로 방향을 고려해야 한다. 즉 처음 속도 v_0를 (+)방향으로 취하고 $m=0.1\,[\mathrm{kg}]$, $v_0=40\,[\mathrm{m/s}]$, $v=-60\,[\mathrm{m/s}]$를 식 (3.5)에 대입하여 다음과 같이 구해진다.

$$I=mv-mv_0=0.1\times(-60)-0.1\times 40=-10\,[\mathrm{N\cdot s}]$$

$\therefore$ $10\,[\mathrm{N\cdot s}]$, (−)는 처음 속도의 반대 방향을 의미

3.2 운동량의 보존

물체가 충돌할 때와 같이 물체 사이에 힘이 순간적으로 작용하는 복잡한 운동에서는 물체에 작용하는 힘의 크기는 측정하기 어려우므로 충격량도 측정할 수 없다.

그러나 물체가 충돌하기 전과 충돌한 후의 속도를 측정하여 운동량을 구할 수 있고 이 물체의 운동량 변화를 이용하여 충격량을 쉽게 알 수 있다.

3.2.1 운동량 보존의 법칙

당구공들의 충돌, 볼링공과 핀의 충돌, 망치로 못을 박는 충돌 및 자동차의 충돌 등 우리 주변에 운동량이 급격히 변하는 여러 가지 충돌 현상을 경험한다. 이러한 충돌 과정에서 물체가 외부로부터 힘을 받지 않는 상태에서 충돌 전과 충돌 후의 운동량의 변화에 대해 알아보기로 한다.

그림 3.5와 같이 일직선상을 운동하는 질량 m_1, 속도 v_1인 물체 A와 질량 m_2, 속도 v_2인 물체 B가 충돌하여 짧은 시간 Δt 후에 물체 A는 v_1', 물체 B는 v_2'으로 되었다고 하자.

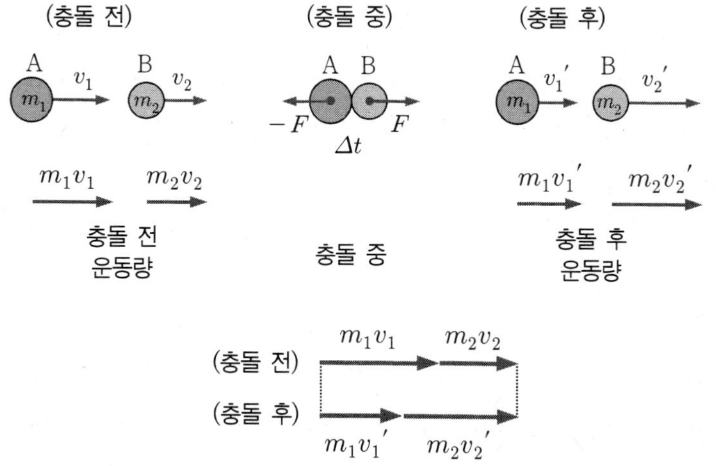

그림 3.5 ▸ 운동량 보존의 법칙

두 물체 A와 B가 충돌할 때 두 물체는 서로 힘을 작용하고 이때 두 물체가 받는 힘은 작용과 반작용의 법칙을 만족한다.

물체 A가 B에 작용하는 평균적인 힘을 F, 충돌 시 접촉 시간을 Δt라고 하면 작용과 반작용에 의해 물체 B가 A에 작용하는 힘은 $-F$가 된다. 따라서 물체 A에 의해 B가 받는 충격량은 $F\Delta t$, 물체 B에 의해 A가 받는 충격량은 $-F\Delta t$가 된다.

운동량 변화량과 충격량의 관계에서 물체 A와 B는 각각 다음과 같이

$$\text{물체 A} : m_1 v_1' - m_1 v_1 = -F\Delta t \tag{3.6}$$

$$\text{물체 B} : m_2 v_2' - m_2 v_2 = F\Delta t \tag{3.7}$$

이 된다. 위의 두 식을 더하여 정리하면

$$(m_1 v_1' - m_1 v_1) + (m_2 v_2' - m_2 v_2) = 0$$

$$\therefore \quad m_1 v_1 + m_2 v_2 = m_1 v_1' + m_2 v_2' \tag{3.8}$$

이 된다. 즉 좌변의 충돌 전의 운동량의 합은 우변의 충돌 후의 운동량의 합과 같다. 따라서 운동량의 합은 충돌 전후에서 변하지 않는다.

"물체가 충돌할 때 외부에서 힘이 작용하지 않으면 충돌 전후의 운동량의 합은 일정하게 보존된다."

이것을 운동량 보존의 법칙이라고 한다.

운동량 보존의 법칙은 마찰력이나 중력 등의 외력이 작용하지 않는 상태에서 두 물체 사이뿐만 아니라 여러 물체 사이에서도 성립한다. 또 두 물체의 충돌, 한 물체로 합쳐지는 융합, 한 물체가 여러 물체로 나누어지는 분열 등이 일어나는 짧은 시간의 순간적인 현상 등에서도 항상 성립한다.

예제 3.3 질량 5[kg]의 물체 A가 10[m/s]의 속력으로 진행해 와서 정지하고 있는 질량 3[kg]인 물체 B에 충돌한 후, 물체 B는 물체 A의 처음 속도의 방향으로 40[m/s]의 속력으로 운동하였다. 충돌 후 공 A의 속력을 구하라.

풀이

처음 속도 v를 (+)방향으로 취하면 충돌 전의 운동량의 합은

$$m_A v_A + m_B v_B = 5 \times 10 + 3 \times 0 = 50\ [\mathrm{kg \cdot m/s}]$$

이고, 충돌 후의 운동량의 합은

$$m_A v_A' + m_B v_B' = 5 \times v_A' + 3 \times 40 = 5 \times v_A' + 120\ [\mathrm{kg \cdot m/s}]$$

이다. 따라서 운동량 보존의 법칙에 의해

$$5 \times v_A' + 120 = 50 \qquad \therefore \quad v_A' = -14\ [\mathrm{m/s}]$$

여기서 (−)부호는 처음 속도와 반대 방향을 의미한다.

정답 처음 속도와 반대 방향으로 14 [m/s]

3.2.2 충돌과 반발 계수

탁구공과 야구공을 같은 높이에서 떨어뜨리면, 탁구공은 바닥과 충돌한 후 위로 많이 튀어 오르지만 야구공은 그다지 튀어 오르지 않는다.

두 당구공을 충돌시키면 충돌 후에도 그 형태는 변하지 않고 운동의 상태를 계속 유지하지만 두 찰흙 덩어리를 충돌시키면 한 덩어리가 되어 형태가 변하여 운동을 한다. 이와 같이 물체의 성질에 따라서 충돌 후 물체의 상태가 달라지거나 형태가 변형되어 다르게 나타난다. 충돌하는 물체의 성질을 알기 위하여 충돌 전과 충돌 후의 물체의 상대 속도의 비를 이용한다.

그림 3.6과 같이 일직선상에서 두 물체의 충돌 전후의 속도를 각각 v_1, v_2, v_1', v_2'이라 할 때, 두 물체가 충돌 전에 서로 가까워지는 속도 $v_1 - v_2$와 충돌 후 서로 멀어지는 속도 $v_2' - v_1'$의 비를 반발 계수 e라고 한다. 즉,

$$e = \frac{v_2' - v_1'}{v_1 - v_2} = -\frac{v_1' - v_2'}{v_1 - v_2} \ (\text{단, } 0 \leq e \leq 1) \tag{3.9}$$

그림 3.6 ▸ 충돌과 반발 계수

반발 계수 e는 두 물체의 상대 속도나 질량과는 관계가 없고 그 물체의 재료에 의해서 정해진다. 또 반발 계수의 범위는 $0 \leqq e \leqq 1$이 된다.

물체의 충돌은 반발 계수에 따라 다음과 같이 탄성 충돌과 비탄성 충돌로 구분한다.

(1) 탄성 충돌

반발 계수 $e=1$인 충돌을 **탄성 충돌**이라 한다. 식 (3.9)에서 $v_1 - v_2 = v_2' - v_1'$이 되므로 두 물체의 충돌 전후에서 상대 속도의 크기는 일정하다. 따라서 **그림 3.6**에서 질량이 같은 두 물체가 충돌 후의 속도는 각각 $v_1' = v_2$, $v_2' = v_1$으로 되어서 충돌 전의 두 물체의 속도와 서로 뒤바뀌어 운동을 하는 충돌이다. 이로부터 탄성 충돌은 당구공의 충돌과 같이 물체의 형태가 변하지 않고 충돌 전후의 운동 에너지가 그대로 보존되며 운동량 보존 법칙도 성립한다.

그림 3.7(a)는 운동하고 있는 물체 A가 정지해 있던 물체 B와 충돌할 때, 운동하고 있던 물체 A는 정지하고 정지해 있던 물체 B는 충돌 전의 물체 A의 속도로 운동하는 탄성 충돌을 나타낸 것이다.

(2) 완전 비탄성 충돌

반발 계수 $e=0$인 충돌을 **완전 비탄성 충돌**이라 한다. 식 (3.9)에서 $v_2' - v_1' = 0$이 되므로 충돌 후에 물체의 속도는 $v_1' = v_2' = v'$이 된다. 이것은 두 물체가 한 덩어리가 되어 운동한다는 것을 나타낸다. 완전 비탄성 충돌은 충돌 전후의 운동에너지가 가장 크게 감소하지만 운동량 보존 법칙은 성립한다.

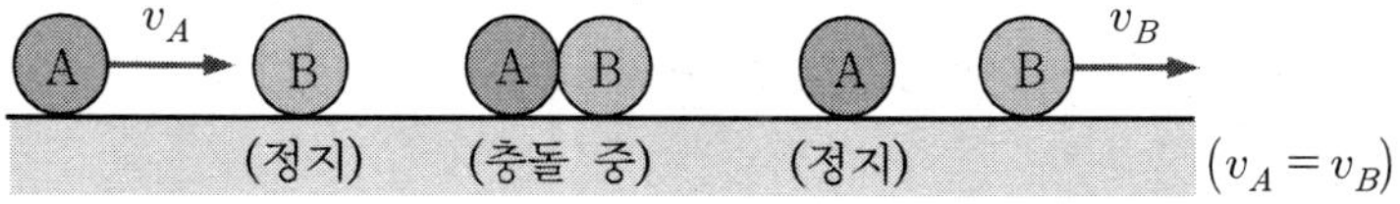

(a) 탄성 충돌

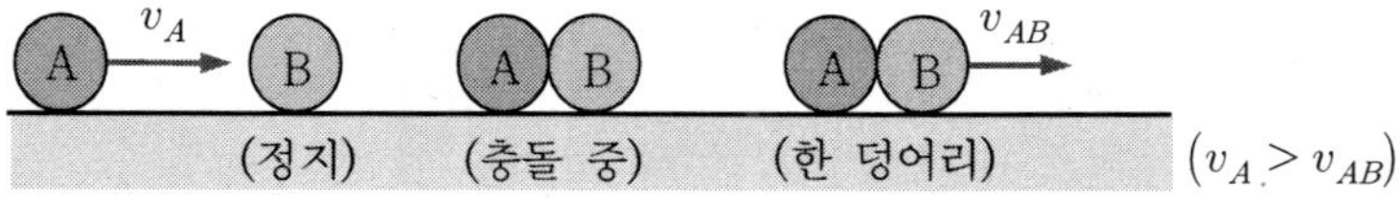

(b) 완전 비탄성 충돌

그림 3.7 ▸ 탄성 충돌과 완전 비탄성 충돌

그림 3.7(b)는 두 물체가 충돌 후 한 덩어리가 되어 운동하는 완전 비탄성 충돌을 나타낸 것이다.

(3) 비탄성 충돌

반발 계수가 $0 < e < 1$의 범위인 충돌을 비탄성 충돌이라 한다. 식 (3.9)에서 $v_1 - v_2 > v_2' - v_1'$이 되고 탄성 충돌과 완전 비탄성 충돌을 제외한 대부분의 충돌은 비탄성 충돌이다. 비탄성 충돌은 운동에너지는 보존되지 않지만 운동량 보존 법칙은 성립한다.

표 3.1 ▶ 충돌의 종류에 따른 물체의 성질

물체의 성질	탄성 충돌	비탄성 충돌	완전 비탄성 충돌
반발 계수	$e=1$	$0<e<1$	$e=0$
운동량 보존 법칙	보 존	보 존	보 존
운동에너지(충돌 전후)	보 존	$E_{전} > E_{후}$	$E_{전} \gg E_{후}$

예제 3.4 질량이 같은 두 물체 A와 B가 있다. A는 $10[m/s]$, B는 $5[m/s]$의 속력으로 같은 방향으로 운동하고 있다. 물체 A가 B와 정면 충돌한 후 A의 속력이 $5[m/s]$로 줄었을 때 이 충돌 과정을 옳게 설명한 것은?

① 운동량이 보존된 탄성 충돌이다.
② 운동량이 보존된 비탄성 충돌이다.
③ 운동량이 보존되지 않은 탄성 충돌이다.
④ 운동량이 보존되지 않은 비탄성 충돌이다.

풀이

외력이 작용하지 않는 모든 충돌은 운동량 보존의 법칙이 성립한다.
두 물체의 질량을 m이라 할 때, 충돌 전의 운동량의 합은

$$m(v_A + v_B) = m(10+5) = 15m\,[\text{kg}\cdot\text{m/s}]$$

이고, 충돌 후의 운동량의 합은

$$m(v_A{}' + v_B{}') = m(5 + v_B{}')$$

이다. 따라서 운동량 보존의 법칙에 의해 충돌 후의 물체 B의 속력은

$$15m = m(5 + v_B{}') \qquad \therefore \quad v_B{}' = 10\ [\text{m/s}]$$

이다. 따라서 질량이 같은 두 물체 사이에서 속력이 서로 바뀌고 운동량이 보존되므로 탄성 충돌이 된다.

정답 ①

연 / 습 / 문 / 제

3-1 매끄러운 수평면 위에 정지하고 있던 질량 5[kg]인 물체에 수평 방향으로 일정한 힘이 2초 동안 작용하여 40[m/s]의 속력이 되었다. 이때 물체에 작용하는 힘[N]을 구하라.

3-2 질량 0.5[kg]의 물체가 8[m/s]의 속도로 운동하고 있다. 이 물체를 정지시키는 데 0.01[s] 걸렸다. 이때 물체에 작용한 힘[N]을 구하라.

3-3 정지하고 있던 질량 0.5[kg]의 공이 중력에 의하여 자유 낙하한다. 공기의 저항은 무시하고 이 공이 19.6[m]를 낙하했을 때 운동량의 크기[kg·m/s]를 구하라.

3-4 질량 3[kg]의 물체가 5[N]의 일정한 힘을 받으면서 속도가 10[m/s]에서 20[m/s]로 되었다. 다음을 각각 구하라.

(a) 이 물체의 운동량의 변화량[kg·m/s]

(b) 이 물체가 받는 충격량[N·s]

(c) 이 물체에 힘이 작용한 시간[s]

3-5 매끄러운 수평면 위를 10[m/s]의 속력으로 운동하는 질량 20[kg]의 물체에 진행 방향과 반대 방향으로 5초 동안 일정한 힘을 가했더니 5초 후 물체는 처음 운동 방향과 반대 방향으로 5[m/s]의 속력으로 운동하였다. 다음을 각각 구하라.

(a) 5초 동안 이 물체의 운동량의 변화량[kg·m/s]

(b) 물체에 작용한 힘[N]

3-6 질량이 2[kg]인 물체를 5[m/s]의 속도로 벽에 직각으로 충돌한 후 반대 방향으로 3[m/s]의 속도로 튀어나왔다. 이때 벽에 가해진 충격량[N·s]을 구하라.

3-7 질량이 30[kg]인 물체 A가 마찰이 없는 평면 위를 4[m/s]의 속도로 운동하다가 정지해 있는 질량 60[kg]인 물체 B와 정면 충돌한 후 정지하였다. 충돌 후의 물체 B의 속도의 크기[m/s]를 구하라.

3-8 수평한 얼음판 위에 질량이 60[kg]인 어른이 정지해 있다. 이때 질량이 40[kg]인 어린이가 8[m/s]의 속도로 미끄러지면서 어른과 충돌한 후 서로 껴안았다. 충돌 후 두 사람의 속도[m/s]를 구하라. (단, 얼음판의 마찰은 무시한다.)

3-9 질량이 0.2[kg]인 공을 수평한 마룻바닥으로부터 1[m] 높이에서 자유 낙하시켰더니 0.64[m]까지 튀어 올랐다. 다음을 각각 구하라.

(a) 마룻바닥과 공 사이의 반발 계수

(b) 마룻바닥이 공에 준 충격량[N·s]

chapter 4

일과 에너지

4.1 일과 일률

앞 장에서 물체의 운동 변화는 물체에 작용하는 힘과 그 힘이 작용하는 시간에 밀접한 관계가 있다는 것을 알았다.

바위와 스티로폼 상자가 있을 때, 바위를 밀면서 힘을 작용해도 어떤 변화가 일어나지 않는다. 그러나 바위에 작용한 시간과 힘을 똑같이 스티로폼 상자에 작용하면 힘을 받아 움직이면서 거리를 이동하게 된다.

이와 같이 두 물체에 같은 시간, 같은 힘을 작용하면 힘과 시간의 곱인 충격량은 같지만 물체가 이동하는 운동 변화는 다르게 나타난다. 따라서 힘과 거리에 관한 관계를 나타내는 일이라는 새로운 물리량을 도입하게 되었다.

4.1.1 일

물체에 힘을 작용하여 물체가 힘의 방향으로 이동할 때 그 힘이 물체에 일(work)을 하였다고 한다. 따라서 물체에 아무리 오랫동안 큰 힘을 작용해도 물체가 이동하지 않으면 힘이 물체에 한 일은 0이다.

그림 4.1과 같이 물체에 일정한 힘 F를 작용하여 그 힘의 방향으로 거리 s 만큼 물체를 이동시켰을 때, 힘 F가 물체에 한 일 W는

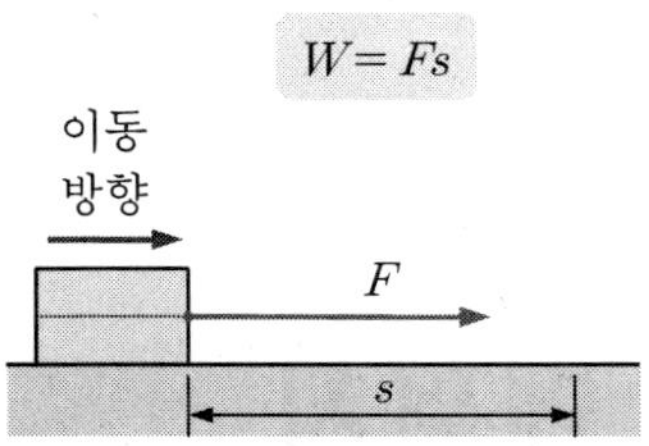

그림 4.1 ▶ 일의 정의

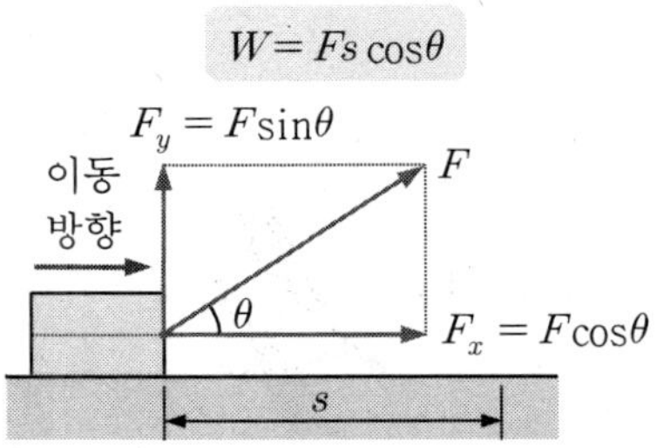

그림 4.2 ▶ 힘과 이동 방향 각 θ의 일

$$W = Fs \tag{4.1}$$

로 정의된다.

일의 SI 단위는 줄[J]이다. 1[J]은 1[N]의 힘에 의하여 물체가 힘의 방향으로 1[m] 이동하였을 때 힘이 하는 일이다. 또 일의 중력 단위로 [kgf]를 사용한다.

$$1[\mathrm{J}] = 1[\mathrm{N \cdot m}], \quad 1[\mathrm{kgf}] = 9.8[\mathrm{J}]$$

그림 4.2는 물체에 일정한 힘 F를 비스듬히 작용하여 힘과 이동 방향이 각 θ를 이루면서 일을 하는 경우이다. 이때 물체는 힘의 방향으로 올라가지 않고 바닥을 따라 이동하게 된다. 여기서 힘 F를 물체의 이동 방향 성분 F_x와 이동 방향의 수직 성분 F_y로 분해할 수 있으며 이 성분들은 각각 다음과 같다.

$$F_x = F\cos\theta, \qquad F_y = F\sin\theta \tag{4.2}$$

이 물체는 수직 성분 F_y로 이동하지 않았으므로 일은 0이고, 물체의 이동 방향과 같은 F_x만이 일을 한다. 따라서 힘 F가 물체에 한 일 W는

$$W = F_x s = F\cos\theta \cdot s = Fs\cos\theta \tag{4.3}$$

가 된다. 여기서 θ는 힘과 이동 방향이 이루는 사이의 각이다.

평행($\theta = 0°$) : $W = Fs\cos 0° = Fs$ (W : 최대)

수직($\theta = 90°$) : $W = Fs\cos 90° = 0$ ($W = 0$)

마찰이 없는 수평면 위에서 등속도 운동을 하는 물체는 힘이 작용하지 않으므로 일은 하지 않은 것이고, 바위에 힘을 가해도 움직이지 않는 경우에도 일을 하지 않은 것

이다. 또 등속 원운동하는 물체에서도 구심력과 이동 방향이 항상 90°가 되므로 일을 하지 않는 물체의 운동이다.

그림 4.3(a)는 물체에 일정한 힘이 작용한 힘(F)−이동 거리(s) 그래프를 나타낸 것이다. $F-s$ 그래프에서 식 (4.1)에 의해 힘 F의 직선 아래 부분의 면적이 힘이 한 일이 된다.

그림 4.3(b)는 물체에 일정하지 않은 힘이 작용한 $F-s$ 그래프이다. 미소 면적 $F_i \Delta s$는 물체에 작용하는 힘이 F_i이고 그 힘에 의해 미소 거리 Δs 동안의 한 일 ΔW를 나타낸다. 따라서 힘 F가 물체계에 한 전체 일 W는 미소 면적의 합 $\sum F_i \Delta s$가 된다. 즉, $F-s$ 그래프에서 힘 F의 곡선과 이동 거리 s로 둘러싸인 면적은 힘이 물체에 한 일이 된다.

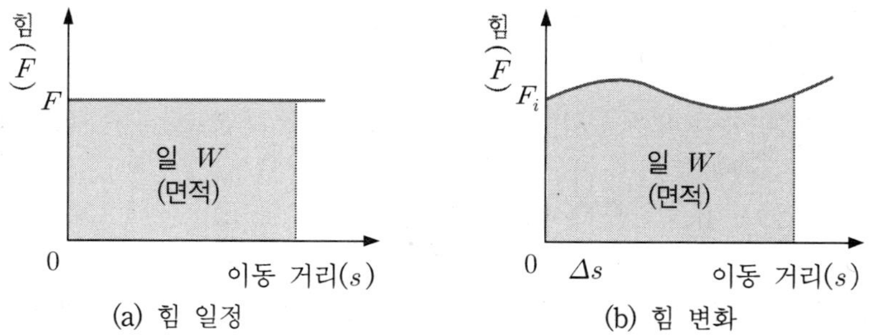

그림 4.3 ▸ $F-s$ 그래프(일)

예제 4.1 수평면 위에 정지해 있는 5[kg]의 물체에 40[N]의 힘을 계속 가하여 10[m]를 이동시켰다. 이때 다음을 각각 구하라.

(1) 물체를 수평면과 같은 방향으로 이동시켰을 때의 일[J]

(2) 물체를 수평면과 60° 방향으로 이동시켰을 때의 일[J]

풀이

(1) $W = Fs\cos\theta$에서 $\theta = 0°$이고 $\cos 0° = 1$이므로 일 W는

$$W = Fs\cos\theta = 40 \times 10 \times \cos 0° = 400\ [\mathrm{J}]$$

(2) $W = Fs\cos\theta$에서 $\theta = 60°$이고, $\cos 60° = 1/2$이므로 일 W는

$$W = Fs\cos\theta = 40 \times 10 \times \cos 60° = 200\,[\mathrm{J}]$$

4.1.2 일률

공사 현장에서 터파기를 하는 경우, 사람이 삽으로 하면 시간이 많이 걸리지만 포클레인 등의 기계를 이용하면 같은 양의 일을 빠른 시간에 마칠 수 있다. 이것은 같은 시간 동안에 기계가 사람보다 많은 양의 일을 하기 때문이다. 이때 기계가 사람보다 능률이 좋다고 한다.

사람이나 기계 등의 일의 능률을 정량적으로 나타내면 어느 것이 효과적으로 일을 할 수 있는가를 쉽게 비교할 수 있을 것이다. 따라서 단위 시간(1초)에 하는 일의 양인 **일률**을 사용한다.

시간 t초 동안에 하는 일의 양을 W라고 하면, 일률 P는 다음과 같이 나타낸다.

$$P = \frac{W}{t}, \qquad W = Pt \tag{4.4}$$

일률의 단위는 **와트**[W]이며, 1[W]는 1초 동안에 1[J]의 일을 할 때의 일률이다. 즉, 일률의 단위 관계는

$$1\,[\mathrm{W}] = 1\,[\mathrm{J/s}], \qquad 1\,[\mathrm{kW}] = 1000\,[\mathrm{W}]$$

이다.

또 만약 물체가 일정한 힘 F를 t초 동안 작용하여 일정한 속도 v로 운동하여 이동거리 s가 되었다면, 이때 물체가 받은 일은 $W = Fs$이고, 일률 P는 다음과 같이 나타낼 수 있다.

$$P = \frac{W}{t} = \frac{Fs}{t} = \frac{Fvt}{t} = Fv \qquad \therefore \quad P = Fv \tag{4.5}$$

식 (4.5)는 **일률과 속도의 관계식**이고, v는 물체의 평균 속력이다. 식 (4.5)에 의하면, 일률이 일정한 상태에서 힘이 커지면 속도가 줄고, 속도가 커지면 힘이 줄어드는 것을 알 수 있다.

자동차 엔진의 일률은 일정한 한계가 있기 때문에 자동차가 평지를 달릴 때에는 큰

힘이 필요하지 않으므로 빠른 속력을 낼 수 있고, 언덕을 오를 때에는 큰 힘이 필요하므로 속력이 느려지게 된다. 따라서 자동차나 자전거의 운전자가 평지를 달릴 때에는 고단 기어를 사용하고, 언덕을 오를 때에는 저단 기어를 사용하는 것이다.

예제 4.2 수평면 위에 정지해 있는 10[kg]의 물체에 수평 방향으로 20[N]의 힘을 계속 가하여 10[m]를 20초 동안 이동시켰다. 이때 다음을 각각 구하라.

(1) 힘이 물체에 한 일[J]

(2) 힘의 일률[W]

풀이

(1) 일 $W = Fs = 20 \times 10 = 200$ [J]

(2) 일률 $P = \dfrac{W}{t} = \dfrac{200}{20} = 10$ [W]

4.2 운동 에너지와 위치 에너지

지면과 수평으로 날아가거나 아래로 떨어지는 물체와 같이 운동하는 물체는 다른 물체에 대하여 일을 할 수 있는 능력을 가진다. 이와 같이 어떤 물체가 다른 물체에 대하여 일을 할 수 있는 능력을 가질 때 이 물체는 에너지(energy)를 가지고 있다고 한다. 즉, 에너지는 일을 할 수 있는 능력을 의미하고 일로 전환되는 물리량이다.

에너지는 일의 원인이고, 일은 에너지의 결과로 나타나기 때문에 에너지와 일은 원인과 결과의 관계로써 서로 매우 밀접한 관계가 있다. 따라서 에너지의 단위는 일의 단위와 같은 줄[J]을 사용한다.

4.2.1 운동 에너지

날아가고 있던 야구공이 유리창에 부딪히면 유리창을 깨뜨리는 일을 하고, 흐르는 물은 물레방아를 돌리는 일을 한다. 이와 같이 운동하는 물체는 일을 할 수 있는 능력, 즉 에너지를 가지게 된다. 이 에너지를 운동 에너지(E_k, kinetic energy)라고 한다.

그림 4.4와 같이 수평면 위에서 질량 m인 물체가 속력 v_0로 운동하고 있을 때, 운동 방향과 반대 방향으로 일정하게 외부에서 가한 힘(외력) F를 받으며 거리 s 만큼 이동하면서 정지한 경우를 생각한다.

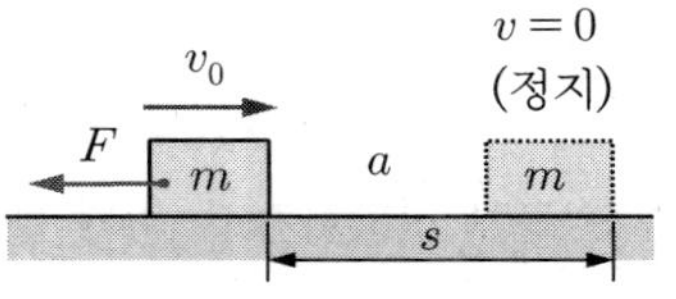

그림 4.4 ▶ 운동 에너지

이 물체의 운동은 등가속도 직선 운동을 하며, 등가속도 운동의 식 (1.27)에 의해

$$0^2 - {v_0}^2 = 2as \tag{4.6}$$

이고, 이 식의 양변에 $\frac{1}{2}m$을 곱하면 다음과 같이 된다.

$$0^2 - \frac{1}{2}m{v_0}^2 = \frac{1}{2}m \cdot 2as = ma \cdot s = Fs \tag{4.7}$$

$$\therefore \quad Fs = -\frac{1}{2}m{v_0}^2 \tag{4.8}$$

따라서 이 물체는 외부로부터 받은 일 $W = Fs = -\frac{1}{2}m{v_0}^2$이 된다.
그러므로 물체가 외부에 대해 행한 일은 다음과 같이 나타낼 수 있다.

$$W = -Fs = \frac{1}{2}m{v_0}^2 \tag{4.9}$$

이것이 질량 m인 물체가 속력 v_0로 운동하고 있을 때의 운동 에너지이다.

운동 에너지는 물체가 운동하지 않을 때까지 외부에서 행한 일로 표시되기 때문이고, 물체에 작용하는 힘이 운동 방향과 반대일 경우에는 물체가 힘 F를 주는 힘이 작용하는 것에 대하여 행하는 일이라고 생각하면 쉽게 이해할 수 있다.

물체는 외력에 의해 $W = -Fs$를 받게 되지만, 물체는 외력에게 $W = Fs$의 일을 주게 되기 때문이다.

이와 같이 외력이 운동 방향과 반대 방향으로 작용하는 경우의 운동 에너지는 물체가 외력 F를 주는 것에 대한 일이라고 생각하면 쉽게 이해할 수 있다.

일반적으로 속력 v로 운동하고 있는 질량 m인 물체가 가지는 **운동 에너지** E_k 또는 K는

$$E_k = \frac{1}{2}mv^2 \tag{4.10}$$

으로 나타낸다.

그림 4.5와 같이 매끄러운 수평면 위에서 속력 v_0로 운동하고 있는 질량 m인 물체가 운동 방향으로 일정한 힘 F를 받아 거리 s 만큼 이동하였을 때, 그 속력이 v로 변화된 경우를 생각한다.

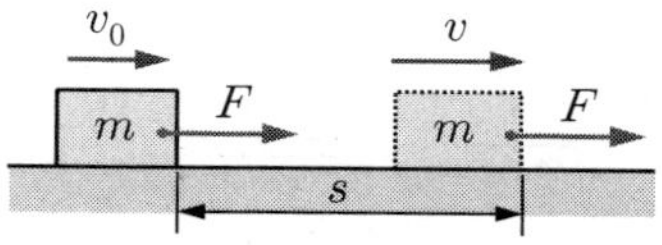

그림 4.5 ▸ 운동 에너지의 변화

이 물체의 운동은 등가속도 직선 운동을 하며, 등가속도 운동의 식 (1.27)에 의해

$$v^2 - {v_0}^2 = 2as \tag{4.11}$$

이고, 이 식의 양변에 $\frac{1}{2}m$을 곱하면 다음과 같이

$$\frac{1}{2}mv^2 - \frac{1}{2}m{v_0}^2 = \frac{1}{2}m \cdot 2as = ma \cdot s = Fs = W \tag{4.12}$$

$$\therefore \quad W = \frac{1}{2}mv^2 - \frac{1}{2}m{v_0}^2 \tag{4.13}$$

이 된다. 즉, 외부에서 작용한 힘이 물체에 해 준 일은 물체의 운동 에너지의 변화량 $W = \Delta E_k$와 같다.

이 식은 등가속도 직선 운동을 하는 물체에서 유도하였지만, 일정하지 않은 가속도 운동 등의 모든 운동에 관하여 적용되는 원리이다.

물체에 일을 해 주면 운동 에너지가 증가하고 다른 물체에 일을 하면 일한 만큼의 운동 에너지가 감소한다.

예제 4.3 마찰이 없는 수평면 위에 정지해 있는 질량 10[kg]인 물체에 수평 방향으로 50[N]의 힘을 계속 가하여 10[m]를 이동시켰다. 다음을 각각 구하라.

(1) 힘이 물체에 한 일[J]

(2) 물체의 운동 에너지[J]

(3) 물체의 속력[m/s]

풀이

(1) $W = Fs = 50 \times 10 = 500$ [J]

(2) 외력이 물체에 한 일=운동 에너지의 변화량

$$\therefore \quad E_k = W = 500 \text{ [J]}$$

(3) $E_k = \dfrac{1}{2}mv^2$에서 $v = \sqrt{\dfrac{2E_k}{m}} = \sqrt{\dfrac{2 \times 500}{10}} = 10$ [m/s]

4.2.2 위치 에너지

높은 곳에 있는 물체는 지면으로 떨어질 때까지 일을 할 수 있고, 압축되거나 늘어난 용수철은 원래의 위치로 되돌아가면서 다른 물체에 일을 할 수 있는 능력, 즉 에너지를 가지고 있다.

이와 같이 물체가 기준의 위치에서 다른 위치로 이동하였을 때 가지게 되는 에너지를 위치 에너지(potential energy)라 하고 E_p 또는 U라고 표시한다.

위치 에너지의 종류는 힘의 종류에 따라 중력에 의한 위치 에너지, 탄성력에 의한 위치 에너지, 만유 인력에 의한 위치 에너지, 전기력에 의한 위치 에너지 등이 있다.

위치 에너지의 기준점은 위치 에너지가 0이고, 기준 위치는 임의로 정해도 된다. 중력에 의한 위치 에너지는 지면을 기준점으로 정하는 것이 일반적이고, 기준점에 따라 위치 에너지의 값이 달라진다.

그러나 위치 에너지의 차는 두 위치의 차로 결정되므로 기준점에 관계없는 에너지의 값이다.

(1) 중력에 의한 위치 에너지

지구상에 있는 물체는 중력의 작용에 의하여 연직 아래 방향으로 자유 낙하 운동을 한다.

그림 4.6과 같이 질량이 m인 물체를 높이 h에서 놓았을 때 중력 $F = mg$에 의해 물체가 이동한 거리 $s = h$로 볼 수 있으므로 중력이 물체에 한 일은

$$W = Fs = mgh \tag{4.14}$$

가 된다. 따라서 높이 h에 있는 질량 m인 물체는 mgh 만큼의 일을 할 수 있는 능력, 즉 에너지를 가지고 있는 데, 이것을 물체가 가지고 있는 **중력에 의한 위치 에너지**라고 한다.

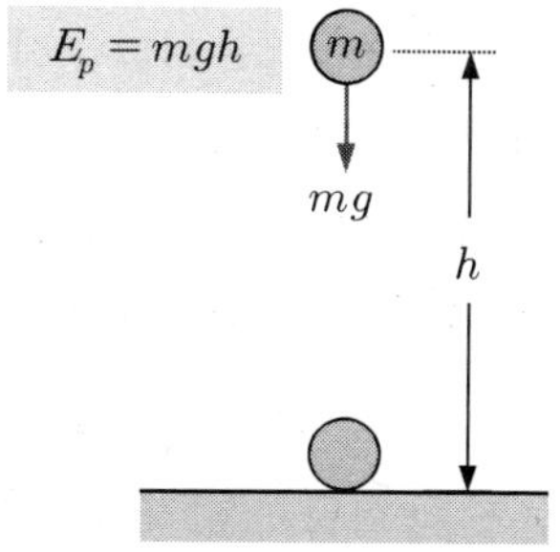

그림 4.6 ▸ 위치 에너지

일반적으로 위치 에너지가 0인 기준면에서 높이 h에 있는 질량 m인 물체의 중력에 의한 위치 에너지 E_p는 다음과 같다.

$$E_p = mgh \tag{4.15}$$

중력에 의한 위치 에너지는 물체의 높이가 높을수록 커지고, 또 중력은 연직 아래 방향으로만 작용하기 때문에 물체가 다른 방향의 경로로 이동하더라도 위치 에너지는 연직 높이의 차로만 결정된다.

> **예제 4.4** 질량 2[kg]인 물체를 지상 2[m]에서 10[m]의 높이로 올려 놓았다. 지표면을 기준으로 할 때 위치 에너지의 증가량[J]을 구하라. (단, 중력 가속도는 10[m/s^2]이다.)

풀이

위치 에너지는 기준면에 대해 각각의 위치에서 정해지므로 중력에 의한 위치 에너지의 증가량 ΔE_p는 다음과 같이 구해진다.

$$\Delta E_p = E_2 - E_1 = mgh_2 - mgh_1 = mg(h_2 - h_1) = 2 \times 10 \times (10 - 2)$$

$$\therefore \quad \Delta E_p = 160\,[\mathrm{J}]$$

(2) 탄성력에 의한 위치 에너지

용수철에 힘을 가하여 늘리거나 압축시킬 때와 같이 탄성체에 힘을 가하여 변형시키려면 일이 필요하다. 이 일은 탄성체에 저장되었다가 복원할 때 다른 물체에 대하여 탄성체가 일을 하게 된다.

이와 같이 힘을 가하여 변형된 탄성체가 가지고 있는 에너지를 탄성력에 의한 위치 에너지 또는 탄성 에너지라고 한다.

훅의 법칙의 식 (2.24)에 의해 용수철에 작용하는 힘 F와 늘어난 길이 x의 관계식은 $F = kx$이다. 또 제4.1.1절에서 힘 F가 물체에 한 일 W는 그림 4.3의 $F-s$ 그래프에서 곡선의 면적이 된다는 것을 설명하였다. 이들로부터 그림 4.7의 용수철에 관한 $F-x$ 그래프에서도 곡선 아래의 면적, 즉 삼각형의 면적이 탄성체에 가한 힘 F가 탄성체에 한 일 W가 된다. 즉,

$$W = \frac{1}{2}Fx = \frac{1}{2}\cdot kx \cdot x$$

$$\therefore \quad W = \frac{1}{2}kx^2\,[\mathrm{J}] \tag{4.16}$$

이 된다. 이 일은 탄성체에 저장되었다가 원래의 상태로 되돌아가면서 다른 물체에 일을 하므로 탄성력에 의한 위치 에너지 E_p는

$$E_p = \frac{1}{2}kx^2 \tag{4.17}$$

이 된다.

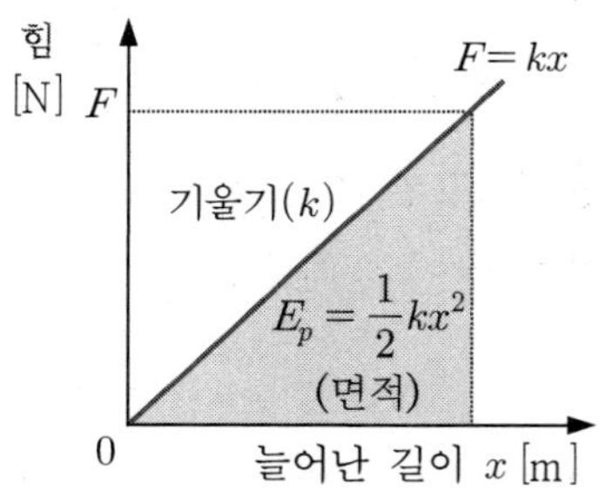

그림 4.7 ▶ 탄성력에 의한 위치 에너지

예제 4.5 어떤 용수철을 $0.1\,[\mathrm{m}]$를 늘리게 하는 데 $20\,[\mathrm{N}]$의 힘이 필요하였다. 이 용수철을 $0.5\,[\mathrm{m}]$ 늘어나게 하는 데 필요한 일$[\mathrm{J}]$을 구하라.

풀이

혹의 법칙 $F=kx$에서 탄성 계수 k는

$$k=\frac{F}{x}=\frac{20}{0.1}=200\ [\mathrm{N/m}]$$

이고, 따라서 탄성력에 의한 위치 에너지 E_p는 다음과 같이 얻어진다.

$$E_p=\frac{1}{2}kx^2=\frac{1}{2}\times 200\times 0.5^2=25\ [\mathrm{J}]$$

4.3 역학적 에너지 보존의 법칙

높은 곳에서 정지하고 있던 롤러코스터가 중력의 작용으로 내려오면 위치 에너지는 감소하고 운동 에너지는 증가한다.

이때 롤러코스터의 속력에 따라 결정되는 운동 에너지와 그 물체의 위치에 따라 결정되는 위치 에너지의 합, 즉 운동 에너지와 위치 에너지의 합을 **역학적 에너지**(mechanical energy)라고 한다.

4.3.1 중력에 의한 역학적 에너지 보존

(1) 역학적 에너지의 상호 전환

야구공을 연직 위로 던지는 운동을 생각한다. 처음에는 위치가 가장 낮고 속력이 가장 빠르므로 위치 에너지는 최소이고 운동 에너지는 최대가 된다. 야구공이 위로 올라갈수록 속력이 감소하기 때문에 위치 에너지는 증가하고 운동 에너지는 감소한다.

최고 높이에 도달했을 때 야구공의 속력은 0이므로 위치 에너지는 최대, 운동 에너지는 0으로 최소가 된다. 반대로, 야구공이 내려올 때는 위치 에너지가 감소하고 운동 에너지는 증가한다.

이와 같이 중력을 받으면서 운동하는 물체의 경우에는 위치 에너지가 증가할 때는 운동 에너지가 감소하고, 운동에너지가 증가할 때는 위치 에너지가 감소하면서 상호 전환되는 것을 알 수 있다. 이것을 **역학적 에너지의 상호 전환**이라 한다.

(2) 역학적 에너지 보존의 법칙

그림 4.8과 같이 질량 m인 물체를 자유 낙하시켜 지면으로부터 높이가 h_1, h_2인 점 A, B를 지나는 순간 물체의 속도를 각각 v_1, v_2라 하자.

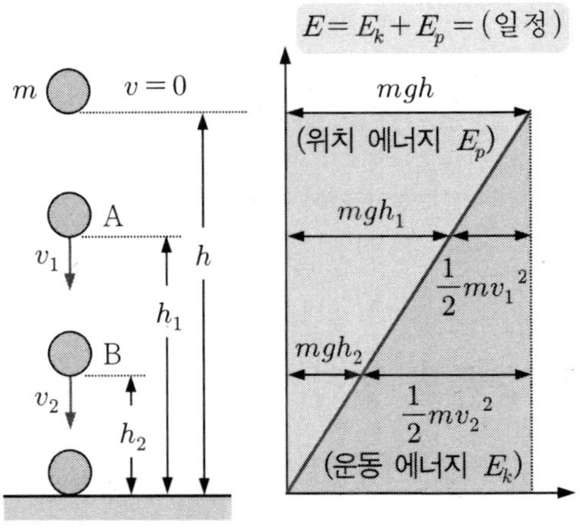

그림 4.8 ▶ 중력에 의한 역학적 에너지의 보존

물체가 떨어지기 직전에는 운동 에너지는 0이고 중력에 의한 위치 에너지는 mgh만 가지고 있다.

점 A를 지날 때에는 중력에 의한 위치 에너지는 mgh_1으로 감소하고 운동 에너지는 $\frac{1}{2}mv_1^2$으로 증가한다. 또 점 B를 지날 때에는 중력에 의한 위치 에너지는 mgh_2로 더 감소하고 운동 에너지는 $\frac{1}{2}mv_2^2$으로 더 증가한다.

물체가 지면에 떨어지는 순간에는 중력에 의한 위치 에너지는 0이고 운동 에너지만 최대로 된다.

두 점 A와 B에서 운동 에너지와 중력에 의한 위치 에너지의 합인 역학적 에너지 E는 최초의 높이 h에서 물체가 가지고 있던 위치 에너지 mgh와 같다는 것을 알 수 있다. 이들의 관계를 식으로 나타내면

$$\frac{1}{2}mv_1^2 + mgh_1 = \frac{1}{2}mv_2^2 + mgh_2 = mgh(\text{일정}) \tag{4.18}$$

가 된다.

일반적으로 마찰력이나 공기의 저항 등이 무시될 때 물체의 위치 에너지가 감소하면 그만큼 운동 에너지가 증가하고 운동 에너지가 감소하면 그만큼 위치 에너지가 증가한다. 즉 운동 에너지의 변화량과 위치 에너지의 변화량은 항상 같으며, 역학적 에너지가 상호 전환됨을 알 수 있다.

이와 같이 역학적 에너지는 상호 전환되지만 물체가 가지는 위치에너지와 운동에너지의 합인 역학적 에너지는 임의의 위치에서 항상 일정하게 유지되는데, 이것을 역학적 에너지 보존의 법칙이라 한다.

$$E = E_k + E_p = \frac{1}{2}mv^2 + mgh = (\text{일정}) \tag{4.19}$$

예제 4.6 질량 2[kg]인 물체가 지상 10[m]의 높이가 되는 곳에 있다. 이 물체가 자유낙하할 때 지면에 도달하는 순간의 운동 에너지[J]를 구하라.

풀이

역학적 에너지가 보존되므로

처음의 역학적 에너지$=\frac{1}{2}mv^2 + mgh = 0 + mgh$

지면 도달 순간의 역학적 에너지$=\frac{1}{2}mv^2 + mgh = \frac{1}{2}mv^2 + 0$

$$\therefore \quad E_k = \frac{1}{2}mv^2 = mgh = 2 \times 9.8 \times 10 = 196\ [\text{J}]$$

4.3.2 탄성력에 의한 역학적 에너지 보존

그림 4.9와 같이 마찰이 없는 수평면 위에서 탄성 계수가 k인 용수철의 한 끝을 벽에 고정시키고 질량 m인 물체를 매달은 후, 이 물체를 손으로 잡아서 점 P까지 처음 길이에서 수평 방향으로 A만큼 잡아당겼다가 가만히 놓으면 물체는 처음의 위치 O를 중심으로 좌우로 단진동 운동을 하는 경우를 생각한다.

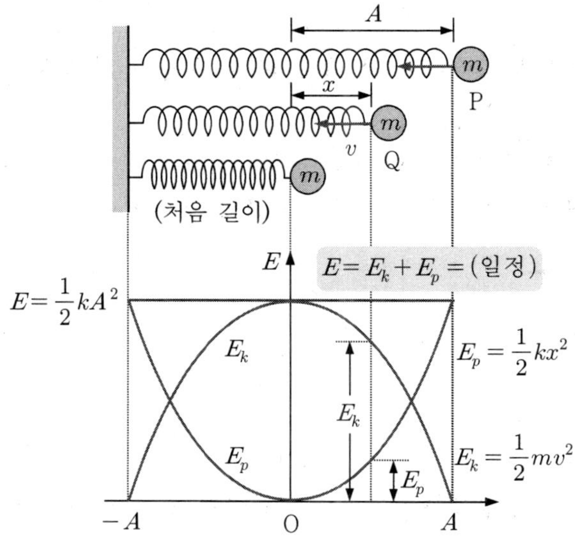

그림 4.9 ▶ 탄성력에 의한 역학적

용수철을 점 P까지 길이 A만큼 늘렸을 때 용수철의 탄성력에 의한 위치 에너지는 $\frac{1}{2}kA^2$이고, 운동 에너지는 정지 상태이므로 0이 된다.

물체가 점 Q를 지날 때 탄성력에 의한 위치 에너지는 $\frac{1}{2}kx^2$으로 감소하고, 운동 에너지는 $\frac{1}{2}mv^2$으로 증가한다. 점 Q에서 물체의 운동 에너지는 점 P와 점 Q까지 운동하는 동안 용수철의 탄성력이 물체에 해준 일의 양과 같으며, 점 P와 Q에서의 탄성력에 의한 위치 에너지의 차와 같다. 즉

$$\frac{1}{2}mv^2 + \frac{1}{2}kx^2 = \frac{1}{2}kA^2 \tag{4.20}$$

이다. 이와 같이 마찰력이나 공기의 저항 등이 무시될 때 역학적 에너지는 상호 전환되고, 물체의 탄성력에 의한 위치에너지와 운동에너지의 합인 역학적 에너지도 임의의 위치에서 항상 일정하게 유지되고 역학적 에너지 보존의 법칙이 성립한다.

$$E = E_k + E_p = \frac{1}{2}mv^2 + \frac{1}{2}kx^2 = (\text{일정}) \tag{4.21}$$

연 / 습 / 문 / 제

4-1 정지하고 있는 물체에 5[W]의 일률로 20[J]의 일을 해주었더니 속력이 8[m/s]가 되었다. 이때 다음을 각각 구하라.

(a) 이 물체의 가속도[m/s^2]

(b) 이 물체의 질량[kg]

4-2 정지하고 있는 질량이 10[kg]인 물체에 5[N]의 힘을 10초 동안 작용하였더니 물체의 속도가 2[m/s]가 되었다. 이때 다음을 각각 구하라.

(a) 이 물체의 가속도[m/s^2]

(b) 이 물체의 이동 거리[m]

(c) 이 물체에 해 준 일[J]

(d) 마찰력[N]

4-3 질량 20[kg]의 물체를 지면에서 연직 위의 방향으로 5[m] 들어올렸다. 이때 물체가 한 일[J]을 구하라.

4-4 마찰 계수 μ가 0.3인 수평면 위에서 질량 20[kg]인 물체가 일정한 힘에 의해 등속도 운동을 하면서 5[m]이동하였다. (단, 중력 가속도는 10[m/s^2]이다.) 이때 다음을 각각 구하라.

(a) 이 물체에 작용하는 힘 F[N]

(b) 이 물체가 한 일 W[J]

4-5 그림 4.10은 어떤 물체에 작용한 힘이 10초 동안 가해진 $F-s$ 그래프이다. 이 힘이 물체에 한 일[J]을 구하라.

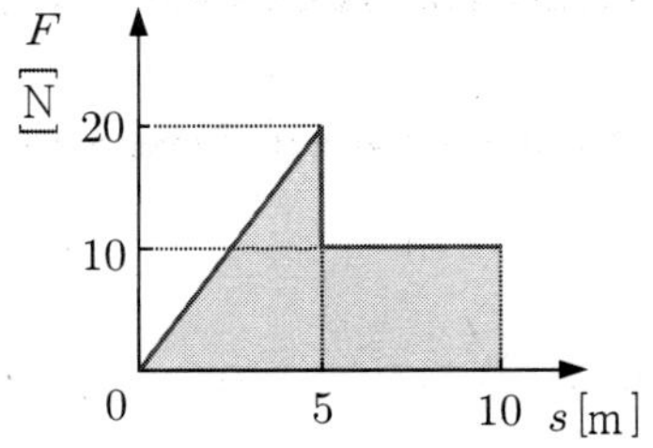

그림 4.10

4-6 질량이 2[kg]인 물체가 5[m/s]의 속도로 운동하고 있다. 운동하고 있는 물체에 외부에서 24[J]의 일을 해 주었을 때 물체의 속도[m/s]를 구하라.

4-7 0.2[kg]인 추를 매달면 0.1[m] 늘어나는 용수철이 있다. 이 용수철을 0.4[m] 늘어나게 하였을 때, 이 용수철의 탄성력에 의한 위치 에너지[J]를 구하라.

4-8 그림 4.11과 같이 질량 2[kg]의 정지해 있는 물체가 높이 10[m]의 마찰이 있는 경사면을 내려왔을 때 그 속력이 8[m/s]가 되었다. 이 과정에서 마찰로 소모된 에너지[J]를 구하라. (단, 중력 가속도는 10[m/s^2]이다.)

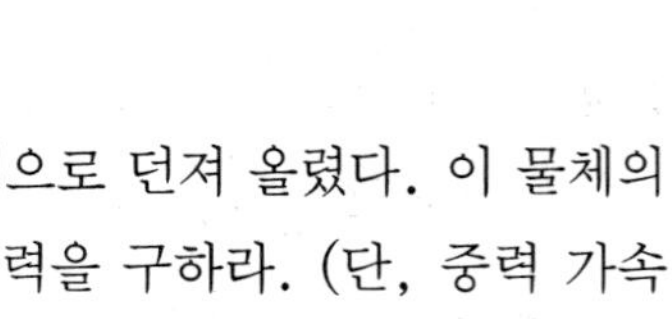

그림 4.11

4-9 어떤 물체를 지면에서 연직 상방으로 40[m/s]의 속력으로 던져 올렸다. 이 물체의 위치 에너지가 운동 에너지의 3배가 되는 점에서의 속력을 구하라. (단, 중력 가속도는 10[m/s^2]이다.)

chapter 5

원운동과 단진동

5.1 원운동

5.1.1 등속 원운동

(1) 주기와 각속도

선풍기 날개의 회전이나 지구를 중심으로 달이 공전하는 경우와 같이 물체가 원둘레 위를 항상 일정한 속력으로 회전하고 있는 운동을 **등속 원운동**이라 한다.

등속 원운동 하는 물체는 주기적으로 반복 회전 운동한다. 이때 물체가 원둘레 위를 한 번 회전하는 데 걸리는 시간을 **주기(period)**, 단위 시간(1초) 동안 회전하는 회전수를 **진동수** 또는 **주파수(frequency)**라고 한다.

주기 T의 단위는 초[s]이고, 진동수 f의 단위는 헤르츠[Hz]를 사용한다.

주기 T와 진동수 f 사이에는 다음의 관계가 성립한다.

$$T=\frac{1}{f} \tag{5.1}$$

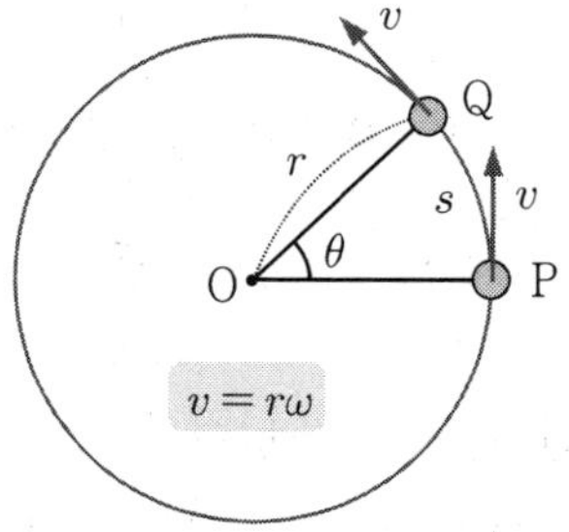

그림 5.1 ▸ 등속 원운동

그림 5.1과 같이 물체가 중심 O에서 반지름 r인

원주 위를 일정한 속력 v로 원운동하고 있다.

원호의 각 $\angle POQ$을 θ라 할 때, 점 P와 점 Q 사이에 이동한 거리 s는 호의 길이와 같으므로

$$s = r\theta \tag{5.2}$$

로 표시된다. 여기서 각 θ는 라디안(rad)을 사용한다.

1라디안은 호의 길이 s와 반지름 r이 같을 때의 중심각이고, 1[rad] ≒ 57° 18′이다. 따라서 물체가 원둘레를 한 바퀴 회전(360°)한 경우에 원주의 길이는 $s = 2\pi r$이므로 식 (5.2)에 대입하면 $\theta = 2\pi$[rad]가 된다.

즉, 360° = 2π[rad], 180° = π[rad], 90° = $\pi/2$[rad]이다.

등속 원운동 하는 물체가 주기 T 동안에 원둘레를 한 바퀴 회전하여 원주 길이 $2\pi r$ 만큼 이동하므로 물체의 속력 v는

$$v = \frac{2\pi r}{T} \quad \left(T = \frac{2\pi r}{v}\right) \tag{5.3}$$

이 된다.

각속도는 단위 시간(1초) 동안에 회전한 중심각으로 나타내며 **각진동수** 또는 **각주파수**라고도 한다. 어떤 물체가 t초 동안에 각 θ만큼 회전하였을 때의 각속도 ω는

$$\omega = \frac{\theta}{t} \quad (\theta = \omega t) \tag{5.4}$$

가 되고, 각속도의 단위는 [rad/s]를 사용한다.

등속 원운동 하는 물체의 주기 T 또는 주파수 f가 주어졌을 때, 각속도 ω는 주기 T[s] 동안에 2π[rad]만큼 회전한 것이므로 다음과 같이 나타낼 수 있다.

$$\omega = \frac{2\pi}{T} = 2\pi f \quad \left(T = \frac{2\pi}{\omega}, \quad f = \frac{\omega}{2\pi}\right) \tag{5.5}$$

식 (5.3)과 식 (5.5)에서 속도 v와 각속도 ω는

$$v = \frac{2\pi r}{T} = \omega r \qquad \therefore \quad v = r\omega \tag{5.6}$$

인 관계가 성립한다.

등속 원운동 하는 물체의 속도의 크기, 즉 속력은 $r\omega$로 일정하고, 속도의 방향은 **그림 5.1**에 나타낸 것과 같이 항상 원의 접선 방향이 된다.

(2) 등속 원운동의 가속도

앞 절에서 등속 원운동 하는 물체는 속력이 일정하고, 방향은 원의 접선 방향이므로 시시각각 변한다는 것을 배웠다.

따라서 등속 원운동 하는 물체는 속력이 일정하여도 운동 방향이 계속 변하므로 가속도 운동을 하게 된다. 등속 원운동에서 물체의 가속도는 항상 원의 중심을 향하므로 **구심 가속도**라고 한다.

구심 가속도 a는 원의 중심을 향하고, 식 (5.6)의 $v = r\omega$에 의해 가속도의 크기는 다음과 같이 구해진다.

$$a = \frac{v^2}{r} = r\omega^2 \tag{5.7}$$

예제 5.1 어떤 물체가 반지름이 0.2[m]인 원둘레 위를 4[m/s]의 속력으로 등속 원운동 하고 있다. 다음을 각각 구하라.

(1) 각속도[rad/s]　　(2) 주기[s]　　(3) 구심 가속도[m/s²]

풀이

(1) $v = r\omega$에 의해 각속도 ω

$$\omega = \frac{v}{r} = \frac{4}{0.2} = 20\ [\mathrm{rad/s}]$$

(2) $T = \dfrac{2\pi}{\omega} = \dfrac{2\pi}{20} = \dfrac{\pi}{10} \fallingdotseq 0.3\ [\mathrm{s}]$

(3) $a = r\omega^2 = 0.2 \times 20^2 = 80\ [\mathrm{m/s^2}]$

5.1.2 구심력

등속 원운동 하는 물체에서 구심 가속도는 크기가 일정하며, 속도의 방향과 항상 수직이다. 그러나 가속도의 방향이 계속 변하므로 등가속도 운동은 하지 않는다.

이와 같이 등속 원운동은 가속도 운동이고 그 가속도를 갖게 하는 힘이 물체에 작용해야 한다. 이 힘은 구심 가속도와 같은 방향이므로 항상 원의 중심으로 향하게 된다. 따라서 원운동 하는 물체에서 원의 중심 방향으로 작용하는 힘을 **구심력**이라 한다.

뉴턴의 운동 제2법칙 $F=ma$에 식 (5.7)을 대입하면 구심력 F는

$$F=ma=m\frac{v^2}{r}=mv\omega=mr\omega^2 \tag{5.8}$$

이 된다.

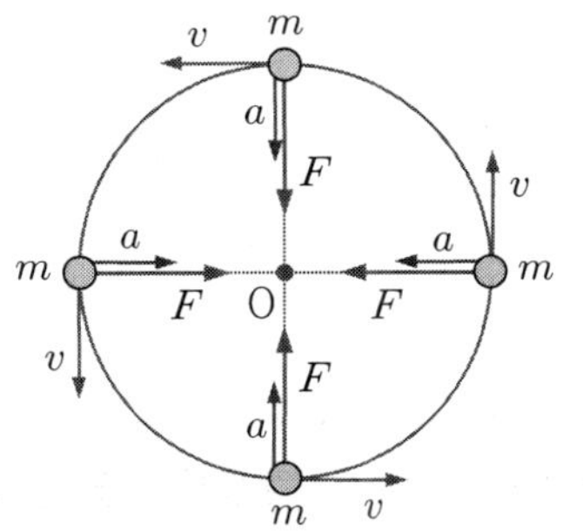

그림 5.2 ▸ 구심력

5.1.3 원심력

자동차가 곡선 도로를 달릴 때 차 안의 사람은 곡선 바깥쪽으로 몸이 쏠리는 힘을 받는다. 이것은 물체가 원운동하고 있을 때 물체와 함께 원운동 하는 관측자가 느끼는 가상적인 힘인 관성력을 **원심력**이라 한다.

그림 5.3은 회전판의 중심 O에 용수철의 한쪽 끝을 연결하고 다른 쪽 끝에는 질량 m

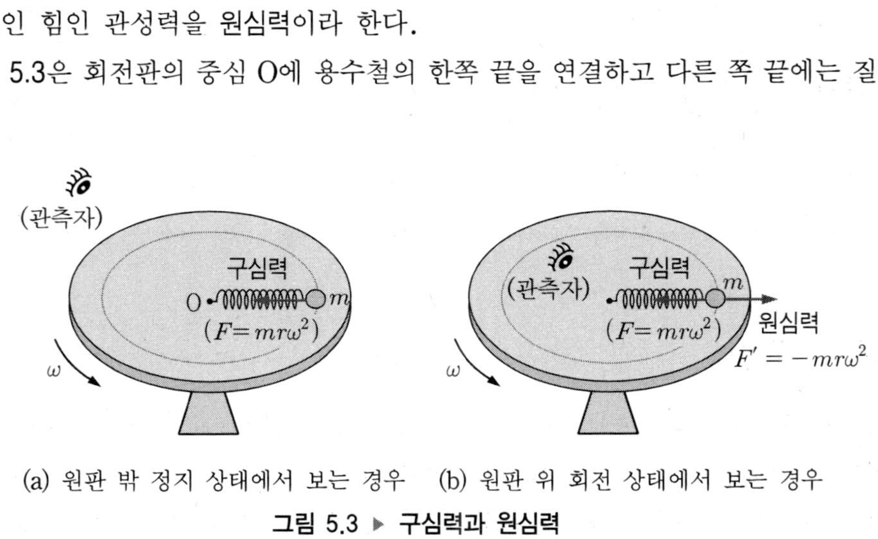

(a) 원판 밖 정지 상태에서 보는 경우 (b) 원판 위 회전 상태에서 보는 경우

그림 5.3 ▸ 구심력과 원심력

인 물체를 매달아 회전판 위에 놓고 일정한 각속도 ω로 회전시켜 용수철이 원래의 길이보다 r 만큼 늘어나면서 원판과 함께 등속 원운동 하는 것을 나타낸 것이다.

그림 5.3(a)는 관측자가 원판 밖에서 원판 위의 물체를 바라보는 경우를 나타낸 것이다. 원판 위의 물체는 용수철의 탄성력 F에 의해 구심력의 역할을 하기 때문에 등속 원운동을 하는 것처럼 보일 것이다. 이때 물체에 작용하는 힘은 단지 구심력이 되는 용수철의 탄성력 밖에 존재하지 않는다.

그림 5.3(b)는 관측자가 원판 위에서 물체와 함께 원운동을 하면서 원판 위의 물체를 바라보는 경우를 나타낸 것이다. 원판 위의 관측자에게는 용수철이 늘어난 상태로 정지하고 있는 것처럼 보이기 때문에 물체에는 구심력과 정반대되는 어떤 힘이 작용하여 그 힘이 탄성력과 평형 상태를 유지하는 것으로 생각할 수 있다. 이 힘을 **원심력**이라 한다. 원심력은 구심력과 크기는 같고 방향은 반대이며, 원운동하고 있는 관측자가 관찰할 때 나타나는 가상적 힘인 관성력이다.

반지름 r인 원둘레 위를 각속도 ω로 등속 원운동 하는 질량 m인 물체에 나타나는 원심력 F'은 다음과 같이 나타낼 수 있다.

$$F' = -ma = -mr\omega^2 = -m\frac{v^2}{r} \tag{5.9}$$

보충학습

[등속 원운동의 가속도 공식 유도]

그림 5.4(a)와 같이 등속 원운동 하는 물체가 Δt 동안에 점 P에서 점 Q로 이동하였을 때 그 점에서의 속도가 각각 v_1, v_2인 운동을 생각한다.

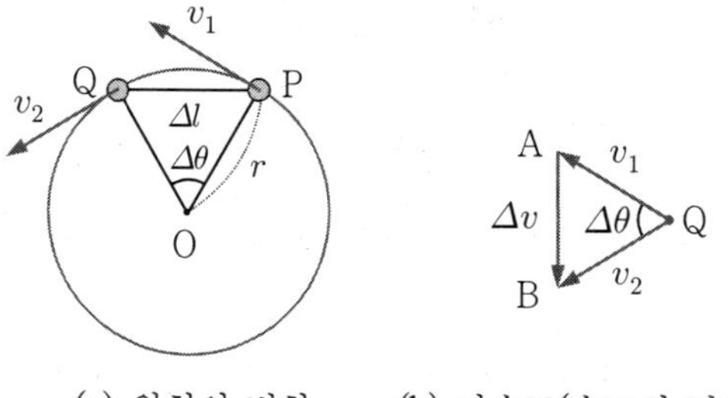

(a) 위치의 변화　　(b) 가속도(속도의 변화)

그림 5.4 ▶ 등속 원운동의 가속도

벡터는 평행 이동해도 변하지 않으므로 그림 5.4(b)와 같이 속도 v_1의 시점을 점 Q인 v_2의 시점과 일치하도록 평행 이동시킨다. 이때 v_1과 v_2가 이루는 각은 $\Delta\theta$와 같다.

따라서 물체가 짧은 시간 Δt 동안 점 P에서 점 Q까지 운동하는 사이에 일어나는 속도의 변화는 $\Delta v(=v_1-v_2)$이고, 이때 가속도 a는 $a=\Delta v/\Delta t$가 된다.

그림 5.4에서 $\triangle$PQO$\backsim\triangle$ABQ이므로

$$\frac{\Delta l}{r}=\frac{\Delta v}{v} \tag{5.10}$$

의 관계가 성립한다. 여기서 Δl은 물체가 매우 짧은 시간 Δt 동안에 이동한 거리이므로 $\Delta l=v\Delta t$가 되고, 이것을 식 (5.10)에 대입하면 가속도 a는

$$\frac{\Delta v}{\Delta t}=\frac{v^2}{r} \qquad \therefore \quad a=\frac{v^2}{r} \tag{5.11}$$

으로 구해진다. 또 식 (5.11)에 식 (5.6)의 $v=r\omega$를 대입하면 물체의 가속도 a는

$$\therefore \quad a=\frac{v^2}{r}=r\omega^2 \tag{5.12}$$

이 구해진다.

5.2 단진동

5.2.1 단진동의 정의

용수철에 매달린 물체의 운동이나 시계추의 운동은 출발했던 경로를 따라 일정한 시간 간격으로 끊임없이 왕복 운동을 한다.

그림 5.5(a)와 같이 등속 원운동을 하고 있는 물체의 옆에 스크린을 설치하고 평행 광선을 비추면 그림 5.5(b)와 같이 물체는 상하로 왕복 운동하는 그림자가 스크린 위에 투영되어 보일 것이다.

즉 일직선상에서 일정한 시간 간격으로 동일한 운동을 반복한다. 이와 같이 물체가 주기적으로 왕복하는 운동을 단진동이라 한다.

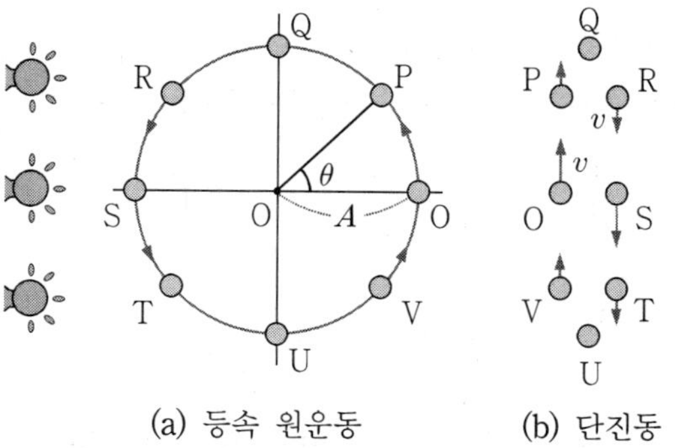

(a) 등속 원운동 (b) 단진동

그림 5.5 ▶ 단진동

그림 5.6은 원점 O를 중심으로 하고 반지름 A와 각속도 ω로 등속 원운동 하는 물체를 스크린 위에 투영된 그림자의 단진동을 시간에 따른 변위로 나타낸 그래프이다.

이 물체가 원점 O를 출발하여 점 P, 점 Q의 방향으로 원둘레 위를 한 바퀴 도는 동안에 투영된 물체의 그림자는 x축 상에서 중심 O를 출발하여 점 Q로 올라갔다가 점 U를 향하여 내려오고 다시 중심 O로 되돌아오면서 직선 $\overline{QU}$ 위를 한 번 왕복한다.

물체가 원점을 출발하여 시간 t초 후에 점 P까지 운동했을 때 x축 위의 점 P의 변위 x는 다음과 같이

$$x = A\sin\theta = A\sin\omega t \tag{5.13}$$

로 표시된다.

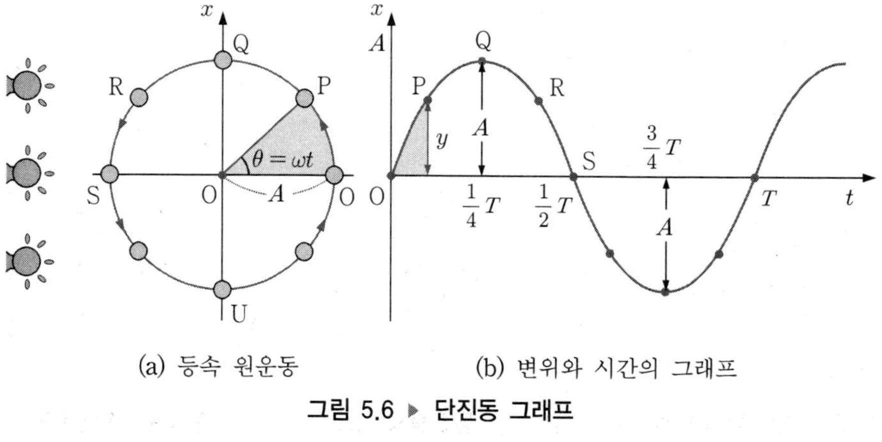

(a) 등속 원운동 (b) 변위와 시간의 그래프

그림 5.6 ▶ 단진동 그래프

변위 x의 최대값 A를 단진동의 **진폭**, 각 $\theta(=\omega t)$를 **위상**, 한 번 왕복하는 데 걸리는 시간 T를 단진동의 **주기**라고 한다. 주기 T는 원운동 하는 물체의 주기와 같다.

또 단위 시간 동안에 왕복하는 횟수를 단진동의 **진동수** 또는 **주파수** f라고 하고 단위는 헤르츠[Hz]를 사용한다.

주기 T, 각속도 ω, 진동수 f 사이에는

$$T=\frac{2\pi}{\omega}=\frac{1}{f}, \qquad \omega=2\pi f \tag{5.14}$$

의 관계가 성립한다. 여기서 각속도는 **각진동수** 또는 **각주파수**라고 한다.

5.2.2 단진동하는 물체에 작용하는 힘

등속 원운동에서 물체의 속력은 일정하고 속도의 방향은 항상 원의 접선 방향이라는 것을 배웠고, 또 물체의 가속도는 항상 원의 중심을 향하는 구심 가속도라는 것을 알고 있다.

그러나 단진동은 등속 원운동을 하는 물체의 투영한 그림자가 상하로 왕복하는 운동이기 때문에 단진동에서의 속도와 가속도는 연직 방향이 된다. 따라서 등속 원운동과 단진동을 하는 물체에서의 속도와 가속도는 다르게 나타날 것이다. 즉 단진동에서 속도와 가속도는 등속 원운동을 하는 물체의 속도와 가속도의 연직 성분이 된다.

먼저 단진동하는 물체에서 속도와 가속도를 조사하고, 이들로부터 단진동하는 물체에 작용하는 힘에 대하여 알아본다.

그림 5.7과 같이 반지름 A, 각속도 ω로 등속 원운동 하는 물체에 평행 광선을 비추었을 때 투영되는 물체의 그림자가 단진동하는 변위가 된다. 즉 점 P의 변위 x는

$$x=A\sin\omega t \tag{5.15}$$

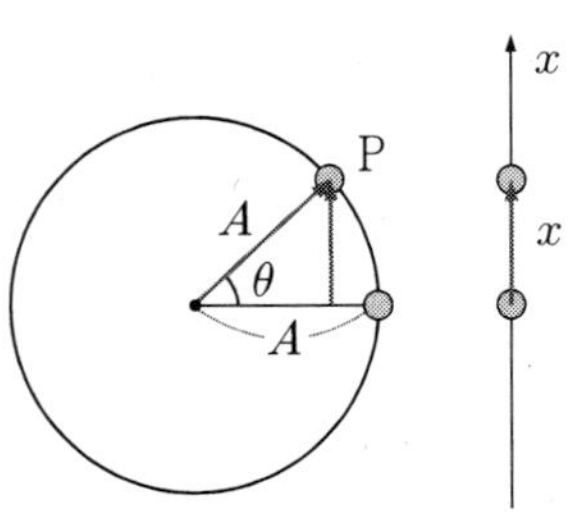

그림 5.7 ▶ 단진동의 변위

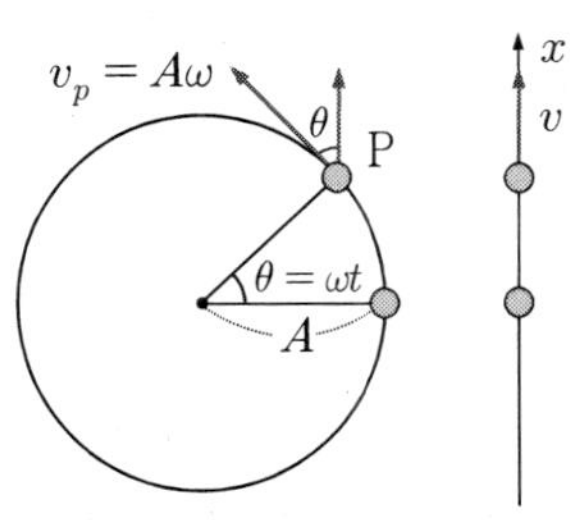

그림 5. ▶ 단진동의 속도

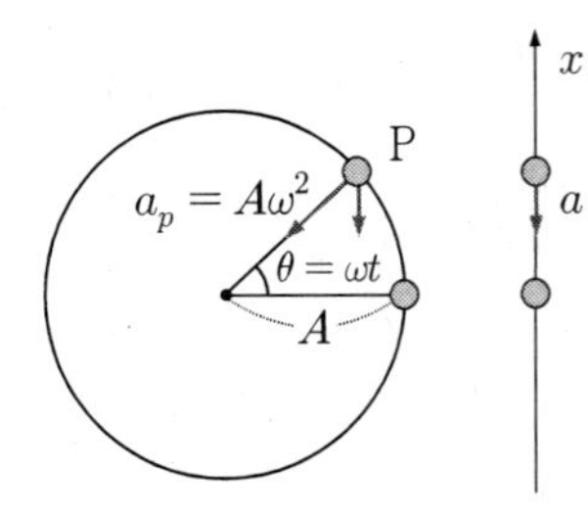

그림 5.9 ▶ 단진동의

이고, 여기서 A는 진폭, $\omega t(=\theta)$는 위상이다.

그림 5.8과 같이 등속 원운동을 하는 물체의 점 P에서 속력 v_p는 식 (5.6)의 $v=r\omega$에 $r=A$를 대입하면 $A\omega$가 된다. 따라서 단진동하는 물체의 속력 v는 등속 원운동의 속력 v_p의 연직 성분(x성분)이 된다. 즉,

$$v=A\omega\cos\omega t \tag{5.16}$$

이다.

단진동하는 물체의 속도의 크기는 진동 중심을 지날 때 가장 빠르고 운동 방향이 전환되는 양끝으로 갈수록 작아져서 0이 되고, 속도의 방향은 운동 방향(변위 방향)과 같다.

그림 5.9와 같이 등속 원운동을 하는 물체의 점 P에서 가속도는 원의 중심으로 향하고, 그 크기는 식 (5.7)에 의해 $A\omega^2$이다.

단진동의 가속도 역시 단진동의 속도와 마찬가지로 등속 원운동의 가속도를 분해한 연직 성분이 가속도 크기가 된다. 따라서 $A\omega^2$의 x성분인 단진동의 가속도 a는

$$a=-A\omega^2\sin\omega t=-\omega^2 x \tag{5.17}$$

가 된다. 여기서 (−)부호는 변위의 방향과 가속도의 방향이 반대인 것을 나타낸다.

이 식에서 단진동하는 물체의 가속도는 변위 x에 비례하고, 가속도의 방향은 변위 x와 반대 방향이므로 항상 진동의 중심을 향한다.

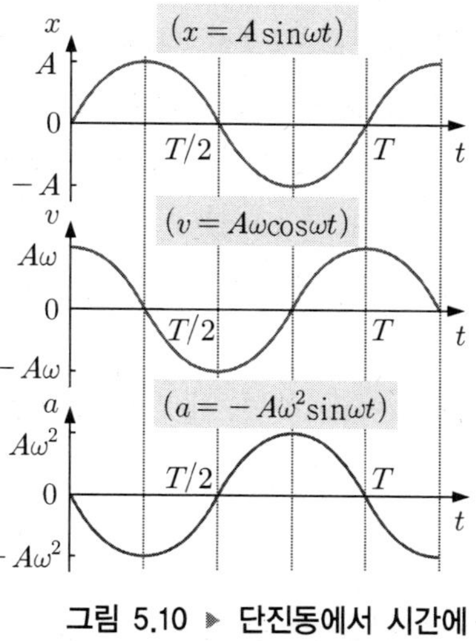

그림 5.10 ▶ 단진동에서 시간에 따른 변위, 속도, 가속도 변화

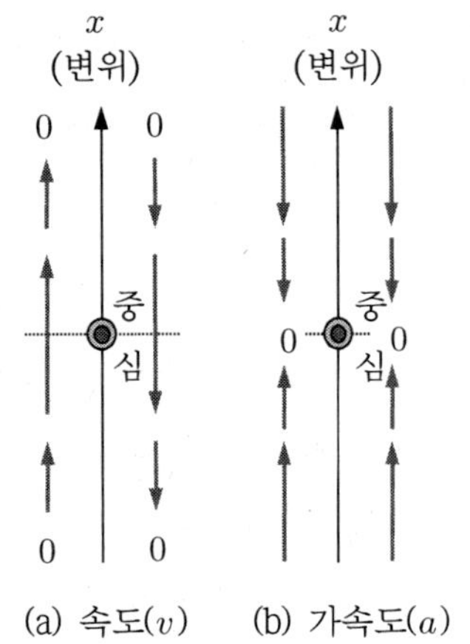

그림 5.11 ▶ 단진동의 속도와 가속도 변화

표 5.1 ▶ 단진동에서의 물체의 변위, 속도 및 가속도

(+) ↑ (상승 운동)		x (변위)	(-) ↓ (하강 운동)	
가속도 a	속도 v	위치	속도 v	가속도 a
최대	0	최상단	0	최대
(-)	(+)	↑ ↓	(-)	(-)
0	최대	◉	최대	0
(+)	(+)	↑ ↓	(-)	(+)
최대	0	최하단	0	최대

변위의 최대 : A, 속도의 최대 : $A\omega$
가속도의 최대 : $A\omega^2$

단진동하는 물체의 가속도는 진동 중심에서 0이고, 양끝으로 갈수록 점점 커져서 양 끝점에서는 $A\omega^2$으로 가장 크게 되어 속도와 반대 현상이 나타난다.

그림 5.10은 단진동 운동에서 사인 및 코사인 함수로 표시되는 식 (5.15), 식 (5.16), 식 (5.17)의 위치, 속도 및 가속도 함수를 나타낸 그래프이고, **그림** 5.11은 단진동을 하는 물체의 속도와 가속도의 크기와 방향의 변화를 나타낸 것이다.

표 5.1은 변위 x의 연직 위쪽 방향을 (+)부호로 취할 때, 변위에 따른 단진동을 하는 물체의 속도와 가속도의 운동 상태를 부호로 나타낸 것이다.

그림 5.11(b)와 같이 단진동을 하는 물체에서 가속도의 방향은 항상 진동의 중심을 향하고 있다. 이것은 물체가 진동 중심을 벗어나 다른 위치에 있으면 진동 중심으로 되돌아가려는 힘을 받고 있다는 것을 알 수 있다.

이 힘은 용수철처럼 원래의 위치로 복원시키려는 힘, 즉 탄성력과 같은 힘을 단진동에서의 **복원력**이라 한다.

단진동하는 물체의 질량을 m이라 하면 이 물체에 작용하는 힘 F는 뉴턴의 운동 제 2 법칙에 의해

$$F = ma = -m\omega^2 x \tag{5.18}$$

가 된다. 가속도와 마찬가지로 단진동하는 물체에 작용하는 힘의 크기는 변위에 비례하고 진동의 양끝에서 가장 크며, 그 방향은 변위의 방향과 반대인 진동 중심으로 향한

다. 식 (5.18)에서 $m\omega^2 = k$(비례 상수)라고 하면 다음과 같이 나타낼 수 있다.

$$F = -kx \tag{5.19}$$

이 식은 식 (2.25)의 용수철의 탄성력과 같다. 따라서 단진동에서 물체에 작용하는 힘은 복원력이라는 것을 알 수 있다.

단진동의 주기는 식 (5.18)과 식 (5.19)를 등식으로 놓거나 $m\omega^2 = k$에 의해 각속도 ω를 구하여 식 (4.14)의 주기 T에 대입하면

$$T = \frac{2\pi}{\omega} = 2\pi\sqrt{\frac{m}{k}} \quad (k : \text{비례 상수}) \tag{5.20}$$

과 같이 구해진다.

즉, 단진동의 주기 T는 진폭과는 관계가 없으며, 질량 m이 클수록, 복원력의 비례 상수 k가 작을수록 길어진다.

TIP 단진동의 속도와 가속도의 수학적 해석

변위 함수 : $x = A\sin\omega t$

(1) 속도 : 변위 함수의 미분

$$v = \frac{dx}{dt} = \frac{d}{dt}(A\sin\omega t) = A\omega\cos\omega t$$

(2) 가속도 : 속도 함수의 미분

$$a = \frac{dv}{dt} = \frac{d}{dt}(A\omega\cos\omega t) = -A\omega^2\sin\omega t = -\omega^2 x$$

5.3 용수철 진자

그림 5.12와 같이 마찰이 없는 수평면 위에 탄성 계수 k인 가벼운 용수철에 질량 m인 물체를 달고 평형 위치에서 A만큼 잡아당기거나 압축시켰다 놓으면 진폭이 A인 좌우로 단진동을 한다.

물체가 평형 위치에서 x만큼 늘어났을 때 물체에 작용하는 탄성력은 식 (2.25)와 같이 $F = -kx$가 작용한다. 물체에는 평형 위치를 향하여 변위의 크기에 비례하는 복원력

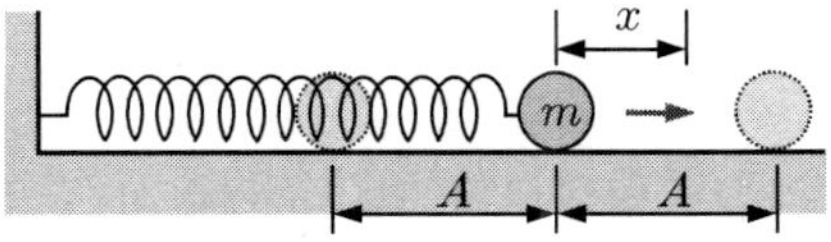

그림 5.12 ▸ 용수철 진자의 운동

이 작용하므로 단진동하게 된다. 이와 같이 **탄성력**에 의하여 주기적으로 왕복 운동의 단진동을 하는 진자를 **용수철 진자**라고 한다.

용수철 진자의 물체의 가속도 a는 다음과 같이 운동 방정식에 의해

$$F = ma = -kx \qquad \therefore \quad a = -\frac{k}{m}x \tag{5.21}$$

가 된다.

식 (5.17)과 식 (5.21)에 의해 $\omega^2 = k/m$이고, 단진동의 주기 $T = 2\pi/\omega$이므로 용수철 진자의 주기 T는

$$T = \frac{2\pi}{\omega} = 2\pi\sqrt{\frac{m}{k}} \tag{5.22}$$

으로 나타낸다. 용수철 진자의 주기 T는 진폭과는 관계가 없으며, 질량 m이 클수록, 탄성 계수 k가 작을수록 길어진다.

5.4 단진자

그림 5.13과 같이 길이 l인 실에 질량 m인 추를 매달아 조금 들었다 놓으면 추에 작용하는 중력에 의하여 추는 좌우로 주기적인 왕복 운동을 하는 단진동을 하게 된다. 이와 같이 **중력**에 의해 좌우로 단진동하는 물체를 **단진자**라 한다.

단진자의 운동에서 추의 속도의 크기는 단진동과 마찬가지로 평형점인 중앙에서 최대이고 양끝에서는 0이며, 속도의 방향은 항상 장력과 수직이 된다.

가속도의 크기는 중앙에서 0이고 양끝에서는 최대가 되며, 가속도의 방향은 오른쪽 끝에서는 왼쪽으로, 왼쪽 끝에서는 오른쪽 방향으로 향하기 때문에 항상 평형점인 중앙으로 작용하면서 복원력으로 작용하게 되어 단진동 운동을 하는 것이다.

단진자에서 질량 m인 추에 작용하는 힘은 실의 장력과 중력만이 작용하고 있다.

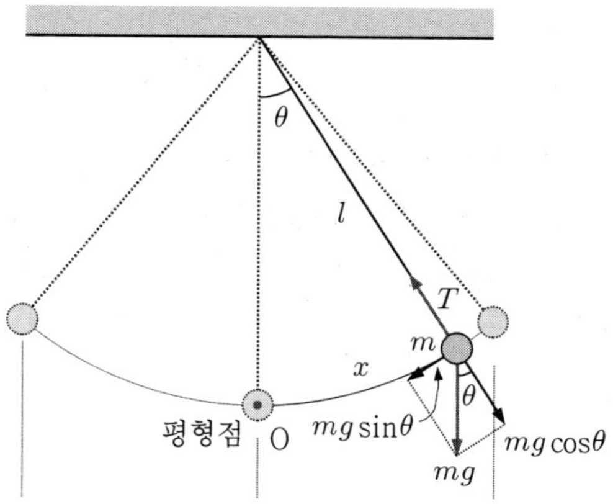

변 위 :	$-A$	0	A
속 도 :	0	최대	0
가속도 :	최대	0	최대

그림 5.13 ▶ 단진자의 운동

평형점 O에서는 장력과 중력이 평형을 이루지만, 점 P의 위치에 있는 추는 평형을 이루지 못한다. 이때 중력 mg의 분력은 실의 장력과 평행한 성분 $mg\cos\theta$와 수직인 성분 $mg\sin\theta$로 분해할 수 있다. 장력과 수직인 성분은 장력 T와 크기가 같고 방향이 반대이므로 평형을 이루기 때문에 실을 팽팽하게 하는 힘으로만 작용한다.

따라서 추에 작용하는 힘은 장력과 수직인 성분 $mg\sin\theta$만이 남게 되고 이 수직 성분이 단진자의 복원력으로 작용하게 된다.

이 힘은 각 θ가 커지는 방향을 (+)로 취하면 $-mg\sin\theta$로 표시되고, 각 θ를 극히 작게 취하면 $\sin\theta \fallingdotseq \tan\theta = x/l$이므로

$$F = -mg\sin\theta = -\frac{mg}{l}x = -kx \left(\text{단, } k = \frac{mg}{l}\right) \tag{5.23}$$

가 된다. 식 (5.23)의 운동 방정식에 의해 추의 가속도 a는

$$a = -\frac{g}{l}x \tag{5.24}$$

가 된다. 식 (5.17)과 식 (5.24)에 의해 $\omega^2 = g/l$이고, 단진동의 주기 $T = 2\pi/\omega$이므로 단진자의 주기 T는

$$T = \frac{2\pi}{\omega} = 2\pi\sqrt{\frac{l}{g}} \tag{5.25}$$

로 나타낸다. 진폭이 작을 때 단진자의 주기는 진자의 길이의 제곱근에 비례하고, 중력 가속도의 제곱근에 반비례한다. 이와 같이 단진자의 주기는 진자의 길이나 중력 가속도에만 관계하며 진자의 질량이나 진폭과는 관계없다. 이것을 **진자의 등시성**이라고 한다.

연 / 습 / 문 / 제

5-1 질량 0.2[kg]인 물체가 반지름 5[m]의 원주 상을 등속으로 회전하고 있다. 10회전하는 데 5초가 걸렸다. 다음을 각각 구하라.

(a) 물체의 각속도[rad/s]

(b) 물체의 속도[m/s]

(c) 물체의 가속도[m/s^2]

(d) 물체의 구심력[N]

5-2 자동차가 반지름 100[m]인 곡선 도로를 5[m/s]의 속력으로 원운동하고 있다. 이 차 안에 타고 있던 질량 40[kg]인 사람이 받는 원심력[N]을 구하라.

5-3 단진동하는 물체의 변위 $x = 2\sin 120\pi t$[m]로 표시될 때, 다음을 각각 구하라.

(a) 물체의 진폭[m]

(b) 물체의 진동수[Hz]

(c) 물체의 주기[s]

5-4 질량 0.5[kg]의 물체를 매달았더니 0.1[m] 늘어나는 용수철이 있다. 이 용수철에 질량 4[kg]의 물체를 평형 상태보다 아래로 늘어뜨리게 한 후 손을 놓았다. 이때 다음을 각각 구하라.

(a) 용수철의 탄성 계수[N/m]

(b) 물체의 진동 주기[s]

02 열역학

chapter 1

열 현 상

1.1 온도와 열

(1) 온도

물체를 구성하는 무수히 많은 분자들은 실온에서 격렬하게 불규칙적으로 운동을 하고 있다. 물체의 분자가 열을 더 흡수하면 더욱 더 격렬하게 운동한다. 이와 같이 열에 의해 물질 내의 분자들이 불규칙적으로 운동하는 것을 **열운동**이라 한다.

물체의 분자들이 열운동하는 정도에 따라 물체는 차가워지거나 뜨거워지고, 물체의 차갑고 뜨거운 정도를 정량적으로 나타낸 것이 **온도(temperature)**이다.

섭씨 온도는 1기압에서 순수한 물의 어는점 0과 끓는점 100으로 하고 그 사이를 100등분한 다음 한 등분을 1[℃]로 정한 온도이다. 섭씨 온도의 단위는 [℃]이고, 일상생활에서 널리 사용되고 있는 온도의 척도이다.

물체에 온도(열)를 계속 낮추면 분자의 운동은 정지되어 분자의 운동 에너지가 0이 되는 섭씨 온도는 －273[℃]이다. 섭씨 온도 －273[℃]를 **절대 0도**라 하고 이론적으로 온도의 한계인 최저 온도가 된다.

최저 온도 －273[℃]를 기준 0으로 하고 눈금 간격은 섭씨 온도와 동일하게 만든 온도 체계를 **절대 온도** 또는 **캘빈 온도**라고 한다. 즉 1기압에서 순수한 물의 어는점을 273, 끓는점을 373으로 하고 그 사이를 100등분한 다음 한 등분을 1[K]로 정한 온도이다. 따라서 -273[℃]는 절대 온도의 0[K]이므로 절대 온도 T[K]와 섭씨 온도 t[℃]는 다음과 같은 관계가 성립한다.

$$T = t + 273 \tag{1.1}$$

절대 온도의 단위는 캘빈[K]이고, 절대 온도는 국제 단위계 및 과학 분야에서 널리 사용되고 있는 온도의 척도이다.

(2) 열

그림 1.1과 같이 온도가 다른 두 물체를 접촉시키면, 온도가 높은 물체에서 온도가 낮은 물체로 이동하여 두 물체의 온도는 같아진다. 이때 두 물체는 **열평형** 상태에 있다고 한다. 또 온도가 높은 물체에서 낮은 물체로 이동하는 에너지를 **열**(heat) 또는 **열에너지**라 하고, 이동하는 열의 양을 **열량**이라고 한다.

열은 일종의 에너지이므로 열량의 단위는 줄[J]을 사용하고 일상생활에서는 [cal] 또는 [kcal]를 많이 사용한다. 1[kcal]는 순수한 물 1[kg]을 온도 1[K](=1[℃]) 높이는 데 필요한 열량이다.

온도차가 있는 두 물체가 접촉에 의해 열평형 상태가 되기까지 고온의 물체가 잃은 열량은 저온의 물체가 얻은 열량과 같다. 이것을 **열량 보존의 법칙**이라고 한다.

고온의 물체가 잃은 열량 = 저온의 물체가 얻은 열량

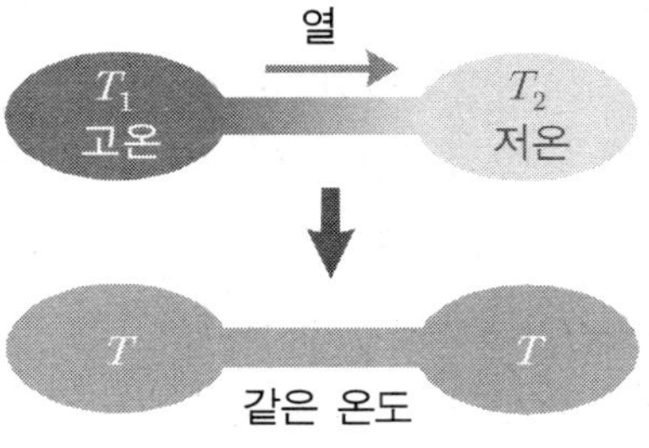

그림 1.1 ▸ 열의 이동과 열평형

두 손을 비비면 따뜻해지는 것을 느낄 수 있는 것과 같이 마찰이 있는 두 물체의 면을 맞대고 문지르면 열이 발생하는 것을 경험으로 알고 있을 것이다. 이때 문지르는 것은 힘을 가하여 일을 해야 하는 것이고, 일을 하면 할수록 많은 열이 난다.

영국의 과학자 줄(J. Joule)은 이런 경험적인 사실을 과학적으로 실험하여 역학적 에너지(일)와 열량 사이에는 서로 일정한 비례 관계가 성립한다는 것을 밝혀내었다.

즉, 일 W[J], 열량 Q[kcal]라고 하면 다음과 같다.

$$W = J \cdot Q \tag{1.2}$$

여기서 비례 상수 J는

$$J = \frac{W[\mathrm{J}]}{Q[\mathrm{kcal}]} \tag{1.3}$$

이므로 역학적 에너지(일)와 열과의 상관 관계를 나타내는 상수이다. 이 값은

$$J = 4.2 \times 10^3\ [\mathrm{J/kcal}] = 4.2\ [\mathrm{J/cal}]$$

이고, J를 **열의 일당량**이라 한다. 열의 일당량은 열량 1[cal]가 4.2[J]의 역학적 일을 할 수 있는 것을 의미한다. 따라서 열과 역학적 에너지는 본질상 같은 형태이고 에너지가 보존된다는 것을 나타낸다.

1.2 비열과 열용량

(1) 비열

구리는 열을 가하면 온도가 빨리 올라가지만, 물은 열을 가해도 온도가 잘 올라가지 않는다. 질량이 같은 물질에 같은 열량을 가해도 온도가 올라가는 것은 물질에 따라 다르기 때문이다. 예를 들면, 물 1[kg]의 온도를 1[K](=1[℃]) 높이는데 필요한 열량은 1.0[kcal]이고, 구리 1[kg]의 온도를 1[K] 높이는데 필요한 열량은 0.092[kcal]이다.

이와 같이 어떤 물질 1[kg]의 온도를 1[K](=1[℃]) 높이는데 필요한 열량을 그 물질의 비열(specific heat)이라 하고, 그 단위는 [J/kg·K] 또는 [kcal/kg·℃]이다.

표 1.1은 여러 가지 물질의 비열을 나타낸 것이다.

표 1.1 ▶ 물질의 비열 (단위 : [kcal/kg·℃])

물 질	온도[℃]	비열[kcal/kg·℃]	물 질	온도[℃]	비열[kcal/kg·℃]
물	15	1.000	납	20	0.031
구리	20	0.092	얼음	0	0.490
철	20	0.107	바닷물	20	0.939
알루미늄	20	0.211	공기	20	0.240

(2) 열용량

어떤 물체의 질량 m의 온도를 1[K](=1[℃]) 높이는데 필요한 열량을 그 물체의 열용량(heat capacity)이라 한다. 물체의 질량이 m이고 비열이 c인 물체의 열용량은 $C=mc$이 된다.

질량 m, 비열 c인 물체에서 온도 변화가 Δt로 상승하였을 때, 물체가 흡수한 열량 Q는 다음과 같이 주어진다.

$$Q=C\Delta t=mc\Delta t \tag{1.4}$$

(3) 잠열

물체에 열을 가하여 고체, 액체와 기체로 상태 변화가 일어나는 과정에서 물체의 온도는 일정하게 유지하면서 물체에 흡수 또는 방출하는 열량을 잠열(latent heat) 또는 숨은열이라 한다.

특히 물질 1[kg]의 고체를 녹여서 같은 온도의 액체로 변화시키는 데 필요한 열량(잠열)은 융해열, 액체를 기체로 변화시키는 데 필요한 열량(잠열)을 기화열이라 한다. 얼음의 융해열은 80[kcal/kg]이고, 100[℃], 1기압에서 물의 기화열은 539[kcal/kg]이다.

어떤 물체의 질량이 m이고 잠열이 H일 때 흡수 또는 방출하는 열량 Q는

$$Q=mH \tag{1.5}$$

가 된다.

물체의 상태가 변화하고 온도가 일정할 때의 열량인 식 (1.5)를 잠열이라고 하는 것에 대하여 물체의 상태는 일정하고 온도가 변화할 때의 열량인 식 (1.4)를 현열(sensible heat)이라고 한다.

예제 1.1 20[℃]의 철 10[g]이 80[℃]로 되었을 때, 철이 얻은 열량을 구하라. 단, 철의 비열은 0.11[kcal/kg·℃]이다.

풀이

열량 $Q=mc\Delta t$ 에서

$$Q=10\times10^{-3}\times0.11\times(80-20)=66\times10^{-3}\,[\text{kcal}]$$

예제 1.2 0[℃], 2[kg]의 얼음에 열을 가하여 수증기가 되었다. 이때 필요한 열량 [kcal]을 구하라.

풀이

고체인 얼음에서 기체인 수증기로 변환되는 과정은

$$\text{얼음 } 0[℃] \xrightarrow{①} \text{물 } 0[℃] \xrightarrow{②} \text{물 } 100[℃] \xrightarrow{③} \text{수증기 } 100[℃]$$

가 된다. 각 과정 ①, ②, ③에서 필요한 열량은

① 상태 변화(온도 일정) : 잠열 $Q = mH = 2 \times 80 = 160$ [kcal]

② 온도 변화(상태 일정) : 현열 $Q = mc\Delta t = 2 \times 1 \times (100 - 0) = 200$ [kcal]

③ 상태 변화(온도 일정) : 잠열 $Q = mH = 2 \times 539 = 1078$ [kcal]

이고, 얼음이 수증기로 되기까지 필요한 열량 Q는 다음과 같이 얻어진다.

$$\therefore \quad Q = 160 + 200 + 1078 = 1438 \text{ [kcal]}$$

1.3 열의 이동

열은 고온의 물체에서 저온의 물체로 이동하기 때문에 두 물체 사이 또는 한 물체에서도 온도차가 있으면 열이 이동한다. 열이 이동하는 방법에는 전도, 대류, 복사의 세 가지가 있다.

(1) 전도

물체 내에 있는 분자는 온도가 높아지면 분자의 운동이 활발해지기 때문에 운동 에너지가 크고, 반대로 온도가 낮은 분자는 운동 에너지가 작다.

온도차가 있는 두 물체를 접촉시켰을 때, 접촉부의 경계면에 있는 분자들이 충돌하면서 에너지는 큰 분자에서 작은 분자로 차례로 이동한다. 따라서 열도 고온의 분자들로부터 저온의 분자들로 이동한다. 이러한 현상을 열의 전도(conduction)라 한다.

그림 1.2와 같이 금속의 길이 l, 단면적 A인 금속 막대의 양 끝의 온도 T_1, T_2

$(T_1 > T_2)$일 때 이동하는 열량 Q는

$$Q = KA\frac{T_1 - T_2}{l}t \tag{1.6}$$

가 된다. 여기서 K는 물질에 따라 결정되는 상수로 **열전도율**이라 하고, 단위는 [kcal/m℃ · s] 또는 [J/mK · s]이다.

온도차가 있는 두 물체에서 열의 전도에 의해 열평형 상태가 되었다면, 고온의 물체가 방출한 열량은 저온의 물체가 흡수한 열량과 같다. 일반적으로 금속은 자유전자가 많기 때문에 열전도율이 크고, 기체는 고체나 액체에 비해 열전도율이 작다.

주택에서 창문과 창문 사이에 공기가 들어있는 이중창을 사용하는 것은 열전도율이 작은 공기에 의해 열의 차단을 막기 위한 것이다.

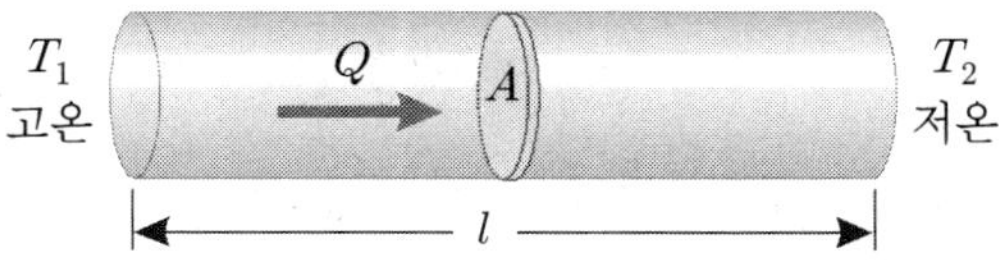

그림 1.2 ▶ 열의 전도

(2) 대류

실내의 난방기가 있는 아래 부분의 데워진 공기는 위로 올라가고, 위 부분에 있던 찬 공기는 아래 부분으로 내려오면서 전체 공간이 따뜻해진다. 이러한 현상은 기체나 액체의 분자는 온도가 높아지면 그 운동이 활발해지기 때문에 분자들 사이의 평균 간격이 넓어진다. 그러므로 온도가 높은 부분은 공기 밀도가 작아져서 위로 올라가고, 온도가 낮은 부분은 공기 밀도가 커져서 아래로 내려오게 되기 때문이다.

이와 같이 기체나 액체와 같은 유체에서 분자들의 직접적인 흐름에 의하여 열이 전달되는 현상을 대류(convection)라고 한다.

지구에서 대기의 순환 과정과 해류 등은 대표적인 대류 현상에 해당된다.

(3) 복사

전열기에 손을 가까이 하면 따뜻하게 느껴진다. 그러나 전열기 앞에 종이와 같은 장애물을 넣으면 열은 곧 차단되고 따뜻함을 느낄 수 없다. 또 태양과 지구 사이에는 진공 상태임에도 불구하고 태양열이 지구까지 전달된다. 따라서 전도나 대류에서 열은 매질인 물체 분자들의 열운동을 통하여 전달되지만, 태양열과 같이 매질이 없는 진공 상태에서도 전달될 수 있다.

이와 같이 열이 매질을 거치지 않고 한 물체에서 다른 물체로 공간을 통해 직접 열이 전달되는 현상을 복사(radiation)라고 하고, 이러한 열복사는 열이 빛과 같은 전자기파의 파동으로 전달되는 현상이다.

1.4 물질의 상태 변화

얼음에 열을 가하면 물이 되고, 계속 가열하면 물은 수증기로 변한다. 즉 물체를 가열하면 분자들의 열운동이 활발해지면서 고체, 액체, 기체의 순으로 상태가 변하고, 반대로 물체를 냉각시키면 기체, 액체, 고체의 순으로 상태가 변화한다.

이와 같이 물질의 성질은 변하지 않으면서 그 상태만 변하는 것을 **물질의 상태 변화**라고 한다. 물질은 상태에 따라 고체, 액체, 기체로 분류되고, 이들의 특성은 각각 다음과 같다.

고체는 분자들이 서로 강한 인력이 작용하여 일정한 거리를 유지하고 있기 때문에 분자들은 규칙적으로 배열되어 있고 일정한 형태와 부피를 유지할 수 있다. 또 고체의 분자들은 열운동 에너지를 가지고 있기 때문에 정지하지 않고 항상 평형점을 중심으로 일정한 거리 내에서 진동하고 있다.

액체는 분자들 간의 간격이 고체보다 약간 크기 때문에 분자 사이의 인력이 고체보다 작고 부피는 유지할 정도의 인력이 작용하지만 일정한 형태를 유지할 수 없다. 또한 분자들의 열운동도 비교적 자유롭다.

기체는 분자들 간의 간격이 매우 커서 분자 사이의 힘이 거의 작용하지 않기 때문에 기체의 분자는 자유롭게 운동할 뿐만 아니라 온도 및 압력에 따라 부피도 현저하게 변하는 특성을 가지고 있다.

그림 1.3은 물질의 상태 변화를 나타낸 것이다.

고체가 열을 흡수하면 분자는 열운동이 활발해지고 평형점에서 이탈하여 액체 상태로 변하게 된다. 이 현상을 융해라 한다. 융해가

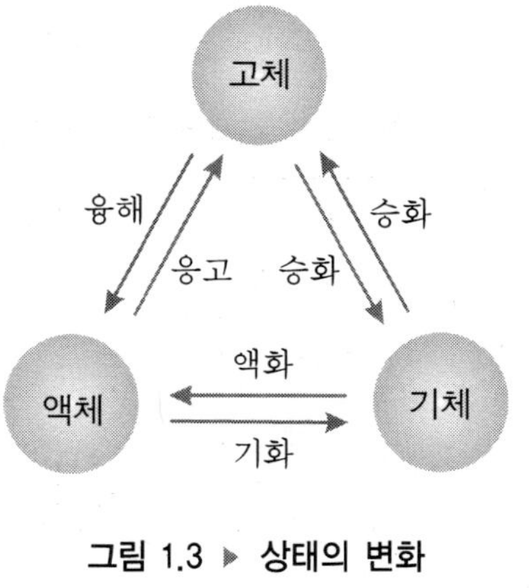

그림 1.3 ▸ 상태의 변화

일어나기 전까지 가해진 열에너지는 분자의 운동 에너지로 전환하게 되고, 융해가 일어나는 과정에서의 열에너지는 분자들의 간격을 벌어지게 하는 데 에너지를 소비하기 때문에 융해가 일어나고 있는 동안에 온도는 일정하게 유지된다. 이 온도를 **녹는점** 또는 **융해점**이라 한다. 단위 질량의 고체가 일정한 온도에서 완전히 융해하는 데 필요한 열량을 **융해열**이라고 한다.

융해를 마친 액체가 흡수한 열에너지는 분자의 운동 에너지로 전환되고 결국은 액체 표면 또는 그 부근에 있는 분자들은 대기 중으로 방출하게 된다. 이와 같이 액체 상태에서 기체 상태로 전환되는 현상을 **기화**라고 한다. 특히 액체 표면에 있는 분자들만이 기화하는 현상을 **증발**이라 하고, 온도가 더 높아져서 액체 표면뿐만 아니라 내부의 분자들까지 기화하는 현상을 **비등**이라고 한다.

비등이 일어나는 과정에서 흡수된 열에너지는 분자 사이에 작용하는 힘을 대기로 방출하는 에너지로 소비되기 때문에 액체의 온도는 일정하게 유지된다. 이 온도를 **끓는점** 또는 **비등점**이라 한다. 단위 질량의 액체가 일정한 온도에서 완전히 기화하는 데 필요한 열량을 **기화열**이라고 한다.

반대로 일정량의 기체에서 열을 방출시키면 기체는 액체 상태로 변하고, 계속 방출시키면 액체는 고체 상태로 변한다. 기체 상태에서 액체 상태로 변하는 현상을 **액화**라 하고, 단위 질량의 기체가 일정한 온도에서 완전히 액화하는 데 필요한 열량을 **액화열**이라고 한다. 또 액체 상태에서 고체 상태로 변하는 현상을 **응고**라 하고, 단위 질량의 액체가 일정한 온도에서 완전히 응고하는 데 필요한 열량을 **응고열**이라고 한다. 한편 모든 물질의 응고열은 융해열과 같고, 액화열을 기화열과 같음을 알 수 있다.

드라이아이스나 나프탈렌과 같은 고체는 액체 상태를 거치지 않고 직접 기체로 변한다. 이와 같이 고체 상태에서 곧바로 기체 상태로 변하는 현상을 **승화**라고 한다.

표 1.2는 대기압 하에서 여러 물질의 녹는점, 끓는점, 잠열을 나타낸 것이다.

표 1.2 ▶ 물질의 잠열(융해열과 기화열)

물 질	녹는점[℃]	융해열[kcal/kg]	끓는점[℃]	기화열[kcal/kg]
물(얼음)	0	80	100	539
에틸알코올	−114	25	78	204
납	327	5.9	1750	208
철	1808	69	3023	1520

융해열과 기화열은 물체의 온도는 일정하게 유지하면서 물체의 상태 변화만 일어날 때 물체에 필요한 열량이고 이들을 **잠열**이라 하며, 제 1.2 절을 참고하기 바란다.

그림 1.4는 물의 상태 변화와 관련 용어를 나타낸 것이다.

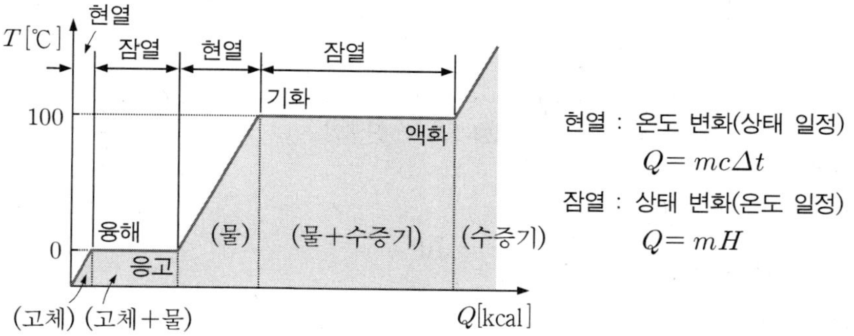

그림 1.4 ▶ 물의 상태 변화와 관련 용어

1.5 열팽창

모든 물체는 일반적으로 온도가 올라가면 길이나 부피가 팽창한다. 이것은 열을 받은 물체는 분자의 운동이 활발해지고 이로 인해 분자의 간격이 넓어지기 때문이다.

온도 상승에 의한 길이의 팽창을 **선팽창**, 부피의 팽창을 **부피 팽창**이라 하고, 선팽창과 부피 팽창을 모두 **열팽창**이라고 한다. 같은 온도 변화에 대한 열팽창은 기체가 제일 크고 액체, 고체의 순이다.

긴 레일이나 다리에 일정한 간격으로 이음새를 약간씩 떼어 놓은 것은 온도에 따른 열팽창을 고려하여 열차의 탈선 및 다리의 파손을 방지하기 위한 것이다.

1.5.1 고체의 팽창

(1) 선팽창

그림 1.5와 같이 길이 l_0, 온도 T인 금속 막대를 가열하여 Δt 만큼 온도를 증가시켜서 $T+\Delta t$가 되었을 때 막대의 길이는 l이 되었다. 이때 늘어난 길이 $\Delta l\,(=l-l_0)$은 처음 길이 l_0와 온도 변화 Δt에 비례한다. 즉,

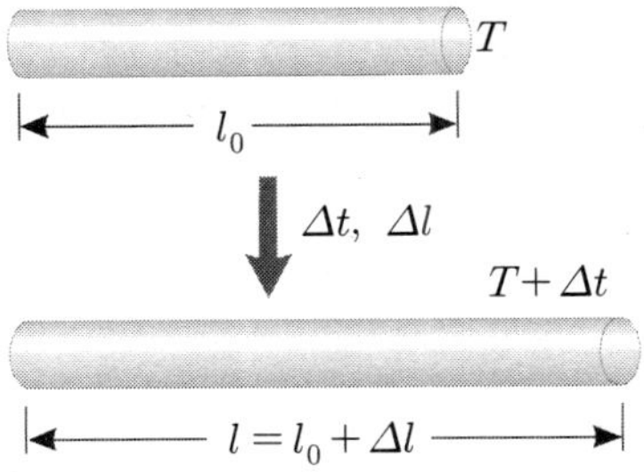

그림 1.5 ▶ 선팽창

$$\Delta l = \alpha l_0 \Delta t \qquad \therefore \quad \alpha = \frac{\Delta l}{l_0 \Delta t} \tag{1.7}$$

가 된다. 여기서 비례 상수 α를 **선팽창 계수**라고 한다.

식 (1.7)로부터 선팽창 계수 α는 온도 1[K](=1[℃])를 올렸을 때 처음 길이에 대한 늘어난 길이의 비를 의미하고, 단위는 [K^{-1}]이다.

늘어난 후의 전체 길이 l은 늘어난 길이 $\Delta l = l - l_0$와 식 (1.7)의 Δl의 관계로부터

$$l = l_0 + \Delta l = l_0(1 + \alpha \Delta t) \tag{1.8}$$

가 구해진다.

그림 1.6은 선팽창 계수가 다른 두 금속을 접합하여 만든 바이메탈(bimetal)이다. 바이메탈에 열을 가하면 선팽창 계수가 큰 금속(α_1)에서 작은 금속(α_2)으로 휘어지고, 이 성질을 이용하여 다리미 등의 자동 온도 조절 및 스위치 제어에 주로 사용된다.

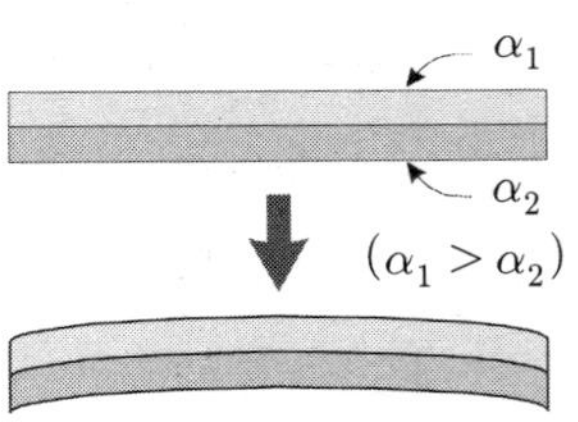

그림 1.6 ▶ 바이메탈

(2) 부피 팽창

고체는 모든 방향으로 선팽창하므로 부피도 팽창하게 되므로 부피 팽창은 선팽창으로부터 유도할 수 있다.

한 변의 처음 길이 l_0, 처음의 부피 $V_0\,(=l_0^{\ 3})$인 정육면체에 열을 가하여 온도 변화 Δt를 주었을 때 한 변의 늘어난 후의 길이 l은 식 (1.8)과 같다.

$$l = l_0(1 + \alpha \Delta t) \tag{1.9}$$

따라서 온도 변화 후의 팽창된 부피 $V(=l^3)$는

$$V = l^3 = {l_0}^3(1+\alpha\Delta t)^3 \tag{1.10}$$

이 된다. 그런데 $(1+a)^n$은 $a \ll 1$이면 $(1+a)^n \fallingdotseq 1+an$이고, 선팽창 계수는 매우 작으므로 $\alpha\Delta t \ll 1$이다. 따라서 식 (1.10)은 다음과 같이 근사된다.

$$V = V_0(1+3\alpha\Delta t) \tag{1.11}$$

식 (1.11)의 3α를 β로 놓으면 식 (1.8)의 선팽창과 유사한 형태의 식으로 나타낼 수 있다. 즉,

$$V = V_0(1+\beta\Delta t) \tag{1.12}$$

이고, β를 **부피 팽창 계수**라고 한다. 부피 팽창 계수는 선팽창 계수의 3배($\beta = 3\alpha$)임을 알 수 있다.

또 부피의 변화 ΔV는 $\Delta V = V - V_0$이므로 식 (1.12)로부터

$$\Delta V = \beta V_0 \Delta t \qquad \therefore\ \beta = \frac{\Delta V}{V_0 \Delta t} \tag{1.13}$$

가 되고, 식 (1.7)의 선팽창 계수와 유사한 식이 된다.

식 (1.13)으로부터 부피 팽창 계수 β는 온도 1[K](=1[℃])를 올렸을 때 처음 부피에 대한 팽창된 부피의 비를 의미하고, 단위는 $[K^{-1}]$이다.

1.5.2 액체의 팽창

액체는 고체와 달리 액체가 담겨있는 용기에 따라 모양이 달라지므로 부피 팽창만을 고려한다. 즉, 액체의 부피 팽창 계수 β라 하면 식 (1.13)과 같이 부피 팽창 ΔV는

$$\Delta V = \beta V_0 \Delta t \tag{1.14}$$

로 주어진다. 그러나 액체는 용기에 담겨 있으므로 액체를 가열하면 액체를 담은 용기도 함께 팽창하므로 겉으로 보이는 액체 팽창은 실제의 액체 팽창보다 적게 보인다. 이것을 **겉보기 팽창**이라 한다.

일반적으로 대부분의 액체는 고체의 부피 팽창과 마찬가지로 온도가 올라가면 그 부피가 일정한 비율로 팽창한다.

그렇지만 그림 1.7과 같이 물은 0[℃]와 4[℃] 사이에서 온도 증가에 따라 부피가 감소하고 4[℃]에서 최소가 되었다가 4[℃] 이상에서는 온도 증가에 따라 부피가 증가한다. 따라서 물은 4[℃]에서 부피가 최소가 되기 때문에 밀도는 최대가 된다.

또 대부분의 물질은 얼면 수축하지만, 냉장고의 얼음들이 가운데가 볼록하게 부풀은 것을 볼 수 있듯이 물은 어는 경우에도 팽창한다. 이것은 얼음의 밀도가 작아져서 물 위에 뜨는 이유가 된다.

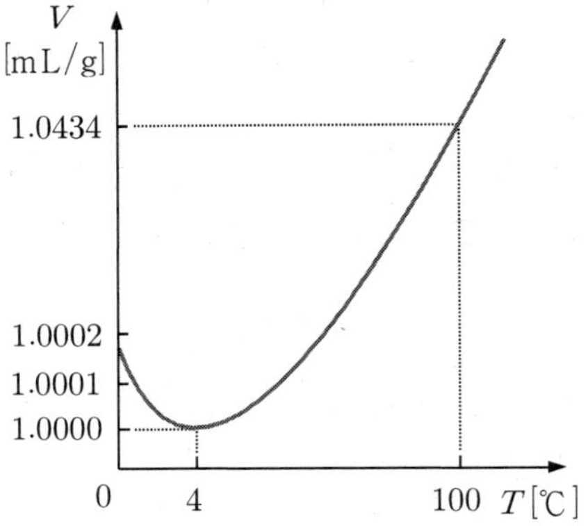

그림 1.7 ▶ 물의 팽창 곡선

온도가 4[℃] 이상의 호수 표면이 찬 공기를 만나 냉각되어 4[℃]가 되면 부피는 수축하여 밀도가 최대로 커진다. 이때 수면의 밀도가 커진 물은 아래로 내려가고 아래에서 따뜻한 물이 올라오면서 채워진다. 이러한 현상은 수온이 4[℃]가 될 때까지 반복하다가 수면의 온도가 4[℃] 이하로 냉각되면 오히려 밀도는 작아져서 수면에 그대로 머무르게 되고 표면에서부터 물은 얼기 시작한다. 이와 같은 물의 특성으로부터 호수의 물은 수면에서부터 아래로 어는 것이다.

액체의 부피 팽창 계수는 고체보다 10배 정도 더 크기 때문에 액체 팽창은 고체 팽창보다 쉽게 확인할 수 있다.

즉, 물을 채운 냄비를 가열하면 물이 흘러넘치는 현상과 여름철에 해수면이 상승하는 현상이나 지구온난화에 의해 해수면이 상승하는 현상 등은 수온 상승에 따른 물의 팽창을 보여주는 현상들이다.

표 1.3 ▶ 물질의 팽창계수 (단위 : [K^{-1} 또는 $(℃)^{-1}$])

물 질	선팽창 계수 α	부피 팽창 계수 β	물 질	부피 팽창 계수 β
구 리	1.7×10^{-5}	5.1×10^{-5}	에틸알코올	75×10^{-5}
황 동	2.0×10^{-5}	6.0×10^{-5}	글리세린	49×10^{-5}
철	1.2×10^{-5}	3.6×10^{-5}	수 은	18×10^{-5}
알루미늄	2.4×10^{-5}	7.2×10^{-5}	이황화탄소	115×10^{-5}

1.6 기체의 분자 운동

앞 절에서 고체와 액체의 열팽창에 대해 알아보았다. 이제부터 기체의 온도, 압력, 부피 등에 따라 일어나는 기체의 열팽창에 관하여 알아보기로 한다.

1.6.1 기체의 압력과 부피(보일의 법칙)

그림 1.8과 같이 면적 A에 수직으로 누르는 힘 F일 때 압력 P는

$$P = \frac{F}{A} \tag{1.15}$$

가 된다. 따라서 압력(pressure)은 단위 면적당 수직으로 작용하는 힘으로 정의한다. 압력의 단위는 $[N/m^2]$ 또는 [Pa] (파스칼)을 사용하고, $1[Pa] = 1[N/m^2]$이다. 기체의 압력은 기압이고, 물의 압력은 수압이라 부른다.

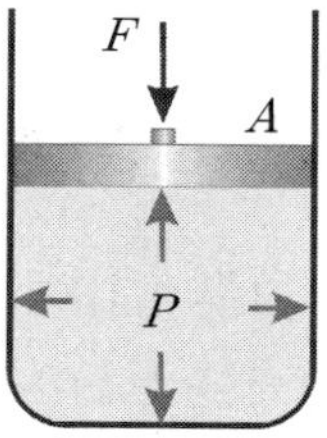

그림 1.8 ▶ 압력

기체는 분자들 간의 간격이 매우 커서 분자 사이의 힘이 거의 작용하지 않기 때문에 기체의 분자는 자유롭게 운동을 한다. 그러므로 기체를 일정 용기 내에 밀폐하면 분자들은 용기의 벽과 충돌하여 용기의 안쪽 벽에 압력으로 작용하게 된다. 또한 기체는 고체나 액체와 달리 온도 및 압력에 따라 부피가 쉽게 변하는 특성을 가지고 있다.

그림 1.9와 같이 1662년 영국의 과학자 보일(R. Boyle)은 일정량의 기체를 피스톤을 갖는 용기 내에 넣고 온도를 일정하게 유지하면서 기체의 압력을 증가시키면 부피가 감소한다. 즉 온도가 일정할 때 기체의 압력 P와 부피 V는 반비례한다는 것을 밝혀 내었다.

즉, 온도가 일정할 때 기체의 압력 P, 부피 V라 하면

$$PV = (\text{일정}) \tag{1.16}$$

의 관계식을 나타낼 수 있으며, 이것을 보일의 법칙(Boyle's law)이라 한다.

보일의 법칙은 일반적으로 모든 기체에서 성립되는 법칙이고, 기체의 압력이 증가하면 기체의 부피는 감소하고 부피가 줄어들면 단위 면적당 기체의 충돌횟수가 증가하여 압력이 커지기 때문에 나타나는 현상이다.

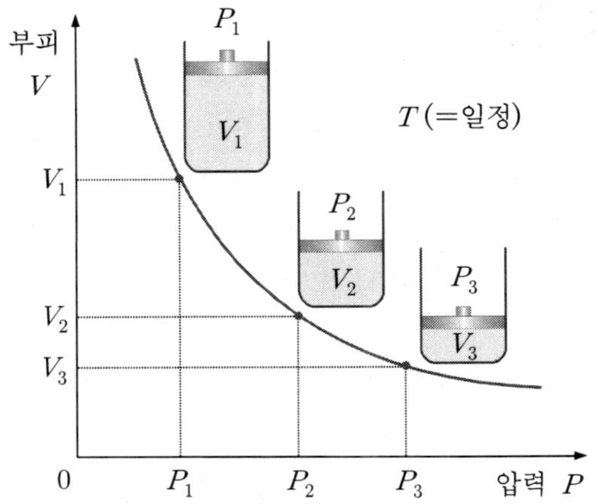

그림 1.9 ▶ 보일의 법칙

1.6.2 기체의 온도와 부피(샤를의 법칙)

그림 1.10과 같이 1787년 프랑스의 과학자 샤를(J. A. Charles)은 압력이 일정할 때 기체의 부피는 종류에 관계없이 온도가 1[℃] 올라갈 때마다 0[℃]때 부피의 1/273 씩 증가한다는 것을 밝혀내었다.

이 결과로부터 기체의 압력을 일정하게 유지하면서 온도를 높여주면 부피는 팽창하고, 또 기체의 종류에 관계없이 모든 기체의 부피 팽창 계수 β는 1/273이며 고체나 액체보다 크다.

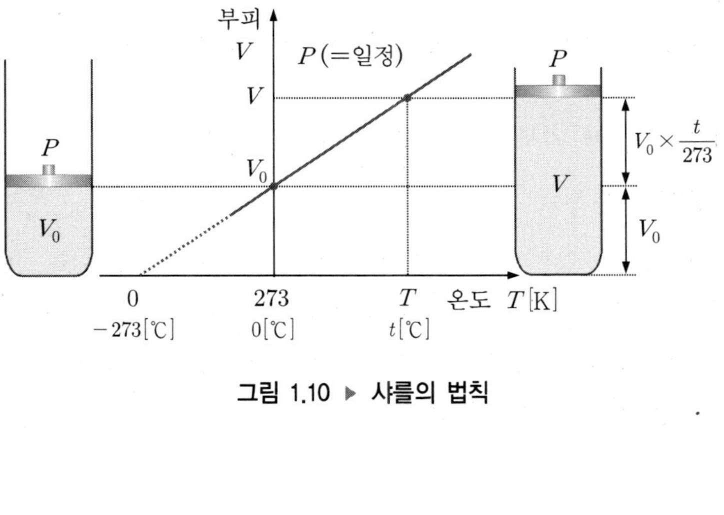

그림 1.10 ▶ 샤를의 법칙

이것은 일정한 압력에서 기체 분자의 운동은 온도가 높아짐에 따라 활발해져서 용기의 벽에 충돌하는 횟수가 증가하기 때문에 부피가 커지게 된다.

즉, 0[℃]의 처음 부피 V_0, t[℃]의 팽창된 부피 V라고 하면 식 (1.12)에 의해

$$V = V_0(1+\beta t) = V_0\left(1+\frac{1}{273}t\right) \tag{1.17}$$

의 관계가 성립한다. 이것을 샤를의 법칙(Charles's law)이라 한다.

식 (1.17)을 변형하면 다음과 같이 된다.

$$V = V_0\left(\frac{273+t}{273}\right) \tag{1.18}$$

식 (1.18)을 절대 온도로 나타내면 $T_0 = 0[℃] = 273[K]$, $T = t[℃] = 273 + t[K]$ 이므로

$$\frac{V_0}{T_0} = \frac{V}{T} = (\text{일정}) \tag{1.19}$$

가 된다. 즉, 샤를의 법칙은 압력이 일정할 때 기체의 부피는 절대 온도에 비례한다는 것을 나타낸다.

그림 1.10에 나타낸 것과 마찬가지로 식 (1.19)에 의하면 절대 온도 0[K](=−273[℃])에서 기체의 부피는 0이 되어야 한다. 그러나 실제 기체에서는 그 온도 0[K]에 도달하기 전에 상태 변화가 일어나서 액화 또는 응고된다.

예제 1.3 온도가 27[℃]이고 부피가 9[m³]인 기체가 있다. 압력이 일정한 상태에서 이 기체의 온도를 127[℃]로 올려주었을 때의 부피[m³]를 구하라.

풀이

식 (1.19)의 샤를의 법칙 $\frac{V_0}{T_0} = \frac{V}{T}$에서

$$\therefore \quad V = \frac{V_0}{T_0}T = \frac{9}{27+273}\times(127+273) = \frac{9}{300}\times 400 = 12\ [\text{m}^3]$$

1.6.3 이상 기체의 상태 방정식(보일-샤를의 법칙)

앞 절에서 기체의 부피는 온도가 일정할 때에는 압력에 반비례하고, 압력이 일정할 때에는 절대 온도에 비례한다는 보일의 법칙과 샤를의 법칙에 대하여 배웠다. 이제 온도와 압력이 동시에 변하는 경우에 부피가 어떻게 되는지에 관하여 알아보기로 한다.

그림 1.11은 압력과 온도의 좌표축에 상태 A, B, C의 모습, 그림 1.12는 정압과 등온 변화 과정에 따른 부피의 변화를 나타낸 것이다. 이 곡선들은 상태 A인 경우에 압력 P_0, 온도 T_0, 부피 V_0라 할 때, 압력 P와 온도 T에 따라 부피 V의 변화, 즉 P, T, V의 관계를 알아보기 위한 것이다.

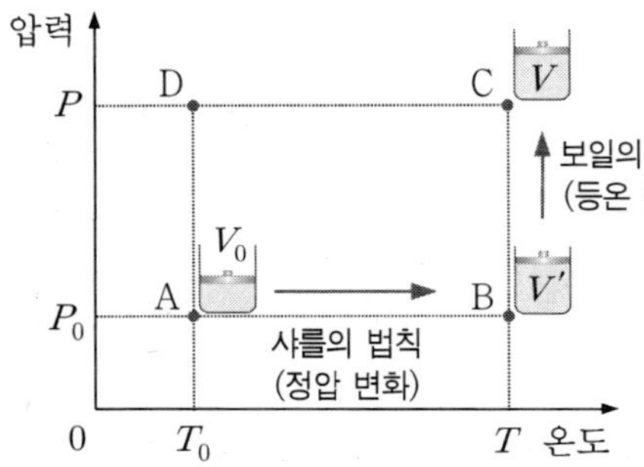

그림 1.11 ▸ 보일-샤를의 법칙

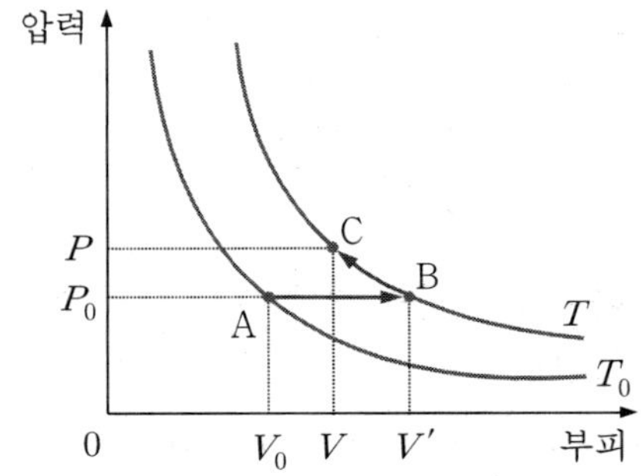

그림 1.12 ▸ 정압-등온 변화 곡선

먼저 압력을 일정하게 하여 상태 A에서 상태 B로 변하는 경우를 고찰한다. 압력 P_0을 일정하게 유지(정압)하면서 온도를 T_0에서 T로 하였을 때 기체의 부피가 V_0에

우선 압력을 일정하게 하여 상태 A에서 상태 B로 변하는 경우를 고찰한다. 압력 P_0을 일정하게 유지(정압)하면서 온도를 T_0에서 T로 하였을 때 기체의 부피가 V_0에서 V'으로 되었다면, 샤를의 법칙의 식 (1.19)에 의해

$$V' = \frac{V_0}{T_0} T \tag{1.20}$$

가 된다.

또 온도를 일정하게 하여 상태 B에서 상태 C로 변하는 경우를 고찰한다. 온도 T를 일정하게 유지(등온)하면서 압력을 P_0에서 P로 하였을 때 기체의 부피가 V'에서 V

로 되었다면, 보일의 법칙의 식 (1.16)에 의해

$$P_0 V' = PV \qquad \therefore \quad V' = \frac{P}{P_0} V \tag{1.21}$$

가 된다. 따라서 식 (1.20)과 식 (1.21)에서 V'을 소거하면

$$\frac{P_0 V_0}{T_0} = \frac{PV}{T} = (\text{일정}) \tag{1.22}$$

인 관계가 구해진다. 즉, 기체의 부피는 절대 온도에 비례하고, 압력에 반비례한다. 이것을 **보일-샤를의 법칙**이라 한다.

그림 1.10의 샤를의 법칙을 나타낸 곡선에서 기체가 0[K](=−273[℃])에서 부피가 0이 되어야 하지만, 실제 기체는 기체의 부피가 0이 되기 전에 상태 변화가 일어나서 액체나 고체가 된다. 따라서 엄밀히 말하면 극저온에서 보일-샤를의 법칙은 성립하지 않는다고 할 수 있다.

그러나 어떤 경우라도 보일-샤를의 법칙에 완전히 따르는 기체를 가상하고 이러한 기체를 **이상 기체** 또는 **완전 기체**라 한다.

이상 기체는 분자의 크기와 분자 사이에 작용하는 힘을 무시할 수 있으며, 분자들은 완전 탄성 충돌을 한다. 또 냉각시키거나 압축시켜도 액화나 응고가 일어나지 않으며, 절대 온도 0[K](=−273[℃])에서 부피가 0인 보일-샤를의 법칙이 성립하는 기체이다.

보일-샤를의 법칙을 나타내는 식 (1.22)의 $\frac{PV}{T}$ 값은 기체의 온도와 압력의 변화에 관계없이 일정하며, 1몰[mol]의 기체에 대하여 그 일정한 값을 구해본다.

아보가드로의 법칙에 의하면 표준 상태(0[℃], 1기압)에서 1몰의 기체가 차지하는 부피는 22.4[L](= 22.4×10^{-3}[m^3])이므로 $T=273$[K], $P=1.013\times10^5$[N/m^2], $V=22.4\times10^{-3}$[m^3]을 대입하면

$$\frac{PV}{T} = \frac{(1.013\times10^5)\times(22.4\times10^{-3})}{273} = 8.31\ [\text{J/mol}\cdot\text{K}]$$

이다. 이 값을 **기체 상수** R이라고 하며, 기체의 종류에 관계없이 항상 일정한 상수이다. 즉,

$$R = 8.31\ [\text{J/mol}\cdot\text{K}]$$

이다. 따라서 1몰과 n몰의 기체에 대해서는 보일-샤를의 법칙으로부터 다음과 같이

나타낼 수 있다.

$$\begin{cases} 1\text{몰} : & PV = RT \\ n\text{몰} : & PV = nRT \end{cases} \tag{1.23}$$

이것을 이상 기체의 상태 방정식이라 한다. 식 (1.23)은 이상 기체에 대한 식이지만 일반적으로 실체 기체에 대해서도 그대로 적용된다.

TIP 기체에 관한 여러 가지 법칙과 공식

(1) 보일의 법칙

온도가 일정할 때 기체의 부피는 압력에 반비례한다.

$PV=$ (일정), $P_0V_0 = PV$

(2) 샤를의 법칙

압력이 일정할 때 기체의 부피는 절대 온도에 비례한다.

$\dfrac{V}{T}=$ (일정), $\dfrac{V_0}{T_0}=\dfrac{V}{T}$

(3) 보일-샤를의 법칙

기체의 부피는 절대 온도에 비례하고, 압력에 반비례한다.

$\dfrac{PV}{T}=$ (일정), $\dfrac{P_0V_0}{T_0}=\dfrac{PV}{T}$

(4) 이상 기체의 상태 방정식

$PV=nRT$ ($R=8.31$ [J/mol · K])

예제 1.4 온도가 27[℃], 압력이 1기압, 부피가 3[m³]인 기체가 있다. 이 기체에 온도를 227[℃], 압력을 2기압으로 하였을 때 부피[m³]를 구하라.

풀이

식 (1.22)의 보일 - 샤를의 법칙 $\dfrac{P_0V_0}{T_0}=\dfrac{PV}{T}$ 에서 $T_0 = 27+273 = 300$ [K],

P_0 =1기압, $V_0 = 3[\mathrm{m}^3]$, $T = 227 + 273 = 500\ [\mathrm{K}]$, P=2기압을 대입하면 부피 V는 다음과 같이 구해진다.

$$\therefore \quad V = \frac{P_0 V_0}{T_0} \times \frac{T}{P} = \frac{1 \times 3}{300} \times \frac{500}{2} = 2.5\ [\mathrm{m}^3]$$

예제 1.5 27[℃], 2기압일 때 3몰의 기체가 차지하는 부피[m^3]를 구하라. (단, 1기압은 $1.013 \times 10^5\ [\mathrm{N/m}^2]$이다.

풀이

식 (1.23)의 $PV = nRT$에서

$$V = \frac{nRT}{P} = \frac{3 \times 8.31 \times (27 + 273)}{2 \times (1.013 \times 10^5)} = 0.037\ [\mathrm{m}^3]$$

1.7 기체 분자의 운동과 압력 및 온도

1.7.1 열운동

수면위에 떨어진 꽃가루는 규칙성을 가지고 있지 않고 제멋대로 춤추는 운동을 한다. 이것을 브라운 운동(Brownian motion)이라 한다.

꽃가루 입자의 브라운 운동은 물 분자들이 외부로부터 어떤 힘도 작용 받지 않고 불규칙한 운동을 하면서 꽃가루 입자와 충돌하기 때문에 일어나는 현상이다. 이러한 분자의 운동은 액체 분자에만 해당되는 것이 아니라 기체나 고체 분자에서도 나타나며, 이러한 분자의 운동은 온도가 올라가면 더욱 활발해진다. 이것을 분자의 **열운동**(thermal agitation)이라고 한다.

특히 기체는 액체나 고체에 비해서 분자 사이의 거리가 멀기 때문에 분자 사이에 작용하는 힘은 무시할 수 있다. 따라서 기체 분자들은 임의의 방향으로 제멋대로 무질서

한 운동을 한다. 이러한 기체 분자들의 운동은 분자 하나하나의 운동을 다루는 것은 불가능하므로 통계적인 방법을 통하여 기체 분자의 운동을 해석한다.

1.7.2 기체의 분자 운동과 압력

밀폐된 용기에 들어있는 기체 분자는 무질서하게 열운동을 하면서 용기의 벽에 충돌하거나 분자들 서로 간에 충돌하기도 한다. 그 중에 벽에 충돌하는 분자들에 의해 벽면은 충격을 받게 되고, 이 충격에 의한 힘이 벽면에 미치는 압력이 되면서 기체의 압력으로 나타나는 것이다.

이제 기체 분자들이 용기의 벽에 충돌하여 벽에 미치는 압력을 구해본다.

그림 1.13과 같이 한 변의 길이가 l인 정육면체 상자 안에 N개의 기체 분자가 들어있는 것을 생각한다. 여기서 기체 분자는 마찰계수가 0인 완전 탄성체이고, 질량은 m, 속도는 v이고, x, y, z축 방향의 성분을 각각 v_x, v_y, v_z라 한다. 또 운동량의 변화 또는 충격량에서 속도의 방향은 x축의 음(−)의 방향을 (+) 방향으로 잡는다.

여러 개의 분자 중에서 질량 m인 한 개의 분자가 x축 방향의 속도 v_x로 운동하여 x축에 수직한 벽면 A와 1회 탄성 충돌할 때 충돌 전후의 운동량의 변화 $\Delta(mv)$는

$$\Delta(mv) = mv_x - (-mv_x) = 2mv_x \tag{1.24}$$

가 된다. 여기서 운동량의 변화 $\Delta(mv)$는 한 개의 기체 분자가 1회 충돌할 때 벽면에 작용하는 충격량과 같다.

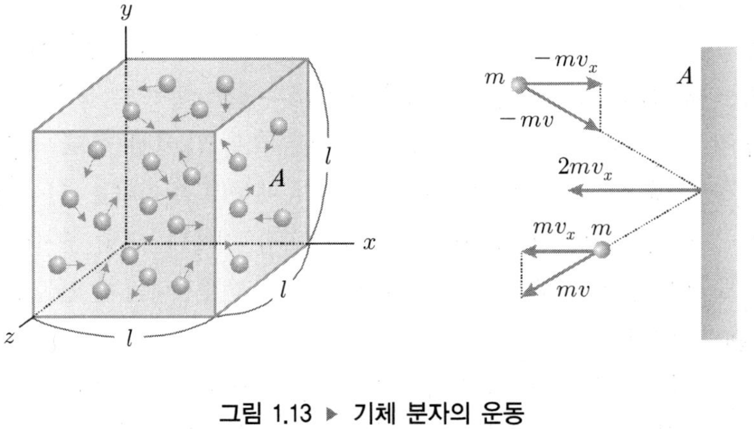

그림 1.13 ▸ 기체 분자의 운동

한편, 기체 분자는 t초 동안에 $v_x t$ 만큼 이동하므로 이 거리를 1회의 왕복 거리 $2l$로 나누어주면 벽면 A에서 t초 동안에 충돌하는 횟수가 $v_x t/2l$로 구해진다. 따라서 벽면 A가 t초 동안 받는 운동량의 변화 Δp는 한 개의 운동량의 변화 $\Delta(mv)$에 충돌 횟수를 곱해주면 다음과 같이 구해진다.

$$\Delta p = 2mv_x \times \frac{v_x t}{2l} = \frac{mv_x^2}{l} t \tag{1.25}$$

운동량의 변화량은 충격량과 같고, 충격량 I는 $I = ft$의 관계이므로 기체 분자의 한 개가 벽면에 작용하는 충격력, 즉 벽면에 작용하는 평균적인 힘 f라고 하면 $\Delta p = ft$에서

$$ft = 2mv_x \times \frac{v_x t}{2l} = \frac{mv_x^2}{l} t \qquad \therefore \quad f = \frac{mv_x^2}{l} \tag{1.26}$$

이 된다. 또 기체 분자는 무질서한 운동을 하므로 식 (1.26)의 속도 v_x^2 대신 평균값 $\overline{v_x^2}$을 사용해야 하고, 상자 안에는 기체 분자가 N개 들어 있으므로 총 분자가 t초 동안 벽면 A에 작용하는 힘 F는

$$F = \frac{Nm\overline{v_x^2}}{l} \tag{1.27}$$

이 된다.

기체 분자의 속도 v는 세 방향의 성분 v_x, v_y, v_z로 분해되므로 v^2의 평균 $\overline{v^2}$은

$$\overline{v^2} = \overline{v_x^2} + \overline{v_y^2} + \overline{v_z^2} \tag{1.28}$$

의 관계가 있다. 또 상자 안에는 기체 분자들이 무수히 많으며 무질서한 운동을 하고 있으므로 분자들의 속도 분포는 평균적으로 모든 방향에 고르게 분포된다. 그러므로

$$\overline{v_x^2} = \overline{v_y^2} = \overline{v_z^2} = \frac{1}{3}\overline{v^2} \tag{1.29}$$

이 된다. 따라서 식 (1.27)에 식 (1.29)를 대입하여 벽면 A에 작용하는 힘 F는

$$F = \frac{1}{3} \cdot \frac{Nm\overline{v^2}}{l} \tag{1.30}$$

으로 나타낼 수 있다.

기체가 작용하는 압력 P는 식 (1.15)에 의해 벽면 A에 작용하는 단위 면적당의 힘이고, 상자의 부피는 $V=l^3$이므로

$$P=\frac{F}{l^2}=\frac{1}{3}\cdot\frac{N m\overline{v^2}}{l^3}$$

$$\therefore \quad P=\frac{1}{3}\cdot\frac{N m\overline{v^2}}{V} \quad \text{또는} \quad P=\frac{2}{3}\cdot\frac{N}{V}\cdot\left(\frac{1}{2}m\overline{v^2}\right) \tag{1.31}$$

으로 나타낼 수 있다.

또 압력 P는 y축과 z축에 수직한 면에 대해서도 같은 값을 갖기 때문에 기체의 압력은 방향에 관계없이 모든 방향에 대해 동일하게 작용한다.

1.7.3 기체 분자의 운동 에너지와 온도

기체 분자의 평균 운동 에너지와 기체 온도의 관계를 알아보기 위하여 식 (1.31)은 다음과 같이 변형하여 나타낼 수 있다.

$$PV=\frac{1}{3}Nm\overline{v^2}=\frac{2}{3}N\left(\frac{1}{2}m\overline{v^2}\right)=\frac{2}{3}N\overline{E_k} \tag{1.32}$$

여기서 $\overline{E_k}$는 기체 분자 한 개의 평균 운동 에너지이고, $\overline{E_k}$에 이상 기체의 상태 방정식 $PV=nRT$를 대입하면

$$\overline{E_k}=\frac{1}{2}m\overline{v^2}=\frac{3}{2}\frac{PV}{N}=\frac{3}{2}\frac{nRT}{N} \tag{1.33}$$

가 된다.

기체 1몰의 분자수(아보가드로수)를 N_A라고 하면, n몰의 기체 분자 수 N은 nN_A이므로 식 (1.33)은 다음과 같이 나타낼 수 있다.

$$\overline{E_k}=\frac{3}{2}\frac{nRT}{nN_A}=\frac{3}{2}\frac{R}{N_A}T \tag{1.34}$$

여기서 기체 상수 $R=8.31\,[\text{J/mol}\cdot\text{K}]$, 아보가드로수 $N_A=6.02\times10^{23}$[개/mol]인 상수이므로 $R/N_A=k$로 놓으면, 기체 분자 한 개의 평균 운동 에너지 $\overline{E_k}$는

$$\overline{E_k} = \frac{3}{2}kT \tag{1.35}$$

로 나타낼 수 있다. 여기서 k는 **볼츠만 상수**이고, 이 값은 $k = 1.38 \times 10^{23}$ [J/K]이다.

이 결과로부터 기체 분자의 평균 운동 에너지는 기체의 종류, 압력, 부피 등에 관계없고 오직 온도에만 비례하고 있음을 알 수 있다.

또 기체 분자의 평균 운동 에너지의 두 관계식으로부터 기체 분자의 평균 속도 $\bar{v}$는 다음과 같이 구할 수 있다.

$$\frac{1}{2}m\overline{v^2} = \frac{3}{2}kT \qquad \therefore \quad \bar{v} = \sqrt{\frac{3kT}{m}} \tag{1.36}$$

식 (1.36)에서 기체가 열운동을 하는 기체 분자의 평균 속도는 온도가 높을수록 질량이 작을수록 빨라지게 되는 것을 알 수 있다.

> **예제 1.6** 어떤 두 기체 A와 B가 있다. 기체 A의 질량은 32[g]이고 기체 B의 질량은 2[g]이다. 온도가 일정할 때 두 기체의 속력의 비 v_A/v_B를 구하라.

풀이

식 (1.36)의 $\bar{v} = \sqrt{\frac{3kT}{m}}$ 에서 T가 일정하므로 $\bar{v} \propto \frac{1}{\sqrt{m}}$

$$\therefore \quad \frac{v_A}{v_B} = \sqrt{\frac{m_B}{m_A}} = \sqrt{\frac{2}{32}} = \frac{1}{4}$$

연 / 습 / 문 / 제

1-1 어떤 기체의 부피가 14[cm^3]일 때 온도가 21[℃]이다. 압력을 일정하게 하고 이 기체의 온도를 42[℃]로 높였을 때의 부피[cm^3]를 구하라.

1-2 압력 1기압, 온도 127[℃]에서 부피가 2[l]인 기체를 가열하여 압력 3기압, 부피 4[l]로 되었을 때 이 기체의 온도[K]를 구하라.

1-3 이상 기체의 온도가 300[K]에서 기체 분자의 평균 운동 에너지가 120[J]이었다. 이 기체의 온도가 600[K]가 되었을 때 기체의 평균 운동 에너지[J]를 구하라.

1-4 부피가 같은 두 용기 속에 600[K]의 수소 2몰과 300[K]의 헬륨 3몰이 각각 들어 있다. 이 두 용기 속의 수소와 헬륨 기체의 압력의 비를 구하라.

chapter 2

열역학의 법칙

2.1 열역학 제 1 법칙

2.1.1 내부 에너지

정지하고 있는 물체도 물체의 내부에 있는 분자들은 끊임없이 열운동을 하고 있기 때문에 운동 에너지를 가지고 있다. 또 물체 내부의 분자 사이에도 힘이 작용하고 있으며 이 힘에 의한 위치 에너지도 가지고 있다.

이와 같이 물체을 구성하는 물질 내부의 분자들이 가지고 있는 운동 에너지와 위치 에너지를 합하여 그 물체의 내부 에너지라고 한다. 즉, 내부 에너지는 물체가 운동하는 역학적 에너지와 다르다.

물체의 내부 에너지는 물질의 상태에 따라 운동 에너지와 위치 에너지가 차지하는 비율이 약간 다르다. 고체와 액체는 분자들 간의 거리가 짧고 분자 사이에 작용하는 힘이 크기 때문에 위치 에너지의 비율이 약간 높다. 그러나 기체는 분자 사이의 거리가 크고 분자 사이에 작용하는 힘이 거의 미약하기 때문에 기체의 위치에너지는 매우 적거나 무시할 수 있을 정도이다.

특히 이상 기체는 분자의 크기가 없고 분자 사이에 작용하는 힘이 전혀 없고 자유롭게 운동하는 것으로 가정하였기 때문에 분자 사이의 위치 에너지는 없고 운동 에너지만 존재한다. 따라서 이상 기체의 내부 에너지는 분자의 운동 에너지의 총합이라고 할 수 있다.

기체 분자 한 개의 평균 운동 에너지 $\overline{E_k}$는 식 (1.35)와 같이

$$\overline{E_k} = \frac{3}{2}kT \tag{2.1}$$

이다. 따라서 기체 분자수가 N인 헬륨(He)이나 네온(Ne)과 같은 단원자 분자로 된 이상 기체의 내부 에너지 U는 식 (2.1)의 볼츠만 상수 $k = R/N_A$이므로 다음과 같다.

$$U = \overline{E_k} \times N = \frac{3}{2}kT \times N = \frac{3}{2}\left(\frac{R}{N_A}\right) \times T \times N = \frac{3}{2}\left(\frac{N}{N_A}\right)RT \tag{2.2}$$

또 단원자 분자의 이상 기체 n몰($n = N/N_A$)에 대한 내부 에너지 U는

$$U = \frac{3}{2}nRT \tag{2.3}$$

가 된다. 따라서 기체의 내부 에너지는 온도에 따라 결정된다.

기체 분자 운동론에서 기체 분자는 한 개의 자유도에 대하여 $(1/2)kT$를 가진다고 한다. 단원자 분자는 3차원 공간의 세 방향에 대한 병진 운동의 자유도 3개를 가지게 되어 내부 에너지는 식 (2.3)과 같이 된다.

이와 같은 방법에 의해 산소(O_2)나 질소(N_2)와 같이 2원자로 된 기체 분자에서는 분자의 병진 운동(3개)과 회전 운동(2개)의 자유도가 5개이고, 이산화탄소(CO_2)와 같은 3원자 기체 분자는 병진 운동(3개)과 회전 운동(3개)의 자유도가 6개이므로 내부 에너지 U는 각각 다음과 같이 된다.

$$\text{2원자 분자 : } U = \frac{5}{2}nRT, \qquad \text{3원자 분자 : } U = \frac{6}{2}nRT$$

2.1.2 이상 기체가 하는 일

풍선을 따뜻한 물에 넣으면 부풀어 오른다. 이 현상은 기체에 열에너지를 공급하면 기체 분자의 열운동이 활발해져서 온도가 올라가면서 압력과 부피가 증가하기 때문이다. 이때 기체는 부피가 팽창하면서 외부에 힘을 가하여 일을 하게 되는 것이다.

그림 2.1과 같이 실린더 내부에 들어 있는 기체에 열을 공급하면 기체의 운동 에너지가 증가하여 실린더의 벽에 압력이 증가하여 피스톤을 밖으로 밀어내는 일을 한다.

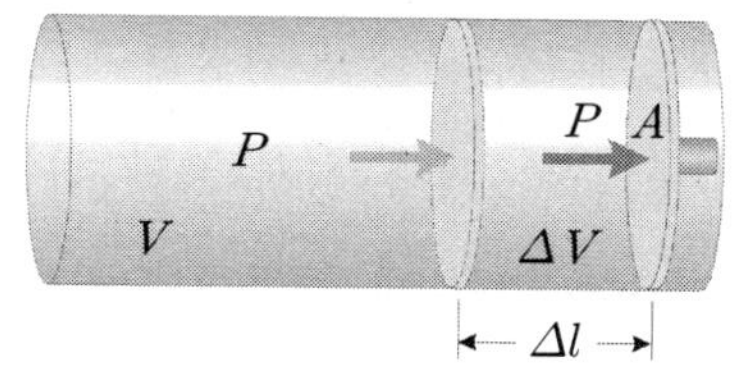

그림 2.1 ▶ 기체가 하는 일

피스톤의 단면적을 A, 기체의 압력을 P라고 하면 피스톤에 작용하는 힘 F는

$$F = PA \tag{2.4}$$

가 된다. 이때 기체에 의해 작용하는 힘 F를 받아 피스톤이 Δl 만큼 밀려나는 동안 기체의 부피 변화가 $\Delta V(=A\Delta l)$라면 기체가 피스톤에 대해 한 일 W는 다음과 같이 표시할 수 있다.

$$W = F\Delta l = PA\Delta l = P\Delta V \tag{2.5}$$

즉, 기체가 외부에 대해 일을 하거나 받을 때는 압력과 부피 변화에 의해 결정된다. 압력이 일정한 상태에서 기체가 팽창하여 부피 변화가 $\Delta V > 0$이면 기체가 외부에 일을 하는 경우($W > 0$)이고, 반대로 기체가 압축되어 $\Delta V < 0$이면 기체가 외부로부터 일을 받는 경우($W < 0$)이다.

앞으로 본 교재에서는 기체가 외부에 한 일은 $W_{out}(>0)$, 기체가 외부에서 받은 일은 $W_{in}(W_{out}<0)$으로 표기하기로 약속한다.

그림 2.2(a)는 기체의 압력이 일정한 상태에서 부피가 변화할 때 일을 나타낸 $P-V$ 곡선이다. 기체의 압력이 일정한 상태에서 기체의 부피가 팽창하여 점 A에서 점 B로 변할 때 $\Delta V > 0$이므로 기체가 한 일은 $W_{out}(>0)$이고, 반대로 점 B에서 점 A일 때는 기체가 압축되어 $\Delta V < 0$이므로 기체가 받은 일은 $W_{in}(W_{out}<0)$이 된다. 이때 기체가 하는 일 W는 $W = P\Delta V$가 되고 $P-V$곡선의 아래 부분의 면적에 해당된다.

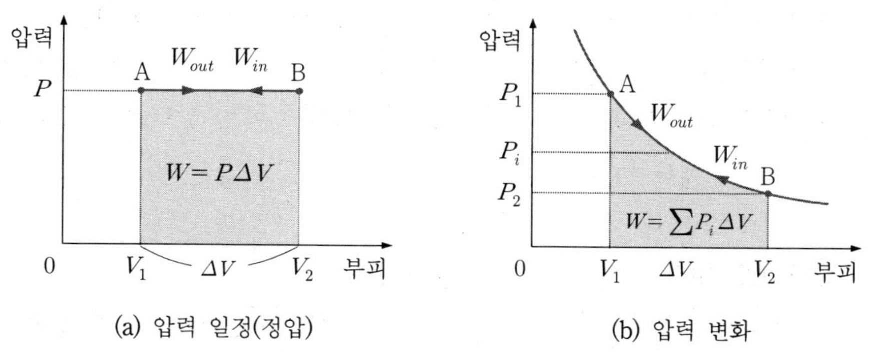

그림 2.2 ▶ 기체가 하는 일 ($P-V$ 곡선)

그림 2.2(b)는 기체의 부피 변화에 따라 압력이 변할 때 일을 나타낸 $P-V$곡선이다. 기체의 부피가 팽창하여 점 A에서 점 B로 변할 때 압력은 P_1에서 P_2로 감소하는 경우이며, 이때 기체가 한 일은 $W_{out}(>0)$이다. 반대로 기체가 압축되어 점 B에서 점 A로 변할 때 압력은 증가하는 경우이며, 이때 기체가 받은 일은 $W_{in}(W_{out}<0)$이 된다. 기체가 한 일이나 받은 일은 곡선의 아래 부분의 면적에 해당된다.

따라서 기체가 한 일은 먼저 미소 구간의 일 $\Delta W = P\Delta V$를 구한 후 전체를 미소 구간으로 분할하여 각각의 미소 구간에 해당하는 일의 합 $W = \sum P_i \Delta V$로 구할 수 있다.

2.1.3 열역학 제 1 법칙

(1) 열역학 제 1 법칙

물체에 열을 가열하거나 외부에서 물체에 일을 해주면 물체의 온도가 올라가고, 이에 따라 물체의 내부 에너지도 증가한다. 그러나 물체에서 열을 빼앗거나 물체가 외부에 일을 하면 물체의 내부 에너지는 감소한다.

일반적으로 기체에 가해 준 열량을 Q_{in}, 기체의 내부 에너지의 증가량을 ΔU, 기체가 외부에 한 일을 W_{out}라고 하면

$$Q_{in} = \Delta U + W_{out} \tag{2.6}$$

의 관계가 성립한다. 이것을 **열역학 제1법칙**이라 한다.

열역학 제1법칙은 물체가 가지고 있던 역학적 에너지가 열이나 일에 의해 물체의 내부 에너지로 에너지의 형태가 변환되어도 에너지가 보존되는 것을 의미한다. 따라서 이 법칙은 역학적 에너지에 열에너지를 포함한 에너지 보존의 법칙이 된다.

기체는 팽창하면 외부에 일을 하고, 압축하면 외부로부터 일을 받게 된다. 따라서 기체가 하는 일은 $W = P\Delta V$이므로 식 (2.6)은 다음과 같이 나타낼 수 있다.

$$Q_{in} = \Delta U + P\Delta V \tag{2.7}$$

(2) 기체의 변화 과정

일정량의 기체가 밀폐된 용기에 들어있는 상태에서 압력, 온도, 부피 등의 변화를 주면 기체의 내부 에너지가 변화하거나 기체가 외부에 일을 하는 등의 여러 가지 변화

가 일어난다. 이와 같은 변화 과정을 거치면서 처음의 상태로 되돌아오는 순환 과정(사이클)을 말한다.

기체의 변화 과정은 정적 변화, 정압 변화, 등온 변화, 단열 변화 등이 있으며, 이들의 변화 과정을 $P-V$곡선에서 열역학 제1법칙을 적용하여 알아보기로 한다.

앞에서 배운 기체가 가지는 내부 에너지 변화 ΔU와 기체가 한 일 W_{out}에 대한 다음의 내용을 염두해 두면서 열역학 제1법칙에 적용하기를 바란다.

① 이상 기체 방정식 $PV=nRT$에서 P, V, T의 관계를 조사한다.

② 기체의 내부 에너지는 온도에 비례한다.$(\Delta U \propto T)$

③ 기체가 외부에 한 일은 부피의 변화에 비례한다.$(W_{out} \propto \Delta V)$

④ 열역학 제1법칙의 에너지 보존 법칙 $Q_{in}=\Delta U+W_{out}$에 대입한다.

(1) 정적 변화

실린더의 피스톤을 고정시켜 기체의 부피를 일정하게 유지하면서 열량을 공급 또는 방출하여 기체의 온도와 압력을 변하게 하는 과정을 **정적 변화**라 한다.

그림 2.3과 같이 정적 변화에서는 이상 기체 방정식 $PV=nRT$에서 $P \propto T$이므로 압력 증가에 따라 기체의 온도도 높아지므로 내부 에너지 ΔU가 증가한다. 또 부피의 변화 ΔV가 0이므로 기체가 외부에 한 일은 $W_{out}=P\Delta V=0$이다.

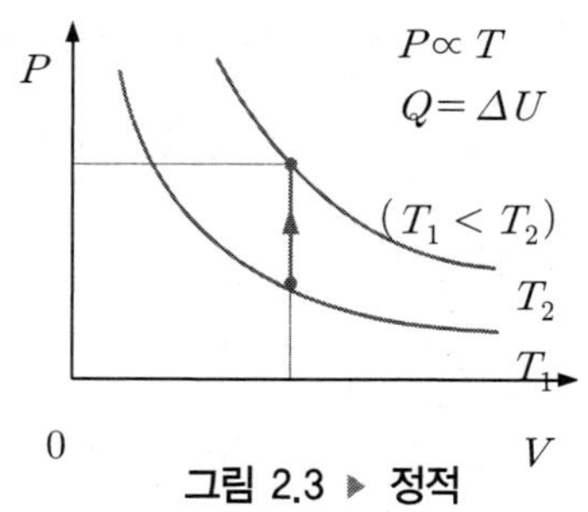

그림 2.3 ▶ 정적 변화$(\Delta V=0)$

따라서 외부에서 공급한 열량 Q_{in}은 모두 내부 에너지 ΔU로 변환된다. 즉, 열역학 제1법칙 $Q_{in}=\Delta U+W_{out}$는 다음과 같이 나타낼 수 있다.

$$Q_{in}=\Delta U \tag{2.8}$$

(2) 정압 변화

실린더의 피스톤을 자유로이 움직일 수 있게 하여 기체의 압력을 일정하게 유지하면서 열량을 공급 또는 방출하여 기체의 부피와 온도를 변하게 하는 과정을 **정압 변화**라고 한다.

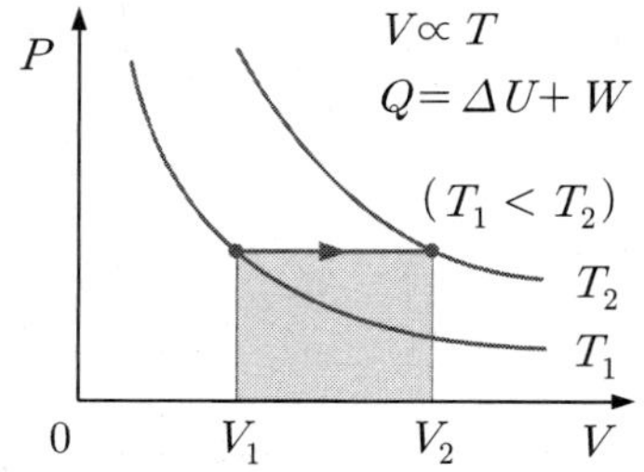

그림 2.4 ▶ 정압 변화

그림 2.4와 같이 정압 변화에서 외부에서 공급

한 열량 Q_{in}은 기체의 온도 상승에 의해 내부 에너지 ΔU를 증가시킨다. 또 이상 기체 방정식 $PV=nRT$에서 $V \propto T$이므로 온도 상승에 따른 부피도 증가($\Delta V > 0$)하여 피스톤을 밀어내는 일 $W_{out} = P\Delta V$로 작용한다. 즉, 열역학 제1법칙은

$$Q_{in} = \Delta U + W_{out} = \Delta U + P\Delta V \tag{2.9}$$

가 된다.

(3) 등온 변화

실린더 내의 기체 온도를 일정하게 유지하면서 압력이나 부피를 변화시키는 과정을 **등온 변화**라 한다. 이때 기체의 팽창과 압축이 일어나는 변화에 대해 기체의 온도를 항상 일정하게 유지할 수 있도록 열의 출입이 자유로운 실린더라고 생각한다.

그림 2.5와 같이 등온 변화에서는 $PV=nRT$에서 기체의 온도 T가 일정하므로 보일의 법칙 PV(=일정)이 적용된다. 따라서 내부 에너지의 변화량은 $\Delta U=0$이 되고, 압력 P와 부피 V가 변하므로 외부에서 공급한 열량 Q_{in}은 모두 기체가 하는 일로 바뀌게 된다.

등온 변화에서는 기체가 팽창하면 외부에서 공급한 열량은 모두 일로 바뀌지만, 기체가 압축하면 외부에서 공급한 열량은 모두 열로 방출한다. 즉, 열역학 제1법칙은

$$Q_{in} = W_{out} = P\Delta V \tag{2.10}$$

가 된다.

(4) 단열 변화

단열재로 둘러싼 실린더를 생각하면서 외부로부터 열의 출입을 차단하고 기체의

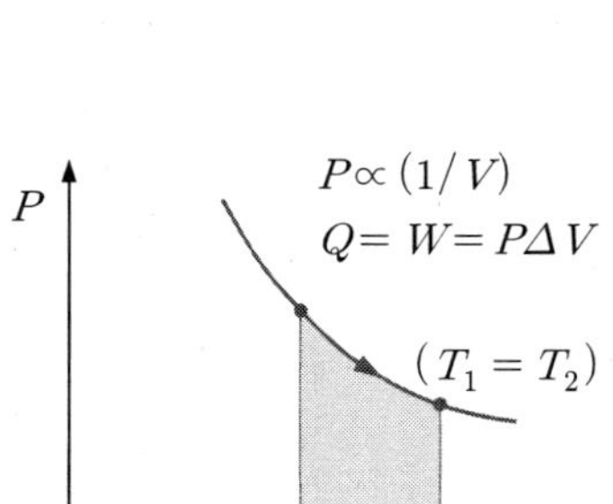

그림 2.5 ▶ 등온 변화

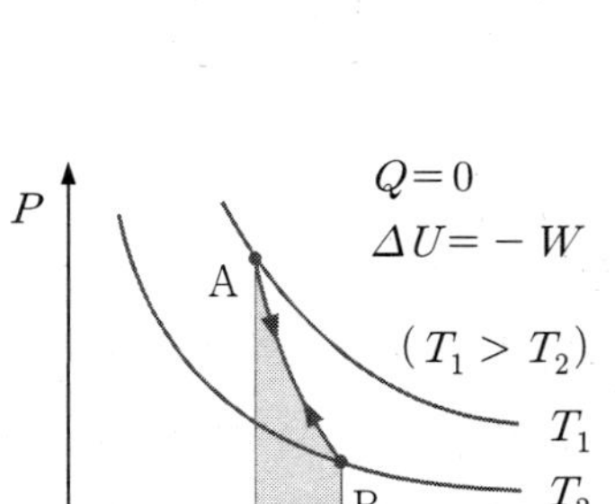

그림 2.6 ▶ 단열 변화($Q=0$)

부피를 변화시키는 과정을 **단열 변화**라 한다. 피스톤의 동작을 급히 작동하여 기체의 팽창과 수축을 갑자기 일으키면 열이 출입할 시간이 없으므로 근사적으로 단열 변화가 된다.

그림 2.6과 같이 단열 변화에서는 열의 출입이 없으므로 열량 Q_{in}은 $Q_{in}=0$이다. 즉, 열역학 제1법칙은

$$\Delta U = -W_{out} = -P\Delta V \tag{2.11}$$

가 된다.

단열 팽창은 실린더 내에 있는 기체를 갑자기 팽창시키면 기체가 외부에 해 준 일이 되므로 내부 에너지는 감소하고 온도가 내려간다. 즉, $\Delta V>0$이므로 $\Delta U=-P\Delta V>0$의 관계가 되기 때문에 외부에서 해 준 일만큼 기체의 내부 에너지가 감소하고 기체의 온도가 낮아진다. **그림 2.6**의 곡선에서 $\mathrm{A}\rightarrow\mathrm{B}$의 과정이 단열 팽창이다.

음료수 캔의 뚜껑을 딸 때 주위에 작은 구름을 형성하는 것은 단열 팽창에 의해 기체의 온도가 많이 내려가기 때문이다.

단열 압축은 실린더 내에 있는 기체를 갑자기 압축시키면 기체가 외부에서 받은 일이 되므로 기체 분자들의 내부 에너지가 되어 온도가 올라간다. 즉, $\Delta V<0$이므로 $\Delta U=-P\Delta V>0$의 관계가 되기 때문에 외부에서 받은 일만큼 기체의 내부 에너지가 증가하고 기체의 온도가 올라간다. **그림 2.6**의 곡선에서 $\mathrm{B}\rightarrow\mathrm{A}$의 과정이 단열 압축이다.

자전거 튜브에 바람을 넣을 때 펌프가 뜨거워지는 현상은 단열 압축에 의한 것이다.

그림 2.7과 같이 단열시킨 밀폐된 용기의 가운데를 칸막이로 막고 한 쪽은 기체, 다른 쪽은 진공으로 한 후, 칸막이를 치우면 기체가 진공으로 팽창할 때 이것을 단열 과정에서의 **기체의 자유 팽창**이라고 한다.

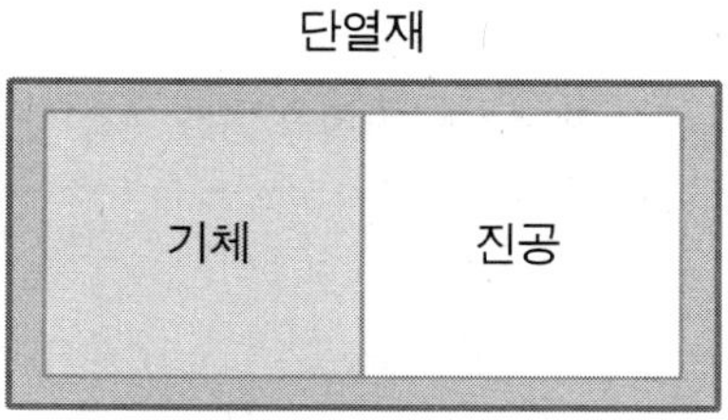

그림 2.7 ▸ 자유 팽창

자유 팽창에서는 열의 흐름은 없고, 기체가 밀고 갈 대상 물체가 없기 때문에 기체는 외부에 대해서도 일을 하지 않는다. 즉, $Q=0$, $W=0$이므로 열역학 제1법칙 $Q_{in}=\Delta U+W_{out}$에서 내부 에너지 $\Delta U=0$이 된다. 따라서 기체의 내부 에너지가 일정하므로 온도도 변하지 않고 일정하다.

(3) 제1종 영구 기관

외부에서 에너지의 공급을 받지 않고 계속해서 일을 할 수 있는 기관을 제1종 영구기관이라고 한다. 이것은 외부에서 에너지의 공급을 받지 않으면 내부 에너지도 증가하지 않고 외부에 작용하는 일도 없다는 에너지 보존의 법칙에 위배되는 실존하지 않는 기관이다.

따라서 에너지 보존의 법칙을 나타내는 열역학 제1법칙은 "제1종 영구기관은 만들 수 없다"로 달리 표현할 수 있다.

TIP 기체의 변화 과정

그림 2.8의 $P-V$곡선에서 1회 순환한 기체 변화 과정에 대한 기체에 공급된 열량, 내부 에너지, 외부에 한 일 등의 관계를 각각 표 2.1에 나타내면 다음과 같다.

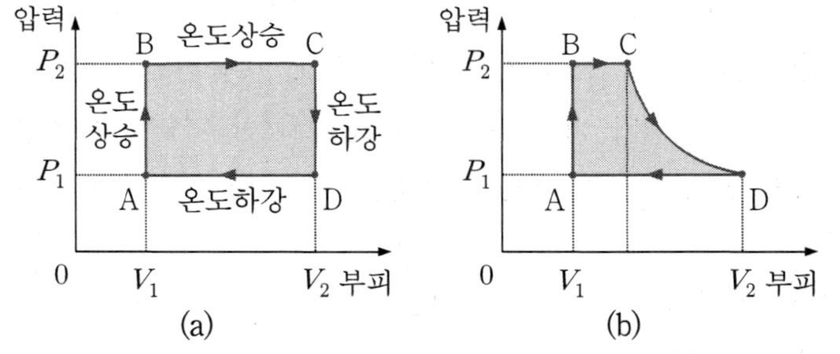

그림 2.8 ▶ 기체 변화 과정

표 2.1 ▶ 기체의 변화 과정

과정	그림 2.8(a)				그림 2.8(b)			
	변화	Q_{in}	ΔU	W_{out}	변화	Q_{in}	ΔU	W_{out}
A → B	정적	(+)	(+)	0	정적	(+)	(+)	0
B → C	정압	(+)	(+)	(+)	정압	(+)	(+)	(+)
C → D	정적	(−)	(−)	0	등온	(+)	0	(+)
D → A	정압	(−)	(−)	(−)	정압	(−)	(−)	(−)

예제 2.1 2몰인 단원자 분자 기체의 0[℃]일 때 내부 에너지[J]를 구하라. (단, 기체 상수는 $R=8.3$[J/mol · K]이다.)

풀이

식 (2.3)에서

$$U=\frac{3}{2}nRT=\frac{3}{2}\times 2\times 8.3\times 273=6797.7\ [\text{J}]$$

예제 2.2 일정량의 기체에 열량 4[kcal]를 가하였더니 기체가 팽창하면서 외부에 6800[J]의 일을 하였다. 이때 기체의 내부 에너지 증가량[J]을 구하라. (단, 1[kcal] = 4200[J]이다.)

풀이

식 (2.6)의 열역학 제1법칙 $Q_{in}=\Delta U+W_{out}$에서

$$\Delta U=Q_{in}-W_{out}=4\times 4200-6800=10000\ [\text{J}]$$

예제 2.3 일정량의 기체가 들어 있는 실린더에 500[J]의 열량을 가해 주었더니, 1기압에서 부피가 3×10^{-3}[m^3]이 팽창하였다. 기체의 내부 에너지 증가량[J]을 구하라. (단, 1기압은 1.0×10^5[N/m^2]이다.)

풀이

식 (2.6)의 열역학 제1법칙 $Q_{in}=\Delta U+W_{out}$에서

$$\Delta U=Q_{in}-W_{out}=Q_{in}-P\Delta V$$

$$\therefore\quad \Delta U=500-(1.0\times 10^5\times 3\times 10^{-3})=200\ [\text{J}]$$

2.2 열역학 제 2 법칙

2.2.1 가역 과정과 비가역 과정

자연계를 살펴보면 강물은 상류에서 하류로 흐르고, 폭포수는 높은 곳에서 아래로 떨어진다. 또 물 위에 잉크를 여러 방울 떨어뜨리면 넓게 퍼지면서 확산한다. 이와 같이 우리 주변에서 일어나는 현상들은 일정한 방향성을 가지고 움직이고 있으며 결코 스스로 역으로는 진행하지 않는 것을 알 수 있다.

실에 추를 매달은 단진자에서 마찰이나 공기 저항이 없으면 진자는 위치 에너지와 운동 에너지가 계속 변환되면서 영원히 같은 운동을 반복할 것이다.

마찬가지로 공기의 저항을 무시할 수 있는 상태에서 자유 낙하시킨 공이 바닥과 완전 탄성 충돌을 한다면, 공은 바닥에서 원래의 위치로 튀어 오르는 운동을 계속적으로 반복할 것이다.

단진자나 공의 충돌과 같이 물체가 외부로부터 에너지를 받거나 잃지 않고 스스로 원래의 상태로 되돌아가는 현상을 가역 과정이라고 한다.

그러나 단진자는 마찰이나 공기의 저항 때문에 어느 정도 시간이 지나면 점차 간격이 좁아지면서 정지하게 되고, 자유 낙하시킨 공도 튀어 오르는 높이가 점점 작아지다가 결국에는 정지한다. 이와 같이 외부의 영향을 받지 않고서는 원래의 상태로 되돌아갈 수 없는 현상을 비가역 과정이라고 한다.

모든 자연 현상은 비가역 현상이며, 비가역 과정은 외부에서 변화를 주지 않으면 스스로 가역 과정으로 전환되지 못한다. 그러나 자연계에서 일어나는 비가역 과정도 에너지가 보존되고, 에너지 보존의 법칙을 나타내는 열역학 제1법칙에 위배되지 않는다.

비가역 과정은 계가 평형 상태에 도달할 때까지 진행된다. 즉 일정한 온도로 되어 있는 열적 평형 상태가 되어 있는 계에서 열이 흘러나오거나 나가지 않고, 역학적 평형 상태가 되어 있는 계는 팽창하거나 그 주변에 일을 하지 않는다.

비가역 과정은 고온의 물체에서 저온의 물체로 이동하거나, 잉크 방울의 확산, 기체가 고압에서 저압(진공) 쪽으로 이동하는 자유 팽창 등이 있다. 이러한 비가역 과정은 평형 상태로 되어 버렸기 때문에 결코 원래 상태로 되돌아가지 못한다.

자연계에서 자유롭게 변화하도록 하면 확률이 작은 상태에서 큰 상태로 이동해 간다. 확률이 작은 상태에서 큰 상태로 저절로 일어나지 않는다. 즉, 기체 분자의 확산에서 분자들이 많이 집중되어 있는 질서 있는 상태가 나타날 확률보다 고르게 멋대로 흩어져 있는 무질서한 상태로 나타날 확률이 크다. 따라서 자연계에서 일어나는 모든 비가역 변화는 스스로 무질서한 상태로 변화가 일어난다.

계의 무질서도를 나타내는 상태량을 엔트로피(entropy)라고 한다. 어떤 계가 질서가 있는 상태이면 엔트로피가 작고, 무질서한 상태이면 엔트로피가 크다. 따라서 비가역 과정은 무질서도가 큰 방향으로 진행하기 때문에 엔트로피가 증가하는 방향으로 진행한다고 할 수 있다. 이와 같이 자연계의 모든 현상은 무질서도가 크고 엔트로피가 증가하는 방향으로 진행한다.

2.2.2 열역학 제 2 법칙

열이 한 물체에서 다른 물체로 이동하거나 다른 형태의 에너지로 전환되더라도 전체 에너지의 양은 일정하게 보존된다는 것이 열역학 제1법칙이다. 온도가 다른 두 물체를 접촉시켰을 때 열은 고온의 물체에서 저온의 물체로 이동하거나 저온의 물체에서 고온의 물체로 이동하더라도 이동하는 에너지의 양이 같다면 열역학 제1법칙에는 만족한다. 그러나 실제로 열은 고온에서 저온의 물체로 이동하며, 그 반대 현상은 결코 일어나지 않는다.

열역학 제1법칙은 에너지가 보존된다는 것만을 의미할 뿐이고 열에너지의 이동 방향에 대해서는 언급하지 않았기 때문에 열이 저온에서 고온의 물체로 이동할 수 없다는 것은 설명할 수 없다.

따라서 자연 현상의 비가역 진행 방향을 결정하는 법칙이 필요하고, 이러한 방향성을 정해주는 일반적인 표현은 다음과 같다.

> "모든 자연 현상은 비가역 과정으로 한 방향으로 진행하며, 스스로 반대 방향으로 진행하지 않는다."

이것을 열역학 제 2 법칙이라 한다.

열역학 제 1 법칙은 에너지의 양에 관한 에너지 보존의 법칙이고, 열역학 제 2 법칙은 자연계의 비가역 과정의 방향성을 설명한 법칙이다.

열역학 제 2 법칙은 다음과 같이 여러 가지로 표현되지만, 그 내용은 궁극적으로 같다.

① 열은 고온의 물체에서 저온의 물체 쪽으로 흘러가고 스스로 저온에서 고온으로 흐르지 않는다(클라우지우스의 표현).

② 일정한 온도의 물체로부터 열을 빼앗아 이것을 모두 일로 바꾸는 순환 과정(장치)은 존재하지 않는다(켈빈－플랑크의 표현).

③ 제2종 영구 기관은 존재하지 않는다.

④ 고립된 계의 비가역 변화는 엔트로피가 증가하는 방향으로 진행한다.

일정한 온도를 가진 열원으로부터 열량을 흡수하여 이것을 모두 외부의 일로 바꾸는 기관을 제 2 종 영구기관이라 한다.

제 2 종 영구기관은 흡수한 열 100[%]를 그대로 일로 바꾸는 효율 100[%]의 열기관을 의미하는데 마찰이나 열의 발생으로 에너지 손실이 있기 때문에 불가능하다. 따라서 열역학 제 2 법칙에 위배되는 가상적인 기관이고, 효율이 좋은 기관의 제작으로 연구 개발하는 것이다.

TIP 열역학 0 법칙

> (열역학 0 법칙)
> 두 물체 A, B가 제 3의 물체 C와 열적 평형에 있으면 두 물체 A와 B는 서로 열적 평형을 이룬다. 즉, 서로 열평형을 이루고 있는 두 계의 온도는 같다.

2.2.3 열기관

열에너지를 역학적 에너지로 바꾸는 장치를 열기관(heat engine)이라 한다. 열기관은 외연 기관과 내연 기관이 있다.

외연 기관은 기관의 외부에 연소실을 별도로 두고 연료를 연소시켜서 고온의 수증기를 만들어 이 수증기가 팽창할 때에 역학적인 일을 하는 장치이고, 증기 기관과 증기 터빈 등이 있다. 내연 기관은 기관의 내부에서 연료를 연소시켜서 연소한 기체가 팽창할 때에 역학적인 일을 하는 장치로 가솔린 기관, 디젤 기관, 제트 기관 등이 있다.

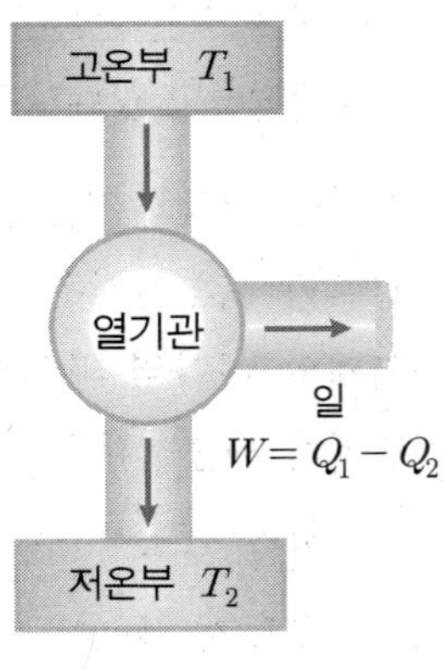

그림 2.9 ▸ 열기관의

모든 열기관에서 고온의 열원으로부터 열을 흡수한 수증기나 연소 기체는 외부에 역학적인 일을 하고 남은 열은 열기관 외부의 저온의 열원으로 방출하여 원래의 상태로 되돌아온다. 열기관은 이와 같은 순환 과정을 반복하면서 일을 한다.

그림 2.9는 열기관의 에너지 흐름에 대한 순환 과정을 나타낸 것이다. 온도 T_1인 고열원에서 Q_1의 열량을 흡수하면서 팽창하여 일을 한다. 또 온도 T_2인 저열원으로 Q_2의 열량을 압축하여 방출하면서 원래의 상태로 되돌아오는 순환 과정을 거친다.

순환 과정을 거치고 원래의 상태로 되돌아오기 때문에 내부 에너지의 변화는 없으므로 $\Delta U = 0$이다. 그리고 기체에 가해준 열량은 $Q = Q_1 - Q_2$이므로 열역학 제 1 법칙 $Q_{in} = \Delta U + W_{out}$에서 $Q_{in} = W_{out}$이다. 따라서 열기관이 한 일은

$$W = Q_1 - Q_2 \tag{2.12}$$

가 된다. 열기관에서 사용되는 유체는 이상 기체를 사용하면 이상적이지만 실제로는 수증기 또는 휘발유와 공기의 혼합물이 많이 쓰인다.

열기관의 **효율**, e는 열기관이 고열원에서 흡수한 열량 Q_1에 대한 외부에 한 일 W의 비로 정의한다. 즉,

$$e = \frac{W}{Q_1} = \frac{Q_1 - Q_2}{Q_1} = 1 - \frac{Q_2}{Q_1} \tag{2.13}$$

로 나타낼 수 있다.

우리가 사용하는 열기관의 효율은 증기 기관이 약 10[%], 가솔린 기관이 약 20 ~ 30[%], 디젤 기관이 약 40[%]이다. 열기관의 효율을 높이려면 식 (2.13)에서 Q_2를 적게 해야 하고, Q_2가 0이면 효율은 100[%]가 된다. 이것은 열기관이 흡수한 열량을 모두 일로 전환시킨다는 것을 의미이고, 이러한 열기관은 제 2 종 영구기관에 해당되며 열역학 제 2 법칙에 위배되어 효율 100[%]의 열기관을 제작하는 것은 불가능하다.

1824년 프랑스의 물리학자 카르노(N. Carnot)는 열효율이 최대가 되는 이상적인 열기관의 조건을 이론적으로 제시하였다.

그림 2.10은 카르노 순환 과정을 나타내기 위한 압력–부피 곡선($P-V$곡선)이다. 이 곡선으로부터 열기관이 순환 과정에서 열을 일로 전환하는 과정에 대해 다음의 네 가지 과정으로 구분하여 설명한다.

① A → B : 기체는 온도 T_1의 열원에서 열량 Q_1을 흡수하고 기체의 부피는 V_1에서 V_2까지 등온 팽창하여 외부에 일을 한다.(등온 팽창)

② B → C : 기체는 V_2에서 V_3까지 단열 팽창하면서 외부에 일을 하고 단열 팽창으로 온도는 T_2까지 내려간다.(단열 팽창)

③ C → D : 기체는 낮은 온도 T_2인 저열원에 접촉하고 기체의 부피는 V_3에서 V_4까지 등온 압축하여 남은 열량 Q_2를 외부의 저열원으로 방출한다.(등온 압축)

④ D → A : 기체는 부피 V_4에서 다시 단열 압축하여 부피가 V_1이 되면 온도가 T_1으로 상승하여 열기관은 다시 원래의 상태로 되돌아온다.(단열 압축)

기체가 한 순환 과정에서 알짜로 하는 일은 $P-V$곡선에서 면적 ABCD에 해당하며, 일 W는 $W=Q_1-Q_2$가 되고 순환 과정을 반복할 때마다 외부에 W 만큼의 일을 한다.

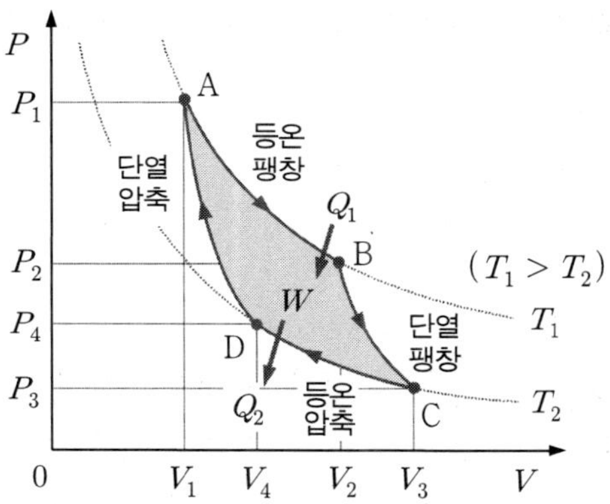

그림 2.10 ▶ 카르노의 순환 과정

이와 같이 가역적으로 동작하는 열효율이 최대가 되는 이상적인 열기관을 **카르노의 열기관**이라 한다.

카르노의 열기관은 고열원에서 흡수하는 열량 Q_1과 저열원에서 방출하는 Q_2의 비가 고온부의 온도 T_1과 저온부의 온도 T_2의 비와 같다는 것을 밝혀냈다. 즉, 카르노 기관의 효율 e는

$$e = 1 - \frac{Q_2}{Q_1} = 1 - \frac{T_2}{T_1} \tag{2.14}$$

가 된다.

열기관의 효율을 높이기 위하여 고열원과 저열원의 온도차를 크게 하여 식 (2.14)의 T_2/T_1의 값을 작게 해야 한다. 그러나 저열원의 온도를 0[K]는 할 수 없기 때문에 이상적인 카르노의 열기관도 효율이 100[%]가 될 수 없고 만들 수도 없다.

실제의 열기관은 기관의 마찰이나 외부로의 열손실 등 비가역적이기 때문에 카르노 열기관보다 효율이 매우 작게 나타난다. 따라서 열기관의 효율 e는 다음과 같다.

$$e = 1 - \frac{Q_2}{Q_1} \leq 1 - \frac{T_2}{T_1} \tag{2.15}$$

예제 2.4 열기관이 한 순환 과정에서 400[kcal]의 열량을 흡수하여 4.2×10^5[J]의 일을 하였다. 이 열기관의 열효율을 구하라. (단, 1[kcal] = 4200[J]이다.)

풀이

식 (2.13)에서

$$e = \frac{W}{Q_1} = \frac{4.2 \times 10^5}{400 \times 4200} = 0.25 \ \ (25\,[\%])$$

연 / 습 / 문 / 제

2-1 그림 2.11의 $P-V$ 곡선과 같이 일정량의 기체의 압력과 부피가 변하였다. 이 곡선에서 B → C 과정은 등온 변화를 나타낸 것이다. 다음을 각각 구하라.

(a) 기체의 온도가 상승하는 과정

(b) 기체가 외부에 일을 하는 과정

(c) 기체의 내부 에너지가 감소하는 과정

(d) 열을 흡수하는 과정

(e) 전 과정을 순환하였을 때의 내부 에너지 변화량

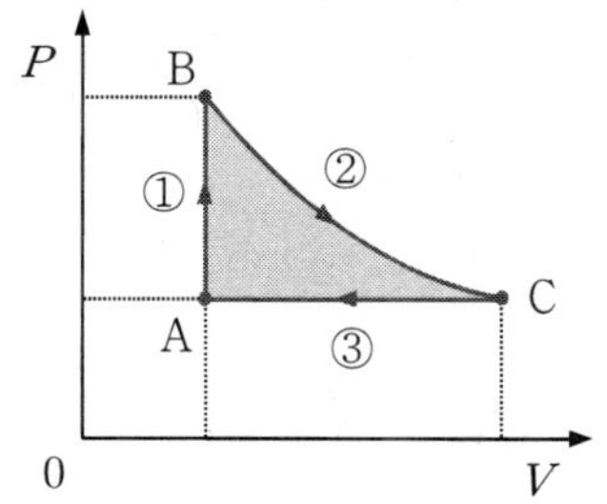

그림 2.11

2-2 2몰의 단원자 분자로 된 이상 기체가 밀폐된 용기에 들어 있다. 기체의 온도가 27[℃]일 때, 이 기체의 내부 에너지[J]를 구하라.
(단, 기체 상수는 $R=8.3$[J/mol · K]이다.)

2-3 2몰의 단원자 분자로 된 이상 기체가 있다. 이 기체의 부피를 일정하게 유지하면서 온도를 1[K] 높이는 데 필요한 열에너지[J]를 구하라.
(단, 기체 상수는 $R=8.3$[J/mol · K]이다.)

2-4 일정량의 기체에 3[kcal]의 열량을 가하여 기체를 팽창시켜서 외부에 6000[J]의 일을 하게 하였다. 이때 기체의 내부 에너지 증가량[J]을 구하라.

2-5 그림 2.12의 $P-V$ 곡선에서 단원자 기체의 상태가 A에서 B로 변하였다. 이 과정에서 다음을 각각 구하라.

(a) 이 과정에서 기체가 한 일[J]

(b) 이 과정에서 내부 에너지의 증가량[J]

(c) 이 과정에서 기체가 흡수한 열량[J]

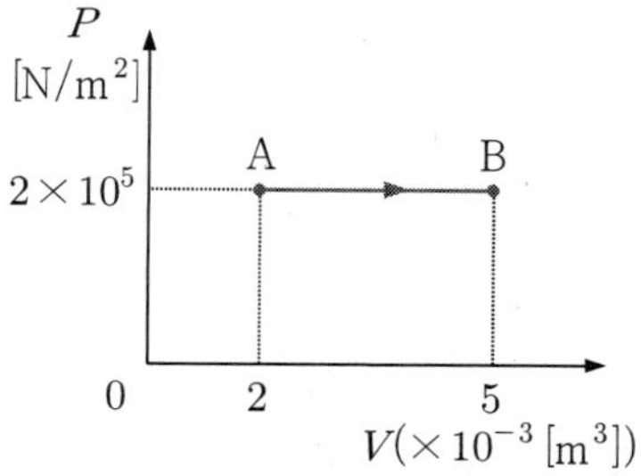

그림 2.12

2-6 그림 2.13의 $P-V$ 곡선에서 기체의 상태가 A에서 B로 변하였다. 이 과정에서 기체가 흡수한 열량[J]을 구하라.

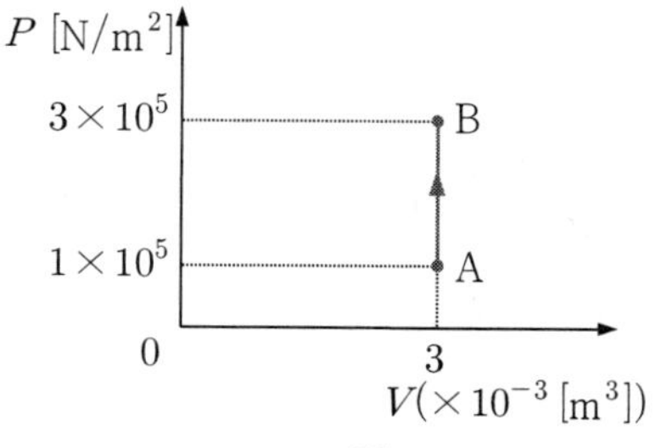

그림 2.13

2-7 열기관에서 고열원의 온도는 600[K]이고, 저열원의 온도는 300[K]이다. 이 열기관의 최대 효율[%]을 구하라.

03 전기와 자기

chapter 1

전하와 전기장

1.1 전기의 본질

1.1.1 전기의 발생

모든 물질은 분자로 이루어져 있고, 분자는 원자의 집합체로 구성되어 있다. 또 원자는 중심에 양성자(proton)와 중성자(neutron)로 구성된 원자핵(atomic nucleus)과 그 주위 궤도를 회전운동하고 있는 한 개 또는 여러 개의 전자(electron) 소립자로 구성되어 있다.

그림 1.1은 원자의 구조를 나타낸 것이고, 마치 태양계에서 행성이 태양을 중심으로 일정한 궤도를 공전하는 것과 같다.

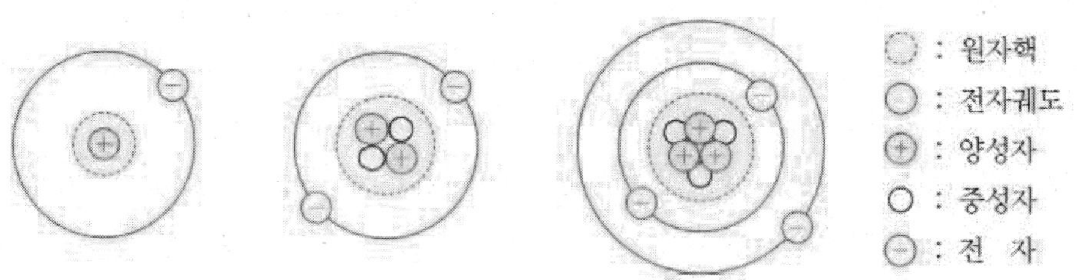

(a) 수소 원자(H) (원자번호 : 1)　(b) 헬륨 원자(He) (원자번호 : 2)　(c) 리튬 원자(Li) (원자번호 : 3)

그림 1.1 ▶ 원자의 구조

양성자는 양(+)의 전기를 띤 입자이고, **중성자**는 전기를 띠지 않지만 질량은 양성자와 거의 동일하다. 또 **전자**는 음(−)의 전기를 띤 입자이고, 전기량의 크기는 양성자와 같으며, 질량은 양성자나 중성자의 약 1/1,840이다.

표 1.1은 원자를 구성하는 입자들에 대한 전하량 및 고유질량을 나타낸 것이다.

표 1.1 ▶ 원자의 구성 입자

원자의 입자		전하량(전기량)	질 량	질량비
원자핵	양성자	$+1.602 \times 10^{-19}$ [C]	1.673×10^{-27} [kg]	1,840 배
	중성자	0 [C]	1.673×10^{-27} [kg]	1,840 배
전 자		-1.602×10^{-19} [C]	9.107×10^{-31} [kg]	1 (기준)

- 원 자
  - 원자핵
    - 양성자
      - 전하량 : $+1.602 \times 10^{-19}$ [C]
      - 질 량 : 1.673×10^{-27} [kg]
    - 중성자
      - 전하량 : 0 [C]
      - 질 량 : 1.673×10^{-27} [kg]
  - 전 자
    - 전하량 : -1.602×10^{-19} [C]
    - 질 량 : 9.107×10^{-31} [kg]

양성자나 전자와 같이 전기를 띠고 있는 입자를 **전하**(electric charge)라 하고, 양(정, +)의 전기를 갖는 양성자를 **양전하**, 음(부, −)의 전기를 갖는 전자를 **음전하**로 구분할 수 있다. 따라서 전기의 근원은 원자 내에 있는 양성자와 전자가 된다.

또 전하가 가지고 있는 전기의 양을 **전기량** 또는 **전하량**이라 한다. 전하는 일반적으로 전기를 띤 입자와 전하량의 두 가지 의미로 혼용하여 사용하기도 한다.

전하량의 기호는 Q 또는 q이고, 단위는 MKS 단위계에서 **쿨롬**(coulomb, [C])을 사용한다. 일반적으로 전기학에서 대문자 Q는 시간적으로 불변인 일정한 양, 소문자 q는 시간적으로 변하는 양을 구분하여 사용하기도 한다.

원소들을 구분하기 위하여 정한 원자번호는 그 원자의 양성자 수와 같고, 양성자 수는 전자의 수와도 같다.(원자번호 = 양성자 수 = 전자 수)

따라서 보통 물질의 원자는 양성자의 양(+) 전하량과 전자의 음(−) 전하량이 같기 때문에 전기적으로 중성이고 전기적인 성질을 나타내지 않는다.

원자의 구성입자 중에서 양성자는 원자핵의 강한 핵력에 의해 결합되어 있기 때문에 외부로 이동할 수 없고 고정되어 있지만, 전자는 원자핵과 비교적 약하게 결합(구속)되어 있기 때문에 외부로부터 열, 빛, 마찰 등의 자극(에너지)을 받으면 원자핵과 가장 멀리 떨어진 **최외곽 전자**들이 쉽게 궤도를 이탈하여 자유로이 이동할 수 있다. 이러한 전자를 **자유 전자**(free electron)라고 한다.

이와 같이 자유 전자는 양성자에 비해 가볍고 쉽게 이동하는 성질을 가지고 있기 때문에 물질에서 **전기(전하)의 발생** 또는 **전기 현상**에 매우 밀접한 관계가 있다.

그림 1.2는 중성원자가 전자의 이동에 의한 과·부족으로 전기가 발생하는 모형을 나타낸 설명도이다. **그림 1.2**(a)에서 중성원자는 전자를 잃게 되면 전자가 부족하게 되어 상대적으로 양성자가 많아지므로 양의 전기, **그림 1.2**(b)에서 전자를 얻게 되면 전자가 과잉이 되어 상대적으로 전자가 많아지므로 음의 전기를 발생한다. 이와 같이 **중성원자에서 전자의 이동에 의한 과·부족**에 의해 전기 현상이 나타나기 때문에 전기의 발생은 전하 중에서도 자유 전자가 매우 중요한 역할을 하게 된다.

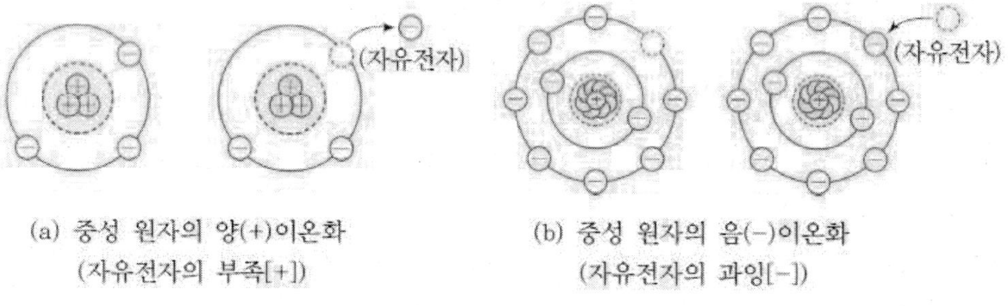

그림 1.2 ▶ 전자의 과부족에 따른 전기의 발생(원자의 이온화에 의한 전기 발생 모형)

전하량의 최소 기본 단위는 전자 1개가 갖는 전하량은 -1.602×10^{-19}[C]이므로 총 전하량은 불연속적인 양이 된다. 즉 총 전하량 Q는 다음의 식으로 나타낸다.

$$Q = n \cdot e\,[\mathrm{C}] \begin{cases} n: \text{전자의 개수} \\ e: \text{전자 1개 전하량의 크기} \\ \quad (1.602\times10^{-19}[\mathrm{C}]) \end{cases} \tag{1.1}$$

예제 1.1 1[C]의 전하를 만들기 위하여 필요한 전자의 개수를 구하라.

풀이

식 (1.1)에서 총 전하량 $Q = n \cdot e$[C]이므로 전자의 개수 n은

$$n = \frac{Q}{e} = \frac{1}{1.602 \times 10^{-19}} = 6.25 \times 10^{18} \text{ [개]}$$

1.1.2 물질의 전기적 성질에 의한 분류

물질을 전기적인 성질에 의하여 분류하면 도체, 부도체 및 반도체의 세 종류로 나눌 수 있다.

도체(conductor)는 전자의 이동을 허용하는 물질로써 내부에 자유 전자를 많이 가지고 있으며, 금속, 탄소, 전해액 등이 대표적인 물질이다.

부도체(nonconductor)는 내부에서 전자가 원자핵에 대한 구속력이 강하여 물질 내를 이동할 수 없고, 외부의 전기력에 대해 전자와 원자핵의 변위만 일으킨다. 이 전자를 구속전자 또는 속박전자(bounded electron)라고 한다. 이와 같이 부도체는 전자의 이동을 허용하지 않는 물질로써 공기, 고무, 유리, 플라스틱, 순수한 물(증류수) 등이 대표적인 예이다. 특히 부도체는 사용 목적에 따라 절연체(insulator) 또는 유전체(dielectric)로 구분하여 부르기도 한다.

반도체(semiconductor)는 정공(hole, 양전하) 또는 자유 전자(음전하)를 극히 일부 가지고 있기 때문에 전기 전도도가 도체와 부도체 사이의 중간 성질을 갖는 물질로써 실리콘(Si, 규소), 게르마늄(Ge), 셀렌(Se) 등이 있다.

1.2 정전기

1.2.1 마찰전기

두 종류의 중성 물체를 마찰하면 전자가 한 물체에서 다른 물체로 이동하게 되고, 이때 전자를 잃은 물체는 양전하, 전자를 얻은 물체는 음전하를 띠게 되고, 그 물체들은

주위의 가벼운 물체를 끌어당기는 성질의 전기적인 현상이 나타난다.

이와 같이 물체의 마찰에 의해 발생하는 전기를 **마찰전기**(triboelectricity) 또는 **정전기**(static electricity)라 한다. 물체에서 전기적 성질을 띠는 현상을 **대전**(electrification)이라고 하고, 대전된 물체를 **대전체**라 한다.

마찰에 의해 발생하는 전하의 종류와 전하량은 마찰하는 상대 물체의 종류와 마찰 조건에 따라 다르다. 즉, 다음의 **마찰전기 계열**에서 임의의 두 물체를 서로 마찰하면 왼쪽 물체는 양(+)의 전기, 오른쪽 물체는 음(−)의 전기로 대전하게 된다. 그러나 마찰전기 계열의 순서는 절대적인 것이 아니고, 온도나 습도 등의 영향으로 바뀌는 경우도 있다.

중성 상태의 물체가 마찰에 의해 대전되는 이유는 전자가 마찰에 의한 에너지를 얻어 표면으로 튀어 나와 힘이 강한 쪽으로 이동하기 때문이다. 이 때 전자가 이동하여 전자를 잃은 물체는 양전하, 전자를 얻은 물체는 음전하로 대전하게 된다.

☞ **마찰전기 계열[대전열]**

(+) 모피, 유리, 운모, 비단, 무명, 목재, 호박, 수지, 금속, 에보나이트, 고무 **(−)**

1.2.2 정전 유도

(1) 도체의 정전 유도

대전되어 있지 않은 절연된 중성 도체 A에 대전된 물체 B를 접근시키면 **그림 1.3**과 같이 도체 A에는 대전체 B의 가까운 쪽에 다른 부호의 전하, 먼 쪽에 같은 부호의 전하가 나타난다. 이 현상을 **정전 유도**(electrostatic induction)라고 한다.

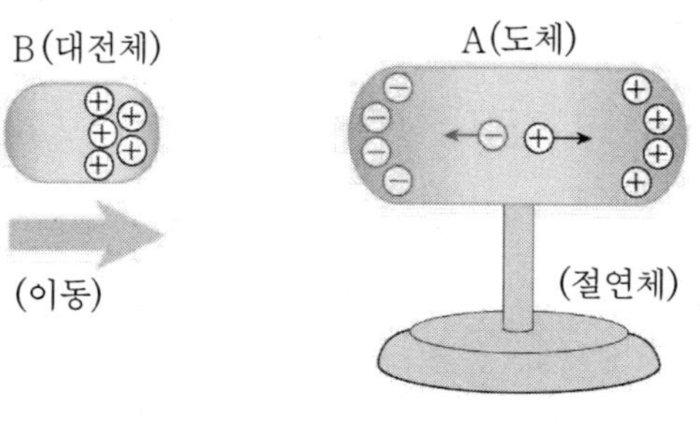

그림 1.3 ▶ 도체의 정전 유도

정전 유도 현상은 같은 부호의 전하는 반발하고, 다른 부호의 전하는 서로 흡인하는 정전력의 작용으로 금속과 같은 도체뿐만 아니라 모든 물체에 발생한다.

(2) 부도체의 정전 유도

도체는 내부에 이동하기 쉬운 자유 전자가 무수히 많기 때문에 대전체를 접근시키면 정·부의 전하 분리가 쉽게 일어난다. 그러나 부도체(절연체)의 경우는 내부에 전자에 대한 원자핵의 구속력이 강한 속박전자로 인해 전하의 분리가 일어나지 않고 원자핵과 전자의 변위만 일으킨다.

그림 1.4와 같이 부도체에서 일어나는 정전 유도 현상을 전기 분극 또는 유전 분극이라고 한다.

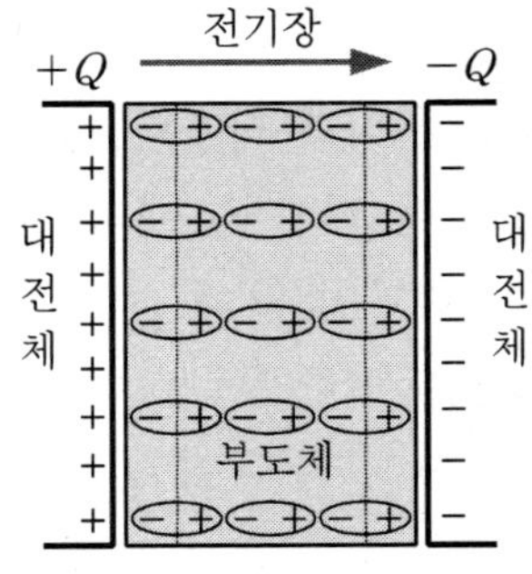

그림 1.4 부도체의 유전 분극

(3) 전하 보존 법칙

도체 및 부도체의 정전 유도에서 역으로 대전체를 멀리하면 정전 유도에 의해 생긴 전하는 중화하여 대전되지 않은 원상태로 돌아간다. 이로부터 정전 유도에 의해 발생된 양·음 전하는 같은 양인 것을 알 수 있다. 즉, 보통 대전되지 않은 물체는 내부에 양·음 전하가 같기 때문에 서로 상쇄하여 항상 전기적으로 중성을 나타내고 있는 것으로 생각할 수 있다.

마찰전기에서 두 대전체가 띤 전하는 외부에서 얻어지는 것이 아니라 마찰 과정에서 전자를 주고받으면서 발생하는 현상으로 전하가 새로 생성되거나 소멸되는 것이 아니다. 따라서 마찰 전후의 전하의 총량은 변하지 않는다. 이것을 전하 보존의 법칙이라고 한다.

1.3 쿨롱의 법칙

1785년 프랑스의 쿨롱(Coulomb)은 두 대전체 사이에 작용하는 힘에 대하여 실험적으로 다음과 같은 실험 결과를 얻었다.

① 동종의 전하 사이에는 반발력, 이종의 전하 사이에는 흡인력이 작용한다.

② 두 점전하 사이에 작용하는 힘은 두 전하의 곱에 비례하고, 상호 거리의 제곱에 반비례한다.

③ 힘의 방향은 두 점전하를 연결하는 직선 방향을 취한다.

이들의 실험 결과를 관계식으로 표현하면 다음과 같다.

$$F = k\frac{Q_1 Q_2}{r^2} \tag{1.2}$$

여기서 k는 전하 주위의 매질과 단위의 표시법에 의해 결정되는 비례상수이고, 매질을 진공이라 할 때, MKS 단위계 Q[C], r[m], F[N]을 사용하면 $k = 1/4\pi\epsilon_0$이 된다. 이 k에 포함된 ϵ_0를 진공의 유전율(dielectric constant)이라 하며, 진공 중의 빛의 속도 C_0($\fallingdotseq 3\times10^8$[m/s])라고 할 때, 진공의 유전율 ϵ_0는 다음과 같이 정의한다.

$$\epsilon_0 = \frac{10^7}{4\pi {C_0}^2} = \frac{10^7}{4\pi \cdot (3\times10^8)^2} = 8.85\times10^{-12}\,[\mathrm{F/m}] \tag{1.3}$$

즉, 진공 중에서 $k = 9\times10^9$이고, 식 (1.2)는 다음과 같이 나타낼 수 있다.

$$F = \frac{1}{4\pi\epsilon_0}\frac{Q_1 Q_2}{r^2} = 9\times10^9\times\frac{Q_1 Q_2}{r^2}\,[\mathrm{N}] \tag{1.4}$$

이 식을 쿨롱의 법칙(Coulomb's law)이라 하고, 두 전하 사이에 작용하는 힘 또는 전기력을 구하는 법칙이다.

그림 1.5와 같이 두 전하 사이에 작용하는 힘 F의 방향은 같은 부호(동종 전하)이면 반발력, 다른 부호(이종 전하)이면 흡인력이 된다.

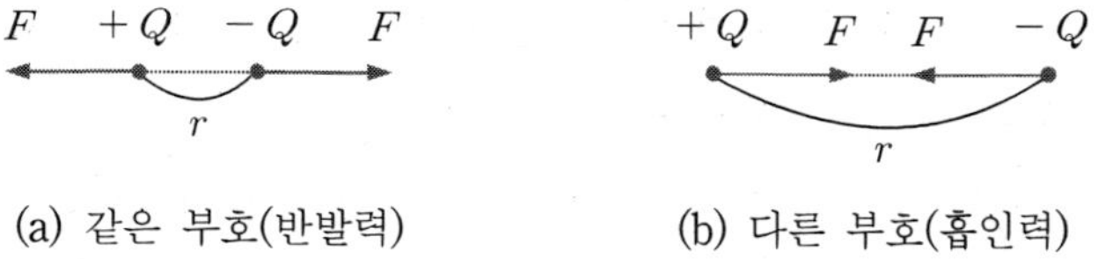

(a) 같은 부호(반발력) (b) 다른 부호(흡인력)

그림 1.5 쿨롱의 법칙(전기력)

예제 1.2 진공 중에서 크기가 10^{-4}[C]인 두 개의 같은 점전하가 서로 10[m] 떨어져 있을 때, 두 전하 사이에 작용하는 힘[N]을 구하라.

풀이

식 (1.4)의 쿨롱의 법칙에 의해 두 전하가 받는 힘 F는

$$F = 9\times10^{9}\frac{Q_1 Q_2}{r^2} = 9\times10^{9}\times\frac{10^{-4}\times10^{-4}}{10^2} = 0.9[\mathrm{N}]$$

1.4 전기장과 전기력선

한 개의 대전체가 있을 때 그 주위에 다른 대전체를 가까이 가져가면 두 대전체 사이에는 쿨롱의 법칙에 따른 힘(전기력)이 작용한다. 이와 같이 공간에 전하를 놓았을 때 전기력이 작용하는 공간을 전기장(electric field) 또는 전계라고 한다.

1.4.1 전기장의 세기

전기장의 세기를 결정하는 조사에서 전기장 내에 단위 전하 $+1[\mathrm{C}]$과 같은 큰 전하를 놓으면 이 전하에 의하여 본래의 전기장에 영향을 미치게 되어 무의미하게 되지만, 이론적으로 시험 전하(test charge)는 단위 전하의 개념을 사용하여 나타내는 것이 일반적이다.

그림 1.6과 같이 전기장의 세기는 전기장 내의 임의의 한 점에 단위 전하 $+1[\mathrm{C}]$을 놓았을 때, 단위 전하에 작용하는 힘으로 정의하고, 전기장의 방향은 단위 전하가 받는 힘의 방향이 된다. 즉, 전기장은 힘과 마찬가지로 크기 E와 방향을 동시에 나타내야 하는 벡터량이다. 전기장의 세기의 벡터 기호는 고딕체 $\mathbf{E}$로 표시한다.

그림 1.6에서 전기장 내의 임의의 한 점에 전하 $q[\mathrm{C}]$을 놓고 이 전하가 받는 힘을 $F[\mathrm{N}]$이라 할 때, 힘 F를 전하 q로 나누게 되면 그 점에 놓여 있는 단위 전하가 받는

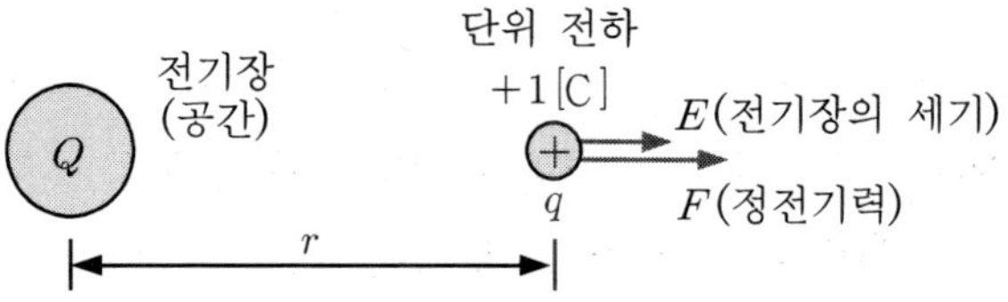

그림 1.6 전기장 세기의 정의

힘이 된다. 즉 단위 전하 당 받는 힘은 전기장의 세기 E가 되므로

$$E = \frac{F}{q} \text{[N/C]} \tag{1.5}$$

이고, 단위는 [N/C]이지만 실용적으로 [V/m]를 사용한다.

따라서 전기장 E인 점에 전하 q를 놓았을 때 이 전하가 받는 전기력 F는

$$F = qE \text{[N]} \tag{1.6}$$

이 된다.

그림 1.7과 같이 점 O에 점전하 Q[C]이 있고, 거리 r[m] 떨어진 점 P에서 전기장의 세기 E는 쿨롱의 법칙에 의해 다음과 같이 구할 수 있다.

전기장의 세기 E를 구하고자 하는 점 P에 단위 전하 +1[C]을 놓고, +1[C]이 받는 힘을 구하기 위하여 쿨롱의 법칙에 따른 식 (1.4)에 대입하면 전계의 세기 E는

$$E = \frac{Q}{4\pi\epsilon_0 r^2} = 9 \times 10^9 \frac{Q}{r^2} \text{ [V/m]} \tag{1.7}$$

가 되고, 전기장의 방향은 단위 전하가 받는 힘의 방향과 일치한다.

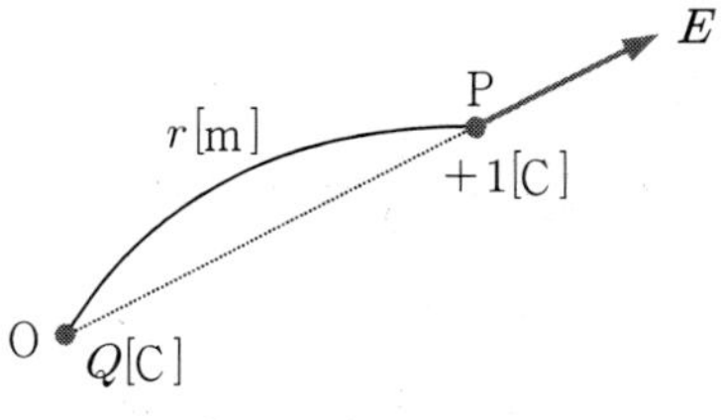

그림 1.7 점전하에 의한 전기장의 세기

> **예제 1.3** 진공 중에 1×10^{-7}[C]의 전하가 있을 때 이 전하로부터 15[cm]의 거리에 있는 점의 전기장의 세기[V/m]를 구하라.

풀이

식 (1.7)의 전계의 세기 E에 의하여

$$E = 9 \times 10^9 \frac{Q}{r^2} = 9 \times 10^9 \times \frac{1 \times 10^{-7}}{0.15^2}$$

$$\therefore \quad E = 4 \times 10^4 \,[\mathrm{V/m}]$$

예제 1.4 1[C]과 2[C]의 두 점전하가 진공 중에서 2[m] 떨어져 있을 때, 두 점전하의 중점에서의 전기장의 세기를 구하라.

풀이

전기장의 세기는 벡터이므로 크기와 방향을 각각 고려해야 한다. 그림 1.8의 중점 P에 단위 전하를 놓고 각 전하에 대해 받는 힘, 즉 전기장의 세기 E_1과 E_2는

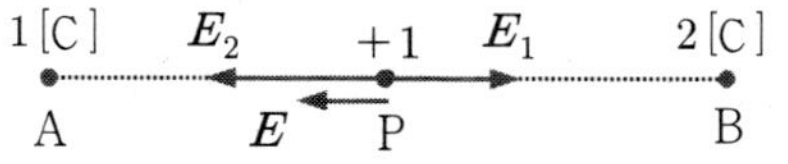

그림 1.8

$$E_1 = \frac{Q_1}{4\pi\epsilon_0 r^2} = 9 \times 10^9 \times \frac{1}{1^2} = 9 \times 10^9 \,[\mathrm{V/m}]$$

$$E_2 = \frac{Q_2}{4\pi\epsilon_0 r^2} = 9 \times 10^9 \times \frac{2}{1^2} = 18 \times 10^9 \,[\mathrm{V/m}]$$

단위 전하(+1 [C])가 받는 힘의 방향으로부터 E_1과 E_2는 서로 반대 방향이므로 중점 P에서 합성한 전기장의 세기 E는 다음과 같이 구해진다.

$$E = E_2 - E_1 = 18 \times 10^9 - 9 \times 10^9$$

$$\therefore \quad E = 9 \times 10^9 \,[\mathrm{V/m}]$$

1.4.2 전기력선

전기장의 전반적인 상태를 판단하려면 각 점에 대한 전기장의 세기와 그 방향을 수학적 해석으로 구해야 하지만, 전기장 내의 전기장 상태를 전기력선이라는 가상선을 이용하면 시각적으로 쉽게 이해할 수 있다.

전기력선은 전기장 내에서 단위 전하 +1[C]이 아무 저항이 없이 전기력에 따라 이동할 때 그려지는 가상선을 의미하며, 다음과 같은 성질을 가지고 있다.

① 전기력선은 양전하에서 출발하여 음전하에서 멈추거나 무한원까지 퍼진다.
② 전기력선은 서로 교차하지 않으며, 전하가 없는 곳에서는 전기력선의 발생과 소멸이 없고 연속적이다.
③ 전기력선 밀도는 전기장의 세기와 같다. 즉 전기력선이 밀하면 전기장의 세기가 크고, 전기력선이 소하면 전기장의 세기가 약하다.
④ 전기장의 방향은 전기력선 위의 한 점에서의 접선 방향이다.

그림 1.9는 여러 가지 점전하에 대한 전기력선의 분포 상태를 나타낸 것이다.

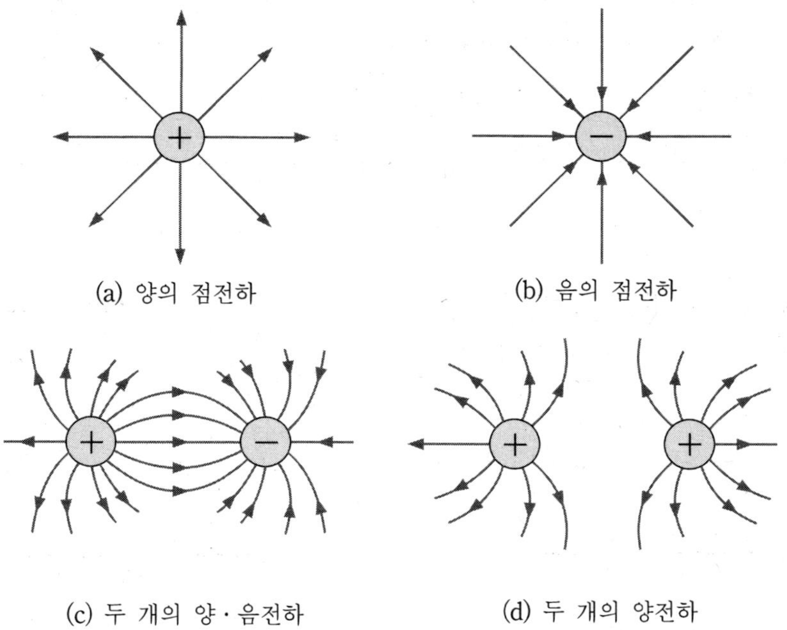

그림 1.9 점전하와 전기력선의 분포

1.5 전위와 전위차

1.5.1 전위

전기장에서의 대전 입자의 운동은 중력장에서의 물체의 운동과 매우 유사하다. 따라서 물체의 중력에 의한 위치 에너지(potential energy)와 대전 입자의 전기장에 의한 위치 에너지도 이와 유사하게 나타낼 수 있다.

그림 1.10(a)와 같이 중력장에서 질량 m인 야구공을 놓으면 지면의 연직 하방으로 떨어지면서 외부에 일을 하게 되고, 연직 상방으로 올리려면 외부에서 힘(외력)을 가하여 야구공에 일을 해주어야 한다.

표 1.2 ▶ 중력장과 전기장의 대응 요소

중력장 g		전기장 E	
질량	m	전하	q
높이	h	거리	d
중력(힘)	$F=mg$	전기력(힘)	$F=qE$
일	$W=Fh=mgh$	일	$W=Fd=qEd$
위치 에너지	$E_p=mgh$	위치 에너지	$W=qEd$
기준 위치	$E_p=0$	기준점(영전위)	$V=0$

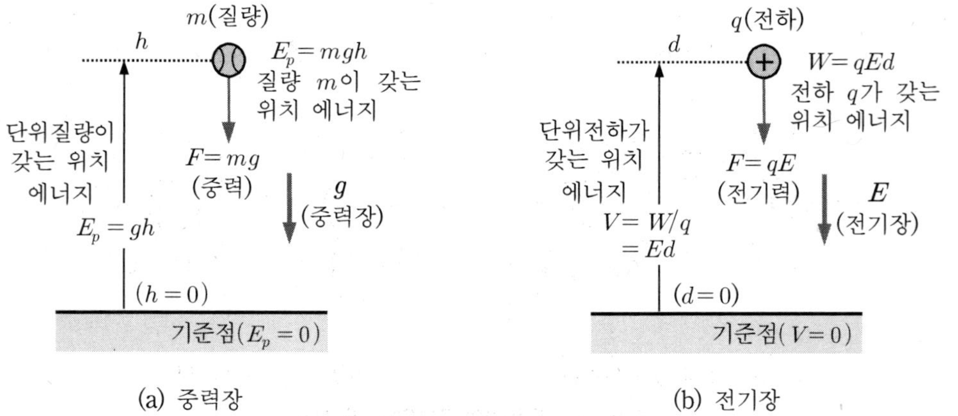

그림 1.10 중력장과 전기장의 유사성

야구공의 연직 하방 운동은 야구공인 물체가 기준 위치에 대한 위치 에너지를 가지고 있기 때문이고, 물체의 위치 에너지를 잃은 만큼 외부에 일을 하게 된다. 반면에 연직 상방 운동은 물체에 외력을 가한 만큼 중력장의 위치 에너지로 축적 또는 변환되는 것이다. 즉 중력의 위치 에너지는 외부에 일을 할 수 있는 능력을 나타내는 것이고, 외력을 가하여 해준 일은 위치 에너지로 축적되는 것이다. 따라서 일과 위치 에너지는 원인과 결과로써 상호 변환되는 차원이 같은 물리량이다.

중력장에서 질량 m, 높이 h인 야구공은 어느 위치에 놓아도 항상 연직 하방으로 중력 $F=mg$의 힘을 받으면서 떨어지고, 이 때 외부에 한 일은 $W=Fh=mgh$가 된다. 따라서 높이 h인 위치에서 물체의 위치 에너지는 중력장에서 해준 일과 마찬가지로 $E_p=mgh$이다.

그림 1.10(b)와 같이 균일한 전기장 E, 거리 d 내에 전하 q를 놓으면 항상 전기장의 방향으로 $F=qE$의 전기력을 받게 되므로 전기장에서 스스로 한 일은 다음과 같다.

$$W=Fd=qEd \tag{1.8}$$

따라서 전하 q를 전기장 E의 반대 방향으로 기준점에서 거리 d까지 이동시키면 qEd만큼의 일이 필요하고 또 이 일 qEd 만큼 전기적 위치 에너지로 축적된다. 이로부터 전기장 내에서 전하 q를 기준점으로부터 임의의 한 점까지 이동시킬 때 필요한 일은 그 전하 q가 갖는 전기적 위치 에너지와 같은 의미가 된다.

특히 전기장 내에서 단위 전하 +1[C]을 기준점으로부터 임의의 한 점까지 이동시킬 때 필요한 일을 그 점에서의 전위(electric potential)라고 정의하며, 기준점에 대한 단위 전하가 갖는 전기적 위치 에너지를 의미한다.

전위의 기준점은 영전위, 즉 전위가 0인 점으로써 이론상으로는 무한원점을 기준점으로 한다. 그러나 실용적으로는 지구를 영전위로 정하고 지구 표면의 한 점을 기준으로 정하는 경우가 많다.

전위의 기호는 V이고, 전위의 정의와 식 (1.8)로부터

$$V=\frac{W}{q}=Ed \tag{1.9}$$

의 관계를 알 수 있다. 또 전위의 단위는 볼트(volt, [V])를 사용하고, 전위는 단위 전하당의 전기적 위치 에너지이므로 전위의 단위는 다음과 같다.

$$1[\mathrm{V}]=1[\mathrm{J/C}]$$

즉, 1[V]의 전위는 1[C] 당 1[J]의 전기적 위치 에너지이다.

전위는 다음과 같은 성질이 있다.

① 양전하 주위의 전위는 (+), 음전하 주위의 전위는 (−)의 값을 갖는다.
② 양전하로 접근할수록 전위는 높고, 음전하로 접근할수록 전위는 낮다.
③ 전기력선은 전위가 높은 곳(고전위)에서 낮은 곳(저전위)으로 향한다.
④ 양전하는 전위가 높은 곳(고전위)에서 낮은 곳(저전위)으로 이동한다.

1.5.2 전위차

그림 1.11과 같이 두 점 A, B의 전위를 각각 V_A, V_B라 하면 V_A가 V_B보다 높고, 점 A와 점 B의 전위의 차이를 **전위차** 또는 **전압**(voltage)이라 한다.

일반적으로 점 A와 점 B 사이의 전위차는 단위 전하 +1[C]을 점 B에서 점 A까지 이동시키는 데 필요한 일로 정의한다.

전위차의 기호는 전위도 임의의 한 점과 기준점(영전위) 사이의 전위차라 할 수 있기 때문에 전위와 마찬가지로 V, 단위는 **볼트**(volt, [V])를 사용한다.

전위와 전위차를 명확히 구분할 필요가 있을 때에는 V에 아래첨자를 붙여 표시하고, 전위는 단일첨자, 전위차는 이중첨자를 붙여 나타낸다.

전위는 기준점에 대한 임의의 한 점의 위치 에너지이므로 점 A 또는 점 B의 전위는 각각 V_A, V_B로 표시한다. 또 전위차는 두 점 사이의 전위의 차이를 의미하므로 고전위의 점 A를 앞에, 저전위의 점 B를 뒤에 붙여 V_{AB}로 표시한다. 여기서 전위차와 전위는 다음의 관계식이 성립한다.

$$V = V_{AB} = V_A - V_B \ (V_A > V_B) \tag{1.10}$$

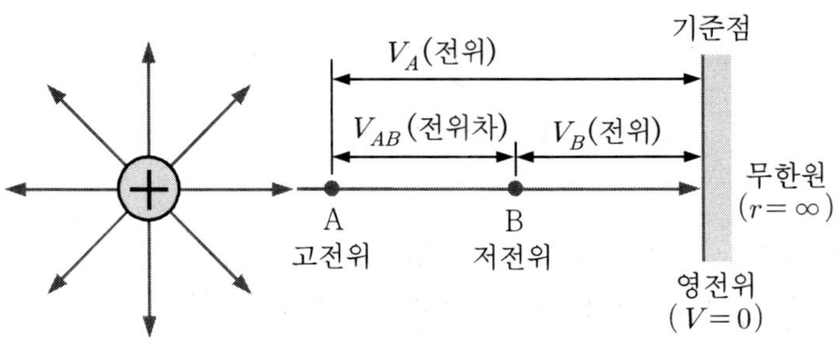

그림 1.11 전위와 전위차의 관계

1.5.3 전기장과 전위차(전압)의 관계

그림 1.12와 같이 균일한 전기장 E를 형성하는 평행 도체판 사이에 전하 q를 놓으면 일정한 크기의 전기력 F를 받는다.

$$F = qE \tag{1.11}$$

전하 q를 거리 d만큼 떨어진 전극 B에서 전극 A로 이동시키는 데 필요한 일 W는

$$W = Fd = qEd \tag{1.12}$$

가 된다. 또 두 도체판 사이의 전위차를 V라고 할 때 전하 q를 이동시키는 데 필요한 일 W는 다음과 같다.

$$W = qV \tag{1.13}$$

전기장 E와 전위차 V의 관계는 식 (1.12)와 식 (1.13)으로부터

$$V = Ed, \quad E = \frac{V}{d} \tag{1.14}$$

이고, 전기장 세기 E의 단위는 [V/m](=[N/C])로도 표시할 수 있다.

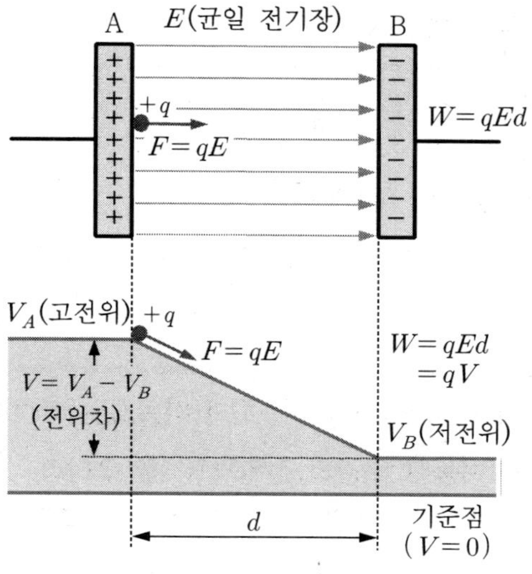

그림 1.12 균일 전기장에서 전하가 하는 일

1.5.4 등전위면

그림 1.13과 같이 전기장에서 전위가 같은 점을 연결하여 이은 선을 **등전위선** 또는 **등전위면**이라고 한다.

① 등전위(선)면은 폐곡(선)면이다.

② 두 개의 서로 다른 등전위면은 서로 교차하지 않는다.

③ 전기장에서 전하가 받는 힘의 방향은 등전위면과 항상 수직이다.
따라서 전기력선도 등전위면과 항상 수직을 이룬다.

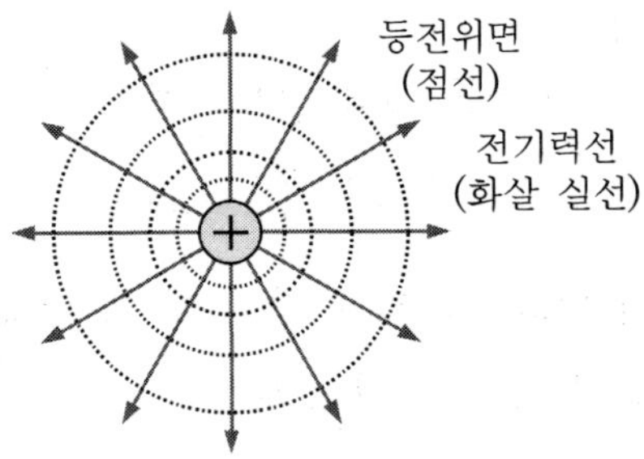

그림 1.13 전기력선과 등전위면

④ 등전위면 위의 모든 점에서는 전위가 같으므로 전위차가 없다.($V=0$)
따라서 전하를 등전위면을 따라 이동시킬 때는 일이 필요 없다.($W=qV=0$)

⑤ 도체 표면은 등전위면을 이룬다.

예제 1.5 전위차가 10[V]인 두 점 사이를 50[C]인 전하가 스스로 이동하였을 때 전하가 한 일[J]을 구하라.

풀이

$$W=qV=50\times10=500\,[\mathrm{J}]$$

예제 1.6 균일한 전기장 내에서 5[C]의 전하가 이동하는 데 300[J]의 일이 필요하였다. 이 전하가 이동한 구간의 전위차[V]를 구하라.

풀이

식 (1.13)에 의하여 일과 전위차의 관계식 $W=qV$로부터 전위차 V는 다음과 같이 얻어진다.

$$\therefore \quad V = \frac{W}{q} = \frac{300}{5} = 60 \text{ [V]}$$

예제 1.7 30[V/m]인 **전기장 내의** 50[V] **점에서** 1[C]**의 전하를 전기장 방향으로** 70[cm] **이동한 경우, 그 점에서의 전위**[V]**를 구하라.**

풀이

균일 전기장 E에서 이동거리 d에 대한 전위차 V의 관계식 $V = Ed$로부터

$$V = Ed = 30 \times 0.7 = 21 \text{ [V]}$$

양전하를 전기장 방향으로 이동하면 전위는 낮아지기 때문에 전위 V는 50[V]보다 전위차 21[V]만큼 낮아진다. 즉,

$$\therefore \quad V = 50 - 21 = 29 \text{ [V]}$$

☞ 전위와 전위차

(1) 전위(electric potential, V)
 ① 기준점(영전위)에 대한 임의의 한 점에서 단위 전하가 갖는 전기적 위치 에너지
 ② 단위 전하 +1[C]을 기준점에서 임의의 한 점까지 이동시킬 때 필요한 일

(2) 전위차(electric potential difference, V)
 ① 두 점 사이의 전위의 차이
 ② 각각의 두 점에서 단위 전하가 갖는 전기적 위치 에너지의 차
 ③ 단위 전하 +1[C]을 저전위에서 고전위로 이동시킬 때 필요한 일

(3) 전압(voltage, V) : 전기적인 압력, 전위와 전위차를 통칭하여 전압이라고 함

(4) 전위차(V)와 일(W)의 관계

$$W = qV \left(V = \frac{W}{q} \right)$$

(5) 전기장(E)과 전위차(V)의 관계

$$V = Ed \left(E = \frac{V}{d} \right)$$

연 / 습 / 문 / 제

1-1 3.0×10^{-5}[C]과 4.0×10^{-5}[C]의 두 전하가 60[cm] 떨어져 있다. 두 전하 사이에 작용하는 전기력 F[N]을 구하라.

1-2 진공 중의 어느 한 점에 2×10^{-10}[C]의 전하를 놓았더니 4×10^{-6}[N]의 힘이 작용하였다. 이 점에서의 전기장의 세기 E[N/C]을 구하라.

1-3 4×10^{-9}[C]의 전하에서 0.3[m] 떨어진 점에서의 전기장의 세기 E[N/C]을 구하라. 또 이 점에 3×10^{-2}[C]의 전하를 놓았을 때 전하가 받는 힘 F[N]을 구하라.

1-4 그림 1.14와 같이 균일 전기장 내에 양전하 또는 음전하를 놓았을 때, 이 전하들이 받는 힘의 방향을 각각 골라라.

(a) 양전하 :

(b) 음전하 :

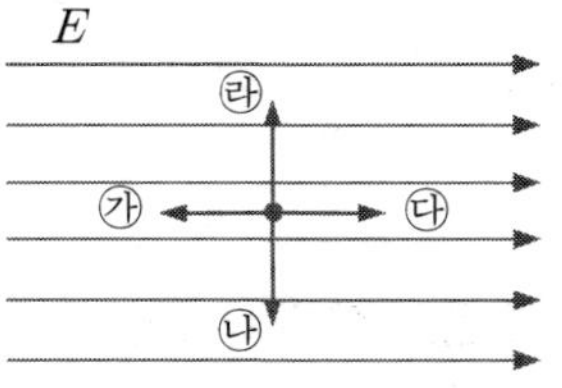

그림 1.14

1-5 전기장 내의 한 점에서 다른 한 점까지 4×10^{-9}[C]의 전하를 이동시키는 데 12×10^{-6}[J]이 필요하였다. 두 점 사이의 전위차 V[V]를 구하라.

1-6 균일한 전기장에서 전기장 방향으로 두 점 A와 B가 0.5[m] 떨어져 있고, 두 점 사이의 전위차는 50[V]이다. 단, 점 A가 점 B보다 전위가 높다. 다음 물음에 답하라.

(a) 전기장의 세기 E[V/m]를 구하라.

(b) 3×10^{-6}[C]의 전하를 점 B에서 점 A까지 이동시킬 때의 일 W[J]을 구하라.

chapter 2 전기 회로

2.1 전류

2.1.1 전류의 정의

금속 도체 내에는 대략 원자의 수만큼 무수히 많은 전자들이 있고, 이 전자들은 원자핵에 구속되지 않고 무질서하게 자유로이 운동을 한다. 이들 전자를 자유 전자라고 한다. 이 자유 전자들은 원자들과 충돌하면서 무질서한 운동을 하고 있기 때문에 평균적인 운동은 0이 되어 전류가 흐르지 않고 전기 현상도 나타나지 않는다.

그러나 그림 2.1의 전기 회로에서 스위치를 닫고 도체 양단에 전압을 인가하면 도체 내에 전기장이 형성되고, 전자들은 전기장의 영향으로 힘($F=qE$)을 받게 되어 전기장과 반대 방향으로 이동하게 된다.

즉 전자는 전지의 (−)극에서 외부 도선을 통하여 (+)극으로 질서 있게 일정한 방향으로 이동하게 된다. 이와 같은 전자의 이동, 즉 전하의 이동을 전류(electric current)라고 한다.

현대 물리학에서 도체에 흐르는 전류는 전자의 이동에 의한 것으로 발견되었지만, 원래 전류는 양전하가 이동하는 것으로 해석하였고, 관습적으로 현재까지도 전류의 방향은 양전하의 이동 방향, 즉 전지의 (+)극에서 외부 도선을 통하여 (−)극으로 흐르는 방향으로 정하고 있다. 따라서 전류의 방향은 전자의 이동 방향과 반대이고, 전위가

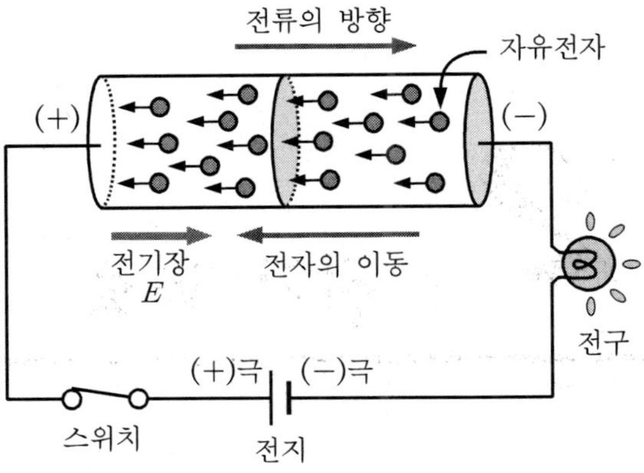

그림 2.1 ▶ 전류의 방향과 정의(도선의 확대도)

높은 곳에서 낮은 곳으로 흐른다.

전류의 세기는 단위 시간(1초)에 도체의 수직 단면을 통과하는 전하량으로 정의한다. 따라서 시간 t[sec] 동안에 도체의 수직 단면을 Q[C]의 전하량이 통과하였을 때 전류의 세기 I는 다음과 같이 나타낼 수 있다.

$$I = \frac{Q}{t}\ [\mathrm{A}], \qquad Q = It\ [\mathrm{C}] \tag{2.1}$$

전류의 단위는 암페어(Ampere, [A])이고, 1[A]는 1초당 1[C]의 양전하가 이동하는 전류의 세기이다. 즉 1[A] = 1[C/s]가 된다.

그림 2.2와 같이 전류는 시간에 대하여 크기와 방향이 변하지 않는 직류(direct current, DC)와 크기와 방향이 변하는 교류(alternating current, AC)로 구분한다.

가정용 전기제품 중에서 MP3, 스마트폰 및 휴대용 카세트 등과 같이 단자에 전지를

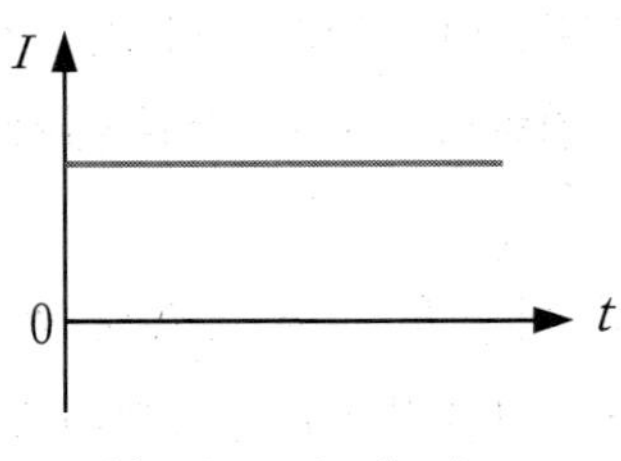

(a) 직류 전류(DC)

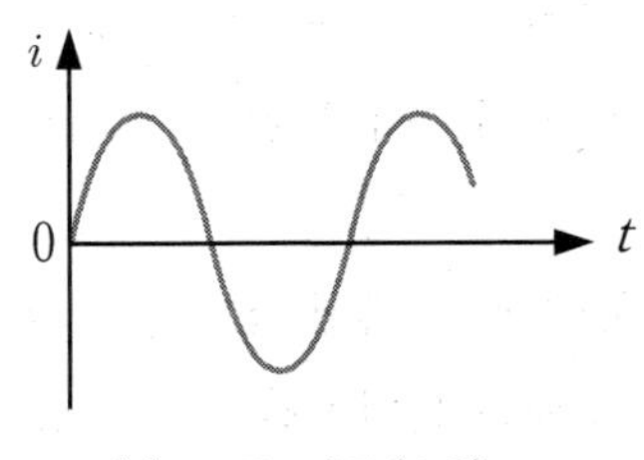

(b) 교류 전류(AC)

그림 2.2 ▶ 전류의 대표적 파형

삽입할 때 극성을 제대로 맞추어야 작동하는 전기기구는 **직류용 제품**이고, 전기스탠드, 형광등, TV, 냉장고 및 토스터기 등과 같이 플러그를 콘센트에 삽입할 때 단자의 좌우를 바꾸어도 아무 지장이 없이 작동하는 전기기구는 **교류용 제품**이다.

예제 2.1 **단면적이** $5\,[\mathrm{cm}^2]$**인 도체가 있다. 이 단면을** 3**초 동안** $30\,[\mathrm{C}]$**의 전하가 이동하였을 때 흐르는 전류**$[\mathrm{A}]$**를 구하라.**

풀이

식 (2.1)로부터 전류 I는

$$I = \frac{Q}{t} = \frac{30}{3} = 10\,[\mathrm{A}]$$

2.1.2 물 순환 계통과 전류의 유사성

도체 내에서 전하의 이동은 볼 수 없으므로 전하의 이동인 전류의 흐름을 표 2.1과 같이 파이프 내에서 물의 흐름(수류)의 대응 요소를 유추하면서 해석하고 시각화하면 이해하는 데 도움이 된다.

그림 2.3(a)에서 탱크의 설치 높이가 높은 상부 탱크 A가 하부 탱크 B보다 수위, 즉

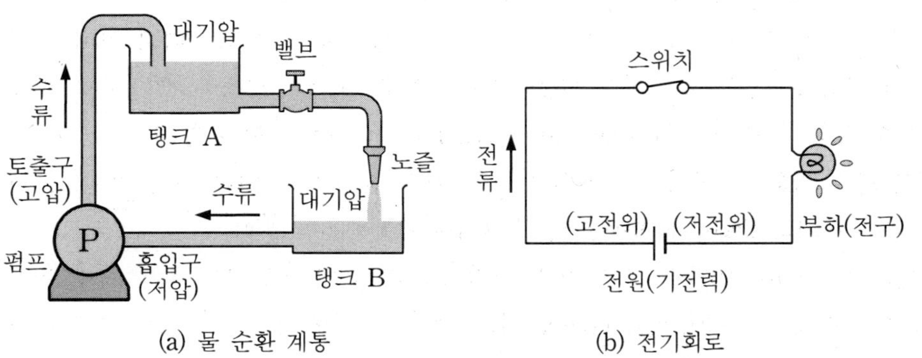

(a) 물 순환 계통 (b) 전기회로

그림 2.3 ▶ 물 순환 계통과 전기 회로의 유사성

물의 위치 에너지가 크다. 따라서 물은 밸브를 개방하면 수위가 높은 상부 탱크 A에서 낮은 하부 탱크 B로 흐르게 된다. 만일 물의 경로를 굵은 파이프로 만들어 주면, 물은 빠르게 낮은 탱크로 흐르게 되고, 가는 파이프로 만들어 주면 느리게 흐른다. 여기서 가는 파이프는 물의 양을 제한해 주는 저항 역할을 한다.

또 물은 상부 탱크 A에서 하부 탱크 B로 모두 흐르고 나면, 상부 탱크는 텅 비게 된다. 물 순환 계통에서 지속적으로 물을 흐르게 하려면, 펌프의 흡입 측은 하부 탱크의 대기압보다 압력을 낮게 하고 토출 측은 상부 탱크의 대기압보다 높게 해주어 탱크 B의 물을 탱크 A로 계속 퍼 올리면서 물의 위치 에너지(수위)를 증가시켜 주어야 한다.

이와 같이 물은 수위가 높은 곳에서 낮은 곳으로 흐르기 때문에 펌프에 의해 퍼 올린 탱크 A의 물과 탱크 B의 물 사이의 **수위차**, 즉 **수압**을 유지해주면 계속 순환하게 된다.

그림 2.3(b)의 전기 회로에서 스위치를 닫고 전하를 이동시키려면 물의 수위차와 같은 **전위차**, 즉 **전압**이 필요하다. 즉 물은 수압이 있고, 전하는 전압이 있으면 경로를 따라 순환하게 된다. 따라서 전류는 전압에 의해 계속 흐르게 된다.

표 2.1 ▶ 대응 요소

물 순환 계통	전기 회로
물	전 하
파이프	전 선
밸 브	스위치
펌 프	전원(전지)
수 류	전 류
수 위	전 위
수위차	전위차
수 압	전 압

2.1.3 전원과 부하

물 순환 계통에서 물을 계속 흐르게 하려면 펌프를 이용하여 수위차(수압)를 유지시켜주는 것과 마찬가지로 전기 회로에서 전류를 계속 흐르게 하려면 전지 등에 의해 전위차(전압)를 항상 유지시켜주어야 한다. 회로 양단에 일정한 전위차를 계속 유지시킬 수 있는 능력을 **기전력**(electromotive force, e.m.f.)이라 한다.

기전력의 기호 및 단위는 전위차 또는 전압과 같이 V[V]이다. 단, 기전력, 전위 및 전위차는 **전기적 압력**을 나타내므로 통칭하여 **전압**이라고 한다.

그림 2.4와 같이 발전기, 축전지 및 건전지 등과 같이 기전력을 가지고 전기에너지를 공급하는 장치를 **전원**(power source)이라 한다. 반면에 전구, 전동기 및 전열기 등과 같이 전원에 연결되어 전류가 지나면서 외부로 일을 하는 장치, 즉 전기에너지를 공급

받아서 다른 에너지로 소비하거나 변환하는 장치를 부하(electric load)라고 한다. 부하는 기본적으로 저항을 가지는 전기기구이다.

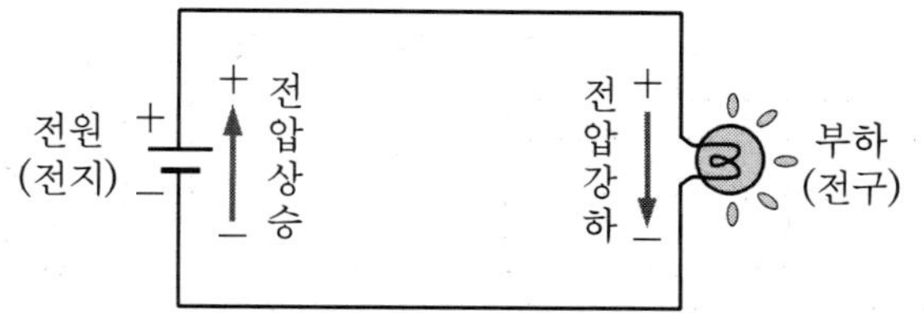

그림 2.4 ▶ 전원과 부하

2.2 저항과 옴의 법칙

2.2.1 전기 저항

금속 도체에는 자유 전자가 많이 있으며 도체 양단에 전압을 인가하지 않으면 이들 전자는 금속 원자와 충돌하면서 빠른 속력으로 불규칙한 운동을 한다. 그러나 어느 방향으로도 평균적인 전하의 이동이 없기 때문에 전류는 흐르지 않는다.

그러나 도체 양단에 전압을 인가하면 도체 내부에 전기장이 형성되고 자유 전자는 전기장의 반대 방향으로 힘을 받게 되므로 금속 원자들과 충돌하면서 규칙적인 방향으로 이동하게 된다. 이 때 원자와의 충돌은 전자의 이동을 방해하게 되며 이와 같은 전류의 흐름을 방해하는 것을 **전기 저항(electric resistance)** 또는 간단히 **저항**이라 한다.

2.2.2 옴의 법칙

그림 2.5와 같이 길이 l, 단면적 S의 도체 내에서 전류 I가 흐르고 있을 때, 도체 양단의 전압 V는

$$V=RI \quad \text{또는} \quad I=\frac{V}{R} \quad \text{또는} \quad R=\frac{V}{I} \tag{2.2}$$

의 관계가 성립한다. 이와 같이 전압, 전류 및 저항의 관계를 **옴의 법칙(Ohm's law)**이라고 한다. 여기서 비례 상수 R은 **저항**이고, 저항의 단위는 **옴**[Ohm, Ω]이다.

옴의 법칙은 도선에 흐르는 전류는 도선에 걸어준 전압에 비례하고 도선의 저항에

반비례하고 있음을 나타내고 있다.

그림 2.6의 $V-I$ 곡선에서 기울기는 저항 R을 나타낸다.

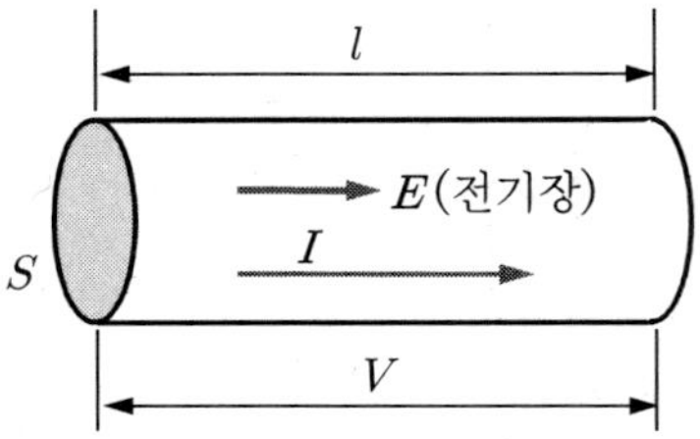

그림 2.5 ▶ 옴의 법칙

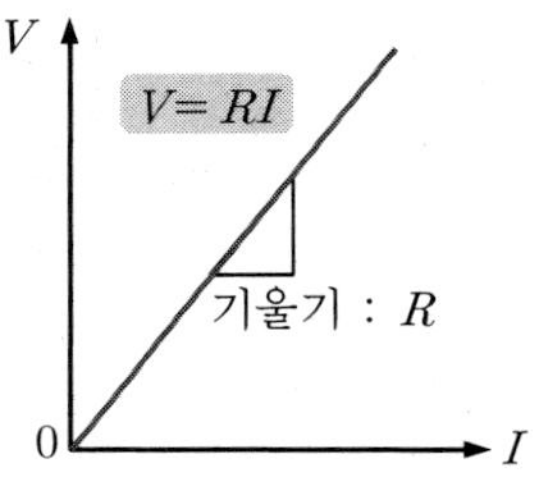

그림 2.6 ▶ $V-I$ 곡선

2.2.3 비저항

일반적으로 도선의 전기 저항 R은 도선의 길이 l에 비례하고, 단면적(굵기) S에 반비례한다. 즉,

$$R = \rho \frac{l}{S} \ [\Omega] \tag{2.3}$$

인 관계를 갖는다. 여기서 ρ는 비례상수이고, 물질 고유의 전기적 특성을 나타내는 상수로 비저항 또는 고유 저항이라고 한다. 비저항의 단위는 $[\Omega \cdot \mathrm{m}]$이다.

2.2.4 저항의 온도계수

금속 도체는 온도가 올라가면 저항도 함께 증가하는 성질이 있다. 도체는 온도가 상승하면 원자의 열진동과 자유 전자의 열운동이 격렬해지면서 전자가 전기장에 의해 가속될 때 원자와의 충돌횟수가 증가하기 때문이다.

즉, 전자의 이동은 온도의 상승에 의하여 방해받게 되어 저항이 커지게 되므로 온도 변화에 의해 저항값도 변하게 된다.

$0[℃]$에서의 저항을 R_0, $t[℃]$에서의 저항을 R이라 하면

$$R = R_0(1 + \alpha t) \tag{2.4}$$

이다. 여기서 α는 단위 온도 $1[℃]$ 당 저항의 증가율을 나타내는 양으로써 저항의 온도

계수라고 한다.

따라서 우리가 가정에서 흔히 사용해 왔던 백열전구의 필라멘트는 전구를 켰을 때 약 2400[℃]이므로 저항은 전구를 켜지 않았을 때의 약 수십 배가 된다.

순수 금속과 다르게 탄소, 절연체 및 반도체 물질은 온도가 상승하면 반대로 저항이 감소하는 특성이 있다.

2.2.5 전압 강하

그림 2.7과 같이 저항 R인 도선에서 전류 I가 점 A에서 점 B로 흐르면, 점 A의 전위 V_A는 점 B의 전위 V_B보다 높다. 즉, 전류는 항상 전위가 높은 점에서 낮은 점으로 흐른다. 점 B의 전위는 점 A의 전위보다 $V_A - V_B = RI$만큼 낮아진다.

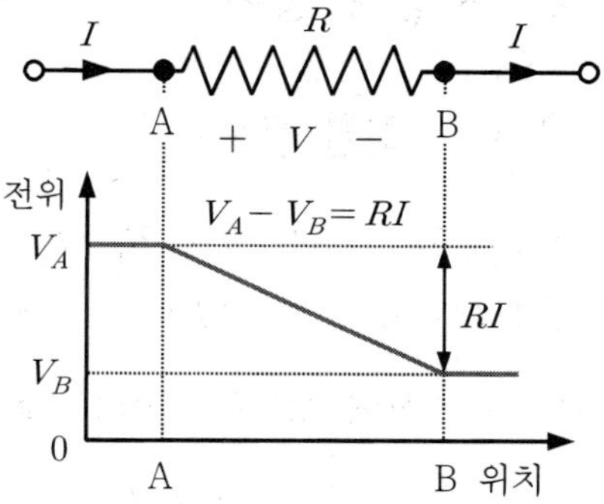

그림 2.7 ▶ 저항에서의 전압 강하

이와 같이 저항 R에서 전류 I가 흐를 때 전위가 낮아지는 것을 전압 강하(voltage drop)라고 한다.

전압 강하는 전류가 고전위(+)에서 저전위(−)로 흐를 때 전하 자신이 저항에 대해 일을 하면서 전기에너지를 잃게 되어 나타나는 현상이다.

전압 강하 V는 저항에 걸린 양단 전압이라고도 하고, 다음의 식으로 나타낸다.

$$V = V_A - V_B = RI \tag{2.5}$$

예제 2.2 길이 20[m], 단면적 4[mm^2]인 금속 도선이 있다. 금속 도선의 비저항이 2×10^{-6}[Ω·m]일 때 다음을 각각 구하라.

(1) 금속 도선의 저항[Ω]

(2) 금속 도선의 양단에 전압 100[V]를 걸었을 때 전류[A]

풀이

(1) 도선(니크롬선)의 저항은 식 (2.3)에 의해

$$R=\rho\frac{l}{S}=2\times10^{-6}\times\frac{20}{4\times10^{-6}}=10\,[\Omega]$$

(2) 옴의 법칙의 관계 식 (2.2)의 $V=RI$에 의해 다음과 같이 구해진다.

$$I=\frac{V}{R}=\frac{100}{10}=10\,[\text{A}]$$

2.3 저항의 접속

2.3.1 직렬 접속

그림 2.8과 같이 저항 R_1, R_2, R_3를 직렬로 접속하고, 양단 a, b에 전압 V를 인가하였을 때 직렬 접속의 전기적 특성과 합성 저항을 이해한다.

(1) 각 저항에 흐르는 전류는 일정하다.(I=일정)

$$I=I_1=I_2=I_3 \tag{2.6}$$

(2) 각 저항에 걸리는 전압 V_1, V_2, V_3의 합은 전체 전압 V와 같다.

$$V=V_1+V_2+V_3 \tag{2.7}$$

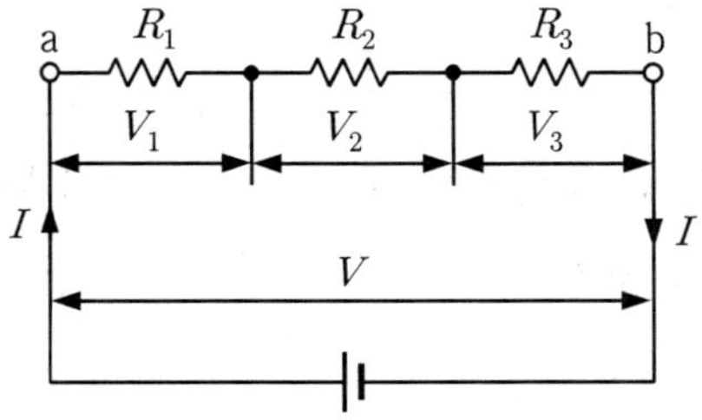

그림 2.8 ▶ 저항의 직렬 접속

[직렬 회로의 특성]

① 전류 I : 일정

② $V=V_1+V_2+V_3$

③ $V=RI$에서 $V\propto R$(비례)

$V_1:V_2:V_3=R_1:R_2:R_3$

④ 합성 저항 $R=R_1+R_2+R_3$

(3) 각 저항에 걸리는 전압은 저항에 비례한다. 옴의 법칙에 의해 다음과 같다.

$$\begin{cases} V_1 = R_1 I, \quad V_2 = R_2 I, \quad V_3 = R_3 I \\ V \propto R \text{이므로} \quad \therefore \quad V_1 : V_2 : V_3 = R_1 : R_2 : R_3 \end{cases} \tag{2.8}$$

(4) 옴의 법칙 $V = RI$에 의해 전체 합성 저항 R은 다음과 같다.

$$\begin{cases} V = V_1 + V_2 + V_3 = (R_1 + R_2 + R_3)I = RI \\ \therefore \quad R = R_1 + R_2 + R_3 \end{cases} \tag{2.9}$$

저항의 직렬 접속회로에서 합성 저항은 각 저항의 합과 같다. 따라서 합성 저항은 저항값이 가장 큰 값보다도 더 커진다.

예제 2.3 **그림 2.9와 같이 저항 $R_1 = 2[\Omega]$, $R_2 = 3[\Omega]$을 직렬 접속하고 $15[V]$의 전원을 인가하였다. 다음의 물음에 각각 답하라.**

(1) 저항 $3[\Omega]$에 흐르는 전류[A]

(2) 각 저항에 걸리는 전압[V]

풀이

(1) 직렬 회로에서 전류는 일정

$$I = \frac{V}{R} = \frac{15}{5} = 3\,[A]$$

(2) $V_1 = R_1 I = 2 \times 3 = 6\,[V]$

$V_2 = R_2 I = 3 \times 3 = 9\,[V]$

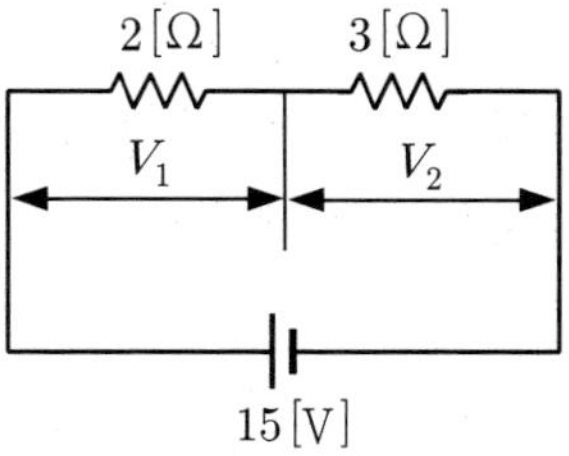

그림 2.9

별해

(2) $V \propto R$(비례)

$V_1 : V_2 = R_1 : R_2 = 2 : 3$

$V_1 = \frac{2}{5} \times 15 = 6[V], \quad V_2 = \frac{3}{5} \times 15 = 9[V]$

2.3.2 병렬 접속

그림 2.10과 같이 저항 R_1, R_2, R_3를 병렬로 접속하고, 양단 a, b에 전압 V를 인가하였을 때 병렬 접속의 전기적 특성과 합성 저항을 이해한다.

(1) 각 저항 양단에 걸리는 전압은 일정하다.(V=일정)

$$V = V_1 = V_2 = V_3 \tag{2.10}$$

(2) 점 a에서 유입 전류 I와 유출 전류 I_1, I_2, I_3의 합은 같다.

$$I = I_1 + I_2 + I_3 \tag{2.11}$$

(3) 각 저항에 흘리는 전류는 각 저항에 반비례한다.

$$\begin{cases} I_1 = \dfrac{V}{R_1}, \quad I_2 = \dfrac{V}{R_3}, \quad I_3 = \dfrac{V}{R_3} \\ I \propto \dfrac{1}{R} \text{이므로} \quad \therefore \quad I_1 : I_2 : I_3 = \dfrac{1}{R_1} : \dfrac{1}{R_2} : \dfrac{1}{R_3} \end{cases} \tag{2.12}$$

(4) 옴의 법칙 $V = RI$에 의해 합성 전체 저항 R은 다음과 같다.

$$\begin{cases} I = I_1 + I_2 + I_3 = V\left(\dfrac{1}{R_1} + \dfrac{1}{R_2} + \dfrac{1}{R_3}\right) = \dfrac{V}{R} \\ \therefore \quad \dfrac{1}{R} = \dfrac{1}{R_1} + \dfrac{1}{R_2} + \dfrac{1}{R_3} \end{cases} \tag{2.13}$$

저항의 병렬 접속회로에서 합성 저항의 역수는 각 저항의 역수의 합과 같다. 따라서 합성 저항은 저항값이 가장 작은 값보다도 더 작아진다.

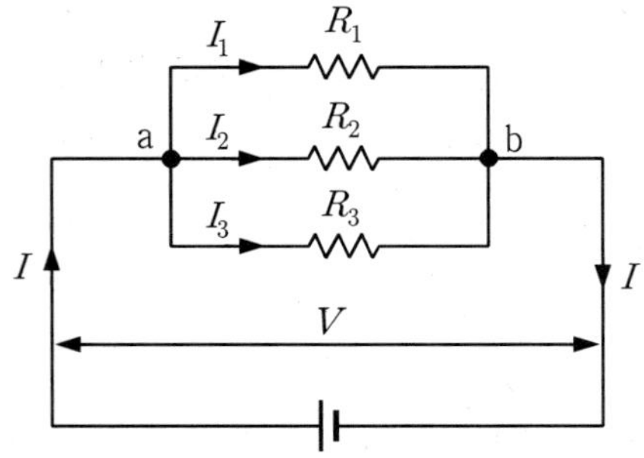

그림 2.10 ▶ 저항의 병렬 접속

[병렬 회로의 특성]

① 전압 V: 일정

② $I = I_1 + I_2 + I_3$

③ $V = RI$에서 $I \propto \dfrac{1}{R}$(반비례)

$I_1 : I_2 : I_3 = \dfrac{1}{R_1} : \dfrac{1}{R_2} : \dfrac{1}{R_3}$

④ $\dfrac{1}{R} = \dfrac{1}{R_1} + \dfrac{1}{R_2} + \dfrac{1}{R_3}$

예제 2.4 그림 2.11과 같이 저항 $R_1 = 3[\Omega]$, $R_2 = 6[\Omega]$을 병렬 접속하고 20[V]의 전원을 인가하였다. 다음의 물음에 각각 답하라.

(1) 합성 저항 $R[\Omega]$

(2) 전체 전류 I 및 각 저항에 흐르는 전류 I_1, I_2

풀이

(1) $\dfrac{1}{R} = \dfrac{1}{R_1} + \dfrac{1}{R_2} = \dfrac{1}{3} + \dfrac{1}{6} = \dfrac{1}{2}$

$\therefore\ R = 2[\Omega]$

(2) 전체 전류 : $I = \dfrac{V}{R} = \dfrac{24}{2} = 12\,[\mathrm{A}]$

$I \propto \dfrac{1}{R}$ (반비례)

$I_1 : I_2 = \dfrac{1}{R_1} : \dfrac{1}{R_2} = \dfrac{1}{3} : \dfrac{1}{6} = 6:3 = 2:1$

$\therefore\ I_1 = \dfrac{2}{3} \times 12 = 8[\mathrm{A}],\quad I_2 = \dfrac{1}{3} \times 12 = 4[\mathrm{A}]$

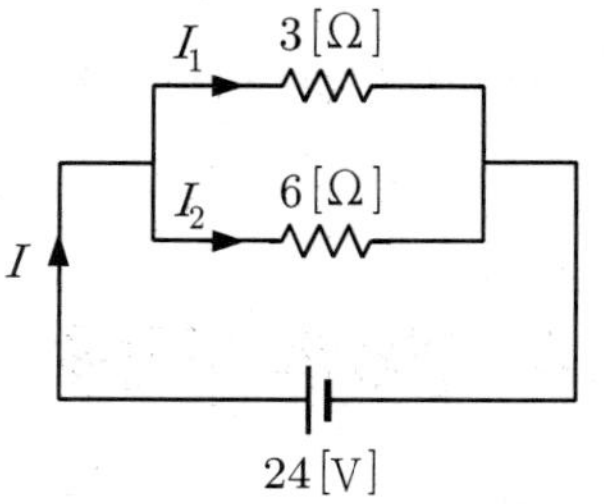

그림 2.11

별해

(2) 병렬회로에서 각 저항에 걸리는 전압은 일정 : $V = 24\,[\mathrm{V}]$

$\therefore\ I_1 = \dfrac{V}{R_1} = \dfrac{24}{3} = 8[\mathrm{A}],\quad I_2 = \dfrac{V}{R_2} = \dfrac{24}{6} = 4[\mathrm{A}]$

전체 전류 : $I = I_1 + I_2 = 8 + 4 = 12\,[\mathrm{A}]$

예제 2.5 다음의 물음에 각각 답하라.

(1) 두 개의 저항 R_1과 R_2가 병렬 연결되었을 때 합성 저항 R

(2) n개의 같은 저항 R이 직렬과 병렬로 각각 연결되었을 때 합성 저항 R_0

풀이

(1) $\frac{1}{R} = \frac{1}{R_1} + \frac{1}{R_2} = \frac{R_1 + R_2}{R_1 R_2}$ $\quad \therefore \; R = \frac{R_1 R_2}{R_1 + R_2}$

(2) 직렬 : $R_0 = R + R + \cdots\cdots + R = nR$ $\quad \therefore \; R_0 = nR$

병렬 : $\frac{1}{R_0} = \frac{1}{R} + \frac{1}{R} + \cdots\cdots + \frac{1}{R} = \frac{n}{R}$ $\quad \therefore \; R_0 = \frac{R}{n}$

2.4 전류의 열작용

2.4.1 전력

저항에 전류가 흐르면 전압 강하가 발생하고, 이 전압 강하 V는 저항 양단에서 단위 전하(+1[C])가 한 일이므로 전하 q가 한 일은 $W = qV$가 된다.

따라서 t[sec] 동안에 저항 $R[\Omega]$에서 전하 q[C]을 이동시켜 전류 I[A]를 흘릴 때, 전하가 단위 시간당 한 일 P는 식 (1.13)과 (2.1)에 의해 다음과 같이 나타낸다.

$$P = \frac{W}{t} = V\frac{q}{t} = VI \, [\mathrm{J/s}] \tag{2.14}$$

즉, **전력**(electric power) P는 단위 시간(1[sec]) 동안 전하가 한 일이고, 단위 시간에 소비되는 전기에너지로 정의할 수 있다.

전력은 역학계에서 단위 시간당 한 일을 의미하는 **일률**에 해당되고, 식 (2.14)에 식 (2.2)의 옴의 법칙을 대입하여 전력 P는

$$P = VI = I^2 R = \frac{V^2}{R} \; ([\mathrm{W}] = [\mathrm{J/s}]) \tag{2.15}$$

이고, 전력의 단위는 **와트**(Watt, [W])를 사용하고, 1[W] = 1[J/s]이다.

전력의 실용 단위는 **킬로와트**[kW]와 **마력**[HP]을 많이 사용하고 있으며, 다음의 관계가 있다.

$$1[\mathrm{kW}] = 1000[\mathrm{W}], \qquad 1[\mathrm{HP}] = 746[\mathrm{W}]$$

2.4.2 전력량

t[sec] 동안에 전하가 한 일, 즉 t[sec] 동안에 소비되는 전기에너지를 **전력량** W라 정의한다. 따라서 시간 t[sec] 동안에 전력 P[W]가 공급되었을 때 전력량 W는 식 (2.14), (2.15)에 의하여

$$W = P \cdot t = VIt = I^2Rt = \frac{V^2}{R}t \ ([\mathrm{W \cdot s}] = [\mathrm{J}]) \tag{2.16}$$

이 된다. 이와 같이 **전력량**은 **일률**(전력)과 시간의 곱으로써 역학계에서 일 또는 에너지에 해당되고, 단위는 [J] = [W · s]가 된다.

가정에서 사용하는 적산전력계는 한 달 동안 사용한 전기에너지의 양을 숫자로 나타낸 것이고, 전력량의 공식에 포함된 시간 단위는 초[s]이기 때문에 그 값이 너무 크다. 따라서 시간 단위는 초[s] 대신에 시간[h]을 곱한 단위를 사용한다.

즉, 전력량의 실용 단위는 **와트시**[Wh] 또는 **킬로와트시**[kWh]를 주로 사용하고, 다음의 관계가 있다.

$$1[\mathrm{Wh}] = 3600[\mathrm{J}], \qquad 1[\mathrm{kWh}] = 1000[\mathrm{Wh}]$$

2.4.3 줄의 법칙

도체에 전류가 흐르면 전하(자유 전자)가 이동하면서 도체의 원자와 충돌을 일으키기 때문에 열이 발생하고, 이 충돌 현상은 전류의 흐름을 방해하는 저항으로 작용하게 된다. 따라서 저항에 전류가 흐르면 필연적으로 열을 수반하게 된다. 이와 같이 전류가 흘러 저항에서 발생하는 열을 **줄열**이라 한다.

부하인 전기 히터나 전기다리미와 같이 전류가 흐르는 부하 저항에서 소비되는 전기에너지 W[J]은 열에너지 Q[cal]로 변환된다. 열역학에서 일과 열량의 관계는

$$1[\mathrm{J}] = 0.24[\mathrm{cal}]$$

이고, 식 (2.16)의 전력량 W[J]을 열량 Q[cal]로 환산하면

$$Q = 0.24W = 0.24P \cdot t = 0.24VIt = 0.24I^2Rt = 0.24\frac{V^2}{R}t \ [\mathrm{cal}] \tag{2.17}$$

로 표시할 수 있다. 이와 같이 전기에너지를 열에너지로 변환하여 나타낸 위의 관계를 **줄의 법칙**(Joule's law)이라 하며, **전류의 열작용**에 관한 대표적인 법칙이다.

예제 2.6 전류 5[A]를 저항 R에 흘렸더니 저항에서 소비되는 전력이 500[W]이었다. 이 때 저항[Ω]을 구하라.

풀이

식 (2.15)의 소비전력 $P=I^2R$에서

$$\therefore \quad R=\frac{P}{I^2}=\frac{500}{5^2}=20\ [\Omega]$$

이 얻어진다.

예제 2.7 100[V]의 전위차로 5[A]의 전류가 2분 동안 흘렀을 때, 이 때 전기가 행한 일[J]을 구하라.

풀이

식 (2.16)에서 $V=100$[V], $I=5$[A], $t=2\times60=120$[sec]이므로

$$\therefore \quad W=Pt=VIt=100\times5\times120=60000\ [\mathrm{J}]$$

이 된다.

예제 2.8 어떤 회로에 100[V]의 전압을 인가하였더니 5[A]의 전류가 흐르면서 2400[cal]의 열량이 발생하였다. 이 때 전류가 흐른 시간[sec]을 구하라.

풀이

식 (2.17)의 열량 $Q=0.24\,VIt$ [cal]에서 시간 t는

$$\therefore \quad t=\frac{Q}{0.24\,VI}=\frac{2400}{0.24\times100\times5}=20\ [\mathrm{sec}]$$

가 구해진다.

☞ 전력, 전력량, 줄의 법칙(열량)

(1) 전력(P) : 1초 동안 전하가 한 일 또는 1초 동안 소비되는 전기에너지(소비전력)

$$P = \frac{W}{t} = VI = I^2R = \frac{V^2}{R} \quad ([\mathrm{J/s}] = [\mathrm{W}])$$

(2) 전력량(W) : t[sec] 동안 전하가 한 일 또는 t[sec] 동안 소비되는 전기에너지

$$W = P \cdot t = VIt = I^2Rt = \frac{V^2}{R}t \quad ([\mathrm{J}] = [\mathrm{W \cdot s}])$$

(3) 줄의 법칙(열량) : 전기에너지(W)와 열에너지(Q)의 변환 관계($1[\mathrm{J}] = 0.24[\mathrm{cal}]$)

$$Q = 0.24W = 0.24P \cdot t = 0.24VIt = 0.24I^2Rt = 0.24\frac{V^2}{R}t \ [\mathrm{cal}]$$

2.5 전지

전기 회로는 전류가 흐르는 통로이고 간단히 회로라고 한다. 전기 회로는 그림 2.4와 같이 도선, 전원 및 부하로 이루어져 있다.

전구, 전동기 및 전열기 등과 같은 전기에너지를 소비하는 부하는 저항을 포함하고 있기 때문에 항상 전압 강하가 일어난다. 그러나 건전지, 발전기 및 축전지 등과 같은 기전력을 가지고 전기에너지를 공급하는 전원에서는 전압 상승이 일어난다.

특히 전기에너지를 공급하는 전원 중에서 전지에서 발생하는 현상과 전지의 접속에 대하여 이해하기로 한다.

2.5.1 전지의 기전력과 단자 전압

전지는 내부의 화학 반응에 의해 공급된 전하들의 위치 에너지를 상승시켜 전류를 외부 회로로 계속 공급하는 장치이며, 직류 전원으로 사용한다.

전류가 흐르지 않는 상태에서 두 전극 사이에 유지되는 전위차 또는 전압을 전지의 기전력 E라고 하고, 전류가 흐르고 있을 때의 두 전극 사이의 전압을 단자 전압 V라고 한다.

그림 2.12(a)와 같은 전기 회로는 두 단자 a, b 사이에 가변 저항 R을 연결하면, 전류

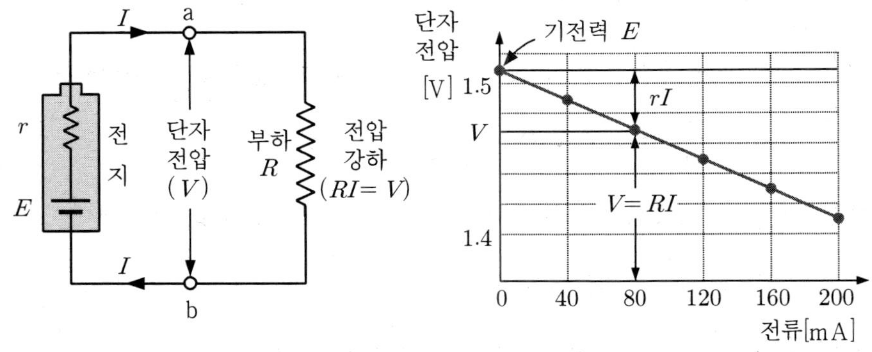

(a) 전지의 기전력과 내부 저항 (b) 단자 전압과 전류

그림 2.12 ▶ 전지의 기전력과 단자 전압

는 전지의 (+)극 → 부하 R → (−)극으로 흐르지만, 전지 내부에서는 (−)극 → 전해질 → (+)극을 향하여 흐른다.

그림 2.12(b)와 같이 두 단자 a, b 사이의 단자 전압 V는 전류가 증가함에 따라 감소한다. 이것은 전지 내부에서 전류의 흐름을 방해하는 전지 내부의 자체 저항, 즉 내부 저항 r이 발생하기 때문에 전류가 많이 흐를수록 내부 저항에 의한 전압 강하가 커져서 단자 전압이 작아진다.

내부 저항은 전지 내부에 전류가 흐르게 되면 전해질의 화학 반응에 의해 전해질이 줄어들기 때문이다.

그림 2.12(a)에서 기전력 E, 내부 저항 r인 전지에 부하 저항 R을 연결하였을 때 흐르는 전류를 I라고 하면 R과 r은 직렬 연결과 같으므로

$$E=(R+r)I \qquad \therefore \quad RI=E-rI \tag{2.18}$$

이 관계식이 나온다. 또 전지에 흐르는 전류 I는 다음과 같다.

$$I=\frac{E}{R+r} \tag{2.19}$$

두 단자 a, b 사이의 단자 전압 V는 부하 저항 R에 의한 전압 강하 RI와 같으므로 식 (2.18)를 단자 전압 V로 나타내면

$$V=E-rI \qquad (\because \ V=RI) \tag{2.20}$$

이 된다. 즉, 전지의 단자 전압 V는 기전력 E보다 내부 저항에 의한 전압 강하 rI 만큼 작아진다. 식 (2.20)으로부터 그림 2.12(b)의 $V-I$ 그래프에서 직선의 기울기는 내부 저항 r이 된다.

예제 2.9 기전력이 1.5[V]이고, 내부 저항이 0.5[Ω]인 전지를 2.5[Ω]의 저항에 연결하였다. 전지 양단의 단자전압[V]을 구하라.

풀이

전지의 단자 전압은 $V=E-rI=RI$의 관계에서 다음과 같이 구해진다.

$$(R+r)I=E, \quad I=\frac{E}{R+r}=\frac{1.5}{2.5+0.5}=0.5\ [\text{A}]$$

$$\therefore \quad V=RI=0.5\times 2.5=1.25\ [\text{V}]$$

2.5.2 전지의 접속

(1) 직렬 접속

그림 2.13과 같이 전지의 (−)극에 다음에 (+)극을 차례로 연결하는 방법을 전지의 직렬 접속이라 한다.

기전력 E, 내부 저항 r인 전지 n개를 직렬로 연결하면 회로의 전체 기전력은 n배이고, 전지의 내부 저항도 직렬 연결이므로 저항의 직렬 접속법과 마찬가지의 합성 저항이 된다.

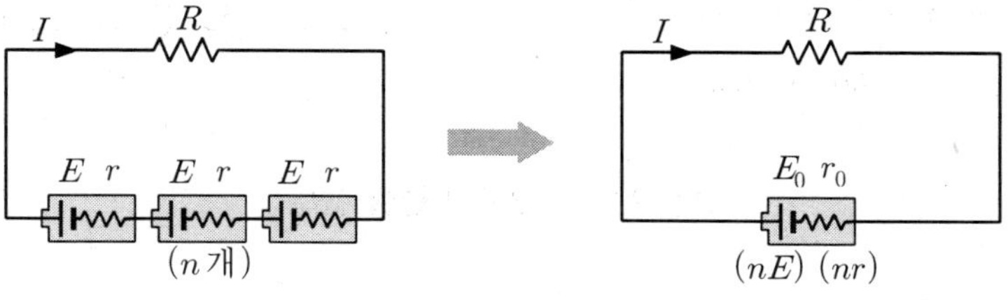

그림 2.13 ▸ 전지의 직렬 접속

따라서 회로의 전 기전력 $E_0 = nE$이고, 회로의 총 내부 저항 $r_0 = nr$이므로 회로의 전체 저항 $R_0 = R + nr$이 된다. 즉, 회로에 흐르는 전류 I는 다음과 같다.

$$I = \frac{E_0}{R_0} = \frac{nE}{R + nr} \tag{2.21}$$

이와 같이 전지를 직렬 접속하면 기전력은 커지게 되지만, 내부 저항도 커지게 되어 오래 사용할 수 없게 된다.

(2) 병렬 접속

그림 2.14와 같이 전지의 (+)극은 (+)극끼리, (−)극은 (−)극끼리 차례로 연결하는 방법을 차례로 연결하는 방법을 전지의 **병렬 접속**이라 한다.

기전력 E, 내부 저항 r인 전지 n개를 병렬로 연결하면 회로의 전체 기전력은 1개 전지의 기전력과 같고, 전지의 내부 저항도 병렬 연결이므로 저항의 병렬 접속법과 마찬가지의 합성 저항이 된다.

따라서 회로의 전 기전력 $E_0 = E$이고, 회로의 총 내부 저항 $r_0 = r/n$이므로 회로의 전체 저항 $R_0 = R + r/n$이 된다. 즉, 회로에 흐르는 전류 I는 다음과 같다.

$$I = \frac{E_0}{R_0} = \frac{E}{R + \frac{r}{n}} \tag{2.22}$$

이와 같이 전지를 병렬 접속하면 기전력은 일정하지만, 내부 저항은 작아지게 되어 오래 사용할 수 있다.

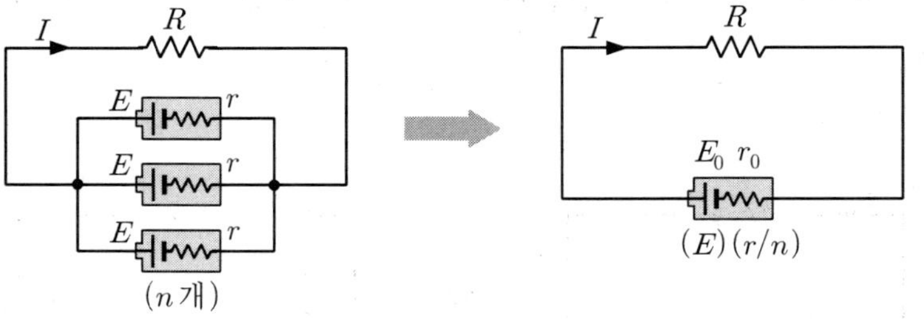

그림 2.14 ▶ 전지의 병렬 접속

예제 2.10 기전력 1.5[V], 내부 저항 0.1[Ω]인 전지 10개를 직렬로 연결하고 2[Ω]의 저항을 가진 전구에 연결할 때 전구에 흐르는 전류[A]를 구하라.

풀이

$E = 1.5$[V], $r = 0.1$[Ω], $n = 10$[개], $R = 2$[Ω]이므로

회로 전체 기전력 : $E_0 = nE = 10 \times 1.5 = 15$[V]

합성 내부 저항 : $r_0 = nr = 10 \times 0.1 = 1$[Ω]

회로 전체 합성저항 : $R_0 = R + nr = 2 + 1 = 3$[Ω]

$$\therefore \quad I = \frac{E_0}{R_0} = \frac{15}{3} = 5\,[\text{A}]$$

별해

$E = 1.5$[V], $r = 0.1$[Ω], $n = 10$[개], $R = 2$[Ω]이므로

$$\therefore \quad I = \frac{nE}{R + nr} = \frac{10 \times 1.5}{2 + 10 \times 0.1} = \frac{15}{3} = 5\,[\text{A}]$$

예제 2.11 기전력 6[V], 내부 저항 0.2[Ω]인 전지 2개를 병렬로 연결하고 2.9[Ω]의 저항을 가진 니크롬선에 연결하였을 때 흐르는 전류[A]를 구하라.

풀이

$E = 6$[V], $r = 0.2$[Ω], $n = 2$[개], $R = 2.9$[Ω]이므로

회로 전체 기전력 : $E_0 = E = 6$[V]

합성 내부 저항 : $r_0 = \frac{r}{n} = \frac{0.2}{2} = 0.1$[Ω]

회로 전체 합성저항 : $R_0 = R + r_0 = 2.9 + 0.1 = 3$[Ω]

$$\therefore \quad I = \frac{E_0}{R_0} = \frac{6}{3} = 2\,[\mathrm{A}]$$

별해

$E = 6\,[\mathrm{V}]$, $r = 0.2\,[\Omega]$, $n = 2\,$[개], $R = 2.9\,[\Omega]$이므로

$$\therefore \quad I = \frac{E}{R + \dfrac{r}{n}} = \frac{6}{2.9 + \dfrac{0.2}{2}} = \frac{6}{3} = 2\,[\mathrm{A}]$$

2.6 키르히호프의 법칙

비교적 간단한 전기 회로의 해석은 옴의 법칙만으로 간단히 해결할 수 있다. 그러나 여러 개의 저항과 전원을 포함하는 복잡한 전기 회로의 해석은 옴의 법칙만으로 해결되지 않기 때문에 보다 쉽게 해석하려면 키르히호프의 법칙(Kirchhoff's law)을 사용해야 한다. 키르히호프의 법칙은 제 1 법칙(전류 법칙)과 제 2 법칙(전압 법칙)이 있다.

(1) 키르히호프의 제 1 법칙 (전류 법칙, K.C.L)

"회로의 임의의 한 점에서 유입하는 전류의 합과 유출하는 전류의 합은 같다."

유입 전류의 합 = 유출 전류의 합

이 법칙을 키르히호프의 제 1 법칙(전류 법칙, K.C.L)이라고 한다.

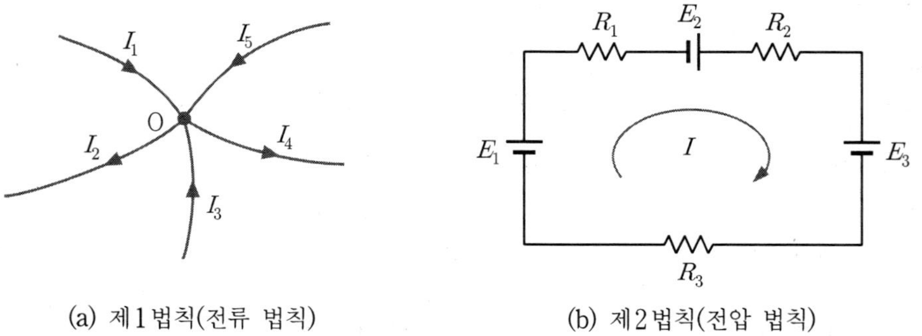

그림 2.15 ▶ 키르히호프의 법칙

그림 2.15(a)의 점 O에서 유입 전류는 I_1, I_3, I_5이고, 유출 전류는 I_2, I_4이므로 제 1 법칙을 적용하면 다음의 관계식을 얻는다.

$$I_1 + I_3 + I_5 = I_2 + I_4 \tag{2.23}$$

(2) 키르히호프의 제 2 법칙 (전압 법칙, K.V.L)

"폐회로에서 한 방향으로 취한 기전력의 합과 저항에서 전압 강하의 합은 같다."

기전력(전원)의 합 = 전압 강하(저항)의 합

이 법칙을 키르히호프의 제 2 법칙(전압 법칙, K.V.L)이라고 한다.

그림 2.15(b)와 같은 전기 회로에서 키르히호프의 제 2 법칙에 관한 적용 방법과 순서를 알아본다.

① 폐회로에서 시계 방향(또는 반시계 방향)으로 일주하도록 임의로 기준 전류 방향을 정한다.

② 기준 전류 방향을 따라 일주하면서 기전력 E의 부호와 저항의 전압 강하 RI의 부호를 정한다.

③ 기전력의 부호는 전지의 (−)극에서 (+)극 방향으로 흐르게 되면 (+) 부호, 반대로 전지의 (+)극에서 (−)극 방향으로 흐르게 되면 (−) 부호를 취한다.

$[+E_1,\ +E_2,\ -E_3]$

④ 전압 강하의 부호는 기준 전류 방향으로 저항에 흐를 때에 유입 단자가 유출 단자보다 항상 전위가 높게 나타나서 전압 강하가 일어나므로 (+) 부호를 취한다.

$[+R_1I,\ +R_2I,\ +R_3I]$

단, 기준 전류 방향에 대해 반대로 흐르는 경우에는 (−) 부호를 취한다.

⑤ "기전력의 합=전압 강하의 합"을 적용하면 다음의 방정식이 얻어진다.

$$E_1 + E_2 - E_3 = R_1I + R_2I + R_3I \tag{2.24}$$

키르히호프의 법칙을 적용하여 전류나 전압을 구할 때에는 미지수의 개수만큼 방정식을 세우고 연립방정식으로 풀면 된다.

이 결과로부터 구한 기준 전류는 임의로 설정한 방향이지만 실제 전류의 방향과 다르더라도 상관이 없다. 왜냐하면 기준 전류의 부호가 (−)이면 실제 전류의 방향은 기준 전류 방향과 반대이기 때문이다.

☞ 키르히호프의 법칙

① 제1법칙(전류 법칙, K.C.L) : 접속점
유입 전류의 합 = 유출 전류의 합

② 제2법칙(전압 법칙, K.V.L) : 폐회로
기전력(전원, 전압 상승)의 합 = 전압 강하(저항)의 합

예제 2.12 그림 2.16에서 전류 $I[\mathrm{A}]$를 구하라.

풀이

키르히호프의 제 1 법칙 : (접속점)
(유입 전류의 합) = (유출 전류의 합)

$I_1 + I_3 = I_2 + I \quad \therefore \quad 3+5=1+I$

$\therefore \quad I = 7[\mathrm{A}]$

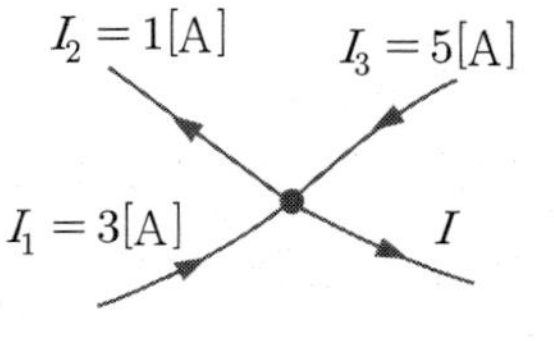

그림 2.16

예제 2.13 그림 2.17에서 키르히호프의 법칙을 사용하여 전류 $I[\mathrm{A}]$를 구하라.

풀이

키르히호프의 제 2 법칙
(기전력의 합) = (전압 강하의 합)

① 폐회로에 I의 방향을 임의로 정한다.
: 기전력의 부호가 (+)가 되도록 기준 방향을 설정

② 기준 전류 방향 I에 대한 방정식을 세우고 전류를 구한다.

$14-2 = I+2I+3I, \qquad 12 = 6I$

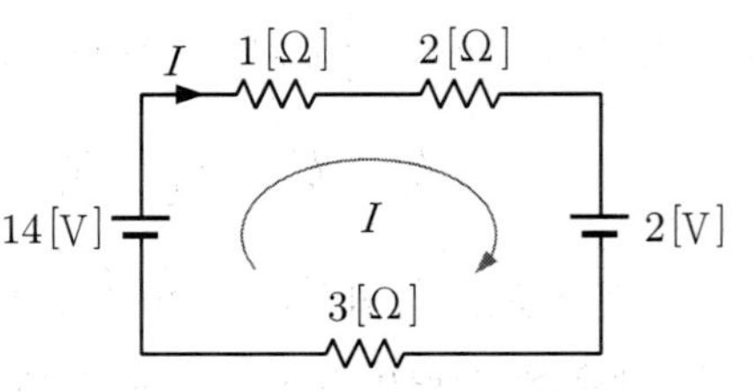

그림 2.17

$$\therefore \quad I = \frac{12}{6} = 2\,[\mathrm{A}]$$

예제 2.14 그림 2.18의 전기 회로에서 각각의 전류 I_a, I_b, I_c를 구하라.

풀이

키르히호프의 제 2 법칙 : (폐회로)
(기전력의 합)=(전압 강하의 합)

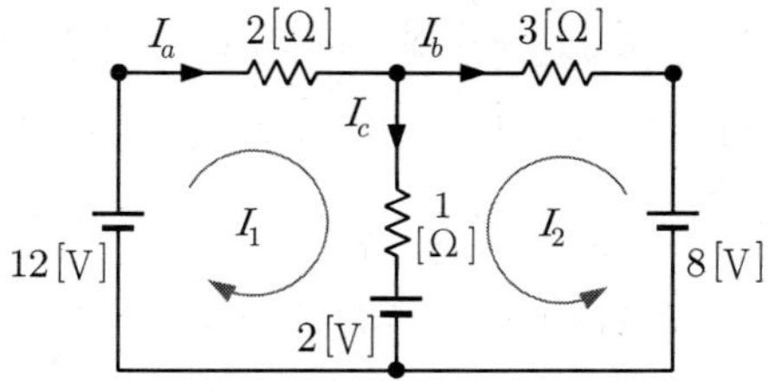

그림 2.18

① 두 개의 폐회로에 I_1, I_2의 방향을 임의로 정한다. 이 때 가능한 한 기전력의 부호가 (+)가 되도록 기준 방향을 설정한다.

② 기준 전류 방향 I_1에 대한 방정식

$$12-2 = 2I_1 + I_1 + I_2 \qquad \therefore\ 10 = 3I_1 + I_2$$

기준 전류 방향 I_2에 대한 방정식

$$8-2 = I_1 + 3I_2 + I_2 \qquad \therefore\ 6 = I_1 + 4I_2$$

위에서 구한 두 개의 연립방정식을 풀어서 구한 I_1, I_2는 다음과 같다.

$$I_1 = \frac{34}{11}\,[\mathrm{A}],\quad I_2 = \frac{8}{11}\,[\mathrm{A}]$$

③ 각 저항에 흐르는 전류 I_a, I_b, I_c

$$I_a = I_1 = \frac{34}{11}\,[\mathrm{A}], \qquad I_b = -I_2 = -\frac{8}{11}\,[\mathrm{A}]$$

$$I_c = I_1 + I_2 = \frac{42}{11}\,[\mathrm{A}]$$

2.7 휘스톤 브리지

전기 회로에서 전압계와 전류계를 연결하고 저항에 걸리는 전압과 그 저항에 흐르는 전류를 측정하면, 옴의 법칙 $R = V/I$를 이용하여 저항값을 구할 수 있다. 그러나 전압계와 전류계는 내부 저항을 가지고 있기 때문에 측정값에 영향을 미치게 된다.

따라서 미지 저항을 정밀하게 측정하기 위하여 **휘스톤 브리지(Wheatstone's bridge)**를 사용한다.

그림 2.19와 같이 이미 알고 있는 저항 R_1, R_2, R_3와 미지 저항 R_4를 연결하고 점 C와 점 D 사이에 검류계를 연결한다. R_3는 저항값을 자유로이 조절할 수 있는 가변 저항을 사용한다. 검류계에 가변 저항 R_3를 조절하여 전류가 흐르지 않도록 하였을 때, 점 C와 점 D의 전위는 같으므로 점 A와 점 C 사이의 전위차 $V_{AC} = R_1 I_1$과 점 A와 점 D 사이의 전위차 $V_{AD} = R_2 I_2$는 같고, $V_{CB} = R_3 I_3$와 $V_{DB} = R_4 I_4$도 서로 같다.

즉, $R_1 I_1 = R_2 I_2$, $R_3 I_3 = R_4 I_4$이고, $I_1 = I_3$, $I_2 = I_4$의 관계도 성립하므로 두 관계로부터 아래의 식이 성립한다. 즉,

$$\frac{I_2}{I_1} = \frac{R_1}{R_2} = \frac{R_3}{R_4} \quad \text{또는} \quad R_1 R_4 = R_2 R_3 \tag{2.25}$$

가 된다. 따라서 미지 저항 R_4는 다음과 같이 구할 수 있다.

$$R_4 = \frac{R_2 R_3}{R_1} \tag{2.26}$$

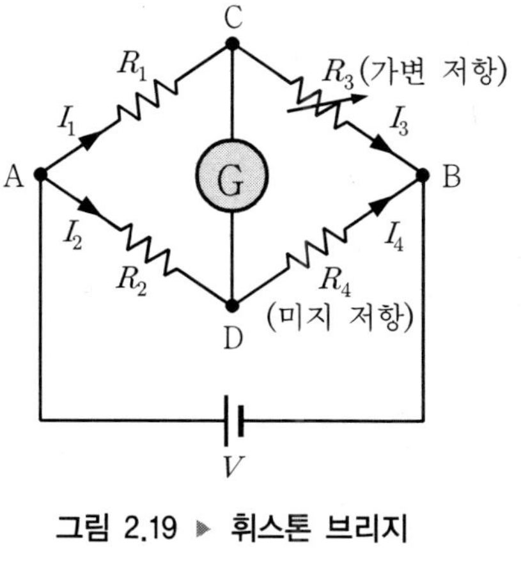

그림 2.19 ▶ **휘스톤 브리지**

2.8 축전기

2.8.1 평행판 축전기

그림 2.20(a)와 같이 평행 평판 금속판에 전지를 연결하고 스위치를 닫으면 한 금속판에 (+)전하, 다른 금속판에 (−)전하가 공급되고, 두 금속판(극판) 사이에 전기장이 형성되어 전위차가 생긴다. 두 극판 사이의 전위차가 전지의 전압과 같게 될 때까지 전하는 이동하게 되고, 두 극판에 분리되어 모아지게 된다.

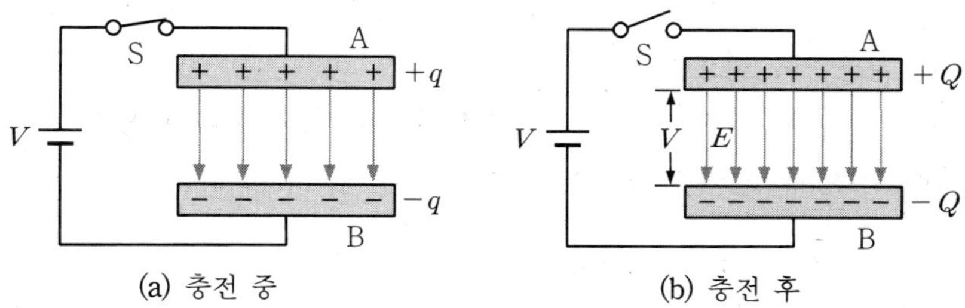

그림 2.20 ▶ 평행판 축전기

이 때 그림 2.20(b)와 같이 스위치를 열어도 두 극판에 모아진 전하 사이에는 전기력, 즉, 인력이 작용하기 때문에 전하들은 극판에 그대로 유지되어 축적된다. 이와 같이 전하를 축적하는 장치를 **축전기**라 한다. 축전기의 두 극판에는 각각 Q, $-Q$의 동량 이부호 전하가 축적되고, 축전기에 충전되는 전하량은 Q라고 한다.

축전기에 전하를 주어 축적시키는 현상을 **충전**이라 하고, 그 반대 현상을 **방전**이라 한다. 충전은 두 극판 사이의 전압이 전지의 전압과 같게 될 때까지 일어난다.

그림 2.20과 같이 두 개의 금속 도체를 평판으로 마주보게 하여 만든 축전기를 **평행판 축전기**라고 하고, 충전되는 전하량을 증가시키면 전기장의 세기가 강해지면서 전위차도 커진다. 따라서 전하량 Q와 전위차 V는 다음의 관계가 성립한다.

$$Q = CV \quad \text{또는} \quad C = \frac{Q}{V} \tag{2.27}$$

여기서 비례 상수 C를 축전기의 **전기 용량**이라 하며, **커패시턴스(capacitance)**라고도 한다. 전기 용량은 전하를 축적할 수 있는 능력의 정도를 나타내는 것이고, 극판의 형태 및 극판 사이의 물질에 따라 달라지는 값이다.

전기 용량의 단위는 패럿(farad, F)을 사용하지만, 1[F]은 일상생활에서 사용하기에 큰 값이므로 [μF] 또는 [pF]을 실용적으로 많이 사용한다.

$$1\,[\mu\text{F}] = 10^{-6}\,[\text{F}], \qquad 1\,[\text{PF}] = 10^{-6}\,[\mu\text{F}] = 10^{-12}\,[\text{F}]$$

평행판 축전기의 전기 용량 C는 두 극판의 넓이 S에 비례하고, 두 극판 간의 거리 d에 반비례한다. 즉,

$$C = \epsilon\frac{S}{d} \tag{2.28}$$

인 관계를 갖게 된다. 여기서 전기 용량 C는 극판의 넓이 S가 넓을수록, 두 극판 간의 거리 d가 좁을수록 커진다.

식 (2.28)에서 비례 상수 ϵ은 두 극판 사이의 물질의 종류에 따라 정해지는 상수이고, 이를 **유전율**이라 한다. 진공의 유전율 ϵ_0는

$$\epsilon_0 = 8.85 \times 10^{-12}\,[\text{F/m}]$$

이고, 축전기에서 진공의 유전율과 임의의 물질의 유전율과의 비를 **비유전율** ϵ_r이라 한다.

$$\epsilon_r = \frac{\epsilon}{\epsilon_0} \qquad \therefore\ \ \epsilon = \epsilon_0\epsilon_r \tag{2.29}$$

또 진공 중의 전기 용량 C_0, 유전체 중의 전기 용량 C라고 하면 식 (2.28)에 의해 다음의 관계가 성립된다.

$$C = \epsilon\frac{S}{d} = \epsilon_0\epsilon_r\frac{S}{d} = \epsilon_r C_0 \qquad \therefore\ \ \epsilon_r = \frac{C}{C_0} > 1 \tag{2.30}$$

표 2.2 ▸ 각종 물질의 비유전율

물질	비유전율	물질	비유전율
진공	1.0000	종이	2.3
공기	1.0006	유리	3.5~10
변압기유	2.2	운모	6.7
고무	2.9	물	80

그러므로 축전기에 유전체를 삽입한 경우가 진공일 때의 전기 용량보다 ϵ_r배($\epsilon_r > 1$) 증가한다. 표 2.2는 여러 가지 물질의 비유전율을 나타낸 것이다.

예제 2.15 전기 용량이 $2[\mu F]$인 평행판 축전기를 $100[V]$의 전원에 연결하여 충전하였다. 다음의 물음에 답하라.

(1) 축전기에 저장된 전하량[C]

(2) 두 극판 사이의 거리를 2배로 증가시켰을 때 극판 사이의 전위차[V]

풀이

(1) $Q = CV = 2 \times 10^{-6} \times 100 = 2 \times 10^{-4}$ [C]

(2) 두 극판 거리를 2 배 증가함에 따라 변화된 거리 d', 전기 용량 C', 전위차 V'라고 할 때, 전위차 V'는 다음과 같이 구해진다.(ϵ과 S는 일정)

$$C' = \epsilon \frac{S}{d'} = \epsilon \frac{S}{2d} = \frac{1}{2} C \quad \left(\because \ d' = 2d, \ C = \epsilon \frac{S}{d} \right)$$

$$\therefore \quad V' = \frac{Q}{C'} = \frac{Q}{C/2} = 2\frac{Q}{C} = 2 \times \frac{2 \times 10^{-4}}{2 \times 10^{-6}} = 200 \ [V]$$

2.8.2 축전기의 접속

(1) 축전기의 직렬 접속

그림 2.21과 같이 전기 용량 C_1, C_2, C_3의 축전기를 직렬로 연결하고 단자 A, B 사이에 전압 V를 인가하면, 각 축전기에 걸리는 전압은 V_1, V_2, V_3이고, 각 축전기의 두 극판마다 정전 유도에 의하여 전하량 $+Q$, $-Q$가 같게 나타난다.

즉, 각 축전기의 충전 전하량은 $Q_1 = Q_2 = Q_3 = Q$로 모두 같고, 직렬 접속된 축전기의 전체 전하량도 Q가 된다.

각 축전기의 단자 전압 V_1, V_2, V_3는 식 (2.27)에 의하여

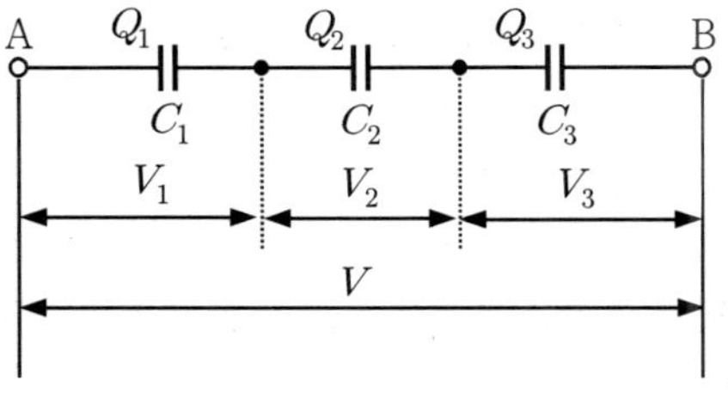

① 전하량 Q : 일정

$Q_1 = Q_2 = Q_3 (= Q)$

② $V = V_1 + V_2 + V_3$

③ 합성 전기 용량

$\frac{1}{C} = \frac{1}{C_1} + \frac{1}{C_2} + \frac{1}{C_3}$

그림 2.21 ▶ 축전기의 직렬 접속

$$V_1 = \frac{Q}{C_1}, \quad V_2 = \frac{Q}{C_2}, \quad V_3 = \frac{Q}{C_3} \tag{2.31}$$

이고, 전체 전압 V와 각 축전기의 단자 전압 V_1, V_2, V_3와의 관계는

$$V = V_1 + V_2 + V_3 = \left(\frac{1}{C_1} + \frac{1}{C_2} + \frac{1}{C_3}\right)Q = \frac{1}{C}Q \tag{2.32}$$

가 된다. 따라서 합성 전기 용량 C는 $V = Q/C$의 관계에서 다음과 같이 구해진다.

$$\frac{1}{C} = \frac{1}{C_1} + \frac{1}{C_2} + \frac{1}{C_3} \tag{2.33}$$

즉, 축전기의 직렬 접속에서 합성 전기 용량의 역수는 각 축전기 전기 용량의 역수의 합과 같다. 합성 전기 용량은 축전기 중 전기 용량이 가장 작은 값보다도 더 작아진다.

축전기의 직렬 접속에서 다음의 두 가지 성질을 상기에서 언급하였다. 이에 대하여 이해를 돕기 위하여 구조적으로 설명한다.

① 각 축전기의 전하량과 전체 전하량 모두 같다.$(Q_1 = Q_2 = Q_3 = Q)$

② 합성 전기 용량은 감소하고, 전기 용량이 가장 작은 값보다도 더 작아진다.

그림 2.22(a)에서 단자 A, B에 전압이 인가되면, 먼저 C_1의 왼쪽, C_3의 오른쪽 극판에 각각 Q, $-Q$의 전하가 충전된다.

C_1의 오른쪽과 C_2의 왼쪽 극판은 도선으로 연결되어 하나의 도체로 볼 수 있으므로 C_1의 왼쪽 전극 Q에 의해 C_1의 오른쪽 극판에 $-Q$, C_2의 왼쪽 극판에 Q로 전하가 분리되며 정전 유도가 일어난다. 마찬가지로 C_2의 오른쪽 극판과 C_3의 왼쪽 극판에도

동일한 현상이 일어나면서 각 축전기 C_1, C_2, C_3의 충전 전하량은 모두 Q가 된다. 따라서 각 축전기에 충전된 전하량은 모두 같다.

그림 2.22(a)의 음영으로 표시된 박스 내의 극판에서 정전 유도에 의해 발생한 총 전하의 합은 0이 되기 때문에 그림 2.22(b)의 직렬 등가와 같이 실제 충전되는 두 극판 사이의 간격만 커진 효과가 나타나서 식 (2.28)의 $C \propto 1/d$ 관계에서 전기 용량 C는 작아지게 된다.

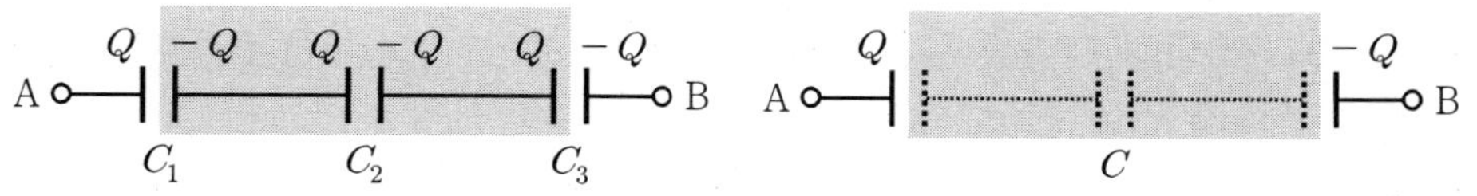

(a) 축전기의 충전 전하량(Q 일정) (b) 축전기의 직렬 등가

그림 2.22 ▸ 축전기의 직렬 접속과 등가

(2) 축전기의 병렬 접속

그림 2.23과 같이 전기 용량 C_1, C_2, C_3의 축전기를 병렬로 연결하고 단자 A, B 사이에 전압 V를 인가하면, 각 축전기에 걸리는 전압은 $V_1 = V_2 = V_3$로 서로 같으며 또 전원 전압 V와도 같다. 즉 $V_1 = V_2 = V_3 = V$의 관계가 된다.

각 축전기에 충전된 전하량을 Q_1, Q_2, Q_3라고 하면 식 (2.27)에 의하여

$$Q_1 = C_1 V, \quad Q_2 = C_2 V, \quad Q_3 = C_3 V \tag{2.34}$$

가 된다. 이 때 전체 전하량 Q는 각 축전기의 전하량의 합이 되므로

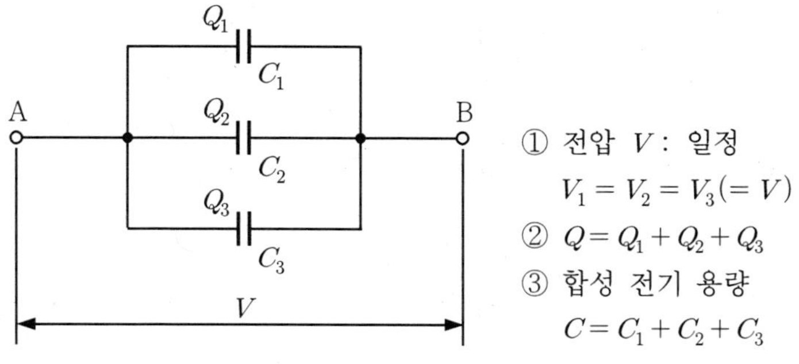

그림 2.23 ▸ 축전기의 병렬 접속

$$Q = Q_1 + Q_2 + Q_3 = C_1 V + C_2 V + C_3 V$$
$$= (C_1 + C_2 + C_3) V = CV \tag{2.35}$$

가 된다. 따라서 합성 전기 용량 C는 $Q = CV$의 관계로부터

$$C = C_1 + C_2 + C_3 \tag{2.36}$$

이 구해진다. 즉, 축전기의 병렬 접속에서 합성 전기 용량은 각 축전기의 정전용량의 합과 같다. 따라서 합성 전기 용량은 축전기 중 전기 용량이 가장 큰 값보다도 더 커지므로 증가하게 된다.

각 축전기 C_1, C_2, C_3의 왼쪽 극판 세 개가 하나의 도선으로 연결되어 있고, 오른쪽 극판 세 개도 마찬가지의 구조이므로 극판의 면적만이 커지는 효과가 나타나면서 식 (2.28)의 $C \propto S$ 관계로부터 전기 용량 C는 증가하고, 각 축전기에 충전된 전하량의 합은 전체 전하량이 되는 것이라고 생각할 수 있다.

예제 2.16 **전기 용량 $3[\mu F]$, $6[\mu F]$인 축전기를 직렬로 접속하고 양단 전압 $60[V]$를 인가하였다. 다음의 물음에 답하라.**

(1) 합성 전기 용량$[\mu F]$

(2) 각 축전기에 걸리는 전압$[V]$

(3) 각 축전기에 충전된 전하량$[C]$

풀이

(1) 식 (2.33)에서 합성 전기 용량 C는

$$\frac{1}{C} = \frac{1}{C_1} + \frac{1}{C_2} = \frac{1}{3} + \frac{1}{6} = \frac{1}{2} \qquad \therefore\ C = 2\ [\mu F]$$

(2) $Q = CV$에서 $V \propto \frac{1}{C}$(반비례)

$$V_1 : V_2 = \frac{1}{C_1} : \frac{1}{C_2} = \frac{1}{3} : \frac{1}{6} = 2 : 1$$

$$\therefore\quad V_1 = \frac{2}{3} \times 60 = 40\ [V], \quad V_2 = \frac{1}{3} \times 60 = 20\ [V]$$

(3) $Q_1 = C_1 V_1 = 3\times10^{-6}\times40 = 12\times10^{-5}$ [C]

$Q_2 = C_2 V_2 = 6\times10^{-6}\times20 = 12\times10^{-5}$ [C]

$\therefore\ Q_1 = Q_2 = 12\times10^{-5}$ [C]

별해

전체 전하량 Q을 구하고 나서 전압 V_1, V_2를 구한다.

(2) 각 축전기의 전하량=전체 전하량($Q_1 = Q_2 = Q$)

$$Q = CV = 2\times10^{-6}\times60 = 12\times10^{-5}\ [\mathrm{C}]$$

$$\therefore\ Q_1 = Q_2 = 12\times10^{-5}\ [\mathrm{C}]$$

(3) 각 축전기에 걸리는 전압 V_1, V_2

$$V_1 = \frac{Q}{C_1} = \frac{12\times10^{-5}}{3\times10^{-6}} = 40\ [\mathrm{V}]$$

$$V_2 = \frac{Q}{C_2} = \frac{12\times10^{-5}}{6\times10^{-6}} = 20\ [\mathrm{V}]$$

2.8.3 축전기의 정전 에너지

그림 2.24는 전기 용량 C인 축전기에 전압 V인 전지, 스위치 S와 전구를 연결한 충전과 방전 회로이다.

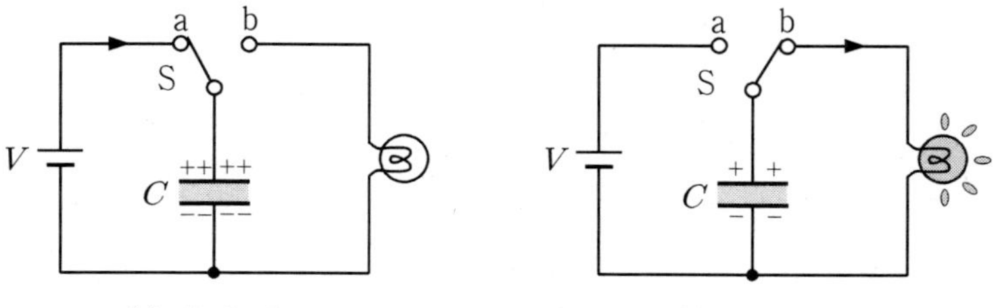

(a) 충전 회로 (b) 방전 회로

그림 2.24 ▸ 축전기의 정전 에너지

그림 2.24(a)와 같이 스위치 S를 접점 a 측으로 닫으면 축전기는 전하가 이동하여 극판에 축적되고, 축전기는 **충전**된다. 충전한 다음에 그림 2.24(b)와 같이 스위치를 접점 b로 전환하면 축전기의 충전된 전하는 전구로 이동하여 **방전**이 일어나면서 전구에 순간적으로 불이 들어온다. 이 현상으로부터 축전기는 충전과정을 통해 전기 에너지가 저장되었다는 것을 알 수 있다.

특히 축전기에 저장되는 전기 에너지를 **정전 에너지**라고 한다. 축전기에 축적된 정전 에너지는 다음과 같이 나타낸다.

$$W = \frac{1}{2}QV = \frac{1}{2}CV^2 = \frac{1}{2}\frac{Q^2}{C}\ [\mathrm{J}] \tag{2.37}$$

예제 2.17 전기 용량 $10[\mu\mathrm{F}]$의 축전기에 전압 $3[\mathrm{kV}]$를 인가하였을 때 축적되는 정전 에너지$[\mathrm{J}]$를 구하라.

풀이

$$W = \frac{1}{2}CV^2 = \frac{1}{2} \times 10 \times 10^{-6} \times (3 \times 10^3)^2 = 45\,[\mathrm{J}]$$

연 / 습 / 문 / 제

2-1 길이 10[m], 단면적 5[mm^2]인 금속선의 비저항은 1×10^{-6}[Ω·m]이다. 다음 물음에 답하라.

(a) 금속선의 전기 저항 R[Ω]

(b) 금속선의 양 끝에 10[V]의 전원을 연결하였을 때의 전류 I[A]

2-2 그림 2.25와 같이 두 개의 저항에 전류가 흐를 때, 다음을 각각 구하라.

(a) 세 점 A, B, C 중에서 전위가 가장 높은 점과 낮은 점

(b) 두 저항에 걸리는 각각의 전압, 즉 전압 강하 V_{AB}, V_{BC}

(c) 점 C의 전위가 0[V]라고 할 때, 점 A와 점 B의 전위 V_A, V_B

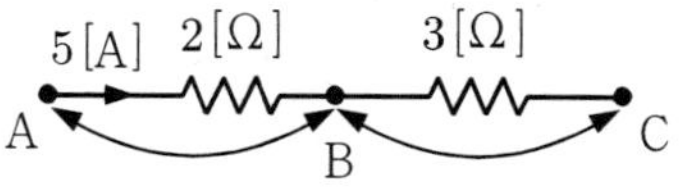

그림 2.25

2-3 그림 2.26과 같이 세 개의 저항 2[Ω], 3[Ω], 4[Ω]에 전압 27[V]를 인가하였다.

(a) 합성 저항 R[Ω]

(b) 각 저항에 걸리는 전압 V_1, V_2, V_3

(c) 각 저항에 소비되는 전력 P_1, P_2, P_3와 회로 전체 소비전력 P

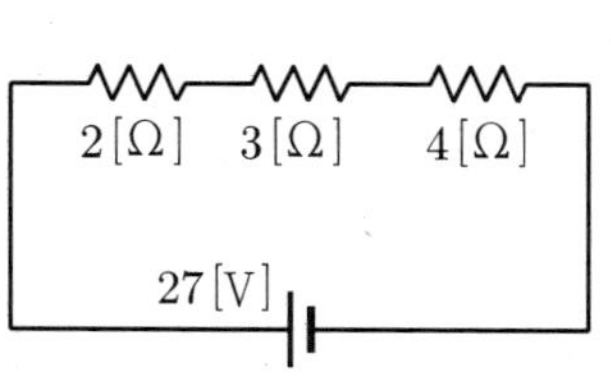

그림 2.26

2-4 그림 2.27과 같은 회로에서 다음을 구하라.

(a) 회로의 전체 저항 $R[\Omega]$

(b) 회로의 전체 전류 $I[A]$

(c) 저항 $6[\Omega]$에 흐르는 전류 $I_1[A]$ 및 소비 전력 $P_1[W]$

(d) 저항 $5[\Omega]$의 소비 전력 $P_2[W]$

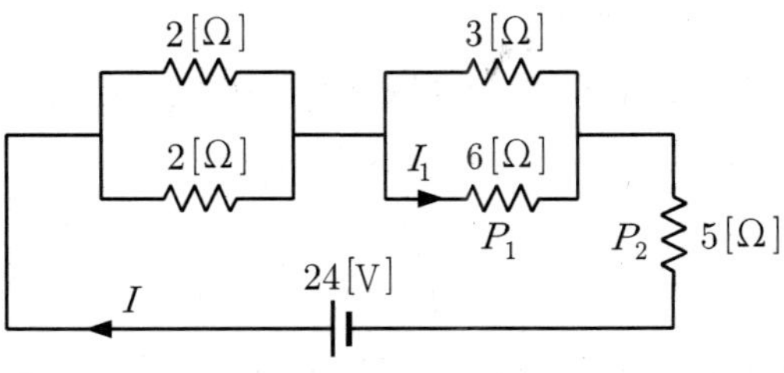

그림 2.27

2-5 100[V]용 500[W] 전열기를 100[V]의 전원에 연결하여 2시간을 사용하였다. 이 전열기의 저항 $R[\Omega]$과 전력량 $W[Wh]$을 구하라.

2-6 $10[\Omega]$의 저항에 2[A]의 전류를 5분간 흘렸을 때 발열량[cal]을 구하라.

2-7 전기 용량이 각각 $3[\mu F]$, $6[\mu F]$인 두 축전지를 직렬로 연결한 합성 전기 용량 C_s와 병렬로 연결한 합성 전기 용량 C_p의 비 C_p/C_s를 구하라.

2-8 그림 2.28의 회로에서 다음을 각각 구하라.

(a) 합성 전기 용량 C[μF]

(b) 축적된 총 전하량 Q[C]

(c) 3[μF]인 축전지에 축적되는 전하량 Q_1[C]

(d) 3[μF]인 축전지에 걸리는 전압 V_1[V]

(e) 2[μF] 및 4[μF]인 축전지에 걸리는 전압 V_2, V_3

(f) 2[μF] 및 4[μF]인 축전지에 축적되는 전하량 Q_2, Q_3

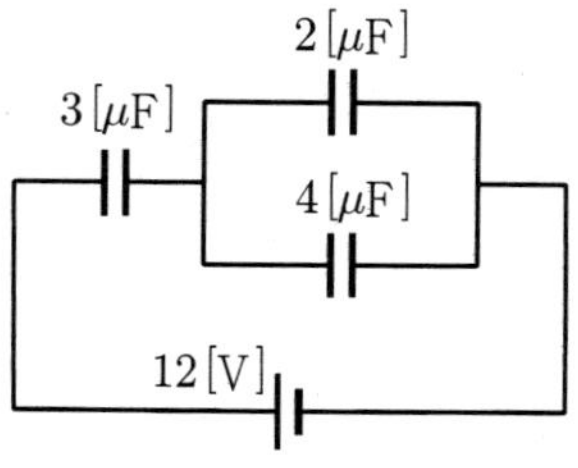

그림 2.28

chapter 3

자기장과 전자기력

3.1 자석에 의한 자기장

3.1.1 자석

물체들 중에는 철과 같은 금속을 끌어당기는 성질을 가지는 물체가 있다. 이러한 자기적 성질을 **자성**이라 하고, 자성을 가지고 있는 물체를 **자성체** 또는 **자석**(magnet)이라고 한다.

막대자석의 주위에 철가루를 뿌려 놓으면 자석의 중앙 부분에는 거의 달라붙지 않으나 자석의 양 끝 부분에는 많이 달라붙는다. 이와 같이 자성이 강한 자석의 양 끝 부분을 **자극**(magnetic pole)이라 한다. 자극은 N극과 S극의 두 종류의 극성이 있고, 자석은 항상 서로 반대 극성인 두 개의 자극을 가진다.

자석을 실로 수평하게 매달아 자유로이 회전하도록 두면, 나침반의 자침과 마찬가지로 남과 북을 가리키고 멈추게 된다. 이 때 자침이 지구의 북쪽을 가리키는 극을 N극(north pole), 남쪽을 가리키는 극을 S극(south pole)이라고 한다.

자석이 지구의 남북을 가리키는 현상은 **그림 3.1**과 같이 지구도 하나의 거대한 **구상자석**이기 때문이다. 따라서 자석의 N극이 가리키는 북쪽은 지구 자석의 S극이고, 자석의 S극이 가리키는 남쪽은 지구 자석의 N극이 된다.

그림 3.2와 같이 막대자석을 두 개로 나누면 N극과 S극이 분리되지 않고, 두 개의 또 다른 막대자석이 된다. 이 과정을 되풀이하면서 분자가 될 때까지 나누어도 항상 N극과 S극의 극성이 동시에 쌍으로 존재한다. 결국 분자 자신도 자석이며 **분자 자석**이 된다.

전하는 양전하와 음전하를 분리할 수 있고, 단독으로 존재할 수 있다. 그러나 자석의 N극과 S극은 단독으로 존재할 수 없고, 항상 동시에 존재하는 특징이 있다. 자극과 전하는 매우 유사한 성질을 가지고 있지만, 이 현상은 전기와 자기의 본질적인 차이점이다.

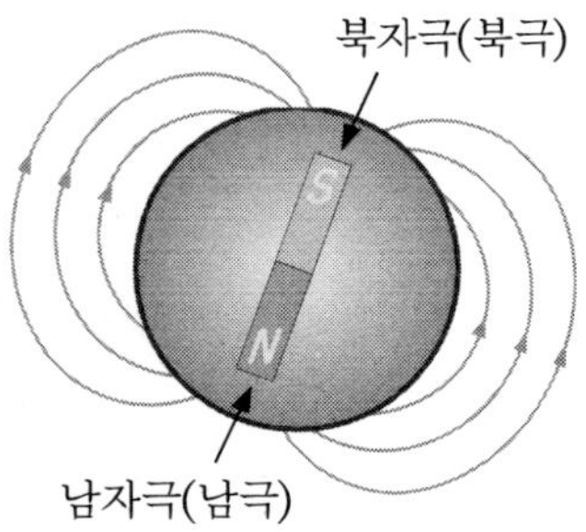

그림 3.1 ▶ 지구 자석

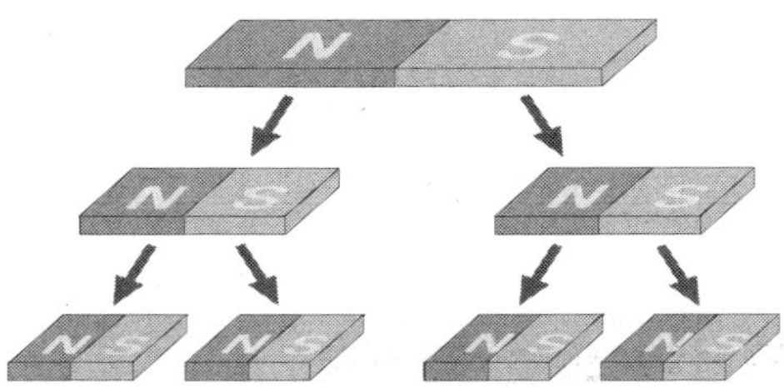

그림 3.2 ▶ 자석의 분리

3.1.2 쿨롱의 법칙

자석은 같은 극성의 자극은 서로 반발하고, 반대 극성의 자극은 서로 흡인하는 힘이 작용한다. 이를 전기력과 구분하여 **자기력**(magnetic force)이라 하고, 자기력을 양적으로 취급하려면 전기력과 마찬가지로 쿨롱의 법칙에 의해 구할 수 있다.

그러나 자석은 자극을 분리할 수 없으므로 힘을 측정하기 위하여 자석은 매우 가늘고 길어서 자석의 두 극이 서로 영향을 미치지 않는 것을 가정하고, 이 조건을 만족하는 자극을 **점자극** m이라 한다. 자극의 세기를 나타내는 **자기량** 또는 **자하량** m의 단위는 **웨버**(Weber, [Wb])가 사용된다.

그림 3.3과 같이 두 점자극의 자하량을 각각 m_1, m_2[Wb], 자극 간의 거리를 r[m], 상호 간에 작용하는 힘, 즉 자기력을 F[N]라 하면

$$F = \frac{m_1 m_2}{4\pi\mu_0 r^2} = 6.33 \times 10^4 \frac{m_1 m_2}{r^2} \text{ [N]} \tag{3.1}$$

의 관계가 있다. 여기서 진공의 투자율 $\mu_0 = 4\pi \times 10^{-7}$ [H/m]이고, 힘의 방향은 두 극을 연결하는 직선상에 있다. 이 식을 자기에 관한 **쿨롱의 법칙**이라 한다.

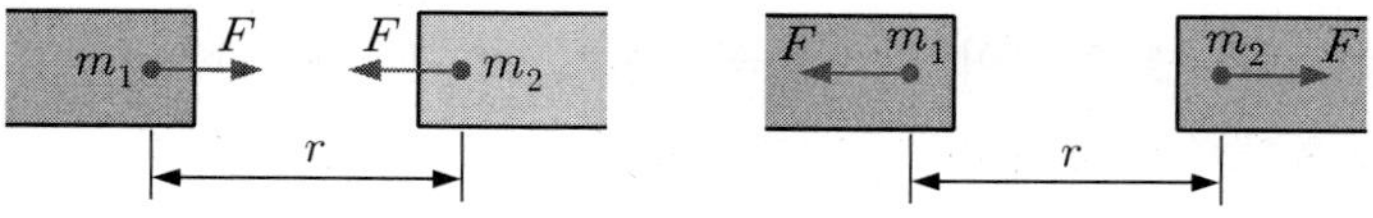

(a) 다른 극성(흡인력)　　(b) 같은 극성(반발력)

그림 3.3 ▸ 쿨롱의 법칙(자기력)

3.1.3 자기장과 자기력선

자석 근처에 나침반을 놓으면 자석으로부터 힘(자기력)을 받아 자침이 움직이다가 일정한 방향을 가리킨다. 이와 같이 자기적 힘, 즉 자기력이 미치는 공간을 **자기장**(magnet field)이라 한다.

자기장은 크기와 방향을 갖는 벡터량이다. 자기장의 세기는 F로 표시하고, 방향은 N극이 받는 힘의 방향으로 정한다. 이것은 전기장에서 양전하가 받는 힘의 방향으로 정하는 것과 같다.

전기장을 시각화하기 위하여 단위 양전하가 이동할 때 그려지는 가상선을 전기력선을 도입하여 정의하였다. 마찬가지로 자기장도 자기장 내에서 나침반 자침의 N극이 가리키는 방향을 따라 조금씩 이동해 가면서 그려지는 가상선을 **자기력선**이라 한다.

자기력선은 다음과 같은 성질을 가지고 있다.

① 자기력선은 자석의 외부에서 N극에서 나와 S극으로 향한다.(단, 자석의 내부에서는 S극에서 N극으로 향한다.)

② 자기력선은 서로 교차하지 않는다.

③ 자기력선 밀도는 자기장의 세기와 같다. 즉 자기력선이 밀하면 자기장의 세기가 크고, 자기력선이 소하면 자기장의 세기가 약하다.

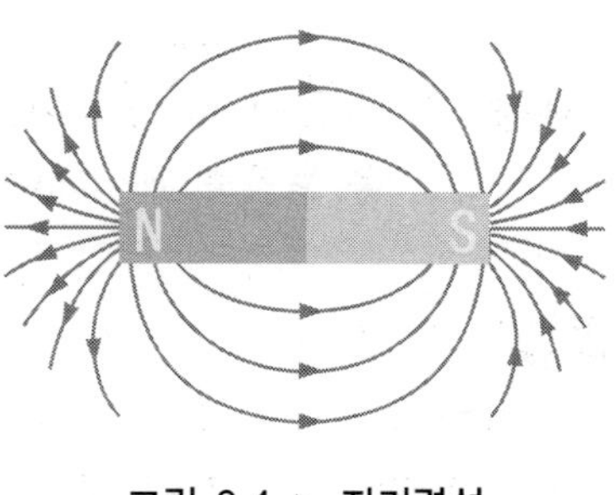

그림 3.4 ▸ 자기력선

④ 자기장의 방향은 자기력선 위의 한 점에서의 접선 방향이다.

전류나 자기장 방향의 지면 표시법은 통상적으로 지면의 뒷면에서 표면으로 나오는 방향은 ⊙, 지면의 표면에서 뒷면으로 들어가는 방향은 ⊗으로 규칙을 정하였으며, 그림 3.5에 나타낸다.

여기서 점 ⊙ 표시는 자신이 바라보는 눈을 향해 들어오는 화살촉의 모양이고, 십자 ⊗ 표시는 멀어져가는 화살의 꼬리를 나타낸다.

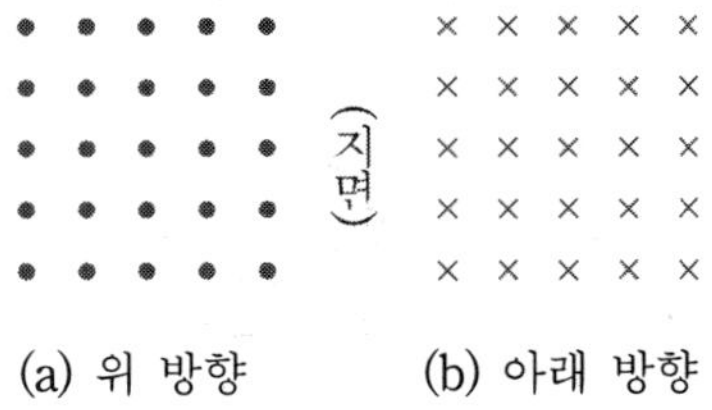

그림 3.5 ▶ 자기장의 지면 표시법

3.1.4 자속과 자기장

자기장에 수직인 단면을 지나는 자기력선의 총수를 자속(magnetic flux) 또는 자기력선속이라 한다. 자속은 ϕ로 표시하고, 단위는 자극의 자기량의 단위와 같은 웨버, Wb를 사용한다.

자속밀도 또는 자기장의 세기 B는 자기장에 수직한 단위면적당의 자속으로 정의하고, 다음의 관계식으로 나타낼 수 있다.

$$B = \frac{\phi}{A}\ [\mathrm{Wb/m^2}] \quad \text{또는} \quad \phi = BA\ [\mathrm{Wb}] \tag{3.2}$$

자속밀도 또는 자기장의 세기 B의 단위는 $[\mathrm{Wb/m^2}]$이고, 이것을 테슬라(Tesla, [T]) 라고도 한다. 즉, 단위의 두 관계는 다음과 같다.

$$1[\mathrm{Wb/m^2}] = 1[\mathrm{T}]$$

예제 3.1 그림 3.6과 같이 화살표 방향으로 자기장이 형성되었다. 이 자기장 속에 자침을 놓았을 때, 자침의 N극이 향하는 방향을 설명하라.

풀이

자기장 내의 자침은 항상 N극이 자기장의 방향과 같도록 배열된다. 그러므로 N극은 ③의 방향으로 향하게 된다.

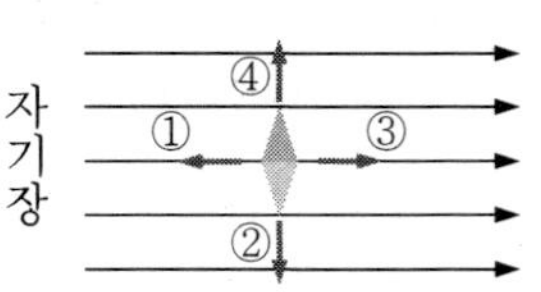

그림 3.6

3.2 전류에 의한 자기장

자기장은 자석에 의하여 만들어지지만 도선에 전류가 흐르면 도선 주위에 자기장이 생긴다는 현상을 외르스테드(H. Oersted)에 의해 발견되었다.

전류가 흐르는 도선 주위에 나침반을 놓으면 자침이 움직이고, 전류의 방향을 바꾸어주면 자침이 움직이는 방향도 달라지는 것을 볼 수 있다. 이것은 전류가 흐르는 도선 주위에 자기장이 형성되어 그 영향으로 자침이 움직이기 때문이다.

이로부터 전기와 자기의 상호 연관성이 있음을 최초로 알게 되었으며, 앙페르(Ampere)는 실험을 통하여 전류와 자계의 관계를 정량적으로 밝혀내었다.

3.2.1 직선 전류에 의한 자기장

직선 도선에 전류가 흐르면 그 주위에는 직선 도선에 수직인 평면 위에서 도체를 중심으로 하는 동심원의 자기장이 발생한다.

그림 3.7과 같이 전류에 의한 자기장의 방향 관계를 나타내는 앙페르의 오른나사 법칙이라 하고, 전류의 자기 작용을 나타내는 대표적인 법칙이다.

직선 전류에 의한 자기장의 방향은 그림 3.7(a)와 같이 전류의 방향으로 오른나사를 진행시킬 때 나사가 돌아가는 방향이다. 또는 그림 3.7(b)와 같이 오른손의 엄지손가락을 네 손가락과 수직으로 편 다음, 전류의 방향으로 엄지손가락을 향하게 하고 나머지 네 손가락으로 도선을 감아쥐었을 때, 네 손가락의 방향이 자기장의 방향이 된다.

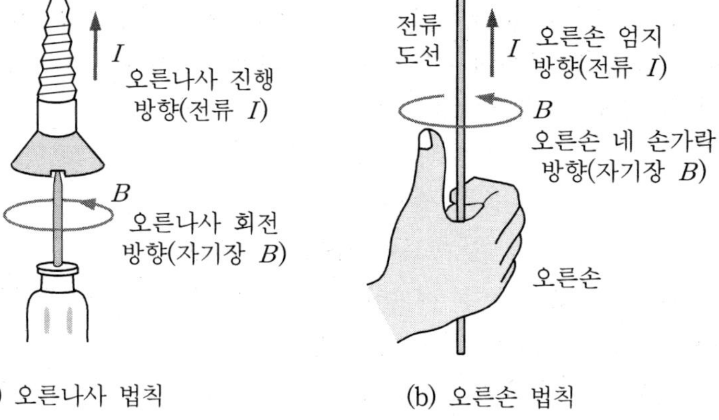

(a) 오른나사 법칙 (b) 오른손 법칙

그림 3.7 ▸ 앙페르의 법칙

앙페르의 오른나사 법칙은 폐회로에서 흐르는 원형전류나 솔레노이드에서 자기장의 방향을 결정하는 경우에도 모두 성립한다.

직선 도선에 흐르는 전류의 방향을 바꾸어주면 도선 주위의 자기력선의 모양은 그대로 유지되지만 자기장의 방향은 반대로 바뀌게 된다. 또 전류를 증가시키면 자기장의 세기는 강해지고, 전류를 감소시키거나 도선에서 멀어질수록 자기장의 세기는 약해진다.

그림 3.8과 같이 무한 길이의 직선 전류에 의한 자기장의 세기 B는 전류 I에 비례하고, 도선으로부터의 거리 r에 반비례한다. 즉,

$$B = k\frac{I}{r} = 2\times10^{-7}\frac{I}{r}\ [\mathrm{T}] \tag{3.3}$$

이다. 여기서 비례상수 k는 진공에서 $k = 2\times10^{-7}\ [\mathrm{N/A^2}]$이고, 공기 중에서도 거의 같은 값을 가진다.

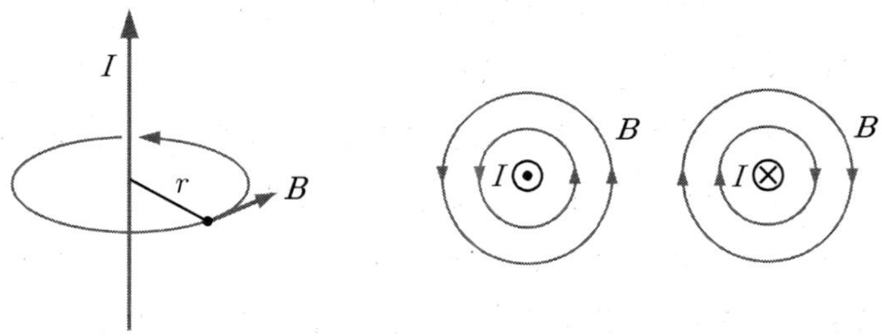

(a) 전류에 의한 자기장 방향 (b) 지면 표시법

그림 3.8 ▸ 직선 도선에 의한 자기장

> **예제 3.2** 그림 3.9와 같이 남북 방향으로 수평하게 놓인 도선 바로 아래 자침을 매달아 놓았다. 이 도선에 북쪽을 향하는 전류가 흐를 때, 자침의 N극이 회전하여 정지하는 곳의 방향을 구하라.

풀이

앙페르 법칙에 의해 오른손으로 전류에 의한 자기장의 방향은 자침이 놓여있는 도선 아래에서 서쪽으로 향한다. 즉 자침은 항상 N극이 자기장의 방향을 향하므로 북쪽에서 서쪽으로 회전(지면 뒤쪽)하여 정지한다.

그림 3.9

예제 3.3 **그림 3.10과 같이 직선 도선에 20[A]의 전류가 흐르고 있다. 이 도선으로부터 상부 10[cm] 떨어진 점 P에서의 자기장의 세기 B와 방향을 구하라.**

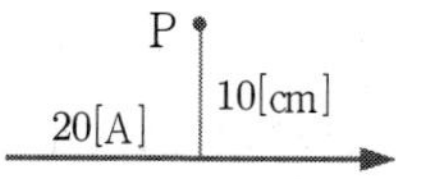

그림 3.10

풀이

(1) 점 P에서 자기장의 세기

$$B = 2\times10^{-7}\frac{I}{r} = 2\times10^{-7}\times\frac{20}{0.1}$$

$$\therefore \quad B = 4\times10^{-4}\,[\mathrm{T}]$$

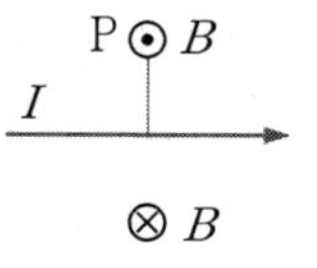

그림 3.11

(2) 앙페르 법칙에 의해 오른손으로 자기장의 방향을 구하면 **그림 3.11**과 같이 점 P에서 지면 뒤에서 앞으로 나오는 방향 ⊙이 된다.

3.2.2 원형 전류에 의한 자기장

직선 도선을 둥글게 구부려 만든 원형 도선에 전류를 흘리면 **그림 3.12**와 같이 도선 주위에 자기장이 분포한다. 특히 원형 전류에 의한 자기장은 중심부 점 O의 자기장을 중점적으로 공부해야 한다.

원형 도선의 각 부분은 매우 짧은 미소 도선의 연속으로 볼 수 있고, 이 미소 도선은 직선 도선으로 생각할 수 있다. 따라서 미소 부분에 대하여 직선 도선에 의한 앙페르

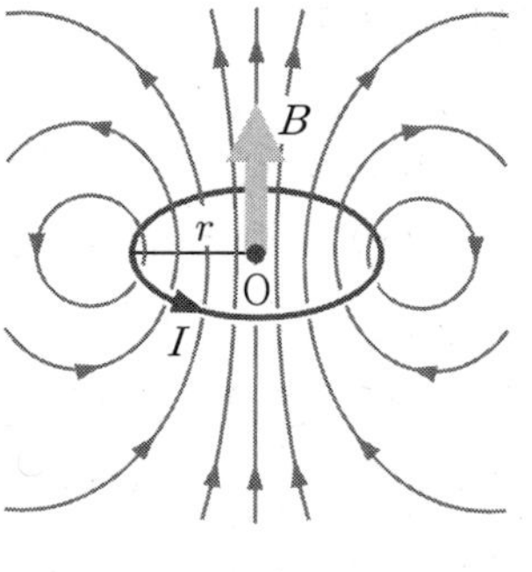

그림 3.12 ▸ 원형 전류의 자기장

의 오른손 법칙을 적용하면 원형 도선 중심부에서의 자기장의 방향을 알 수 있다.

또 오른손의 엄지손가락을 전류의 방향으로 가리키면서 나머지 네 손가락으로 원형 도선을 감아쥘 때, 네 손가락이 감기는 방향이 원형 전류에 의한 자기장의 방향이 된다.

따라서 원형 중심부의 자기장의 방향은 도선을 포함하는 평면에서 수직으로 관통하는 방향이 된다.

원형 전류에 의한 중심부의 자기장 세기 B는 전류 I에 비례하고 반지름 r에 반비례한다. 즉,

$$B = k'\frac{I}{r} = 2\pi \times 10^{-7}\frac{I}{r}\ [\mathrm{T}] \tag{3.4}$$

이다. 여기서 비례상수 k'는 진공에서 $k' = 2\pi \times 10^{-7}\ [\mathrm{N/A^2}]$이다. 즉, 직선 전류에 의한 자기장을 나타내는 비례상수의 π배($k' = \pi k$)가 된다.

예제 3.4 반지름이 $2\pi[\mathrm{m}]$인 원형 도선에 $20[\mathrm{A}]$의 전류가 흐를 때, 원형 전류에 의한 중심에서의 자기장의 세기 B를 구하라.

풀이

원형 전류에 의한 중심에서의 자기장의 세기

$$B = 2\pi \times 10^{-7}\frac{I}{r} = 2\pi \times 10^{-7} \times \frac{20}{2\pi} = 2 \times 10^{-6}\ [\mathrm{T}]$$

3.2.3 솔레노이드에 의한 자기장

그림 3.13과 같이 자기장을 좁은 곳에 집중시키기 위하여 원통 모양으로 도선를 감은 코일을 솔레노이드(solenoid)라고 한다. 솔레노이드는 원형 도선을 여러 번 연속적으로 감아 놓은 것과 같은 효과가 나온다.

그림 3.13과 같이 오른손의 네 손가락 끝이 코일의 앞쪽 도선의 전류의 방향을 가리키도록 감아쥔 다음, 엄지손가락을 직각으로 펴면 엄지손가락이 가리키는 방향이 솔레노이드에 의한 자기장의 방향이 된다.

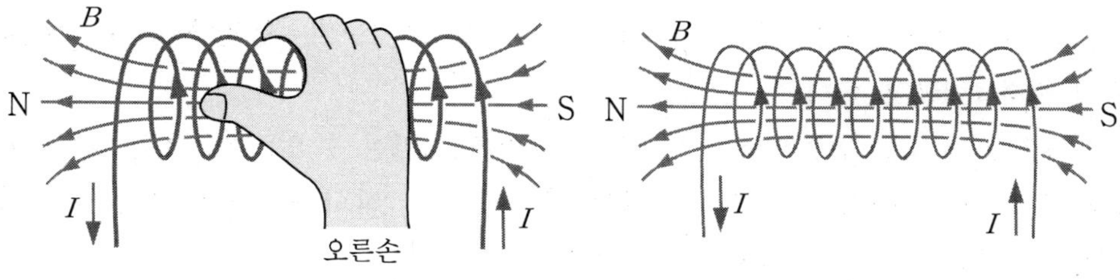

(a) 자기장 방향 (b) 전류에 의한 자기장

그림 3.13 ▸ 솔레노이드에 의한 자기장

솔레노이드의 자기력선의 모양은 **그림** 3.4와 같은 막대자석과 매우 비슷하고, 엄지손가락 방향으로 자기력선이 지나고, 엄지손가락이 가리키는 쪽이 N극에 해당한다.

솔레노이드 내부의 자기장은 축 방향으로 평행하고 균등한 **평등 자기장**이 형성되고, 외부의 자기장은 0이 되어 존재하지 않는다.

솔레노이드 내부의 자기장의 세기 B는 단위 길이당의 감은 수 n회에 비례하고, 전류 I에 비례하며, 다음과 같이 나타낼 수 있다.

$$B = k''nI = 4\pi \times 10^{-7} nI \text{ [T]} \tag{3.5}$$

여기서 비례상수 k''는 진공에서 $k'' = 4\pi \times 10^{-7}$ [N/A^2]이다. 즉, 직선 전류에 의한 자기장을 나타내는 비례상수의 2π배($k' = 2\pi k$)가 된다.

솔레노이드 내부의 자기장이 강한 것을 얻으려면 전류를 증가시키거나 도선의 감은 횟수를 증가시켜야 한다. 그러나 솔레노이드에서 전류를 증가시키면 저항에 의한 줄열이 발생하거나 감은 횟수를 증가시키는데 구조상으로 제한이 있다.

따라서 **그림** 3.14와 같이 솔레노이드 내부에 쇠막대를 넣으면, 없을 때보다 강한 자기장을 얻을 수 있다.

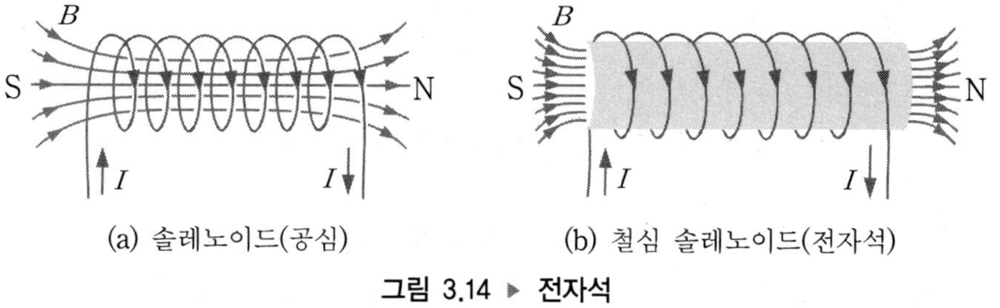

(a) 솔레노이드(공심) (b) 철심 솔레노이드(전자석)

그림 3.14 ▸ 전자석

솔레노이드의 내부에 넣은 쇠막대를 **철심**이라 하며, 철심을 넣은 솔레노이드를 **철심 솔레노이드**라고 한다. 특히 철심 솔레노이드는 전류가 흐르는 동안에는 자석이 되기 때문에 **전자석**이라고 한다.

전자석은 전류의 증감에 의해서 자기장의 세기를 조절할 수 있으며, 전화기, 스피커, 전동기 및 기중기 등의 일상생활에 널리 이용될 뿐만 아니라 자기부상 열차나 의료 장비인 자기공명 촬영장치 등에도 이용된다.

예제 3.5 그림 3.15와 같이 솔레노이드에 전압 V를 인가하여 전류를 흘릴 때, 솔노이드의 양쪽 끝의 자극을 표시하고, 자침의 N극이 향하는 방향을 구하라.

풀이

(1) 오른손에 의해 전류 방향으로 감싸 쥐면 엄지손가락은 왼쪽으로 향한다. 즉,

솔레노이드의 왼쪽 끝 : N극

솔레노이드의 오른쪽 끝 : S극

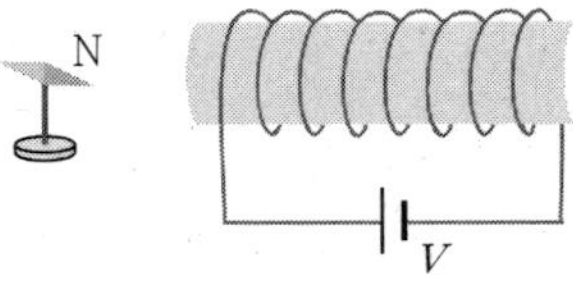

그림 3.15

(2) 자침의 N극 방향 : 솔레노이드 왼쪽의 반대편(반발력)

예제 3.6 길이 10[cm], 권선수 500회인 솔레노이드에 10[A]의 전류를 흘려 줄 때, 솔레노이드 내부와 외부에서의 자기장의 세기를 각각 구하라.

풀이

(1) 솔레노이드 내부에서의 자기장의 세기

$$B = 4\pi \times 10^{-7} nI = 4\pi \times 10^{-7}\left(\frac{N}{l}\right)I$$

$$\therefore \quad B = 4\pi \times 10^{-7} \times \frac{500}{0.1} \times 20 = 4\pi \times 10^{-2}\,[\mathrm{T}]$$

(2) 솔레노이드 외부에서의 자기장의 세기 : $B = 0$

3.3 전자기력

전류가 흐르는 도체 주위에 자기장이 생기고, 이 도체 근처에 자침을 놓으면 힘을 받아서 자침의 N극이 자기장의 방향으로 향하여 움직이는 현상에 대해 배웠다.

즉, 전류가 흐르는 도선은 하나의 자석과 같이 생각할 수 있기 때문에 다른 자기장으로부터 힘을 받게 된다. 이와 같이 자기장 내에서 전류가 흐르는 도체가 받는 힘을 전자기력 또는 전자력(electromagnetic force)이라 하며, 전기 에너지를 기계적 에너지로 변환하는 전동기(motor) 및 전자계전기 등의 전기기기에 널리 응용되고 있다.

3.3.1 자기장 내에서 전류 도체가 받는 힘

(1) 전자기력의 방향

① 자기력선 합성법

외부 자석에 의한 자기장 내에 전류 도체가 있으면, 그림 3.16(a)에서 외부 자기장의 자기력선과 그림 3.16(b)에서 전류가 흐르는 도체의 주위에 동심원으로 형성된 자기장을 나타내는 자기력선이 각각 생긴다.

따라서 그림 3.16(c)와 같이 자석과 전류 도체에 의한 합성 자기력선은 도체의 위쪽은 적게 되어 자기장이 약해지고, 아래 부분은 많게 되어 자기장이 강하게 된다. 이 때 전류 도체에서 전자기력(힘) F의 방향은 자기장이 강한 곳에서 약한 곳으로 받게 된다.

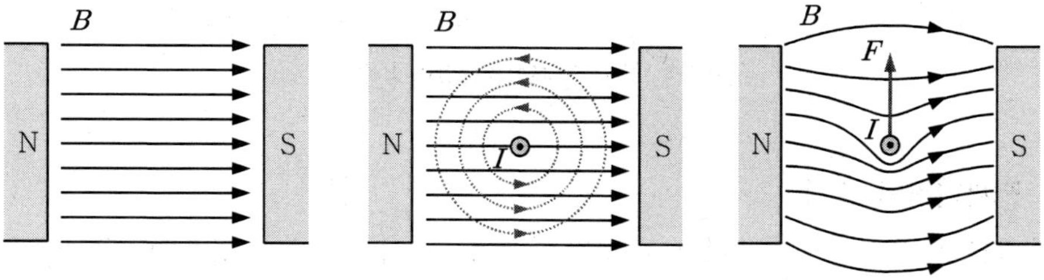

(a) 외부 자기장　　(b) 전류 도체 자기장　　(c) 합성 자기장

그림 3.16 ▶ 전류 도체가 받는 힘(전자기력)

② 오른손 법칙 및 플레밍 왼손 법칙

전자기력의 방향을 알기 위하여 자기력선 합성법에 대하여 배웠으며, 여기서는 그림

3.17과 같이 오른손 또는 왼손을 이용하는 두 가지의 방법에 관하여 설명하기로 한다.

그림 3.17(a)와 같이 오른손의 엄지손가락과 나머지 네 손가락을 직각으로 펴서 네 손가락은 자기장 B의 방향을 가리키도록 맞춘 다음, 엄지손가락을 전류 I의 방향이 되도록 하면 손바닥에서 수직으로 나오는 방향이 전자기력 F의 방향이다.

그림 3.17(b)와 같이 왼손의 엄지, 둘째, 셋째 손가락을 서로 직각이 되도록 펴서 둘째 손가락을 자기장 B의 방향으로 맞춘 다음, 셋째 손가락을 전류 I의 방향으로 맞추면 엄지손가락이 가리키는 방향이 전자기력 F의 방향이 된다. 이러한 관계를 플레밍의 왼손 법칙(Fleming's left hand law)이라고 한다.

일반적으로 학생들은 전자기력의 방향을 찾기 위하여 그림 3.17의 손이 지칭하는 요소를 모두 알고 있는 경우에도 직접 적용하는 데 곤란을 겪는 일이 많다. 그러므로 자기장 B의 방향을 먼저 맞춘 다음, 팔을 좌우로 회전하면서 전류 I의 방향을 맞추면 전자기력(힘) F의 방향을 쉽게 찾을 수 있다.

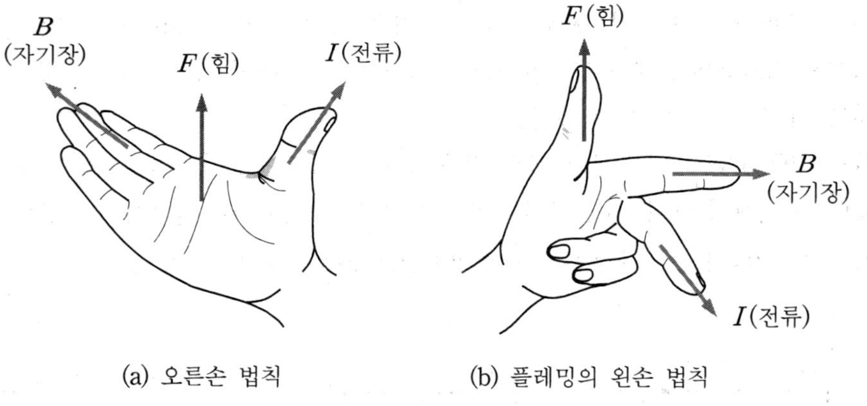

그림 3.17 ▸ 전자기력(힘)의 방향

(2) 전자기력의 크기

그림 3.18과 같이 전류 도체가 자기장에 놓인 각이 다른 두 경우 모두 전자기력의 방향은 지면을 뚫고 들어가는 방향 ⊗이지만, 전자기력의 크기 F는 다를 것이다.

그림 3.18(a)와 같이 전류 도체가 자기장의 방향에 수직($\theta = 90°$)으로 놓인 경우의 전자기력의 크기 F는 실험 결과에 의하면 자기장 B, 전류 I, 도체의 길이 l에 비례한다. 이 관계식은 다음과 같이 나타낼 수 있다.

$$F = BIl \tag{3.6}$$

또 그림 3.18(b)와 같이 전류 도체가 자기장의 방향에 각 θ로 놓인 경우에는 도체의 길이 l 대신에 자기장에 수직인 길이 성분의 $l\sin\theta$가 받는 힘을 구하면 된다. 즉,

$$F = BIl\sin\theta \tag{3.7}$$

전류 도체가 자기장과 평행($\theta = 0°$)을 이루는 경우에 전자기력은 $F = 0$이 되어 힘을 받지 않지만, 전류 도체와 자기장의 방향이 이루는 각이 증가함에 따라 전자기력은 커지면서 $\theta = 90°$가 되었을 때 최대 $F = BIl$이 된다.

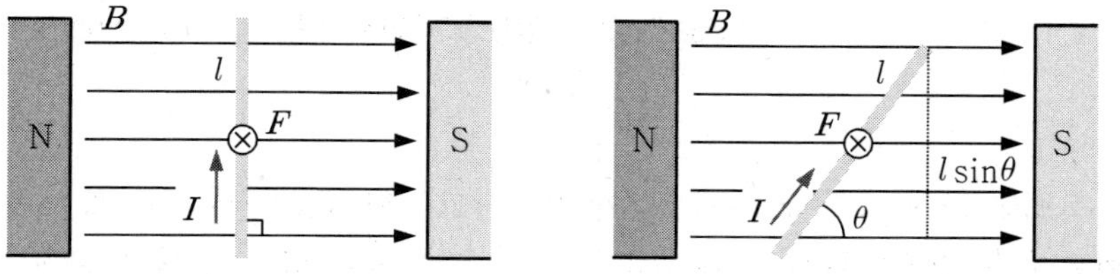

(a) 전류 도체가 자기장과 수직 (b) 전류 도체가 자기장과 각 θ

그림 3.18 ▶ 전류 도체가 받는 힘의 크기

예제 3.7 **균일한 자기장의 세기 0.8[Wb/m²]인 내에서 자기장의 방향과 $\theta = 30°$의 방향으로 놓여진 길이 10[cm]의 도선에 5[A]의 전류가 흐를 때, 도체가 받는 힘[N]을 구하라.**

풀이

식 (3.7)에 의하여 $B = 0.8[\text{Wb/m}^2]$, $I = 5[\text{A}]$, $l = 0.1[\text{m}]$, $\theta = 30°$이므로

$$F = BIl\sin\theta = 0.8 \times 5 \times 0.1 \times \sin 30° = 0.2\,[\text{N}]$$

3.3.2 평행 전류 도체 상호 간에 작용하는 힘

그림 3.19와 같이 거리 r[m] 떨어진 두 개의 평행도체 A, B에 전류 I_1, I_2가 흐르고 있을 때, 전류 도체에 작용하는 힘을 구하여 본다.

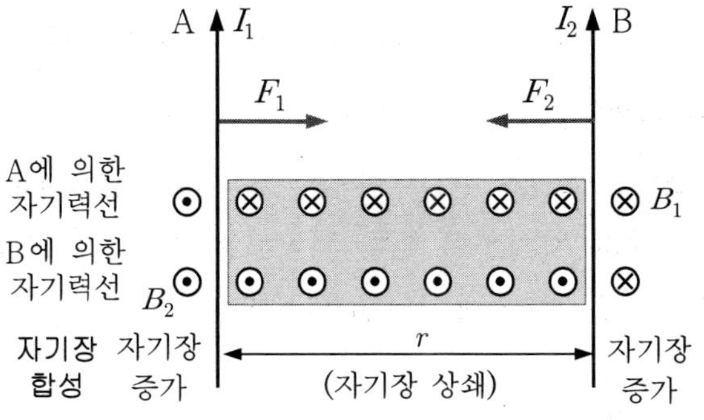

그림 3.19 ▶ 평행 도체에서 받는 힘

전류가 흐르는 도체 주위에는 자기장이 형성되고, 자기장 내의 전류 도체는 전자기력(힘)을 받는다는 것을 배웠다. 평행한 전류 도체에서도 다른 전류 도체에 의해 생긴 자기장 속에 놓인 것과 같은 형상이 되어 힘을 받게 된다.

그림 3.19에서 도체 B는 도체 A에 흐르는 전류 I_1에 의한 자기장 B_1 속에 놓여 있는 것과 같으므로 오른손에 의해 전자기력의 방향은 A쪽으로 끌어당겨지는 힘을 받는다.

전류 I_2가 흐르는 도체 B에서 전류 I_1에 의한 자기장의 세기 B_1은 식 (3.3)에 의하여

$$B_1 = 2 \times 10^{-7} \frac{I_1}{r} \tag{3.8}$$

이 된다. 즉, 도체 B는 B_1의 자기장 내에 전류 도체 I_2가 놓여 있는 형태가 되기 때문에 전자기력을 받게 되는 것이다. 여기서 B_1과 도체 B의 I_2가 이루는 각은 서로 90° 이므로 식 (3.6)에 의해 도체 B가 받는 힘 F_2는 다음과 같이 구해진다.

$$F_2 = B_1 I_2 l = 2 \times 10^{-7} \frac{I_1 I_2}{r} l \tag{3.9}$$

마찬가지로 도체 A도 도체 B에 흐르는 전류에 의해 만들어지는 자기장으로부터 받는 힘 F_1은 도체 B쪽으로 당겨지는 힘을 받으며, 크기도 F_2와 같다.

도체에 작용하는 힘의 방향은 오른손 법칙 및 플레밍 왼손법칙에 의하여 두 도체의 전류가 **동일 방향**으로 흐를 때에는 **흡인력**, **반대 방향**일 때에는 **반발력**이 작용한다.

그림 3.19에서 자기력선 합성법에 의해 두 도체 사이가 상쇄되어 자기장이 약해지는

쪽의 흡인력이 작용한다. 즉, 자기력선 합성법으로도 전자기력의 방향을 쉽게 확인할 수 있다.

예제 3.8 평행 도선이 간격 1[m]로 떨어져 있고 같은 양의 왕복 전류가 흐를 때, 반발력이 단위 길이 당 2×10^{-7} [N/m]가 작용한다. 이 때 전류 I를 구하라.

풀이

$$F=2\times10^{-7}\frac{I_1I_2}{r}l=2\times10^{-7}\frac{I^2}{r}l$$

$$\therefore\quad I=\sqrt{\frac{rF}{2\times10^{-7}l}}=\sqrt{\frac{1\times2\times10^{-7}}{2\times10^{-7}\times1}}=1\ [\mathrm{A}]$$

3.3.3 자기장 내에서 운동 전하가 받는 힘

(1) 로렌츠의 힘

그림 3.20과 같이 균일한 자기장 B 내를 수직으로 전하 q가 속도 v로 입사할 때, 운동 전하에는 전자기력 F가 작용한다. 자기장 내에 있는 전류 도체는 전자기력을 받는 데, 이 때 전류는 자유 전자의 흐름이므로 자기장 내에 있는 운동 전하가 힘을 받는 현상이라고 생각할 수 있다.

따라서 운동 전하의 전자기력 방향은 양전하의 운동 방향 v를 전류의 방향으로 대체하고 오른손 법칙 또는 플레밍의 왼손 법칙을 그대로 적용하면 쉽게 알 수 있다. 만약 운동 전하가 전자인 경우에는 전류 방향을 전자의 운동 방향 v와 반대 방향으로 취하고 적용하면 된다.

특히 자기장 내에서 운동 전하가 받는 힘(전자기력)을 로렌츠의 힘(Lorentz's force)이라고 한다.

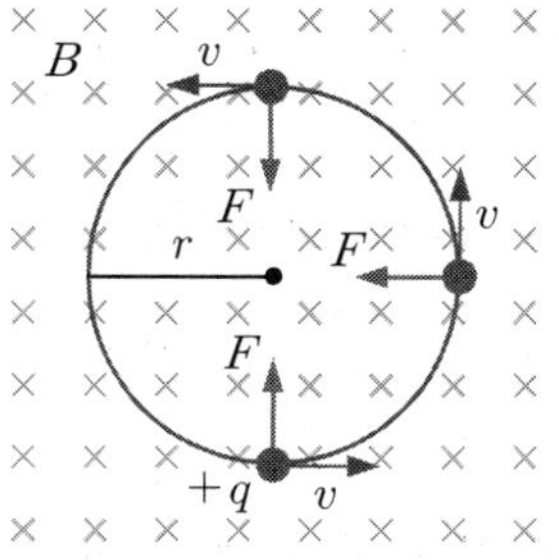

그림 3.20 ▸ 운동 전하가 받는 힘

자기장 B 내에서 수직으로 입사하는 운동 전하

q가 받는 힘의 크기는 자기장 내에 전류 도체가 받는 전자기력의 식 (3.6)으로부터 $I=q/t$, $v=l/t$을 대입하면 다음과 같이 나타낼 수 있다.

$$F=BIl=B\frac{q}{t}l=qvB \qquad \therefore \quad F=qvB \tag{3.10}$$

운동 전하가 자기장에 비스듬히 입사하여 운동 전하의 속도 v와 자기장 B가 이루는 각이 θ인 경우에도 식 (3.10)에서 속도 v 대신에 자기장에 수직인 속도 성분 $v\sin\theta$를 대입하면 전자기력은 다음과 같이 나타낼 수 있다.

$$F=qvB\sin\theta \tag{3.11}$$

그러나 운동 전하가 자기장에 평행($\theta=0°$)으로 입사하는 경우에는 운동 전하에 작용하는 전자기력은 전혀 받지 않고 등속 직선운동을 한다.

(2) 자기장에서 수직 입사하는 대전 입자의 운동

질량 m, 전하량 q인 대전 입자가 속도 v로 균일한 자기장 B에 수직으로 입사되어 운동할 때 대전 입자는 자기장으로부터 로렌츠의 힘 qvB를 받는다. 이 힘은 자기장과 운동 방향에 수직으로 작용하므로 속력은 변하지 않고 운동 방향만 변하게 된다.

따라서 그림 3.20과 같이 대전 입자에 작용하는 로렌츠 힘의 크기는 변하지 않고 항상 운동 방향에 수직한 방향으로 작용하고, 로렌츠의 힘은 구심력의 역할을 하므로 **등속 원운동**을 한다.

대전 입자의 궤도 반지름을 r이라 할 때, 구심력과 로렌츠의 힘은 각각

$$F=\frac{mv^2}{r}(\text{구심력}), \qquad F=qvB(\text{로렌츠의 힘})$$

이고, 이들은 등속 원운동에서 서로 같으므로 궤도 반지름 r은 다음과 같다.

$$\frac{mv^2}{r}=qvB \qquad \therefore \quad r=\frac{mv}{qB} \tag{3.12}$$

또 대전 입자의 원운동의 주기 T는 다음과 같이 구해진다.

$$T=\frac{2\pi r}{v}=\frac{2\pi}{v}\left(\frac{mv}{qB}\right)=\frac{2\pi m}{qB} \qquad \therefore \quad T=\frac{2\pi m}{qB} \tag{3.13}$$

대전 입자의 궤도 반지름 r은 속도 v에 비례하고, 주기 T는 v에 관계없이 질량 m에 관계한다.

(3) 자기장에서 비스듬히 입사하는 대전 입자의 운동

그림 3.21과 같이 자기장에 각 θ로 비스듬히 입사하는 대전 입자의 운동은 속도 v를 자기장에 수직인 성분 $v\sin\theta$와 수평인 성분 $v\cos\theta$로 나누어 생각할 수 있다.

자기장에 수직인 속도 성분 $v\sin\theta$는 수직인 힘을 받아서 대전 입자는 등속 원운동, 자기장에 수평인 속도 성분 $v\cos\theta$는 아무런 힘을 받지 않아서 대전 입자는 등속 직선운동을 할 것이다. 따라서 두 성분에 의한 운동을 합성하면 나선 운동을 하게 된다.

이 때 자기장 B가 균일하지 않고 점점 강해지면 원운동의 궤도 반지름이 작아지는 나선 운동을 한다.

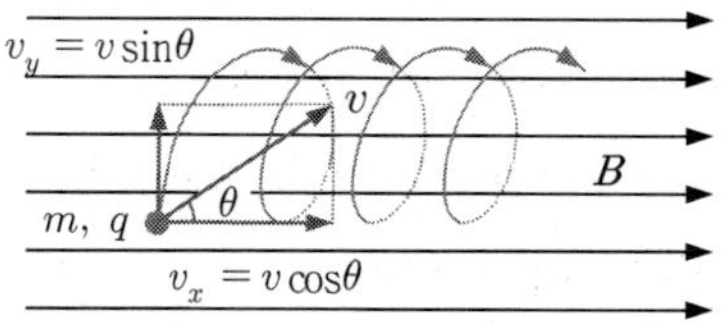

그림 3.21 ▸ 비스듬히 입사하는 입자의 운동

예제 3.9 그림 3.22와 같이 자석에 의한 자기장이 $10[\mathrm{T}]$이고, 자기장 내를 양전하 입자가 속도 $20[\mathrm{m/s}]$로 수직 입사하였을 때, 양전하 입자에 작용하는 전자기력의 크기 $F[\mathrm{N}]$와 방향을 구하라.(전하량 $q = 1.6\times10^{-19}[\mathrm{C}]$)

풀이

(1) 전자기력의 크기(로렌츠의 힘)

$$F = qvB = (1.6\times10^{-19})\times20\times10$$

$$\therefore \quad F = 3.2\times10^{-17}[\mathrm{N}]$$

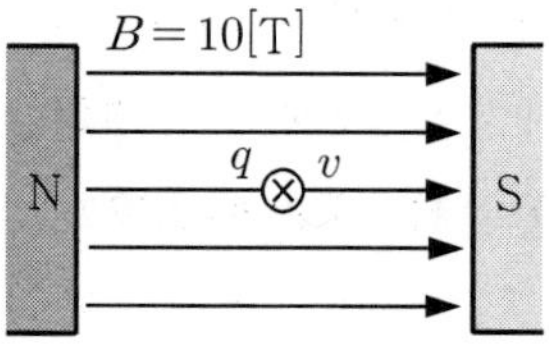

그림 3.22

(2) 전자기력의 방향

오른손 법칙에 의해 오른손의 네 손가락을 자기장 B의 방향으로 맞춘 다음, 엄지손가락을 양전하의 속도 v와 일치하도록 한다. 전류의 방향은 양전하의 이동 방향과 같고 오른손의 엄지손가락이 전류 방향을 나타내기 때문이다. 이 때 손바닥의 수직방향이 전자기력의 방향이다. 따라서 자기장과 수직이 되는 아래쪽을 향하는 방향이 입자가 받는 전자기력의 방향이 된다. 만약 수직 입사한 입자가 전자라고 하면, 전자가 받는 전자기력은 위쪽을 향하는 방향이 될 것이다.

(4) 사이클로트론

사이클로트론(cyclotron)은 1931년 미국의 물리학자 로렌스(Lawrence)에 의해 만들어졌다. 이것은 대전 입자를 가속시켜 큰 에너지를 갖도록 하는 가속기의 일종이다.

그림 3.23과 같이 사이클로트론은 강한 전자석 사이에 D자 모양의 반원형 가속 전극 두 개가 약간의 틈새를 두고 서로 마주보게 설치되어 있다. 대전 입자원 S로부터 진공 상태에서 전극 속에 대전 입자을 방출시키면 두 전극에 걸린 전압에 의하여 대전 입자가 가속된다. 이 가속된 입자는 강한 자기장으로 인하여 등속 원운동을 하여 반 바퀴를 돌아서 다른 전극으로 들어가면서 전극이 바뀌게 되어 다시 가속되고 속도도 점차 빨라지면서 대전 입자의 궤도 반지름도 커지게 되어 장치를 빠져 나간다.

원운동하는 대전 입자의 궤도 반지름과 주기 T는 다음과 같다.

$$r = \frac{mv}{qB}, \qquad T = \frac{2\pi m}{qB}$$

따라서 원운동으로 반 바퀴 도는 시간은 반지름의 크기에 관계없이 일정하므로 T와 같은 주기의 고주파 전압을 인가하면 전극 사이를 왕복 운동할 때마다 가속되어 매우 큰 운동에너지를 갖게 되는 것이다.

즉, 사이클로트론은 자기장 내에 설치한 전극 사이에서 대전 입자를 고주파 전기장에 의해 소용돌이 모양으로 궤도를 달리게 하면서 점점 더 가속시키는 장치이다. 이와 같이 가속 운동을 계속하여 큰 에너지를 얻은 입자를 또 다른 장치에 준비한 원자핵 등과 충돌시켜 이 때 나타나는 반응을 조사하여 물질의 구조, 우주 탄생의 비밀 등의 새로운 세계를 규명하는데 사용한다. 현재 포항 방사광 가속기 등이 운용되고 있으며 활발히 연구에 활용되고 있다.

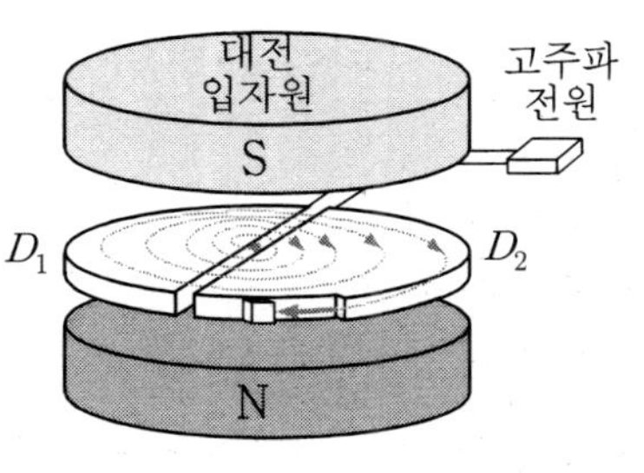

그림 3.23 ▶ 사이클로트론

연 / 습 / 문 / 제

3-1 지면으로부터 높이 5[m] 위에 전류가 200[A] 흐르는 전선이 설치되어 있다. 이 때 지면에서의 자기장의 세기 B[T]를 구하라.

3-2 그림 3.24와 같이 반지름이 10[cm]인 원형 도선에 20[A]의 전류가 반시계 방향으로 흐르고 있다.

(a) 원형 중심부 점 O에서의 자기장의 방향

(b) 원형 중심부 점 O에서의 자기장의 세기 B[T]

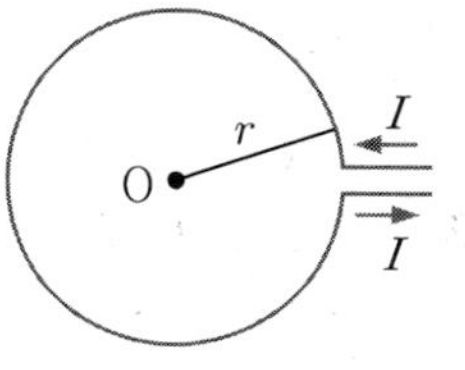

그림 3.24

3-3 그림 3.25와 같이 반지름 2[cm], 길이 10[cm]인 솔레노이드에 도선이 100회 감겨 있다. 솔레노이드의 도선에 2[A]의 전류를 흘렸을 때, 다음을 각각 구하라.

(a) 솔레노이드 내부의 자기장의 세기 B[T]

(b) 솔레노이드 내부를 지나는 자속 ϕ[Wb]

(c) 철심의 왼쪽과 오른쪽 부분의 자극

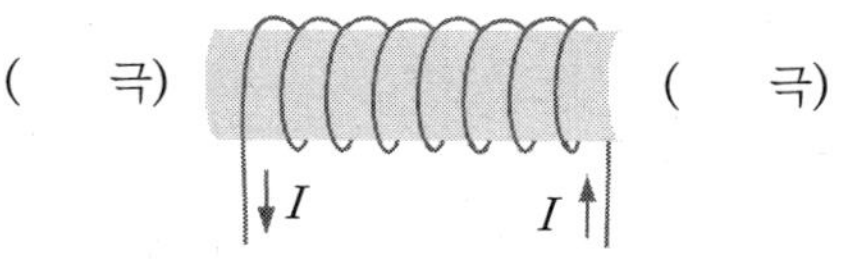

그림 3.25

3-4 그림 3.26과 같은 자기장 내에 전류 도체가 지면을 뚫고 들어가는 방향으로 놓여 있다. 전류 도체가 받는 힘의 방향을 각각 나타내라.

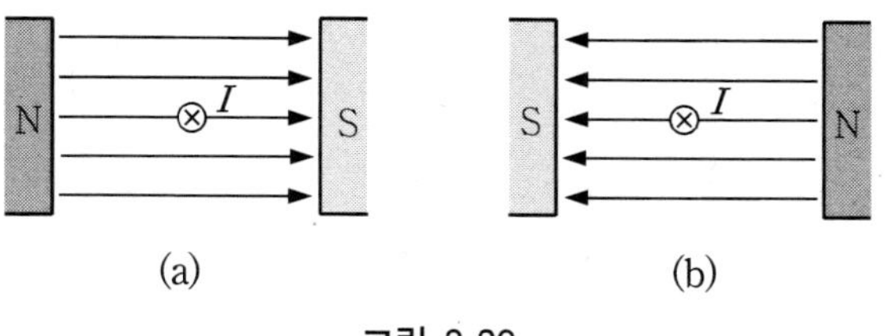

그림 3.26

3-5 자기장의 세기가 5[T] 내에 길이 20[cm]인 직선 도체를 수직으로 놓고 20[A]의 전류를 흘려주었을 때, 도체에 작용하는 전자기력[N]을 구하라.

3-6 평행 도선의 길이 20[m]가 5[cm]의 거리를 두고 공기 중에 놓여져 있고, 두 평행 도선에 서로 반대 방향으로 10[A] 흐르고 있다. 다음을 각각 구하라.

(a) 두 평행 도선에 작용하는 힘의 방향

(b) 도체가 받는 힘의 크기 F[N]

3-7 그림 3.27과 같이 직선 도체의 전류가 위쪽으로 20[A] 흐르고 있다. 직선 도체로부터 오른쪽으로 2[m] 떨어진 위치에서 양전하 입자가 속도 3[m/s]로 전류와 같은 방향으로 입사하였다. 단, 양전하 입자의 전하량은 1.6×10^{-19}[C]이다. 다음을 각각 구하라.

(a) 양전하 입자가 받는 힘의 방향

(b) 양전하 입자가 받는 힘의 크기 F[N]

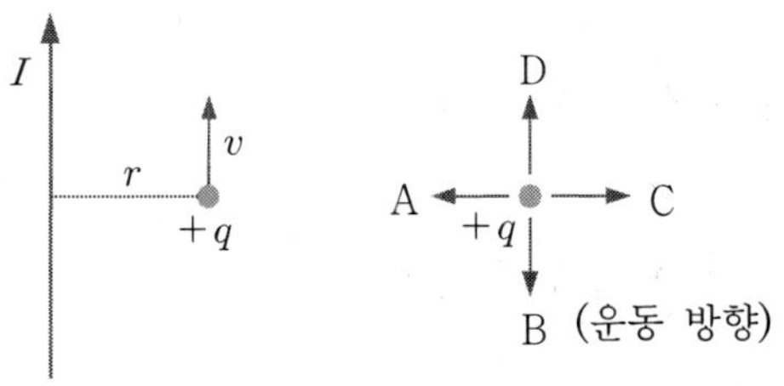

그림 3.27

chapter 4

전자기 유도

4.1 전자기 유도

외르스테드(H. Oersted)에 의해 전류가 흐르는 도선 주위에는 자기장이 생긴다는 사실을 발견한 후, 반대 현상으로 물리학자들은 자기장에 의해서도 전류를 만들 수 없지 않을까 하는 의문을 가지게 되었다.

1831년 영국의 물리학자 패러데이(M. Faraday)와 미국의 물리학자 헨리(J. Henry)는 독자적으로 연구하여 자석과 코일의 상대적인 운동으로 자기장에 의해서도 전류를 만들 수 있다는 현상을 발견하였다.

그림 4.1(a)와 같이 코일을 고정시키고 자석을 좌우로 이동시켜 움직이면 전류가 발생하여 검류계의 바늘이 움직인다.

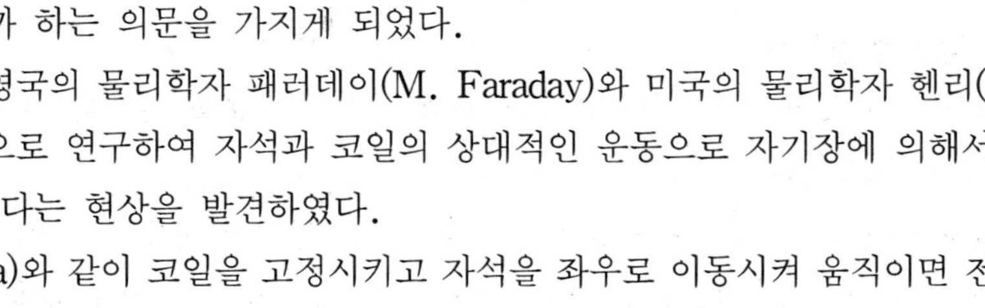

(a) 자석과 코일 (b) 코일과 코일

그림 4.1 ▸ 전자기 유도

즉, 자석이 원형 도선에 가까워질 때와 멀어질 때에 전류가 흐르게 된다. 그러나 자석을 코일의 근처에서 정지시키면 전류가 발생하지 않는다. 이번에는 자석을 고정시키고 코일을 좌우로 이동시켜도 전류가 발생하고, 정지시키면 전류가 발생하지 않는 동일한 현상이 일어난다.

그림 4.1(b)와 같이 회로 A 에 일정한 전류가 흐르면 전류에 의하여 발생한 자기력선속(자속)이 분포하고, 그 일부분은 코일 B를 관통하게 된다. 그러나 자속이 코일 B를 관통하더라도 회로의 검류계의 바늘은 움직이지 않는다. 그러나 회로 A 의 스위치 S를 열거나 닫을 때에만 검류계의 바늘은 움직인다.

이 현상들로부터 자석과 코일의 상대적인 운동 또는 스위치 개폐에 의해 독립적인 코일에 전류가 흐르는 현상은 회로에 관통하는 자기력선속(자속)의 변화에 의한 것이라고 할 수 있다. 이와 같이 **자속 변화에 의해 전류가 유도되는 현상**을 패러데이의 **전자기 유도**(electromagnetic induction)라 하고, 검류계의 두 단자에서 측정한 코일에서 발생한 양단 전압을 **유도 기전력**, 이 때 흐르는 전류를 **유도 전류**라고 한다.

4.1.1 렌츠의 법칙

"전자기 유도에 의해 발생하는 유도 기전력은 자속 변화를 방해 또는 억제하는 방향으로 전류가 발생한다." 이것을 **렌츠의 법칙**(Lenz's law)이라 하고, **유도 기전력 또는 유도 전류의 방향을 결정하는 법칙**이다.

렌츠의 법칙은 뉴턴의 관성 법칙과 같이 물체는 처음의 운동 상태를 계속 유지하려는 성질과 같은 현상이다.

그림 4.2(a)에서와 같이 자석을 코일에 접근시키면 코일에서 관통하는 자속 ϕ가 증가하게 되므로 ϕ가 감소하는 방향(점선)으로 암페어의 오른나사 법칙에 의한 유도 기전

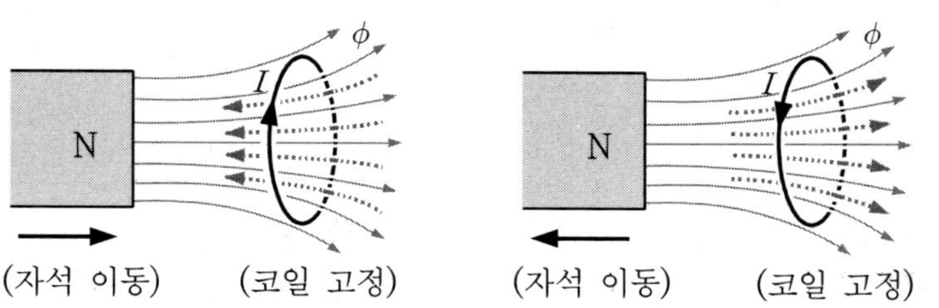

(a) 자석 접근하는 경우 (b) 자석 멀리하는 경우

그림 4.2 ▶ 자속 변화에 의한 유도 기전력의 방향

력(유도 전류)의 방향이 결정된다.

그림 4.2(b)에서 자석을 멀리하면 코일에서 관통하는 자속 ϕ는 감소하게 되므로 ϕ가 증가하는 방향으로 유도 기전력(유도 전류)이 발생된다.

예제 4.1 그림 4.3과 같이 막대자석이 솔레노이드의 축을 따라 운동한다. 다음 각각의 경우 솔레노이드에 생기는 유도 전류의 방향을 밝혀라.

(1) 자석이 솔레노이드에 접근하는 경우
(2) 자석이 솔레노이드에서 멀어지는 경우
(3) 자석이 고정되어 정지해 있는 경우

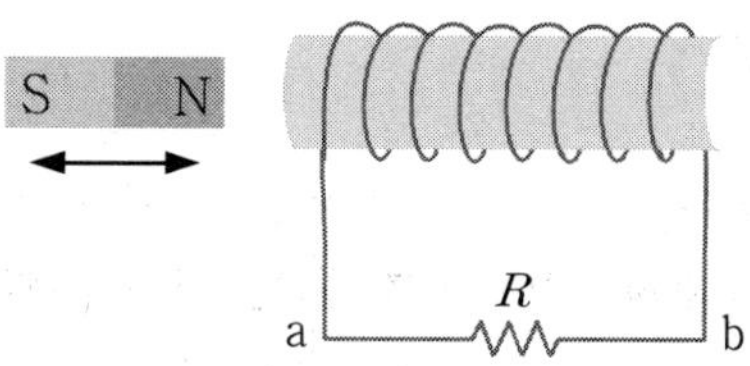

그림 4.3

풀이

(1) 자석 N에 의해 코일 속을 지나는 오른쪽 방향의 자속이 증가하므로 자속과 반대 방향(왼쪽)이 되도록 유도 전류가 흐른다. 즉, $b \to R \to a$ 방향
(2) 자석 N에 의해 코일 속을 지나는 오른쪽 방향의 자속이 감소하므로 자속과 같은 방향(오른쪽)이 되도록 유도 전류가 흐른다. 즉, $a \to R \to b$ 방향
(3) 코일 속에서 자속 변화가 없기 때문에 유도 전류는 흐르지 않는다.

4.1.2 패러데이의 법칙

"유도 기전력의 크기는 코일 속을 관통하는 자속의 시간적 변화율에 비례하고, 코일의 감은 수에 비례한다."

이것을 패러데이의 법칙(Faraday's law)이라 하며, 유도 기전력의 크기를 결정하는 법칙이다. 유도 기전력은 패러데이의 법칙과 렌츠의 법칙을 결합하여 정량적으로 나타낼 수 있다. 즉 시간 Δt 동안에 N회의 코일을 관통하는 자속의 변화 $\Delta\phi$라고 하면 유도 기전력 e는 다음과 같다.

$$e = -\frac{\Delta\Phi}{\Delta t} = -N\frac{\Delta\phi}{\Delta t} \text{ [V]} \tag{4.1}$$

여기서 (−)부호는 렌츠의 법칙에 의해 코일에 관통하는 자속의 변화를 방해하는 방향으로 유도 기전력의 방향이 나타난다는 것을 의미하고, Φ는 코일에 관통하는 자속수 $N\phi$를 나타낸다.($\Phi = N\phi$)

전자기 유도 현상은 일정한 자기장 속에서 코일을 회전시키면 유도 기전력이 발생하는 발전기와 철심에 감은 1, 2차 코일의 1차 코일에 교번 자속을 주면 두 코일의 권수비에 비례하는 전압이 2차 코일에 유도되는 변압기, 그 외 적산전력계 등 응용 분야는 매우 많다.

예제 4.2 20회 감은 코일 내를 관통하는 자속이 0.1초 동안에 3[Wb]에서 5[Wb]로 증가하였다. 이 때 유도되는 기전력의 크기를 구하라.

풀이

패러데이의 전자기 유도 법칙 식 (4.1)에 의해 유도 기전력 e는

$$e = N\frac{\Delta\phi}{\Delta t} = N\frac{\phi_2 - \phi_1}{t_2 - t_1} = 20 \times \frac{5-3}{0.1} = 400\ [\mathrm{V}]$$

가 얻어진다.

4.1.3 운동 도체의 유도 기전력

(1) 유도 기전력의 방향

그림 4.4(a)와 같이 균일한 자기장 B 속에 수직으로 하고 열린 사각형 코일 위에 도체 ab를 놓으면 닫힌 사각형 코일의 전기 회로를 구성한다.

이 때 도체 ab를 저항이 있는 방향으로 이동시키면 닫힌 사각형 코일의 면적이 감소하기 때문에 관통하는 자속도 감소한다. 따라서 도체 ab에는 렌츠의 법칙에 의해 자속이 증가하는 방향으로 유도 전류가 a→b로 흐른다.

이와 같이 자기장 내에서 운동 도체의 유도 기전력(유도 전류) 방향은 그림 4.4(b)와 같이 오른손으로 구할 수 있다.

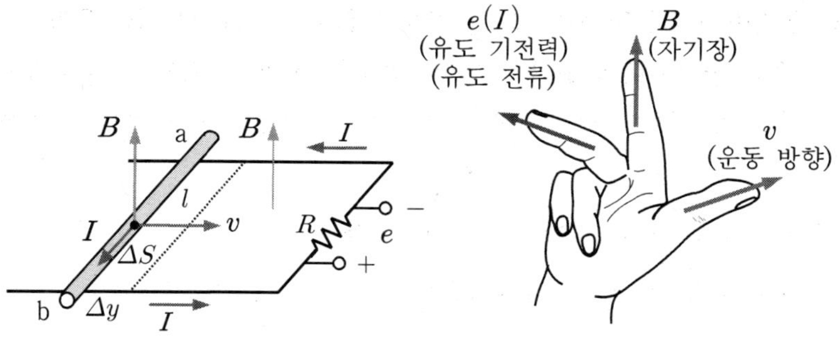

(a) 운동 도체의 기전력 (b) 플레밍의 오른손 법칙

그림 4.4 ▶ 운동 도체의 기전력과 플레밍의 오른손 법칙

오른손의 엄지, 둘째, 셋째 손가락을 서로 직각이 되게 펴고 엄지손가락을 도체의 운동 방향 v, 둘째 손가락을 자기장의 방향 B를 가리킬 때, 셋째 손가락의 방향이 유도 기전력(유도 전류) $e(I)$의 방향이 된다. 이것을 플레밍의 오른손 법칙(Fleming's right hand rule)이라 한다.

(2) 유도 기전력의 크기

그림 4.4(a)에서와 같이 균일한 자기장 B 속에 길이 l인 도체 ab를 속도 v로 dt 동안에 dy만큼 이동하였다면, 이 때 자속의 감소는

$$\Delta\phi = B\Delta S = Bl\Delta y \tag{4.2}$$

가 된다. 따라서 식 (4.1)에 의하여 유도 기전력 e는 다음과 같이 구해진다.

$$e = \frac{\Delta\phi}{\Delta t} = Bl\frac{\Delta y}{\Delta t} = Blv \qquad \therefore \quad e = Blv \tag{4.3}$$

도선이 속도 v로 자기장과 θ의 각을 이루면서 이동하면 속도 v 대신에 수직 성분 $v\sin\theta$를 대입하여 유도 기전력 e는 다음과 같이 얻어진다.

$$e = Blv\sin\theta \tag{4.4}$$

따라서 도선이 자기장과 평행($\theta = 0°$)으로 이동하면 유도 기전력은 발생하지 않고, 서로 수직($\theta = 90°$)일 때 유도 기전력이 최대 Blv가 된다. 즉 운동 도체가 자속을 끊는 방향으로 이동해야 유도 기전력이 발생하고 있음을 알 수 있다.

예제 4.3 균일한 자기장의 세기 2[T] 내에서 길이 50[cm]의 직선 도체가 자기장과 수직 방향으로 속도 1[m/s]로 이동할 때 유도 기전력[V]을 구하라.

풀이

운동 도체에 의한 유도 기전력의 식 (4.3)에 의하여

$$e = Blv = 2 \times 0.5 \times 1 = 1\,[\mathrm{V}]$$

4.2 자체 유도 및 상호 유도

4.2.1 자체 유도

코일에 흐르는 전류가 일정하면 코일 내부에 관통하는 자속이 일정하기 때문에 유도 기전력이 발생하지 않는다. 그러나 코일에 흐르는 전류가 변하면 관통하는 자속도 변하기 때문에 패러데이의 전자기 유도 법칙에 의해 유도 기전력이 발생한다.

그림 4.5와 같은 코일 회로에서 스위치를 닫고 여는 순간에 전류가 변화하고, 그에 따른 자속도 변화하기 때문에 코일 자체에서 유도 기전력이 발생하고, 이 기전력에 의해 유도 전류가 흐른다. 이와 같은 현상을 자체 유도(self induction)라고 한다.

자체 유도에 의해 발생하는 유도 기전력은 전류의 시간적인 변화율에 비례한다. 따라서 코일 양단에서 시간 Δt 동안에 전류의 변화가 ΔI라면 다음과 같이 나타낸다.

$$e = -L\frac{\Delta I}{\Delta t} \tag{4.5}$$

여기서 비례 상수 L을 자체 유도 계수 또는 자체 인덕턴스(self inductance)라고 하며, 코일의 감긴 수, 철심의 형상 및 재질에 의해 결정된다.

자체 유도 계수의 단위는 헨리(Henry, [H])이고, 1[H]는 1초 동안에 전류의 변화가 1[A]일 때 1[V]의 유도 기전력을 일으키는 것을 나타낸다. 여기서 (−)부호는 유도 기전력이 코일

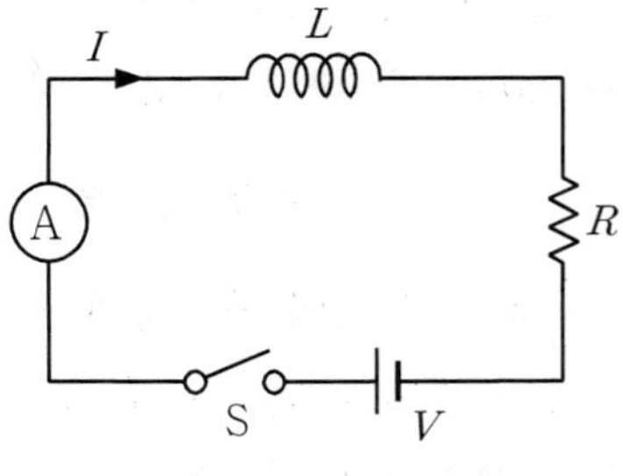

그림 4.5 ▸ 자체 유도

에 흐르는 전류의 변화를 방해하는 방향으로 일어남을 의미한다.

그림 4.6은 위의 코일 회로에서 스위치를 닫고 여는 과정에서 시간에 따른 전류와 유도 기전력의 변화를 나타낸 것이다.

먼저 코일이 없고 저항만 있는 회로에서는 자체 유도가 생기지 않으므로 전류는 스위치를 닫는 순간에 즉시 정상값 V/R에 도달하여 일정하게 흐르다가 스위치를 여는 순간에 전류는 즉시 0으로 떨어진다.

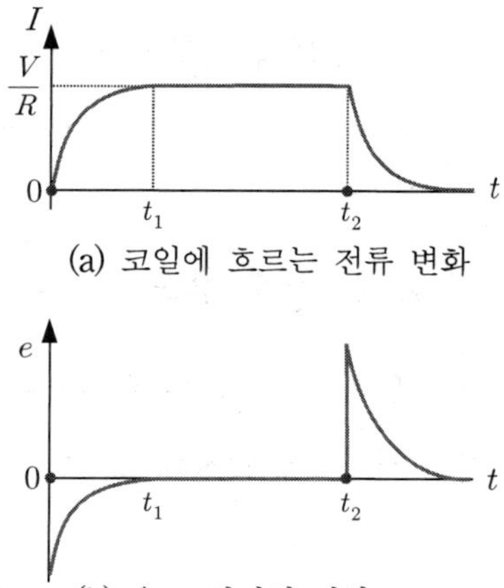

그림 4.6 ▸ 자체 유도 기전력

그러나 코일 회로에서는 스위치를 닫아 코일에 전류를 흐르게 하면, 코일 내부의 자속은 급격히 증가하므로 렌츠의 법칙에 의해 자속을 감소시키는 방향, 즉 코일에 흐르는 전류와 반대 방향으로 역기전력이 유도된다. 따라서 전류는 즉시 정상값에 도달하지 않고 시간이 다소 지연되면서 t_1에서 정상값 V/R에 도달한다.

그리고 시간 $t_1 \sim t_2$ 동안에 코일에는 일정한 전류 V/R가 흐르기 때문에 코일에 유도되는 기전력은 0이다.

또 스위치를 t_2에서 열면, 코일 내부의 자속은 급격히 감소하여 없어지므로 렌츠의 법칙에 의해 자속이 증가시키는 방향, 즉 코일에 흐르는 전류와 같은 방향으로 기전력이 유도된다. 따라서 전류는 즉시 0이 되지 않고 시간이 다소 지연되어 전류가 0으로 떨어진다. 스위치를 열 때가 닫을 때보다 매우 큰 유도 기전력이 생기므로 스위치를 열 때 불꽃을 일으키고 고전압을 발생시키기 때문에 스위치의 접점 소손의 원인이 된다.

예제 4.4 **자체 유도 계수가** 50[mH]**의 코일에** 0.01[s] **동안에 전류가** 5[A]**에서** 3[A]**로 감소하였다. 이 코일에 유도되는 기전력**[V]**을 구하라.**

풀이

코일에 유도된 기전력은 식 (4.5)에서

$$e = -L\frac{\Delta I}{\Delta t} = -L\frac{I_2 - I_1}{t_2 - t_1} = -(50\times10^{-3})\times\frac{3-5}{0.01} = 10\,[\mathrm{V}]$$

유도 기전력의 (+)부호는 전류와 동일 방향을 의미하므로 전류의 감소를 방해하는 방향으로 유도된다.

4.2.2 상호 유도

그림 4.7과 같이 두 개의 코일을 근접 배치하고 1차 코일에 전류 I_1을 흘리면 이 전류에 의한 자속 ϕ_1이 발생하고, 이 자속은 근접한 2차 코일에 모두 관통하게 된다.

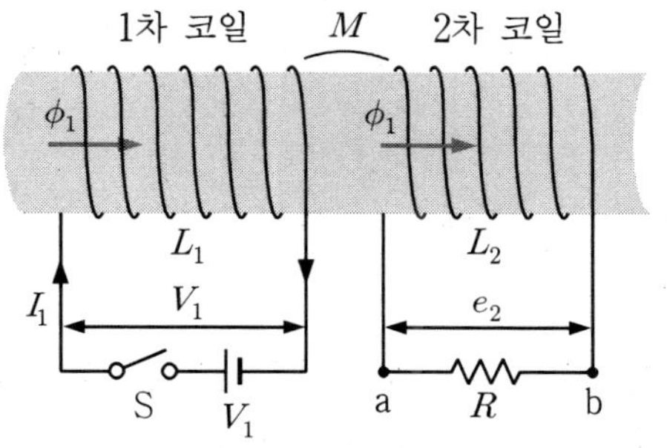

그림 4.7 ▸ 상호 유도

이 때 1차 코일의 전류 I_1을 변화시키면 자속 ϕ_1도 변하고, 2차 코일에 관통하는 자속 ϕ_1도 변하게 되므로 패러데이의 전자기 유도 법칙에 의한 2차 코일에 기전력 e_2가 발생하여 유도 전류가 흐르게 된다.

이와 같이 서로 근접한 두 코일 상호 간의 작용으로 유도 기전력이 발생하는 것을 상호 유도(mutual induction)라고 한다.

먼저 상호 유도에 의해 발생하는 유도 기전력 또는 유도 전류의 방향을 알아보기로 한다.

1차 코일에서 스위치를 닫는 순간, 전류 I_1에 의해 2차 코일에 자속 ϕ_1이 관통하고 2차 코일에서 자속의 변화도 $\Delta\phi = \phi_1$만큼 급격히 증가하므로 이를 방해하는 방향으로 유도 전류의 방향이 결정된다. 따라서 유도 전류는 $b \rightarrow R \rightarrow a$로 I_1과 같은 방향으로 흐른다.

그러나 1차 코일에서 스위치를 여는 순간, I_1은 흐르지 않게 되어 2차 코일에서 자속의 변화는 $\Delta\phi = -\phi_1$만큼 급격히 감소하므로 이를 방해하는 방향으로 유도 전류의 방향이 결정된다. 따라서 유도 전류는 $a \rightarrow R \rightarrow b$로 I_1과 반대 방향으로 흐른다.

상호 유도에 의해 2차 코일에 발생하는 유도 기전력의 크기 e_2는 1차 코일에 흐르는 전류 I_1의 시간적 변화율에 비례한다. 따라서 1차 코일의 전류가 시간 Δt 동안에 ΔI만큼 변할 때 유도 기전력 e_2는 다음과 같이 표시할 수 있다.

$$e_2 = -\frac{\Delta\phi_1}{\Delta t} = -M\frac{\Delta I_1}{\Delta t} \tag{4.6}$$

여기서 비례 상수 M을 **상호 유도 계수** 또는 **상호 인덕턴스(mutual inductance)**라고 하며, 코일의 모양, 감은 수, 매질 등에 의해 결정되는 상수이다. 상호 유도 계수의 단위는 자체 유도 계수와 마찬가지로 헨리(Henry, [H])를 사용한다.

그림 4.7과 같이 1차 코일에 직류 전원을 연결한 회로에서는 스위치를 열고 닫는 경우에만 상호 유도에 의해 유도 기전력이 생기고, 상호유도를 이용한 것으로 변압기, 유도 코일 등이 있다.

예제 4.5 **두 코일이 있다. 한 코일의 전류가 매초 120[A]의 비율로 변화할 때 다른 코일에는 15[V]의 기전력이 발생하였다. 이 때 두 코일의 상호 유도 계수 [H]를 구하라.**

풀이

상호 유도 작용에 의한 유도 기전력의 크기는 식 (4.6)이므로 상호 유도 계수 M은 다음과 같이 구해진다.

$$e_2 = M\frac{dI_1}{dt} \qquad \therefore \quad M = e_2\frac{1}{(dI_1/dt)} = 15 \times \frac{1}{120} = 0.125\ [\mathrm{H}]$$

4.3 변압기

1차 코일에 직류 전원을 연결한 회로에서는 스위치를 열고 닫는 경우에만 상호 유도 작용에 의해 2차 코일에 유도 기전력이 생긴다. 따라서 그림 4.7의 직류 전원 대신에 교류 전원을 연결하면 전류가 계속 변하기 때문에 2차 코일에는 항상 유도 기전력이 발생한다. 이와 같이 상호 유도 작용에 의해 교류 전압을 변성시키는 장치를 **변압기**(transformer)라고 한다.

그림 4.8과 같이 철심에 1차 코일과 2차 코일을 감고 1차 코일 측에 교류 전원을 접속하면 2차 코일에 유도 기전력이 발생한다.

이 때 1차 및 2차 코일의 전압 V_1, V_2이고, 감은 수가 N_1, N_2일 때 전압비와 감은 수의 비는 서로 같아야 하므로

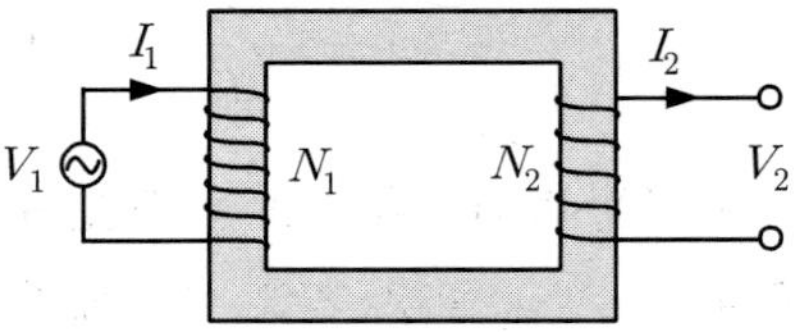

그림 4.8 ▶ 변압기

$$\frac{V_1}{V_2}=\frac{N_1}{N_2} \tag{4.7}$$

의 관계가 있다. 또 손실이 없는 이상 변압기는 두 코일의 전류가 I_1, I_2라 하면, 1차와 2차 코일의 전력은 서로 같아야 하므로 $V_1I_1 = V_2I_2$의 관계로부터 다음의 식이 성립한다.

$$\frac{V_1}{V_2}=\frac{N_1}{N_2}=\frac{I_2}{I_1} \tag{4.8}$$

4.4 교 류

4.4.1 교류 기전력의 발생

그림 4.9와 같이 균일한 자기장 내에 코일을 넣고 회전시키면 코일 면을 지나는 자속수가 시간에 따라 주기적으로 변한다. 이 때 코일에는 패러데이 법칙에 의해 시간에 따라 주기적으로 방향이 바뀌는 유도 기전력이 발생하고, 이 기전력을 **교류 기전력**이라 한다. 또 코일의 두 단자에 회로를 연결하면 교류 기전력에 의해 사인함수로 변화하는 전류가 흐르고, 이 전류를 **교류 전류**(AC)라고 한다. 이와 같은 원리로 교류를 얻는 장치를 **교류 발전기**라 한다.

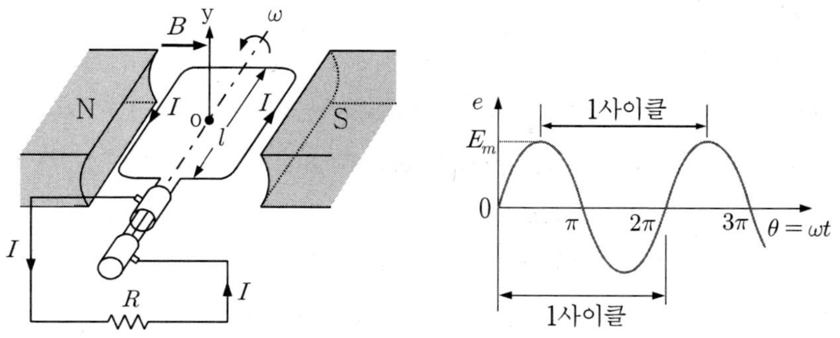

(a) 교류 발전기의 원리 (b) 교류 기전력

그림 4.9 ▸ 교류의 발생

발전기는 코일 면에 자속 변화를 주어 교류를 얻기 위해 코일의 회전 운동을 외부에서 해 주어야 하고, 회전 운동의 에너지원에 의해 수력이나 화력 등으로 구분한다.

균일한 자기장 B 내에 자기장과 직각으로 놓여진 길이 l의 도체가 각속도 ω와 선속도 v로 원 운동하는 경우, 운동 도체의 하나에서 발생하는 유도 기전력은 식 (4.4)에 의하여 $Blv\sin\theta$[V]가 된다. 따라서 **그림 4.9(a)**의 발전기에서와 같이 두 도체에 의해 발생하는 유도 기전력은 다음과 같다.

$$e = 2Blv\sin\theta\ [\mathrm{V}] \tag{4.9}$$

여기서 사각형의 도체는 각속도 ω[rad/sec]로 회전하고 있으므로 회전각 θ[rad]는 기선 $\overline{\mathrm{oy}}$로부터 t초 후의 위치라면 $\theta = \omega t$의 관계로부터 다음과 같이 표현된다.

$$e = 2Blv\sin\theta = 2Blv\sin\omega t\ [\mathrm{V}] \tag{4.10}$$

식 (4.10)의 유도 기전력 e는 **그림 4.9(b)**와 같은 사인파가 되며, 이 파형의 진폭 또는 최대값 $2Blv$를 E_m이라 하면 E_m은 유도 기전력 e의 **최대값**이 된다. 즉,

$$e = 2Blv\sin\omega t = E_m\sin\omega t\ [\mathrm{V}] \tag{4.11}$$

로 나타낼 수 있다. 이 식과 같이 시간의 함수 t로 표현한 식을 **순시값**(instantaneous value)이라 하고, 순시값은 일반적으로 e, v, i 등과 같이 소문자로 표시한다.

발전기에서 발생한 유도 기전력에 의하여 저항 R에 흐르는 교류 전류도 순시값으로 표현하면 다음과 같다.

$$i = I_m\sin\omega t\ [\mathrm{A}] \tag{4.12}$$

(1) 주파수와 주기

그림 4.9(b)에서 기전력이 한 차례 변화하여 다시 처음의 상태로 되돌아오기까지를 1사이클(cycle)이라 하고, 1사이클은 그림 4.9(a)에서 도체의 원운동의 1회전에 해당한다. 또 1초 동안의 사이클의 수를 주파수(frequency) f라 하며, 주파수는 1초 동안의 회전수에 해당하고, 단위는 헤르츠(Hertz, [Hz])를 사용한다.

주파수는 국가에 따라 다르며 우리나라와 미국의 경우에는 상용 주파수 60 [Hz], 일본의 경우에는 50 [Hz] 및 60 [Hz]를 혼용하여 채택하고 있다.

각진동수 또는 각주파수 ω는 1초 동안의 회전각을 의미하므로 주파수 f와의 관계식은 다음과 같이 나타낼 수 있다.

$$\omega = 2\pi f \ [\text{rad/sec}] \tag{4.13}$$

주기(period) T는 1사이클이 진행하는 시간이고, 단위는 초[sec]를 사용하며, 주파수 f의 역수 관계가 성립한다.

$$T = \frac{1}{f} = \frac{2\pi}{\omega} \ [\text{sec}], \quad f = \frac{1}{T} \ [\text{Hz}] \tag{4.14}$$

따라서 교류 전압과 교류 전류는 다음과 같이 표시할 수 있다.

$$\begin{cases} e = E_m \sin\omega t = E_m \sin 2\pi f t \ [\text{V}] \\ i = I_m \sin\omega t = I_m \sin 2\pi f t \ [\text{A}] \end{cases} \tag{4.15}$$

(2) 교류의 실효값

순시값은 시시각각 변화하는 교류의 크기를 알고자 하는 경우에는 적합하지만 실용적으로 취급하기에는 불편한 값이다. 따라서 전압, 전류 및 전력 등의 교류의 양을 정량적으로 취급하는 경우에는 주로 실효값이 이용된다.

교류의 실효값(effective value)은 동일한 저항에 직류와 교류 전원을 같은 시간 동안 인가하였을 때 소비되는 전력량이 같은 경우의 직류의 값으로 정의한다.

$$P_{dc} = P_{ac}$$

$$\begin{cases} P_{dc} = I^2 R \\ P_{ac} = (i^2 R)_{\text{평균}} = (I_m{}^2 R \sin^2 \omega t)_{\text{평균}} = I_m{}^2 R \dfrac{1}{2} = \left(\dfrac{I_m}{\sqrt{2}}\right)^2 R \end{cases} \tag{4.16}$$

교류 전력 P_{ac}는 평균 전력이고, 순시 전력 $i^2R = I_m{}^2R\sin^2\omega t$에서 $I_m{}^2R$은 상수이므로 $\sin^2\omega t = (1-\cos 2\omega t)/2$의 평균값은 1/2이다.

따라서 교류 전류와 교류 전압의 실효값 I, V는 식 (4.16)에 의하여 다음과 같다.

$$\begin{cases} I = \dfrac{I_m}{\sqrt{2}} \quad (\therefore\ I_m = \sqrt{2}\,I) \\ V = \dfrac{V_m}{\sqrt{2}} \quad (\therefore\ V_m = \sqrt{2}\,V) \end{cases} \tag{4.17}$$

일반적으로 교류 전압과 교류 전류는 특별한 언급이 없는 한 실효값을 나타내고 V, I와 같이 대문자로 표기한다.

교류 전압계와 교류 전류계로 측정하는 전압과 전류는 실효값으로 나타내고 전기 제품의 정격 전압도 실효값을 나타낸다. 또한 가정 등에서 사용하는 전압 220[V]도 실효값을 나타낸다.

예제 4.6 **최대 전압이** $220\sqrt{2}$ [V]**인 교류 전원에** 10[Ω]**의 저항을 연결하였을 때, 저항에 흐르는 전류의 실효값**[A]**을 구하라.**

풀이

전압의 실효값 : $V = \dfrac{V_m}{\sqrt{2}} = \dfrac{220\sqrt{2}}{\sqrt{2}} = 220$ [V]

전류의 실효값 : $I = \dfrac{V}{R} = \dfrac{220}{10} = 22$ [A]

4.4.2 교류 회로

교류 회로에서 저항만 있는 회로는 직류 회로와 같이 전압과 전류의 관계가 단순하지만 코일이나 축전기가 있는 회로는 복잡하게 된다.

따라서 저항, 코일 및 축전기에 교류 전압이 인가되어 전류가 흐를 때, 전압과 전류의 관계 및 위상 관계를 알아본다.

(1) 저항 회로

그림 4.10과 같이 저항만 연결한 회로에서 교류 전류 $i = I_m \sin\omega t$가 흘렀을 때, 저항 R의 양단에 생기는 전압 강하 v는

$$v = Ri = RI_m \sin\omega t \tag{4.18}$$

가 된다. 즉, 전압과 전류의 최대값과 실효값은 $V_m = \sqrt{2}\,V$, $I_m = \sqrt{2}\,I$의 관계로부터

$$V_m = RI_m \qquad \therefore \quad V = RI \tag{4.19}$$

가 된다. 그림 4.10(b)와 같이 저항 회로는 전압의 위상과 전류의 위상은 같다.

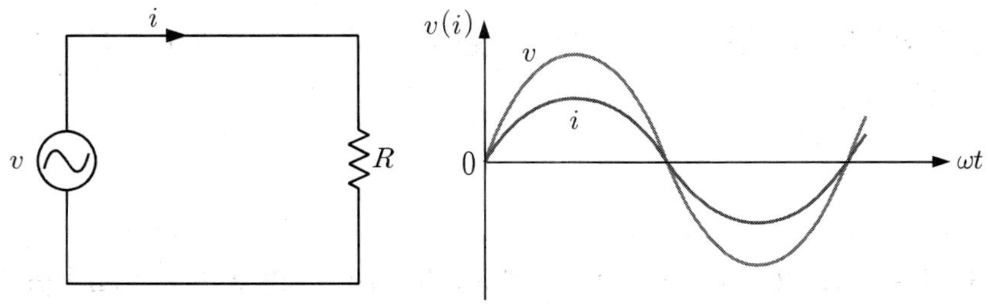

(a) 저항 회로 (b) 전압과 전류의 위상 관계

그림 4.10 ▶ 저항 회로

(2) 코일 회로

그림 4.11과 같이 코일만 연결한 회로에서 교류 전류 $i = I_m \sin\omega t$가 흘렀을 때, 코일 L의 양단에 생기는 전압 강하 v는

$$v = L\frac{di}{dt} = L\frac{d}{dt}(I_m \sin\omega t) = \omega L I_m \cos\omega t \tag{4.20}$$

$$= \omega L I_m \sin\left(\omega t + \frac{\pi}{2}\right) = \omega L I_m \sin(\omega t + 90°)$$

가 된다. 즉, 전압과 전류는 최대값과 실효값의 관계로부터 다음과 같이 성립한다.

$$V_m = \omega L I_m$$

$$\therefore \quad V = \omega L I = X_L I \tag{4.21}$$

코일만 연결된 회로의 식 (4.21)의 $X_L = \omega L$은 저항 회로의 식 (4.19)와 비교하면 저항과 같은 역할을 한다.

따라서 코일에 교류를 흘리면 저항 소자와 마찬가지로 전류의 흐름을 방해하는 저항 성분이 있다. 이 코일의 교류 저항 성분을 유도 리액턴스 $X_L[\Omega]$이라 하고, 다음과 같이 나타낼 수 있다.

$$X_L = \omega L = 2\pi f L \ [\Omega] \tag{4.22}$$

그림 4.11(b)와 같이 코일 회로는 전압의 위상은 전류의 위상보다 90° 앞선다.

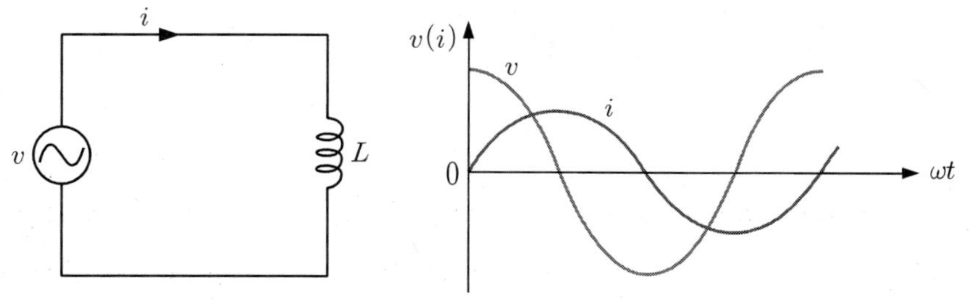

(a) 코일 회로 (b) 전압과 전류의 위상 관계

그림 4.11 ▶ 코일 회로

예제 4.7 **자체 유도 계수가 0.5[H]인 코일의 유도 리액턴스가 753.6[Ω]일 때 주파수 [Hz]를 구하라.**

풀이

자체 유도 계수 $L = 0.5$[H], 코일의 유도 리액턴스 $X_L = 753.6[\Omega]$

$$X_L = \omega L = 2\pi f L$$

$$\therefore \quad f = \frac{X_L}{2\pi L} = \frac{753.6}{2\pi \times 0.5} = 240 \ [\text{Hz}]$$

(3) 축전기 회로

그림 4.12와 같이 축전기 회로에서 교류 전압 $v = V_m \sin\omega t$가 인가되었을 때, 전류는 다음과 같다.

$$i = \frac{dq}{dt} = C\frac{dv}{dt} \qquad (\because\ q = Cv)$$

$$= \omega C V_m \cos\omega t = \omega C V_m \sin\left(\omega t + \frac{\pi}{2}\right) \tag{4.23}$$

가 된다. 즉, 전압과 전류는 최대값과 실효값의 관계로부터 다음과 같이 성립한다.

$$I_m = \omega C V_m \left(\therefore\ V_m = \frac{1}{\omega C} I_m\right)$$

$$\therefore\quad V = \frac{1}{\omega C} I = X_C I \tag{4.24}$$

식 (4.24)에 의하여 축전기 회로도 코일 회로와 마찬가지로 교류를 흘리면 전류의 흐름을 방해하는 저항 성분이 있다. 이 축전기에서의 교류 저항 성분을 **용량 리액턴스** $X_C[\Omega]$이라 하고, 다음과 같이 나타낼 수 있다.

$$X_C = \frac{1}{\omega C} = \frac{1}{2\pi f C}\ [\Omega] \tag{4.25}$$

그림 4.12(b)와 같이 축전기 회로는 전압의 위상은 전류의 위상보다 90° 뒤진다.

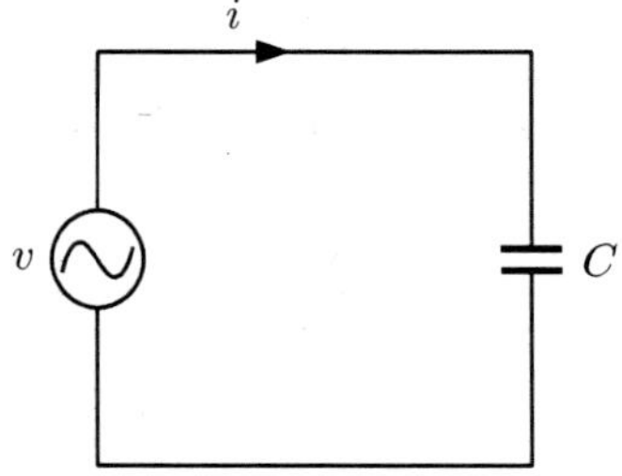

(a) 축전기 회로

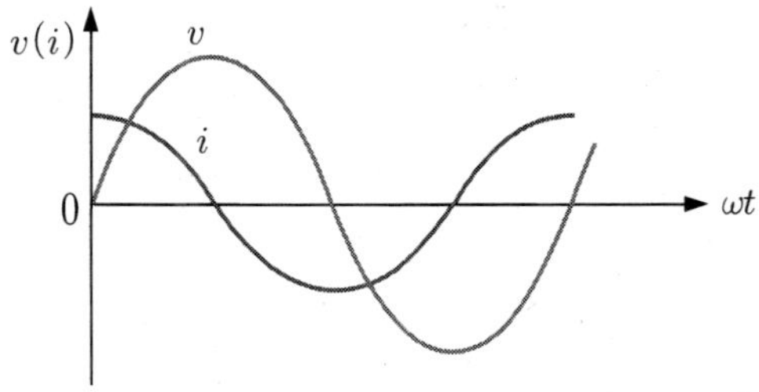

(b) 전압과 전류의 위상 관계

그림 4.12 ▸ 축전기 회로

표 4.1은 각 소자에 대한 교류 회로의 저항 성분, 전기적 특성 및 전압과 전류의 위상차의 관계를 나타낸다.

표 4.1 ▶ 저항, 코일 및 축전기의 교류 회로에서 저항 성분 및 전기적 특성

회 로			교류 저항 성분	옴의 법칙	위상차(v, i)
저항	저항 $R[\Omega]$		$R[\Omega]$	$V_R = RI[\mathrm{V}]$	전압과 전류의 위상이 같다.
코일	자체 유도 계수 $L[\mathrm{H}]$	리액턴스 X	$X_L[\Omega]$(유도성) $X_L = \omega L = 2\pi f L[\Omega]$	$V_L = X_L I = \omega L I$ $\therefore V_L = 2\pi f L I[\mathrm{V}]$	전압이 전류보다 90° 앞선다.
축전기	전기 용량 $C[\mathrm{F}]$	리액턴스 X	$X_c[\Omega]$(용량성) $X_c = \dfrac{1}{\omega C} = \dfrac{1}{2\pi f C}[\Omega]$	$V_c = X_c I = \dfrac{1}{\omega C} I$ $\therefore V_c = \dfrac{1}{2\pi f C} I[\mathrm{V}]$	전압이 전류보다 90° 뒤진다.

예제 4.8 **전기 용량** $5[\mu\mathrm{F}]$**의 축전기에 실효값** $220[\mathrm{V}]$, $60[\mathrm{Hz}]$**의 교류 전압을 인가하였을 때 축전기의 리액턴스**$[\Omega]$**와 전류에 흐르는 실효값**$[\mathrm{A}]$**을 구하라.**

풀이

(1) 축전기의 리액턴스는 전기 용량 $C = 5[\mu\mathrm{F}]$, 주파수 $f = 60[\mathrm{Hz}]$로부터

$$X_c = \frac{1}{\omega C} = \frac{1}{2\pi f C} = \frac{1}{2\pi \times 60 \times 5 \times 10^{-6}} = 531\ [\Omega]$$

(2) 전류의 실효값

$$I = \frac{V}{X_c} = \frac{220}{531} = 0.41\ [\mathrm{A}]$$

별해

$$I = \frac{V}{X_c} = \frac{V}{1/\omega C} = \omega C V = 2\pi f C V$$

$$\therefore\quad I = 2\pi \times 60 \times 5 \times 10^{-6} \times 220 = 0.41\ [\mathrm{A}]$$

(4) $R-L-C$ 직렬 회로

그림 4.13과 같이 $R-L-C$ 직렬 회로에서 교류 전류 I를 흘리면, 각 회로 소자에는 동일한 전류가 흐른다. 이 때 각 회로 소자의 양단에 걸리는 전압 강하와 위상 관계는 이미 배운 것을 다시 나타내면 다음과 같다.

$$V_R = RI \ (V_R\text{과 } I\text{의 위상은 같다.})$$

$$V_L = X_L I = \omega L I \ (V_L\text{은 } I\text{의 위상보다 } 90° \text{ 앞선다.})$$

$$V_C = X_C I = \frac{1}{\omega C} I \ (V_C\text{는 } I\text{의 위상보다 } 90° \text{ 뒤진다.})$$

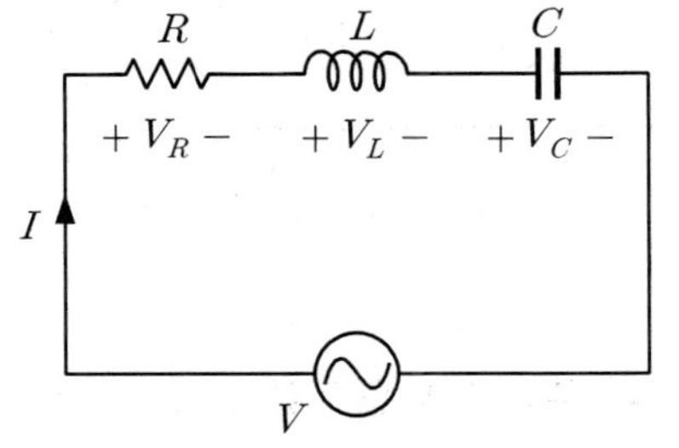

그림 4.13 ▸ $R-L-C$ 직렬 회로

전체 전압은 각 회로 소자의 전압 강하의 합과 같지만, 전압과 전류의 위상차가 있기 때문에 위상차를 고려하여 벡터 합성으로 구해야 한다. 전체 전압은 각 회로 소자의 전압 강하의 합과 같지만, 전압과 전류의 위상차가 있기 때문에 위상차를 고려하여 벡터 합성을 해야 한다.

그림 4.14(a)와 같이 벡터적으로 합성을 하기 위하여 전류 I를 기준(위상 $\theta = 0°$)으로 설정하여 x축 위에 그려놓은 다음, V_R은 I와 위상이 같으므로 x축, V_L은 $90°$ 만큼 앞서므로 $+y$축, V_C는 $90°$ 만큼 뒤지므로 $-y$축에 각각 그려 놓는다. 그런 다음에 먼저 동일한 y축 상에 있는 V_L과 V_C를 벡터 합성하면 서로 반대 방향이므로 $V_L - V_C$이고, 이 결과인 $V_L - V_C$와 V_R을 벡터 합성하면 전체 전압 V는 피타고라스 정리에 의해 다음과 같이 나타낼 수 있다.

$$V = \sqrt{{V_R}^2 + (V_L - V_C)^2} \tag{4.26}$$

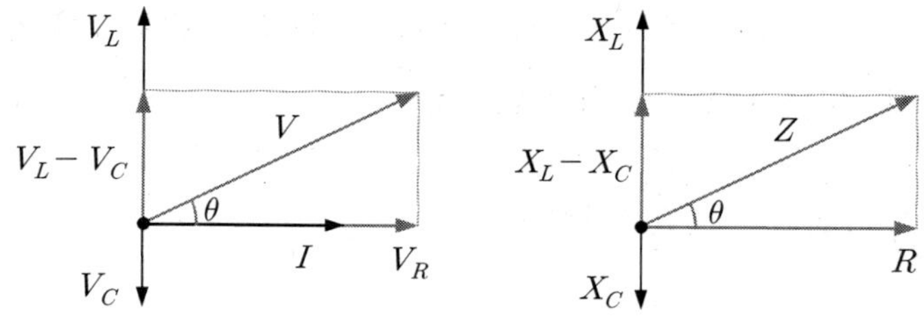

(a) 전압 벡터 (b) 임피던스 벡터

그림 4.14 ▶ $R-L-C$ 직렬 회로

$$V = \sqrt{(RI)^2 + (X_L I - X_C I)^2} = \sqrt{R^2 + (X_L - X_C)^2}\, I = ZI$$

$$\therefore \quad V = ZI \tag{4.27}$$

여기서 Z는 교류 회로의 전체 합성 저항과 같은 역할을 하며, 이것을 임피던스라 하고, 임피던스의 단위는 저항의 단위인 옴[Ω]을 사용한다. 그림 4.14(b)는 임피던스 벡터도를 나타낸 것이다.

$$Z = \sqrt{R^2 + (X_L - X_C)^2} = \sqrt{R^2 + \left(\omega L - \frac{1}{\omega C}\right)^2} \tag{4.28}$$

그림 4.13의 직렬 회로에서 전류를 최대로 흐르게 하려면 임피던스 Z가 최소가 되어야 한다. 그런데 저항 R은 0이 될 수 없고, 가변 코일 L 또는 가변 축전기 C를 조절하여 리액턴스를 0이 되도록 한다. 즉, $X_L = X_C$이므로

$$\omega L - \frac{1}{\omega C} = 0, \quad \omega L = \frac{1}{\omega C}, \quad \omega^2 = \frac{1}{LC}$$

$$\therefore \quad \omega = \frac{1}{\sqrt{LC}} \quad \text{또는} \quad f = \frac{1}{2\pi\sqrt{LC}} \tag{4.29}$$

이 되고, 회로의 임피던스 $Z = R$로 되어 최소가 된다. 이 때 회로에 흐르는 전체 전류는 $I = V/R$가 되어 최대가 된다.

이와 같이 전압 또는 전류가 특정 주파수 부근에서 급격히 변화는 현상을 공진(resonance)이라 하며, 공진 현상이 일어나는 주파수를 그 회로의 고유 주파수 또는 공진 주파수라고 한다.

예제 4.9 $R=6[\Omega]$, $X_L=10[\Omega]$, $X_C=2[\Omega]$**의 직렬 회로에 교류 전류** $10[\mathrm{A}]$**를 흘렸다. 다음의 물음에 각각 답하라.**

(1) **회로의 임피던스**$[\Omega]$

(2) **교류 전원의 전압**$[\mathrm{V}]$

풀이

(1) 교류 합성 저항인 임피던스 Z

$$Z=\sqrt{R^2+(X_L-X_C)^2}=\sqrt{6^2+(10-2)^2}=10\ [\Omega]$$

(2) 교류 전원의 전압(실효값) V

$$V=ZI=10\times10=100\ [\mathrm{V}]$$

4.5 전기 진동

저항 R에 전류를 흘리면 전기 에너지는 열에너지로 변환되면서 줄열이 발생하여 전력 소모가 일어난다. 그러나 축전기나 코일에서는 저항처럼 전력이 소모되지 않고 전기장 및 자기장 내에 축적된다.

축전기 C에 축적되는 전기 에너지는 축전기의 양 극판 사이에 형성되는 전기장 내에 정전 에너지의 형태로 축적된다. 또 코일 L에 축적되는 전기 에너지는 코일 주위에 형성되는 자기장 내에 자계 에너지의 형태로 축적된다.

$$\text{정전 에너지 : } W=\frac{1}{2}QV=\frac{1}{2}CV^2=\frac{1}{2}\frac{Q^2}{C}\ [\mathrm{J}]$$

$$\text{자계 에너지 : } W=\frac{1}{2}LI^2\ [\mathrm{J}]$$

그림 4.15(a)에서 스위치 S의 접점 a로 접속하여 축전기 C를 전압 V_m으로 충전시킨 다음, 스위치를 b로 옮기면서 $L-C$회로에서 일어나는 전기 진동을 반주기에 대하여 알아본다.

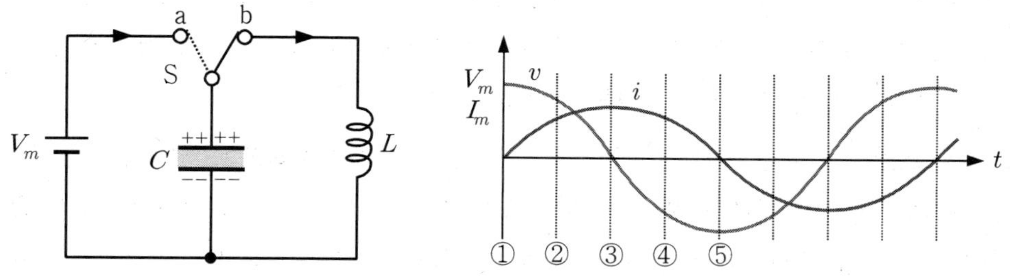

(a) 전기 진동 회로 (b) 전압과 전류

4.15 ▸ 전기 진동

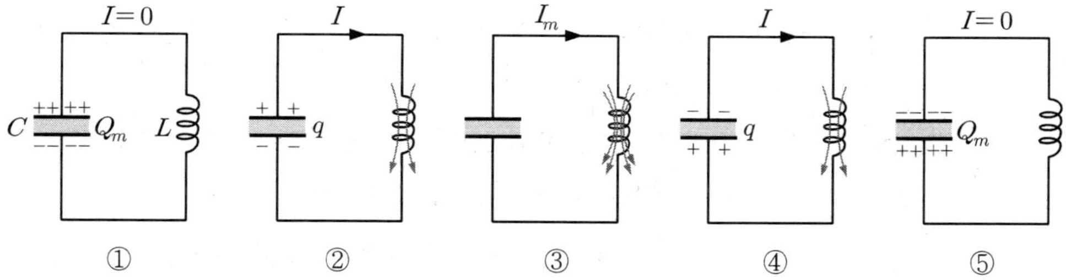

4.16 ▸ 전기 진동 과정

(1) 스위치 S를 접점 a로 접속하면, 축전기 C는 전압 V_m으로 충전되면서 전하는 $Q_m = CV_m$이 되고 정전 에너지는 $\frac{1}{2}\frac{{Q_m}^2}{C}$이 된다.[그림 4.15(b), 그림 4.16의 ①]

(2) 스위치 S를 접점 b로 바꾸어주면, Q_m으로 충전된 축전기에서 코일 L로 전류가 흐르기 시작하면서 방전된다. 만약 코일 대신에 저항이 접속되었다면 전류는 급격히 증가하여 흐르지만, 코일에서의 전류는 자체 유도에 의해서 0에서부터 서서히 증가하여 흐르기 시작한다.

이때 전류가 증가함에 따라 축전기의 전하도 감소하여 q로 되었다면, 단자 전압 $v(=q/C)$는 감소한다. 또 축전기의 정전 에너지는 $\frac{1}{2}\frac{q^2}{C}$으로 감소하고, 코일의 자계 에너지는 $\frac{1}{2}LI^2$으로 증가한다.[그림 4.15(b), 그림 4.16의 ②]

(3) 축전기의 전하가 감소하여 완전히 방전되어 0으로 되면, v는 0이 되고 정전 에너지도 0이 된다.

이때 전류는 최대 I_m이 되기 때문에 코일에 축적되는 에너지는 $\frac{1}{2}LI_m{}^2$으로 최대가 된다. 즉, 축전기에 축적된 정전 에너지가 코일로 이동하여 자계 에너지의 형태로 축적되어 있음을 의미한다.[그림 4.15(b), 그림 4.16의 ③]

(4) 단자 전압 v가 0이 되면, 코일 내의 자속이 급격히 감소하므로 전류의 급격한 감소를 방해하려는 성질에 의해 코일에는 오히려 이 전류를 같은 방향으로 계속 흐르게 한다. 따라서 축전기는 이 전류에 의해 양 극판에 처음과 반대 극성으로 충전된다. [그림 4.15(b), 그림 4.16의 ④]

(5) 코일에 축적된 자계 에너지는 0이 되어 다시 축전기의 정전 에너지의 형태로 모두 이동하고 나면, 코일에 흐르는 전류는 0이 되고 축전기의 전압과 전하의 크기는 처음과 같지만 방향은 반대가 된다. 즉, 축전기의 전압은 처음과 극성이 반대인 전압으로 충전된다.[그림 4.15, 그림 4.16의 ⑤]

(6) 축전기의 전하는 지금까지와는 달리 반대 방향으로 방전이 되고 전류도 반대 방향으로 흐르면서 위의 과정을 반복하면서 처음 상태로 되돌아간다.

이와 같은 과정이 반복되어 축전기와 코일의 전기장과 자기장 사이에서 정전 에너지와 자계 에너지가 주기적으로 서로 전환되면서 회로에 주기적으로 진동하는 전류가 반복하여 흐르게 된다. 이는 마치 단진동하는 진자가 평형점을 중심으로 좌우로 진동하는 경우와 같이 생각할 수 있다.

이와 같이 전류가 회로 내에서 주기적으로 진동하여 흐르는 현상을 **전기 진동**이라 하고, 이 때 흐르는 전류를 **진동 전류**라고 한다.

코일 L과 축전기 C의 전기 진동 회로에서 주파수 f는

$$f = \frac{1}{2\pi\sqrt{LC}} \tag{4.30}$$

인 관계를 갖는다. 이때의 주파수를 이 회로의 **고유 주파수** 또는 **공진 주파수**라고 한다.

단진자 운동에서 마찰이나 공기의 저항이 없으면 진동은 무한히 계속될 것이다. 마찬가지로 전기 진동 회로에서도 코일이나 도선에 저항이 없고 외부에서 에너지 손실이 없다면 전기 진동도 무한히 계속될 것이다.

그러나 실제로는 코일과 도선에 저항이 있기 때문에 진동 전류는 감쇄하고 나중에는 흐르지 않게 된다. 따라서 전기 진동을 계속 유지시키려면 외부에서 전기 에너지를 계속 공급시켜 주어야 한다.

4.6 전자기파

외르스테드(H. Oersted)에 의해 정상 전류가 흐르는 도선 주위에 자기장이 형성되는 현상을 최초로 발견한 후 앙페르(Ampere)에 의해 전기와 자기의 관계를 정량적으로 밝혀내었다. 그 후 패러데이(M. Faraday)와 헨리(J. Henry)는 전자기 유도에 의해 시간적으로 변화하는 자기장에 의해 전류가 만들어진다는 현상을 발견하였다.

그리고 나서 1864년에 맥스웰(J. Maxwell)은 시간적으로 변화하는 자기장에서도 전기장이 생긴다는 학설을 기반으로 전자기파가 파동을 가지고 공간에 전파된다는 이론을 주창하고, 전기장과 자기장에 관한 상호 연관성을 확립할 수 있도록 하여 20세기 초에 전기자기학이라는 학문의 꽃을 피우게 하였다.

4.6.1 전기장과 자기장의 시간적 변화

코일에 관통하는 자속이 시간적으로 변화하면 코일 자체에 유도 기전력이 생겨 전류가 흐르는 현상은 전자기 유도에서 이미 배워 알고 있을 것이다.

이러한 현상은 자속의 시간적 변화에 의해 코일 도선 내에 전기장을 만들고, 그 전기장에 의해 전하들이 힘을 받아 이동하여 전류가 흐른다고 생각할 수 있다. 그런데 유도 전류는 코일과 같은 도선이 있는 경우에만 흐른다고 생각할 수 있지만, 코일 대신에 넓은 동판을 사용해도 동판 위에 맴돌이 전류가 발생한다. 따라서 코일이 없어도 자속이 변화하면 자속 주위에 전기장이 발생하는 것이다. 즉, 자기장 B가 시간적인 변화에 의해 그 주위의 공간에 전기장 E가 발생한다고 할 수 있다.

이제 전기장이 시간적으로 변화할 때 자기장이 발생하는 현상에 대해 알아본다.

그림 4.17(a)와 같이 극판 사이에 유전체가 들어있는 구조의 축전기에 직류 전원을 인가하면, 양 극판에 전하가 충전되고 전기장도 균일하게 형성되지만 전류는 흐르지 않게 되어 자기장이 만들어지지 않는다.

그림 4.17(b)와 같이 교류 전원을 인가하면, 전압이 주기적으로 변화함에 따라 축전기의 극판의 전하도 주기적으로 변화하여 도선 내에 전류는 $I = dq/dt$만큼 흐른다. 그런데 축전기의 내부에는 유전체(절연체)가 들어있기 때문에 전류는 자유 전자의 흐름이라는 전류의 개념으로 설명할 수 없다. 따라서 축전기 내부에서는 극판의 시간적으로 변하는 전하에 의해 전기장이 형성되고, 이 전기장의 시간적인 변화에 의해 자기장이 생긴다고 생각할 수 있다.

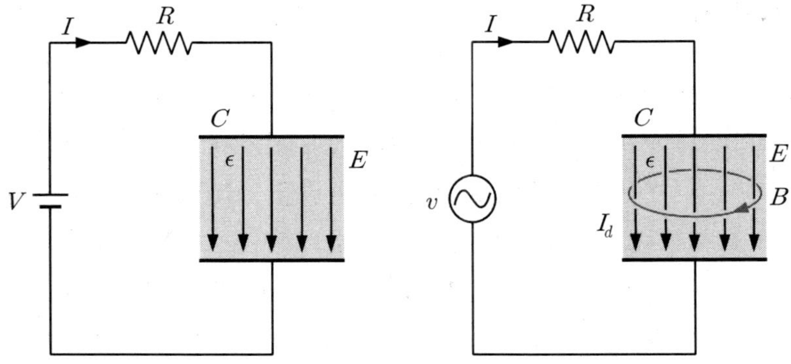

(a) 직류 전원 (b) 교류 전원

그림 4.17 ▶ 시간적 변화하는 전기장과 자기장

이와 같이 맥스웰은 유전체나 진공 내에서도 전기장이 변화하면, 그 주위에 자기장이 발생한다는 것을 주창한 것이 실험적으로 입증되었다.

전기 회로의 도선에 흐르는 전류를 **전도 전류**라 하고, 이와 구별하기 위하여 축전기의 내부의 유전체나 진공에 흐르는 가상의 전류를 **변위 전류**라고 한다.

4.6.2 전자기파의 발생

시간에 대하여 변하지 않는 전기장과 직류가 흐를 때 발생하는 자기장은 독립적으로 존재할 수 있다. 즉, 시간이 변하지 않으면 전기장과 자기장은 상호 관련이 없는 관계를 나타낸다.

그러나 **그림** 4.17(b)와 같이 전기장이 시간적으로 변하면 그 주위에 시간에 따라 변하는 자기장이 생기고, 이 자기장은 시간에 따라 변하는 전기장을 만들면서 시간적으로 변화하는 전기장과 자기장이 반복적으로 원인과 결과가 되면서 주위의 공간에 파동을 가지고 전파해 나아간다. 이 파동을 **전자기파** 또는 **전자파**(electromagnetic wave)라 하고, 전기장과 자기장의 상호 관련을 나타낸다.

전자기파는 **그림** 4.18과 같이 전기장 E와 자기장 B가 서로 수직으로 진동하고, 전기장과 자기장이 만드는 평면에 수직인 방향으로 파동을 가지고 진행한다.

이와 같이 전기장과 자기장은 진행 방향에 대해 수직인 평면상에서 횡 방향 성분을 가지고 있기 때문에 전자기파를 **횡파**라고 한다.

또 전자기파는 빛이 가지는 여러 가지 성질인 반사, 굴절, 회절, 간섭 및 편광 등의 현상을 나타내고, 진행 속도는 진공 중에서 빛의 속도 3×10^8[m/s]와 같다.

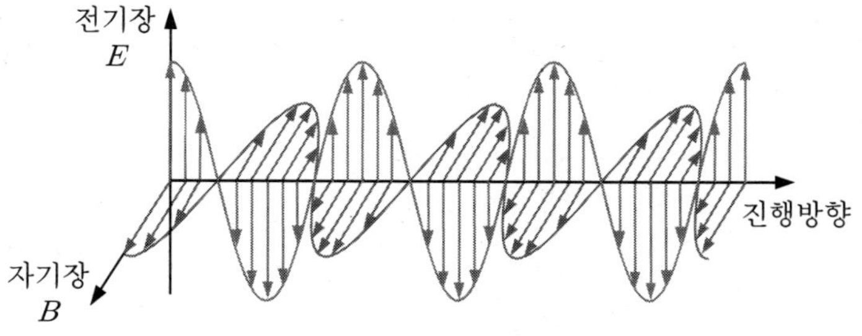

그림 4.18 ▶ 전자기파의 전파

4.6.3 전자기파의 종류와 용도

표 4.2와 같이 전자기파는 파장의 영역이 매우 넓은 파동이고, 파동은 파장의 길이나 진동수에 따라 성질이 매우 다르기 때문에 파장이나 진동수에 따라 구분하고 여러 가지 이름을 붙인다. 파장이 긴 쪽으로부터 전파, 적외선, 가시광선, 자외선, X선, γ선 등으로 분류한다.

전자기파는 각기 다른 파장과 진동수를 가지고 있지만 진공 중에서 전파 속도는 모두 같은 속도를 가지고 있다.

파장이 약 1[km] ~ 1[m] 범위의 전자기파는 주로 통신이나 방송용으로 사용된다. 즉, 중파인 라디오 방송의 파장은 약 1[km] ~ 100[m], 단파인 해외 방송용의 파장은 약 100[m] ~ 10[m], 초단파인 FM 방송 또는 TV 방송의 파장은 약 10[m] ~ 1[m]의 범위에 해당한다.

적외선은 온열 작용이 강하여 가열, 난방, 건조용에 주로 이용하고, 군사용으로 야간 투시경 등에 사용한다.

우리가 눈으로 인식할 수 있는 가시광선의 파장의 범위는 760[nm] ~ 380[nm]이고, 전자기파로써 매우 좁은 범위에 속한다.

자외선은 화학 작용과 살균 작용이 강하여 피부를 손상시키고, X선은 고속으로 가속한 전자를 금속에 충돌시켜 발생시키는데 투과력이 높아서 X선 사진 및 비파괴 검사에 이용한다. γ선은 파장이 가장 짧아서 직진성이 강하고 투과력이 가장 높기 때문에 암치료, 비파괴 검사에 이용하고 있다.

표 4.2는 전자기파의 분류와 용도를 나타낸 것이다.

표 4.2 ▶ 전자기파의 분류 및 용도

명 칭	파 장	발생 방법	이용 분야
장파	$\sim 10^3$[m]	진공관 트랜지스터	선박, 항공 통신
중파	$10^3 \sim 10^2$[m]		라디오 방송
단파	$10^2 \sim 10$[m]		해외 라디오 방송
초단파	$10 \sim 1$[m]		FM 방송, TV 방송
마이크로파	$10^{-1} \sim 10^{-3}$[m]		레이더, 기상 위성
적외선	$10^{-3} \sim 10^{-6}$[m]	열복사	사진, 열선 치료
가시광선	$7.6 \times 10^{-7} \sim 3.8 \times 10^{-7}$[m]		광학 기계
자외선	$3.8 \times 10^{-7} \sim 10^{-8}$[m]		살균
X 선	$10^{-8} \sim 10^{-12}$[m]	X 선관	X 선 사진, 의료
γ 선	10^{-11}[m] $\sim$	원자핵	원자핵 연구, 의료

연 / 습 / 문 / 제

4-1 그림 4.19와 같이 막대자석이 솔레노이드의 축을 따라 운동한다. 다음 각각의 경우 솔레노이드에 생기는 자극과 유도 전류의 방향을 나타내라.

(a) 자석이 솔레노이드에 접근하는 경우

(b) 자석이 솔레노이드에서 멀어지는 경우

(c) 자석이 고정되어 정지해 있는 경우

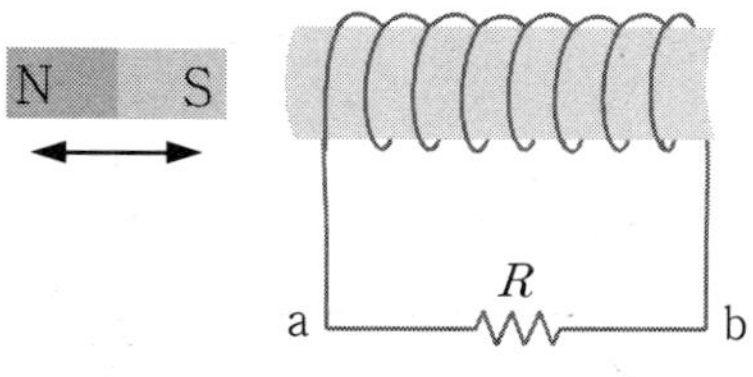

그림 4.19

4-2 그림 4.20과 같이 두 개의 솔레노이드 A, B가 같은 축에 놓여있다. 솔레노이드 A에서 다음과 같이 스위치를 조작하였다. 다음의 조건에서 솔레노이드 B의 양면에 생기는 자극과 유도 전류의 방향을 나타내라.

(a) 솔레노이드 A의 스위치 S를 닫는 순간

(b) 솔레노이드 A의 스위치 S를 닫고 일정 시간이 경과된 후

(c) 솔레노이드 A의 스위치 S를 여는 순간

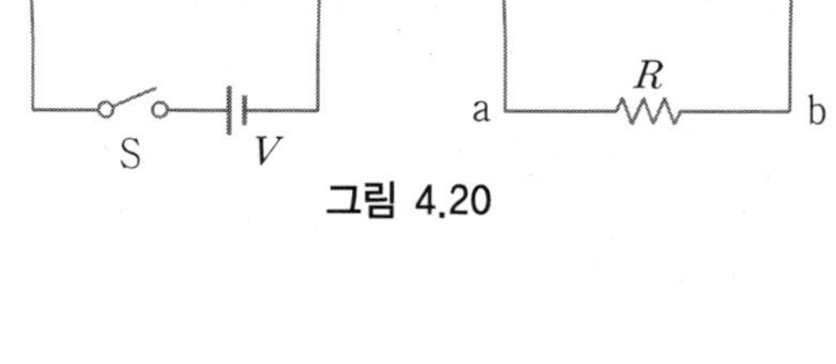

그림 4.20

4-3 자체 유도 계수가 250[mH]인 코일에 전류가 매초 4[A]로 변화할 때 유도 기전력의 크기를 구하라.

4-4 그림 4.21과 같이 균일한 자기장 B에 수직하게 ㄷ자형 도선을 놓고, 길이 0.5[m]인 구리 막대 ab를 10[m/s]의 속도로 이동시켰다. 여기서 자기장의 세기는 6[T]이고, 저항은 10[Ω]이다. 다음을 각각 구하라.

(a) 이 회로에 생기는 유도 기전력의 크기

(b) 저항 R에 흐르는 전류의 세기와 방향

(c) 저항에서 소비되는 전력

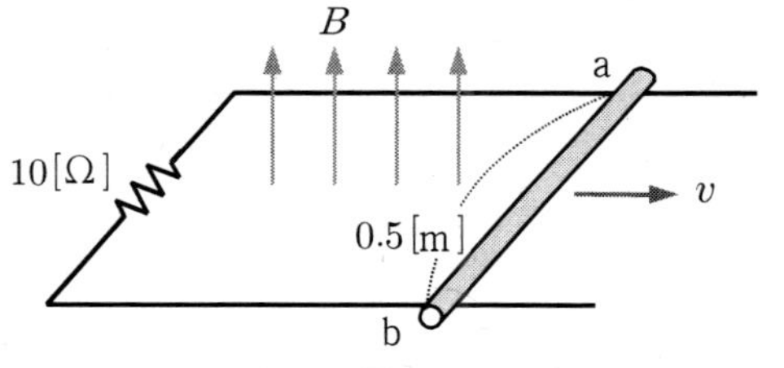

그림 4.21

4-5 변압기의 철심에 1차 코일은 20회, 2차 코일은 40회를 감았다. 다음에 대하여 각각 구하라.

(a) 1차 코일에 100[V]의 교류를 공급하였을 때 2차 코일에 유도되는 기전력

(b) 1차 코일에 흐르는 전류가 10[A]일 때 2차 코일에 유도되어 흐르는 전류

4-6 전압의 실효값이 200[V]인 교류 전원에 10[Ω]의 저항을 연결한 경우에 다음을 각각 구하라.

(a) 저항에 흐르는 전류의 최대값

(b) 저항에서의 평균 소비 전력

4-7 자체 유도 계수 0.2[H]의 코일에 200[V], 주파수 60[Hz]인 교류 전원을 인가하였을 때 다음을 각각 구하라.

(a) 코일의 리액턴스

(b) 회로에 흐르는 전류의 실효값

4-8 전기 용량 30[μF]의 축전기에 220[V], 주파수 60[Hz]인 교류 전원을 인가하였을 때 다음을 각각 구하라.

(a) 축전기의 리액턴스

(b) 회로에 흐르는 전류의 실효값

4-9 그림 4.22의 회로에서 교류 전원의 전체 전압을 구하라.

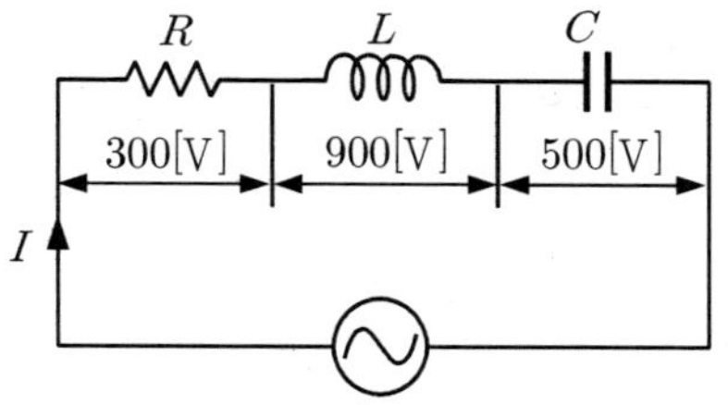

그림 4.22

04 파동과 입자

제 1 장 파동

제 2 장 빛

chapter 1

파 동

1.1 파동의 발생

우리가 아름다운 음악 소리를 듣거나 유익하고 생생한 TV 영상을 보는 것은 모두 파동 현상을 통해서 이루어진다. 파동은 우리와 매우 밀접한 자연 현상이고 대표적으로 음파, 전자기파 및 광파(빛) 등이 있다. 이들 파동은 눈으로 볼 수 없기 때문에 매우 복잡하게 생각되지만 단조로운 요소들의 조합에 의해 일어나고 있다. 여기서 파동의 발생, 파동의 기본 요소 및 특성 등에 관하여 알아보기로 한다.

바닷가나 호숫가에 파도가 밀려올 때 파도가 물을 가장자리로 이동시킨다고 생각할 수 있을 것이다. 그러나 이것은 바람의 영향 때문에 물이 밀려오는 것이다.

잔잔한 호수의 수면 위에 작은 돌을 던지면 돌이 떨어진 점을 중심으로 동심원을 그리며 물결이 사방으로 퍼져 나간다. 이때 수면 위에 떨어진 나뭇잎이나 꽃잎은 제자리에서 상하로 운동만 할 뿐 물결을 따라 이동하지 않는 것을 볼 수 있다.

돌이 수면 위에 떨어지게 되면 물은 돌에 의해 밀려서 수위가 낮아지고 주변의 물들은 낮아진 수위를 메우기 위해 밀려들어온다. 이때 관성에 의해 처음의 수면보다 오히려 높아지게 되면서 주위에 수위가 낮아지는 곳이 만들어지고, 또 이곳을 채우기 위해 물이 밀려들어간다. 이러한 연쇄적인 현상에 의해 수면의 각 점은 낮아졌다가 높아졌다가 하는 상하 진동을 하게 되고, 이 진동이 사방으로 퍼져 나가면서 수면파를 형성하는 것이다.

이와 같이 수면파는 물의 상하 진동이 주위의 물에 전달해 주면서 물결이 퍼져 나가는 것이고 물 자체가 이동하는 것이 아니라는 사실을 알게 해 준다. 이것은 한 쪽 끝을 고정시킨 줄을 다른 쪽에서 상하로만 흔들었을 때에 줄은 이동하지 않으면서 진동만 전달되는 현상으로도 설명할 수 있다.

물질 내의 한 곳이 평형 위치를 벗어나서 교란이 일어나면 복원력과 관성에 의해 진동이 발생하고, 이 진동이 물질의 다른 부분으로 시간적 또는 공간적으로 전달 또는 전파되어 나가는 현상을 **파동**(wave)이라고 한다.

또 진동이나 파동이 처음으로 발생한 곳을 **파원**(wave source)이라 하며, 파동을 전파시키는 물질을 **매질**이라고 한다. 수면파의 매질은 물, 줄을 상하로 흔들었을 때 생기는 파동의 매질은 줄, 용수철에 생기는 파동의 매질은 용수철, 음파의 매질은 공기가 된다.

파동의 전파는 매질이 이동하지 않고 제자리에서 진동만 하며 에너지만 인접한 매질로 전달한다. 이것은 단원 1의 물체의 운동에서 배운 물체가 직접 에너지를 전달하는 운동과는 매우 다른 현상이다.

1.2 파동의 종류

(1) 역학적 파동과 전자기적 파동

역학적 파동은 물질 내의 한 곳이 평형 위치를 벗어나서 교란이 일어났을 때 복원력과 관성에 의해 진동이 발생하고, 이 진동이 물질의 다른 부분으로 시간적 또는 공간적으로 전파되어 나가는 파동을 의미한다. 수면파, 음파, 지진파 등이 해당되고, 공기, 물 등의 매질을 필요로 하는 파동이다.

전자기적 파동은 전하들의 주기적인 진동에 의해 전기장과 자기장의 변화에 의해 발생되는 파동으로 전파, 빛, 자외선, 적외선, X선, 감마선 등이 있다. 전자기파는 매질이 필요 없으며 진공에서도 전파될 수 있다.

(2) 횡파와 종파

그림 1.1(a)와 같이 한 쪽 끝이 고정된 용수철을 상하로 한 번 흔들면 파동이 생겨서 진행하게 된다. 이와 같이 매질의 진동 방향과 파동의 진행 방향이 서로 수직을 이루는 파동을 **횡파** 또는 **고저파**라 한다. 횡파는 우리가 쉽게 접할 수 있는 파동이며, 수면파,

전자기파 및 지진파의 S파 등이 해당된다.

그림 1.1(b)와 같이 한 쪽 끝이 고정된 용수철을 앞뒤로 한 번 흔들면 용수철의 간격이 넓어져서 밀도가 소한 부분(희박한 부분)과 간격이 좁아져서 밀도가 밀한 부분(빽빽한 부분)이 생기면서 밀한 부분이 앞으로 진행하는 파동이 생긴다. 이와 같이 매질의 진동 방향과 파동의 진행 방향이 서로 일치되는 파동을 **종파** 또는 **소밀파**라고 한다. 종파는 우리가 쉽게 접하지 못하는 파동이며, 음파와 지진파의 P파 정도가 해당된다.

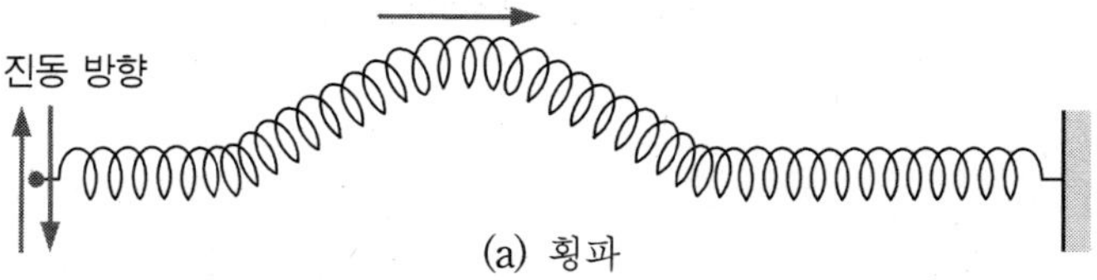

(a) 횡파

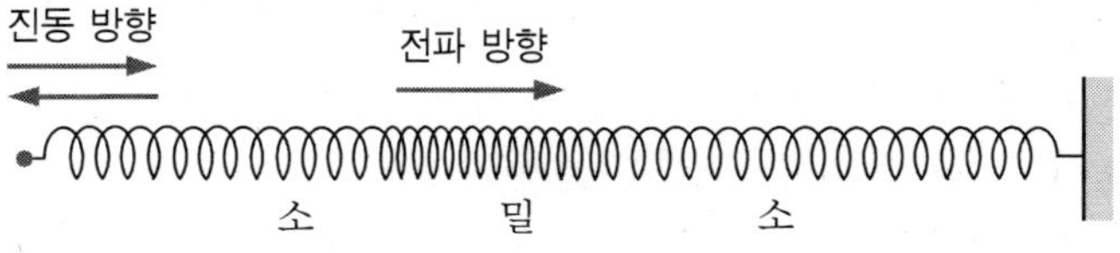

(b) 종파

그림 1.1 ▶ 횡파와 종파

(3) 파동의 기본 요소

등속 원운동이나 단진동과 같이 주기적인 운동을 하는 파형은 사인 곡선의 형태로 표현할 수 있고, 이 사인파는 진동의 특성을 수학적으로 해석을 하는 데 매우 유용하다는 것을 단원 1에서 배웠다. 따라서 반복적인 진동에 의해 만들어지는 모든 주기적 파동은 사인 곡선의 형태인 사인파로 나타낼 수 있으며 횡파가 대표적으로 해당된다.

파동의 종류에서 설명한 횡파와 종파, 평면파와 구형파도 모양만 다를 뿐이고 모두 진동에 의한 파동이므로 사인파로 표현하면 간편하고 쉽게 해석을 할 수 있다.

그림 1.2는 진행하는 횡파의 파동을 특정한 순간에 진동하는 매질의 각 점의 변위의 끝을 이어서 나타낸 곡선이며, 특정 순간에 촬영한 사진이라고 생각하면 이해하기 쉽다. 또 점선으로 나타낸 파동은 실선으로 나타낸 파동보다 시간이 조금 지나 오른쪽으로 진행한 파동의 모습이다.

사인파로 나타나는 파동에서 변위가 가장 높은 부분을 **마루**라 하고, 변위가 가장 낮

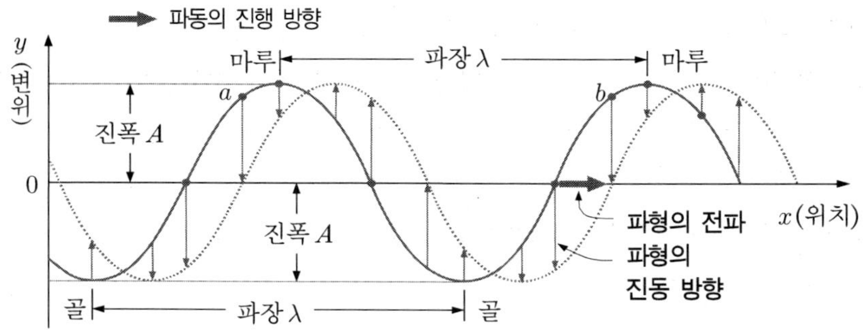

그림 1.2 ▸ **파동의 표시**

은 부분을 **골**이라고 한다. 이웃하는 마루와 마루 또는 골과 골 사이의 거리를 **파장** λ라고 하며 매질의 한 점이 1회 진동하는 사이에 파동이 진행한 거리가 된다. 또 진동의 중심에서 마루나 골까지의 거리를 **진폭**이라 하며 최대 변위를 나타낸다.

점 a, 점 b와 같이 특정한 순간에 진동 상태가 같은 점들을 **위상**이 같다고 한다. 따라서 위상이 같은 두 점 사이의 거리가 파장이 된다.

주기적 파동에 사용되는 용어들은 단원 1의 등속 원운동이나 단진동에서 사용된 용어들과 비슷하다. 파동의 **주기**는 매질의 각 점이 한 번 진동하는 데 걸리는 시간, 즉 한 파장이 지나는데 걸리는 시간이다. 또 **진동수**는 단위 시간 동안에 진동한 횟수가 되므로 주기 T와 진동수 f의 관계는

$$T=\frac{1}{f} \quad \text{또는} \quad f=\frac{1}{T} \tag{1.1}$$

의 역수 관계가 성립한다. 주기의 단위는 **초**[s]이고, 진동수의 단위는 **헤르츠**[Hz]를 사용한다.

파동의 **전파 속도**는 단위 시간 동안에 1회 진동하는 사이에 파동이 진행한 거리로 나타낸다. 즉 파동은 주기 T 동안에 파장 λ 만큼 진행하는 것과 같다. 따라서 파동의 전파 속도 v는 다음과 같이 나타낼 수 있다.

$$v=\frac{\lambda}{T} \quad \text{또는} \quad v=f\lambda \tag{1.2}$$

진동수는 파동이 진행할 때 평형 위치에 대해서 매질의 모든 점에서 상하로 같은 진동을 하는 주기적 파동을 나타낸다. 따라서 파동의 진동수나 주기는 파원에 의해

결정되고, 파동 속도는 매질의 성질에 의해 결정되므로 파동의 특성을 결정짓는 중요한 요소이다.

(4) 횡파를 종파로 표현하는 방법

매질이 단진동하는 주기적 파동은 사인파로 나타내면 수학적으로 해석하기가 쉽다. 횡파의 파동은 사인파이므로 그대로 사용할 수 있지만 종파는 변형이 필요하다.

횡파는 상하 방향으로 단진동하고, 종파는 앞뒤 방향으로 단진동하기 때문에 종파의 진동 방향을 횡파와 같은 상하의 진동 방향으로 표현하는 방법을 이용하여 사인파로 나타내는 경우가 많이 있다. 따라서 원래 종파였던 주어진 횡파를 본래의 종파로 되돌려서 표현하는 방법에 대해 기술하기로 한다.

그림 1.3(a)와 같이 횡파에서 위로 향하는 매질의 진동 방향을 (+) 방향으로 취하고, 이것을 시계 방향으로 90° 회전시켜 x축의 (+) 방향으로 향하게 한 후 이 (+) 방향을 종파에 대한 매질의 진동 방향에 대한 기준으로 잡는다.

그림 1.3(b)의 횡파에서 점 1, 3, 5, 7의 위치는 매질의 진동 중심으로 평형 위치를 나타내고 속도의 크기가 최대인 곳들이다. 속도의 방향은 그림 1.2와 같이 시간이 조금 지난 파선을 나타내보면 매질의 각 위치에서 진동 방향을 알 수 있으며, 매질의 속도 방향은 진동 방향과 같으므로 각각 1(↓), 3(↑), 5(↓), 7(↑)이 된다.

횡파에서 점 2와 점 4의 위치는 매질의 최대 변위가 나타나는 곳이고 이 변위를 평형

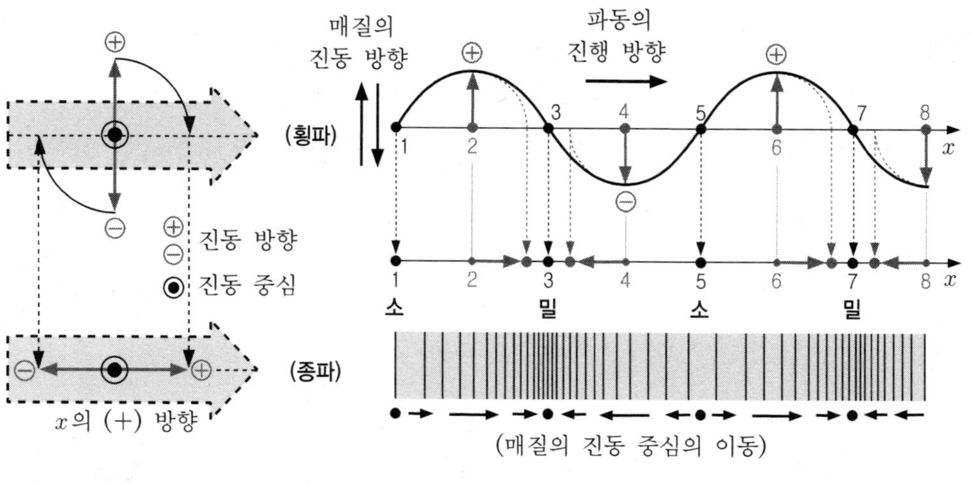

(a) 횡파와 종파의 진동 방향 (b) 횡파와 종파의 변환 방법

그림 1.3 ▶ 횡파와 종파의 상호 변환 관계

위치의 진동 중심을 기준으로 90° 시계 방향으로 회전시키면 점 2는 점 3의 왼쪽으로, 점 4는 점 3의 오른쪽으로 매질의 평형 위치의 진동 중심이 이동된다고 생각한다.

그러면 매질이 이동하여 진동 중심이 많아진 점 3의 위치는 종파에서 매질의 밀도가 밀한 부분이 된다. 그러나 점 1과 점 5의 위치는 매질의 간격이 멀어지게 되므로 매질의 밀도가 소한 부분이 된다.

이와 같이 횡파 표현을 종파 표현으로 변환하여 종파의 특성을 알 수 있고, 이것을 반대로 나타내면 종파 표현을 횡파 표현으로도 변환할 수 있다.

예제 1.1 그림 1.4와 같이 $+x$ 방향으로 진행하는 파동이 있다. 마루의 위치가 0.1초 동안 P에서 P′로 이동하였다. 다음을 각각 구하라.

(1) 진폭[m]과 파장[m] (2) 속력[m/s] (3) 주기[s]

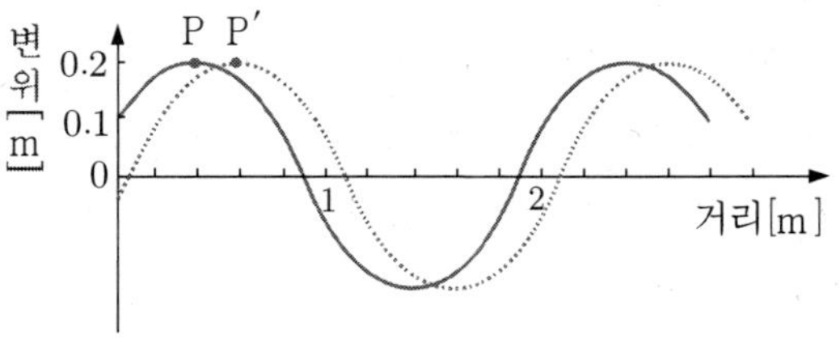

그림 1.4

풀이

(1) 마루의 높이가 0.2[m], 마루와 마루 사이의 거리가 2[m]이므로
진폭은 0.2[m], 파장 $\lambda = 2$[m]이다. **정답** 진폭 0.2[m], 파장 2[m]

(2) 파동은 0.1초 동안 P에서 P′의 거리 0.2[m]이므로

$$v = \frac{\overline{PP'}}{t} = \frac{0.2}{0.1} = 2\ [\text{m/s}]$$

정답 2[m/s]

(3) 파동의 주기 T는

$$v = \frac{\lambda}{T} \qquad \therefore \quad T = \frac{\lambda}{v} = \frac{2}{2} = 1\ [\text{s}]$$

정답 1[s]

예제 1.2 그림 1.5는 왼쪽에서 오른쪽으로 진행하는 종파의 어떤 시간에서의 변위를 나타낸 것이다. 세로축은 파동의 진행 방향의 변위를 (+)로 한다. 여기서 다음을 각각 구하라.

(1) 매질의 밀도가 밀한 곳

(2) 왼쪽 방향의 속도가 최대가 되는 곳

(3) 오른쪽 방향의 가속도가 최대가 되는 곳

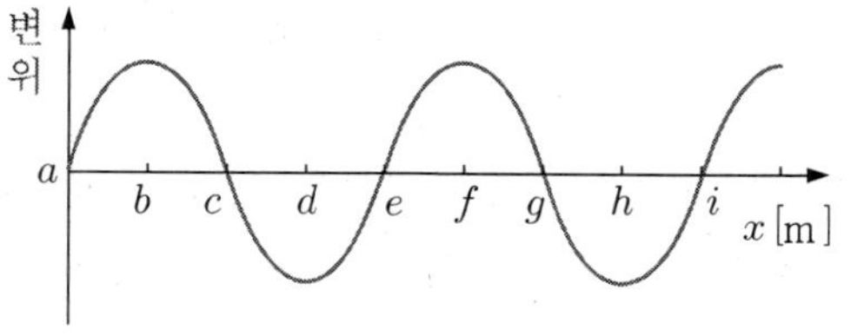

그림 1.5

풀이

(1) 매질의 각 점에서 최대 변위가 되는 위치, 즉 점 b, d, f, h의 변위를 매질의 진동 중심을 기준으로 90° 시계 방향으로 회전시켜 종파로 변환한다. 이때 점 b, d의 변위는 점 c로 이동되고, 점 f, h의 변위는 점 g로 이동된다. 따라서 점 c와 점 g를 매질의 밀도가 밀한 부분이 되고, 점 a, e, i는 간격이 멀어져서 매질의 밀도가 소한 부분이 된다. **정답** 점 c, g

(2) 종파에서 왼쪽 방향의 속도가 최대가 되는 곳은 횡파에서 아래 방향의 속도가 최대가 된다. 그런데 횡파에서 속도가 최대가 되는 곳은 변위가 0인 진동 중심인 곳이므로 점 a, c, e, g, i가 된다. 그림 1.2의 파선과 같이 현재의 파형에서 시간이 조금 지난 파형을 그려 넣으면 점 a, e, i가 왼쪽 방향으로 속도가 최대인 위치가 된다. 또 점 c, g는 오른쪽 방향으로 속도가 최대인 위치가 된다.

정답 점 a, e, i

(3) 종파에서 오른쪽 방향의 가속도가 최대가 되는 곳은 횡파에서 위쪽 방향의 가속도가 최대로 되는 곳이다. 횡파에서 가속도가 최대가 되는 곳은 변위의 방향이 전환되는 점, 즉 마루와 골이 해당되므로 점 b, d, f, h가 된다. 이 중에서 오른쪽 방향의 가속도가 최대인 곳은 골이 되는 점 d, h가 된다. **정답** 점 d, h

1.3 파동의 전파

1.3.1 호이겐스의 원리

(1) 평면파와 구형파

파동이 진행할 때 특정한 순간에 파동의 마루나 골과 같이 위상이 같은 점들을 연결한 선 또는 면을 파면이라 한다.

파동의 진행 방향은 파면과 수직을 이루고, 파동은 파면의 모양에 따라 그림 1.6과 같이 평면파와 구면파로 나눌 수 있다.

파면이 직선 또는 평면의 모양을 이루면서 나란하게 진행하는 파동을 **평면파(plane wave)**라 하고, 파면이 파원을 중심으로 동심원 또는 구면의 모양을 이루면서 퍼져나가는 파동을 **구면파(spherical wave)**라고 한다.

(2) 호이겐스의 원리

파동은 전파될 때 매질 내의 각 점들은 파원과 같은 진동수로 진동한다.

그림 1.6과 같이 파동이 전파될 때 파면 AB 위의 모든 점들은 다음 순간의 파동을 만드는 새로운 파원이 되어 이차적인 구면파를 발생시킨다. 무수히 많이 발생된 구면파의 파면에 공통적으로 접하는 선이나 면이 새로운 파면 A′B′이 되고, 이 파면 위의 모든 점들은 새로운 파원이 된다. 이러한 과정을 반복하면서 파동은 파면과 수직을 이루면서 공간으로 퍼져나간다. 이것을 **호이겐스의 원리**라고 한다.

호이겐스의 원리의 모든 파동의 반사, 굴절, 간섭, 회절 등의 현상을 잘 설명할 수 있다.

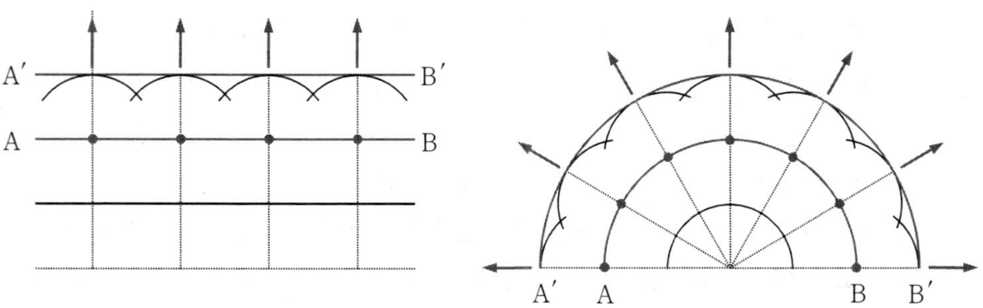

(a) 평면파 (b) 구면파

그림 1.6 ▸ 파동의 전파 원리

1.3.2 파동의 중첩

그림 1.7과 같이 파동의 방향이 반대인 두 파동이 진행하다가 매질의 한 점에서 만나서 중첩하게 되면, 합성파의 변위 y는 두 파동의 변위 y_1과 y_2를 합한 것과 같다. 즉,

$$y = y_1 + y_2 \tag{1.3}$$

이고, 이것을 파동의 **중첩의 원리**라고 한다.

파동의 중첩이 일어날 때, 마루와 마루 또는 골과 골이 만나면 그 진폭이 커지고, 반대로 마루와 골이 만나면 진폭은 상쇄되어 작아진다.

또 두 파동이 서로 만날 때는 파동의 중첩되어 변화가 일어나지만, 서로 지나치고 나면 각각의 파동은 서로 다른 파동의 영향을 받지 않고 만나기 전과 같은 모양을 유지하면서 계속 진행한다. 이와 같은 성질을 **파동의 독립성**이라고 한다. 파동의 독립성은 오케스트라 연주에서 여러 가지 악기의 소리나 두 사람이 동시에 말하는 목소리를 식별할 수 있게 해 준다.

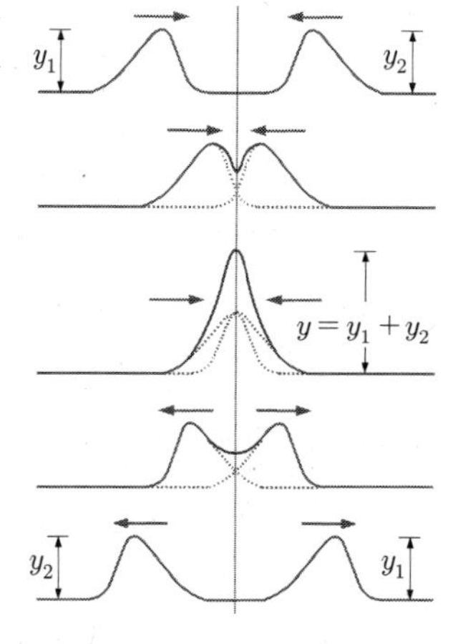

그림 1.7 ▸ 중첩의 원리

1.4 파동의 반사와 굴절

1.4.1 파동의 반사

파동이 진행하다가 매질이 다른 경계면을 만나면 파동의 전체 또는 일부가 되돌아온다. 이러한 현상을 **파동의 반사(reflection)**라고 한다. 이때 두 매질의 성질에 따라 반사파의 모양이 변화하기도 한다.

그림 1.8(a)와 같이 가는 줄의 한 쪽 끝을 벽에 고정시키고 다른 끝을 손으로 흔들어 펄스 파동을 만들어주면 펄스는 진행하다가 고정점(고정단)에서 반사되어 진행 방향과 반대 방향으로 되돌아온다. 이것은 위로 솟은 펄스가 고정단에 도달하면 줄이 벽에 가하는 힘은 위로 향하는 성분을 가지고 있고, 이 성분의 힘에 의해 반작용이 작용하여 벽은 줄에 아래로 향하는 힘이 작용하면서 뒤집힌 반사 파동을 만들어 진행한다. 즉 고정단에서는 진동할 수 없으므로 진폭이 상쇄하여 0이 되도록 작용하기 때문이다. 따라

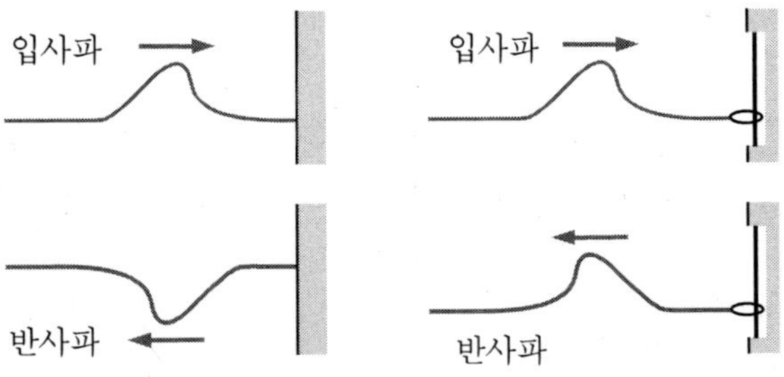

(a) 고정단에서의 반사 (b) 자유단에서의 반사

그림 1.8 ▶ 반사파

서 펄스의 입사파와 반사파는 위상이 180° 달라지게 된다. 이것을 **고정단 반사**라 한다.

그림 1.8(b)와 같이 가는 줄의 한 쪽 끝을 자유로이 움직일 수 있는 고리에 묶어놓고 다른 끝을 손으로 흔들어 펄스 파동을 만들어주면 펄스는 진행하다가 고리(자유단)에서 반사되어 진행 방향과 같은 방향으로 되돌아온다. 이것은 위로 솟은 펄스가 자유단에 도달하면 고리를 진폭만큼 위로 올려주면서 고리는 반작용으로 줄에 아래로 향하게 하는 힘이 작용함과 동시에 쉽게 움직일 수 있는 고리가 내려가기 때문에 파동이 뒤바뀌지 않고 진행한다. 따라서 자유단에서 펄스의 입사파와 반사파는 위상이 바뀌지 않게 된다. 이것을 **자유단 반사**라고 한다.

수면파가 물 가운데에서 반사하도록 비스듬히 반사판을 세워놓고 이 판에 평면파를 만들어서 입사시키면 파동은 반사판에서 반사한다. 이와 같이 파동은 같은 매질에서는 직진하고 매질이 다른 경계면에 도달하면 반사한다.

그림 1.9와 같이 경계면의 법선과 입사파의 진행 방향이 만드는 각 i를 **입사각**이라 하고, 반사파의 진행 방향이 만드는 각 i'을 **반사각**이라고 한다.

파동이 매질의 경계면에서 반사될 때 입사각과 반사각은 같다. 즉,

$$\angle i = \angle i' \tag{1.4}$$

이 성립되고, 이것을 파동의 **반사의 법칙**이라 한다. 파동에서 반사의 법칙은 호이겐스의 원리로부터 다음과 같이 설명할 수 있다.

그림 1.9와 같이 입사파의 파면 AB′D가 경계면에 비스듬히 입사할 때 파면의 왼쪽 점 A가 경계면에 도달하여도 파면의 다른 점 B′과 점 D는 아직 도달하지 못한다. 점 D가 경계면의 점 C에 도달하는 동안 점 A에서 반사하여 생긴 구면파는 반지름 AA′만큼, 점 B에서 반사하여 생긴 구면파는 반지름 BC′만큼 진행하게 된다. 그러므로

반사파의 파면은 호이겐스의 원리에 의해 경계면에서 반사하여 생긴 구면파의 공통 접선인 A′C′C이고, 반사파는 A′C′C면에 수직인 방향으로 진행한다. 여기서 △AA′C와 △ADC는 합동이 되므로 입사각 i와 반사각 i'은 서로 같다.

일반적으로 파동이 경계면에서 반사할 때 입사파와 반사파는 한 매질 내에 있기 때문에 파동의 속도는 같고, 파동의 파원도 일정하기 때문에 파장과 진동수도 변하지 않는다. 또 파동이 경계면에서 흡수가 일어나면 반사파의 파동 에너지는 줄고 진폭이 작아진다.

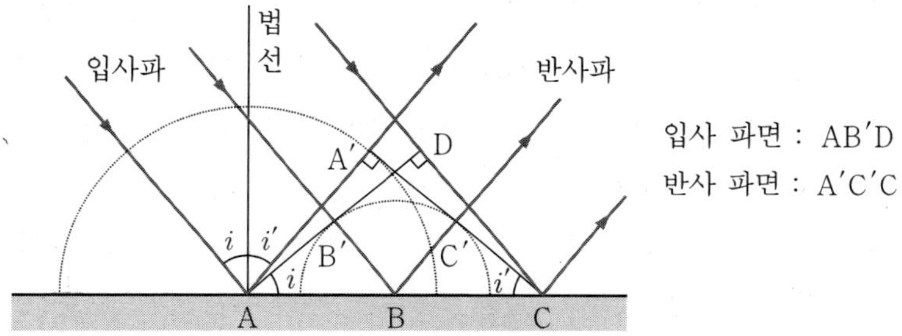

그림 1.9 ▸ 호이겐스의 원리에 의한 반사의 법칙

1.4.2 파동의 굴절

그림 1.10은 수면파 발생 장치가 있는 수조의 한 쪽 끝에 두꺼운 유리판을 파동의 진행 방향과 나란히 깔아 놓거나 비스듬히 깔아 놓고 나서 평면파를 진행시킨 것이다. 이때 유리판은 물의 깊이 차이가 나도록 어느 정도의 두께를 가진 것을 사용한다.

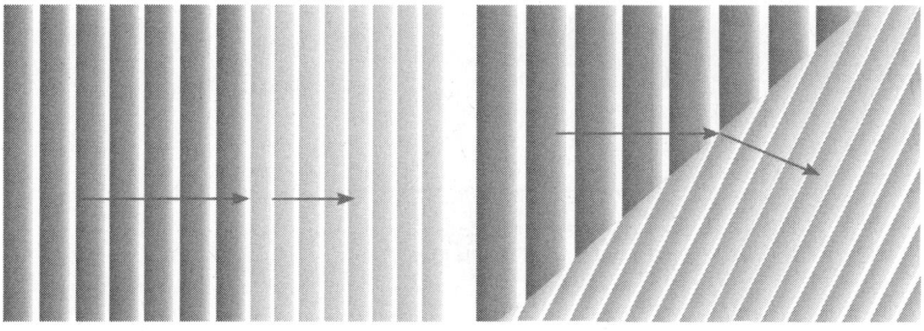

(a) 파동의 직진 (b) 파동의 굴절

그림 1.10 ▸ 파동의 굴절

그림 1.10(a)와 같이 유리판을 평면파의 진행 방향과 나란히 깔아 놓은 경우에 물이 깊은 곳에서 얕은 곳으로 진행할 때 평면파는 직진하고 얕은 곳에서 파장은 더 짧아지는 것을 볼 수 있다. 그림 1.10(b)에서 유리판을 평면파의 진행 방향과 비스듬히 깔아 놓은 경우에 평면파는 굴절하고 입사파보다 굴절파의 파장이 짧아지는 것을 알 수 있다. 또 파원이 같기 때문에 매질의 상태가 바뀌어도 파동의 진동수는 일정하고, $v=f\lambda$로부터 파동의 속도는 파장에 비례하므로 파장이 짧은 얕은 곳에서 더 느리게 진행한다.

이와 같이 파동은 균일한 매질에서는 직진하지만, 한 매질에서 진행하다가 성질이 다른 매질을 만나면 진행 방향이 바뀌게 된다. 이러한 현상을 **파동의 굴절**이라고 한다.

그림 1.11과 같이 입사파의 파면 ABC가 경계면에 입사할 때 파면의 왼쪽 점 A가 경계면에 도달하여도 파면의 다른 점 B와 점 C는 아직 도달하지 못한다. 점 C가 경계면의 점 C′에 도달하는 시간 t 동안에 점 A에서 생긴 구면파는 매질 Ⅱ 속에서 반지름 AA′만큼 진행한다. 그러므로 굴절파의 파면은 호이겐스의 원리에 의해 경계면에서 굴절하여 생긴 구면파의 공통 접선인 A′B′C′이고, 굴절파는 파면 A′B′C′면에 수직인 방향으로 진행한다. 여기서 $\mathrm{AC'}\sin i=\mathrm{CC'}$, $\mathrm{AC'}\sin\gamma=\mathrm{AA'}$이고, $\mathrm{CC'}=v_1t=f\lambda_1t$, $\mathrm{AA'}=v_2t=f\lambda_2t$이므로

$$\frac{\sin i}{\sin\gamma}=\frac{\mathrm{CC'}}{\mathrm{AA'}}=\frac{v_1}{v_2}=\frac{\lambda_1}{\lambda_2}=n_{12}\ (\text{일정}) \tag{1.5}$$

의 관계가 성립한다. 여기서 n_{12}는 매질 Ⅰ에 대한 매질 Ⅱ의 **굴절률**이라 하고, 두 매질에 관계하는 상수이다. 이것을 파동의 **굴절의 법칙**이라고 한다.

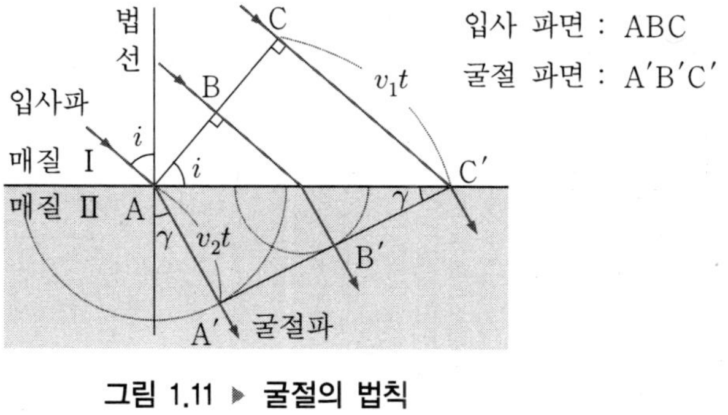

그림 1.11 ▶ 굴절의 법칙

일반적으로 매질이 다른 경계면에서 파동이 굴절할 때, 입사파와 굴절파는 속도, 파장, 진행 방향은 변하고 파원은 일정하기 때문에 진동수는 변하지 않는다.

파동의 굴절 현상은 대기 중에서도 일어난다. 즉 맑고 더운 날에는 지면과 가까운 공기층의 온도가 먼 곳보다 높아서 소리는 지면 근처에서 더 빠르기 때문에 음파는 위로 굴절한다. 반대로 밤에는 지면 근처가 공기층의 온도가 낮기 때문에 음파는 아래로 굴절한다. 따라서 밤에는 낮보다 음파가 멀리까지 진행하기 때문에 잘 들리는 것이다.

예제 1.3 10[Hz]의 진동수인 수면파를 깊은 곳에서 얕은 곳으로 진행시켰다. 깊은 곳에서의 파장이 3.0×10^{-2}[m]이고 얕은 곳에서의 파장은 2.0×10^{-2}[m]이었다. 다음을 각각 구하라.

(1) 깊은 곳에 대한 얕은 곳의 굴절률

(2) 얕은 곳에서의 속력[m/s]

풀이

(1) $n_{깊얕} = \dfrac{\lambda_{깊}}{\lambda_{얕}} = \dfrac{3.0\times10^{-2}}{2.0\times10^{-2}} = 1.5$

(2) $v_{얕} = f\lambda_{얕} = 10\times2.0\times10^{-2} = 0.2$ [m/s]

1.5 파동의 간섭과 회절

1.5.1 파동의 간섭

두 개의 똑같은 파동이 하나의 균일한 매질에서 전파되어 서로 중첩될 때 같은 위상으로 중첩되면 합성파의 진폭이 커져서 강하게 나타나고, 서로 반대의 위상으로 중첩되면 상쇄되어 약하게 나타난다. 이와 같이 두 파동이 중첩되어 합성파의 진폭이 강해지거나 약해지는 현상을 파동의 간섭(interference)이라고 한다.

그림 1.12(a)와 같이 마루와 마루 또는 골과 골이 만나서 중첩될 때 합성파의 진폭이 두 배로 커지는 간섭을 보강 간섭이라 한다. 보강 간섭에서 마루와 마루가 만난 곳은

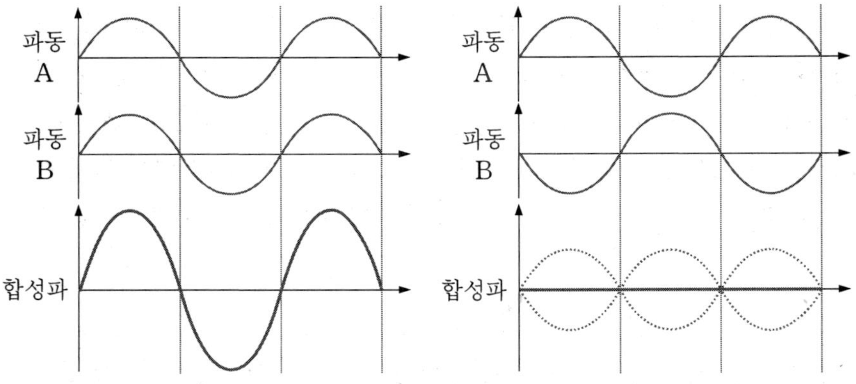

(a) 보강 간섭 (b) 상쇄 간섭

그림 1.12 ▸ 파동의 간섭

진폭이 더 높은 마루가 생기고 골과 골이 만난 곳은 진폭이 더 깊은 골이 만들어진다.

그림 1.12(b)와 같이 마루와 골이 만나서 중첩될 때 합성파의 진폭이 0으로 작아지는 간섭을 **상쇄 간섭**이라고 한다.

그림 1.13과 같이 진동수, 위상, 진폭, 파장 등이 같은 파동을 일으키는 두 파원 S_1, S_2를 중심으로 하여 동심원을 그리면서 퍼져 나가는 간섭 원리를 나타낸 것이다. 여기

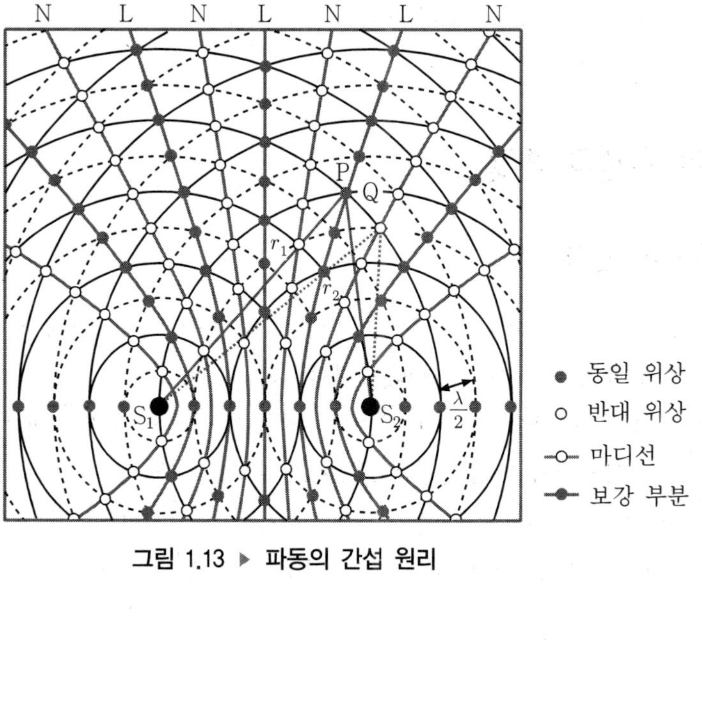

그림 1.13 ▸ 파동의 간섭 원리

서 실선은 수면파의 마루 부분이고 점선은 골 부분이다.

L부분은 실선과 실선 또는 점선과 점선이 만나는 부분, 즉 마루와 마루 또는 골과 골이 만나는 부분으로써 중첩의 원리에 의해 진폭이 커지는 보강 간섭이 일어나기 때문에 밝고 어두운 간섭무늬의 명암이 뚜렷이 나타난다. 또 N부분은 실선과 점선이 만나는 부분, 즉 마루와 골이 만나는 부분으로써 진폭이 약해져서 0이 되는 상쇄 간섭이 일어나기 때문에 밝기가 흐리면서 거의 일정한 선으로 나타난다. 이와 같이 간섭 현상은 진동이 강하게 나타나는 보상 간섭과 진동이 일어나지 않는 상쇄 간섭이 서로 번갈아 나타난다.

한 점 P가 두 파원 S_1, S_2로부터 각각 거리 r_1, r_2에 있고, 파장을 λ라 할 때, 두 파동의 경로차 $|S_1P-S_2P|=|r_1-r_2|$이 반파장의 짝수배가 되는 곳, 즉

$$|S_1P-S_2P|=|r_1-r_2|=\frac{\lambda}{2}\cdot(2m)\ \ (m=0,\ 1,\ 2\ \cdots) \tag{1.6}$$

인 곳에서는 마루와 마루 또는 골과 골이 중첩되어 항상 같은 위상으로 중첩되기 때문에 보강되어 진동이 크게 일어나 진폭이 가장 커지게 된다. 이와 같이 진폭이 가장 크게 진동하는 점을 배라고 한다.

또 점 Q가 두 파원 S_1, S_2로부터 각각 거리 r_1, r_2에 있을 때, 두 파동의 경로차가 반파장의 홀수배가 되는 곳, 즉

$$|S_1Q-S_2Q|=|r_1-r_2|=\frac{\lambda}{2}\cdot(2m+1)\ \ (m=0,\ 1,\ 2\ \cdots) \tag{1.7}$$

인 곳에서는 마루와 골이 중첩되어 반대 위상으로 중첩되기 때문에 진폭은 상쇄되어 진동하지 않는다. 이와 같이 진폭이 0인 진동하지 않는 점을 마디라 하고, 마디를 이은 선을 마디선이라 한다.

1.5.2 정상파

고정단 반사와 같이 줄의 한 쪽 끝을 고정시킨 후 다른 쪽을 위아래로 계속 흔들어 주면 입사파와 반사파의 두 파동은 중첩되어 마치 정지해 있는 것처럼 보인다.

진폭, 주기, 파장, 속도가 동일한 두 파동이 서로 반대 방향으로 진행하여 중첩될 때, 일정한 곳에서 매질이 진동하는 부분과 진동하지 않는 부분이 나타나면서 파동이 진행하지 않고 정지한 것처럼 보인다. 이와 같은 파동을 정상파(stationary wave)라

한다. 정상파는 일종의 간섭 현상으로써 파동이 진행하지 않으면서 공간의 각 점에서 정해진 진폭으로만 진동하는 것처럼 보이는 현상으로 나타난다.

정상파에서 항상 진폭이 0이고 진동하지 않는 부분을 마디(node), 진폭이 가장 큰 부분을 배(antinode)라고 한다.

그림 1.14는 파장과 진폭이 같은 입사파와 반사파가 서로 반대 방향으로 진행하면서 중첩될 때 1/4 주기마다 생기는 파동의 모습을 나타낸 것이다. **그림 1.15**는 두 파동이 완전히 중첩되어 합성된 파동을 나타낸 것으로써 진폭이 0인 부분과 진폭이 2배가 되어 최대인 부분이 생기면서 파동이 진행하지 않고 공간의 각 점에서 정해진 진폭으로만 진동하는 정상파이다. 정상파의 배와 마디 사이의 거리는 $\lambda/4$이고, 배와 배 또는 마디와 마디는 $\lambda/2$가 된다. 정상파는 어느 방향으로도 진행하지 않고 제자리에 머물러 있게 되기 때문에 한 위치에서 다음 위치로 에너지의 전달은 일어나지 않는다.

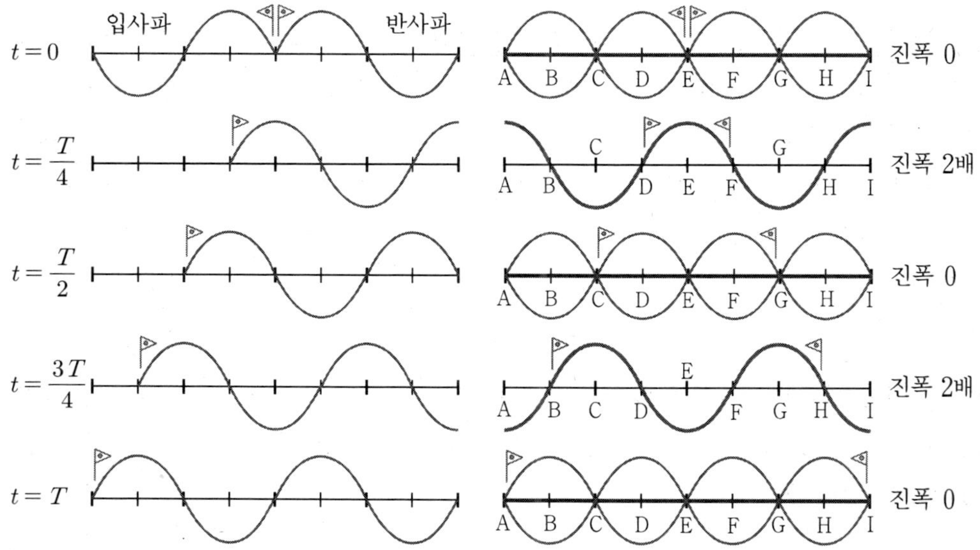

그림 1.14 ▸ 정상파의 발생

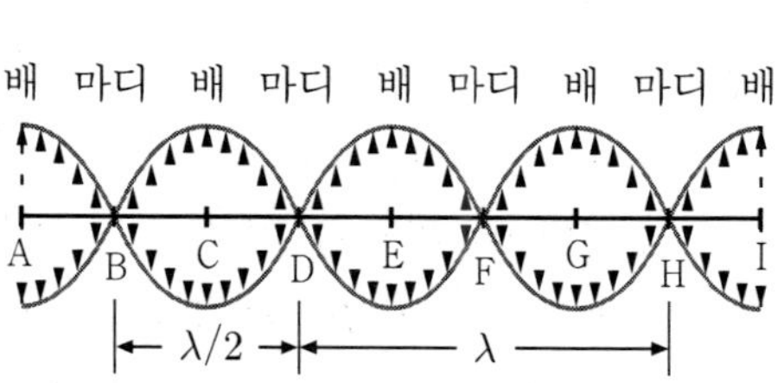

그림 1.15 ▸ 정상파

1.5.3 파동의 회절

사람들이 담 너머에서 이야기 하는 소리를 담 안에서 들을 수 있거나 파도가 방파제를 향하여 진행하면서 방파제 안쪽까지 파동이 전달되는 것을 볼 수 있다.

이와 같이 파동이 진행하는 경로에 있는 장애물을 돌아서 전달되거나 좁은 틈을 통과하여 지날 때 장애물의 뒤까지 전파되는 현상을 **파동의 회절**이라 한다.

그림 1.16의 (a)와 (b)는 슬릿(틈)의 폭이 같지만 파장은 다른 경우에 파동의 회절을 비교한 것이다. **그림 1.16**(a)와 같이 파장이 긴 경우가 짧은 경우보다 회절이 잘 일어나고, **그림 1.16**(b)와 같이 파장이 짧으면 직진성이 강한 것을 알 수 있다.

그림 1.16의 (b)와 (c)는 파장이 같지만 슬릿의 폭은 다른 경우에 파동의 회절을 비교한 것이다. **그림 1.16**(c)와 같이 슬릿의 폭이 좁을수록 회절이 잘 일어나고 거의 원형에 가까운 파동이 생기게 된다.

일반적으로 파동의 회절은 파장이 짧으면 직진성이 강하여 잘 일어나지 않지만 파장이 길수록 현저히 잘 일어난다. 또 슬릿의 폭이 좁을수록 회절이 더 잘 일어난다.

파동의 간섭과 회절 현상은 파동의 특성을 나타내는 중요한 요소이다.

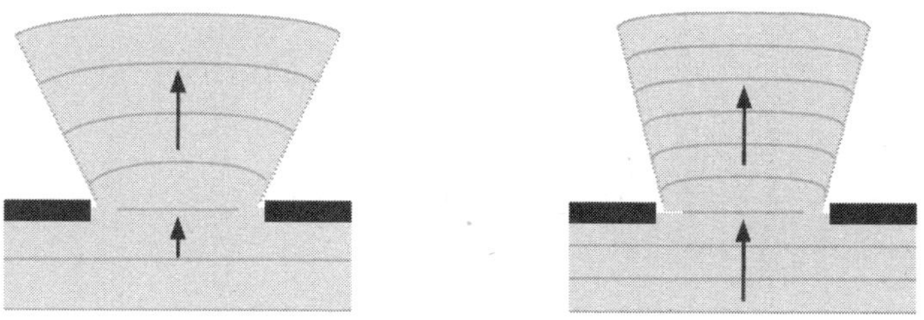

(a) 파장이 긴 경우 (b) 파장이 짧은 경우

그림 1.16 ▸ 파동의 회절 비교(파장)

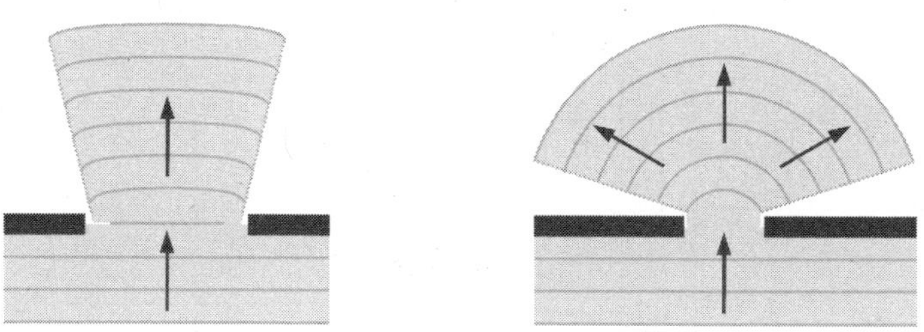

(a) 슬릿 폭이 넓은 경우 (b) 슬릿 폭이 좁은 경우

그림 1.17 ▸ 파동의 회절 비교(슬릿 폭)

연 / 습 / 문 / 제

1-1 수면파가 6[m/s]의 속력으로 진행하고 있다. 어떤 점에서의 수면의 높이가 3초에 한 번씩 최대로 될 때 수면파의 파장을 구하라.

1-2 그림 1.17은 진폭이 일정한 진행파의 한 순간을 나타낸 곡선이다. 점 A가 B까지 진행하는 데 0.4초 걸렸다. 다음을 각각 구하라.

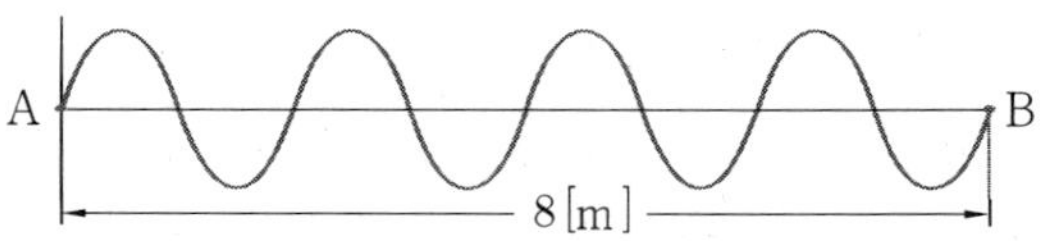

그림 1.17

(a) 파동의 주기[s]
(b) 파동의 파장[m]
(c) 파동의 전파 속도[m/s]

1-3 그림 1.18은 종파의 매질의 변위를 y축, 파동의 진행 방향을 축으로 표시한 것이다. 다음을 각각 구하라.

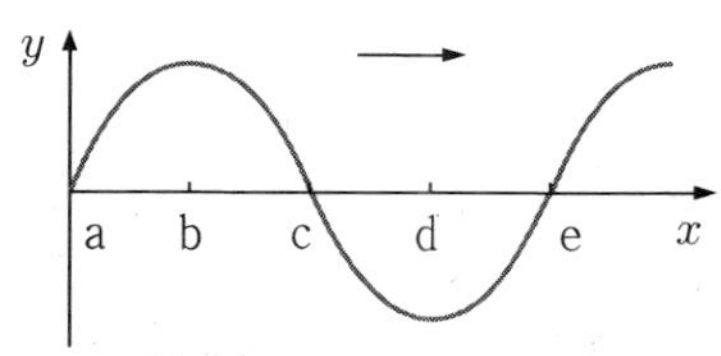

그림 1.18

(a) 가장 밀한 부분과 소한 부분
(b) 매질의 속력이 0인 부분

(c) 매질의 속력이 오른쪽 방향으로 최대인 부분

(d) 매질의 가속도가 왼쪽 방향으로 최대인 부분

1-4 주기가 1/10[s]이고 파장은 5[cm]일 때 이 파동의 전파 속도[cm/s]를 구하라.

1-5 굴절률이 다른 두 매질이 있다. 파동이 한 매질에서 다른 매질 속으로 들어갈 때, 진동수, 파장, 전파 속도, 진행 방향 중에서 두 매질의 경계면에서 변하지 않는 것을 각각 나타내라.

(a) 파동이 경계면에서 반사하는 경우

(b) 파동이 경계면에서 굴절하는 경우

1-6 다음은 파동에서 일어나는 현상들을 설명한 것이다. 어떤 현상인지 나타내라.

(a) 양 끝이 고정된 줄에 정상파가 생긴다.

(b) 담 너머에 있는 사람이 목소리를 들을 수 있다.

1-7 그림 1.19는 수면파가 매질 1에서 매질 2로 진행할 때 파동이 굴절하는 것을 나타낸 것이다. 두 매질에서의 속력의 비를 구하라.

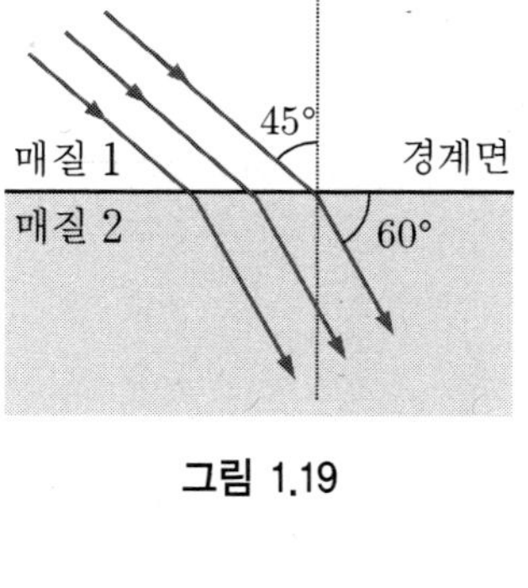

그림 1.19

1-8 파장 20[cm], 진폭 3[cm]의 파동이 벽과 벽 사이에서 왕복할 때, 서로 반대 방향으로 진행하는 두 개의 파동은 간섭에 의하여 정상파를 만든다. 다음을 각각 구하라.

(a) 정상파의 최대 진폭

(b) 벽 사이의 거리가 1[m]일 때 정상파의 배의 개수

chapter 2

빛

2.1 빛의 성질과 직진

2.1.1 빛의 속도

덴마크의 천문학자 뢰머는 빛의 속도가 유한하다는 가정 하에서 1675년에 천문학적인 관측에 의해 목성의 위성을 관측하여 빛의 속도가 2.1×10^8[m/s]라고 측정한 최초의 사람이다. 그 후 1839년 프랑스의 물리학자 피조는 회전하는 톱니바퀴를 이용한 실험 장치를 고안하여 빛의 속도가 3.13×10^8[m/s]의 값을 얻었고, 푸코, 마이켈슨 등에 의해 측정 방법이 개량되어 왔다. 현재 레이저 등을 이용하여 빛의 속도 $c=f\lambda$의 관계식으로부터 정확한 값으로 인정되고 있는 2.99792458×10^8[m/s]를 얻었으며, 이 값은 보통 3×10^8[m/s]로 사용된다.

빛의 속도는 움직이는 물체에서 나오는 빛이나 정지하고 있는 광원에서 나오는 빛이나 관측자의 운동 상태에 관계없이 항상 일정한 값을 가진다.

2.1.2 빛의 입자설과 파동설

뉴턴은 빛이 광원에서 방출되어 빠른 속도로 진동 상태나 균일한 매질 속을 직진하는 작은 입자의 흐름이라고 주장하였다. 빛의 입자설은 빛을 전달하는 매질을 필요로 하지 않고도 빛의 직진과 반사 현상을 설명할 수 있다.

비슷한 시기에 호이겐스는 빛이 입자라면 그 충돌에 의해 흐트러질 것이지만 빛이 교차할 때 서로 방해를 받지 않고 투과하는 현상 때문에 빛의 파동설을 주장하였다. 이때 빛의 파동은 우주 공간에 정지한 상태로 퍼져 있는 에테르(ether)라고 하는 가상적인 매질을 통해서 전달된다고 하였다. 그러나 뉴턴의 높은 권위와 빛의 파장이 매우 짧기 때문에 간섭이나 회절의 파동 현상을 알아내는 것이 불가능했기 때문에 그 당시에 빛의 입자설이 지배하였다.

그러나 영국의 토마스 영에 의해 빛의 간섭 현상이 관측되고, 프랑스의 프레넬에 의해 빛의 회절 현상을 파동설로 발표하였다. 또 푸코에 의해 공기보다 물속에서의 빛의 속도가 더 느리다는 것을 측정한 후부터 빛의 파동설을 믿게 되었다.

영국의 맥스웰은 전기장과 자기장의 상호 작용에 의해 전자기파의 이론을 확립하였으며, 이 전자기파도 진공에서 빛의 속도와 일치하는 것을 수학적으로 확인하고 빛도 일종의 전자기파라는 것을 밝혀내면서 빛의 파동설이 확고하게 되었다.

2.1.3 빛의 직진

빛은 파장이 짧기 때문에 직진성이 강하다. 따라서 빛이 지나는 경로 위에 물체를 놓으면 물체 뒤에 그림자가 만들어진다.

그림 2.1과 같이 바늘 구멍 사진기의 구멍을 통하여 광원에서 나오는 빛을 보내면 스크린 위에 물체의 상이 거꾸로 보인다. 이것은 광원에서 나오는 빛이 직진하여 한 점 a에서 a′로, 점 b에서 b′로 도달하기 때문에 일어나는 현상이다.

이와 같이 빛은 균일한 매질 내에서 직진한다. 일식이나 월식 현상도 빛이 직진하기 때문에 일어나는 현상이다.

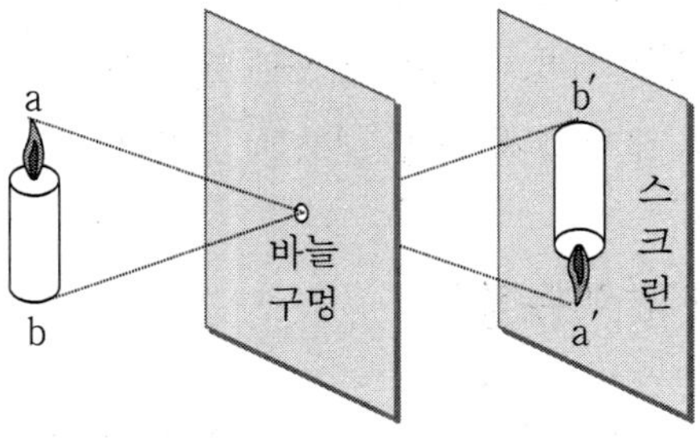

그림 2.1 ▶ 빛의 직진

2.2 빛의 반사와 굴절

2.2.1 반사의 법칙

빛은 진공이나 균일한 물질 내에서는 직진하지만 거울과 같이 투명한 물체에서 빛의 일부는 투과하고, 나머지는 표면에서 되돌아간다. 이와 같이 빛이 매질의 경계면에서 되돌아가는 현상을 빛의 반사(reflection)라 한다.

그림 2.2와 같이 빛이 반사할 때 경계면의 법선과 입사 광선의 진행 방향이 만드는 각 i를 입사각이라 하고, 반사 광선의 진행 방향이 만드는 각 i'을 반사각이라고 한다.

빛이 매질의 경계면에서 반사될 때 입사각과 반사각은 같다. 즉,

$$\angle i = \angle i' \qquad (2.1)$$

의 관계가 성립하고, 이것을 빛의 반사의 법칙이라 한다.

빛도 파동이므로 파동의 반사의 성질이 모두 적용되며, 반사의 법칙은 반사면이 평면이 아니더라도 성립한다.

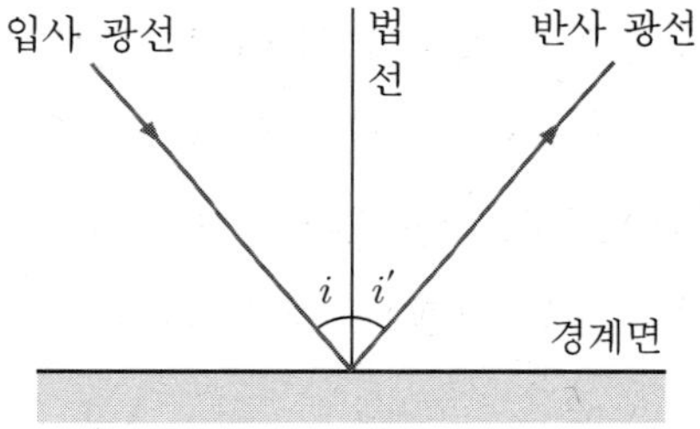

그림 2.2 ▶ 빛의 반사

그림 2.3(a)와 같이 표면이 매끄럽지 못한 물체에 빛이 한 방향으로 입사해도 각각 여러 방향으로 반사하여 흩어진다. 이와 같은 반사를 난반사라고 한다. 어떤 한 물체가 어느 방향에서나 볼 수 있는 것은 이러한 난반사 현상 때문이다.

난반사에서도 반사가 일어나는 부분을 확대해서 보면 울퉁불퉁한 임의의 한 부분에서 경계면의 법선에 대한 입사각과 반사각은 항상 같다는 것을 확인할 수 있으며, 반사의 법칙도 그대로 성립한다.

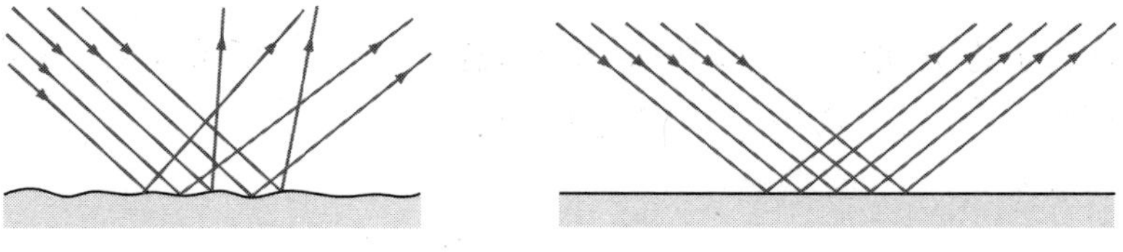

(a) 난반사 (b) 정반사

그림 2.3 ▶ 빛의 반사

그림 2.3(b)와 같이 거울이나 금속구와 같은 매끄러운 표면에 입사한 빛은 입사각과 같은 각도로 일정한 방향을 가지고 반사한다. 이와 같은 반사를 **정반사**라고 한다.

2.2.2 굴절의 법칙

(1) 굴절의 법칙

물이 들어있는 컵 속에 연필을 꽂으면 연필이 꺾여 보이는 현상을 볼 수 있다. 이것은 빛이 한 매질에서 다른 매질로 진행할 때 경계면에서 일부는 반사하지만 나머지는 진로 방향을 바꾸어 다른 매질로 들어가기 때문이다.

이와 같이 매질이 다른 경계면에서 빛의 진로 방향을 바꾸어 진행하는 현상을 **빛의 굴절**이라 한다. 빛의 굴절은 매질의 경계면에서 진동수는 일정하지만 빛의 속도와 파장이 변하기 때문에 일어나는 현상이다.

그림 2.4와 같이 매질 Ⅰ과 매질 Ⅱ에서 빛의 속도를 각각 v_1, v_2, 파장을 각각 λ_1, λ_2라 하고, 경계면의 법선과 입사 광선이 이루는 입사각 i, 경계면의 법선과 굴절 광선이 이루는 굴절각 r이라 하면

$$\frac{\sin i}{\sin r} = \frac{v_1}{v_2} = \frac{\lambda_1}{\lambda_2} = n_{12} \text{ (일정)} \tag{2.2}$$

의 관계가 성립한다. 이것을 **굴절의 법칙** 또는 **스넬의 법칙**이라 한다. 여기서 n_{12}는 매질 Ⅰ에 대한 매질 Ⅱ의 **상대 굴절률**이라고 한다.

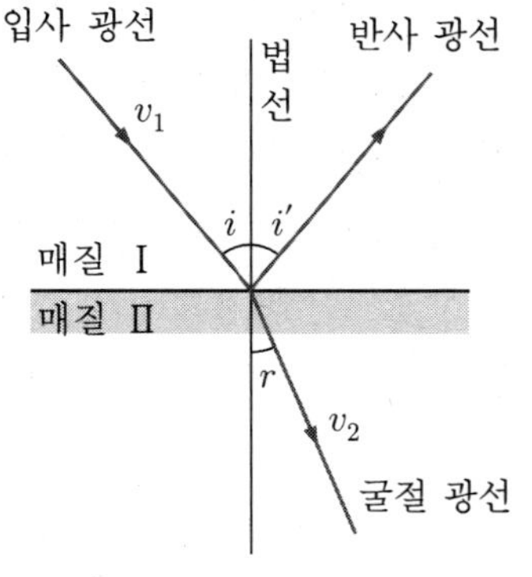

그림 2.4 ▶ 빛의 굴절

이와 같이 빛이 굴절할 때 입사각과 굴절각의 사인값의 비는 항상 일정하고, 이러한 굴절 현상은 각 매질에서 진행하는 빛의 속도가 다르기 때문에 일어나는 것이며, 상대 굴절률은 각 매질에서의 빛의 속도의 비와 같다.

특히 진공에 대한 매질의 굴절률을 **절대 굴절률** 또는 **굴절률**이라 하며, 진공에 대한 매질 Ⅰ과 매질 Ⅱ의 절대 굴절률 n_1, n_2는 각각

$$n_1 = \frac{c}{v_1}, \quad n_2 = \frac{c}{v_2} \tag{2.3}$$

가 된다. 따라서 상대 굴절률과 절대 굴절률은

$$n_{12} = \frac{n_2}{n_1} \left(= \frac{v_1}{v_2} \right) \tag{2.4}$$

의 관계가 성립한다.

공기의 절대 굴절률은 거의 1이므로 빛의 속도는 진공과 같다고 보아도 된다. 따라서 공기에 대한 물질의 상대 굴절률은 그 물질의 절대 굴절률과 거의 같다. 즉 매질 Ⅰ이 공기이고 매질 Ⅱ의 절대 굴절률이 n인 경우에는 공기에 대한 매질 Ⅱ의 상대 굴절률 n_{12}는 매질 Ⅱ의 절대 굴절률과 같게 되어 $n_{12} = n$이다.

광학적으로 소한 매질에서 빛의 속도는 빠르고 굴절률은 작다. 그러나 밀한 매질에서 빛의 속도는 느리고 굴절률은 큰 값을 가진다.

일반적으로 매질은 진공보다 광학적으로 밀하기 때문에 매질의 절대 굴절률은 1보다 큰 값을 갖지만, 상대 굴절률 n_{12}는 절대 굴절률 n_1, n_2에 따라 1보다 클 수도 작을 수도 있다.

(2) 겉보기 깊이

물속에 있는 사람의 다리는 실제보다 짧아 보이고, 물속의 물고기도 실제 위치보다 떠 보인다. 이것은 빛의 굴절에 의한 착시 현상이다.

그림 2.5와 같이 공기 중에서 굴절률이 n인 물속에 있는 물체 P를 보면 깊이 h'에 있는 P′인 것처럼 떠 보인다. 즉 P′는 P가 떠 보이는 상이다.

$$\frac{\sin\theta_1}{\sin\theta_2} = \frac{\overline{\mathrm{PB}}}{\overline{\mathrm{P'B}}} = \frac{\overline{\mathrm{PA}}}{\overline{\mathrm{P'A}}} = \frac{h}{h'} = n \tag{2.5}$$

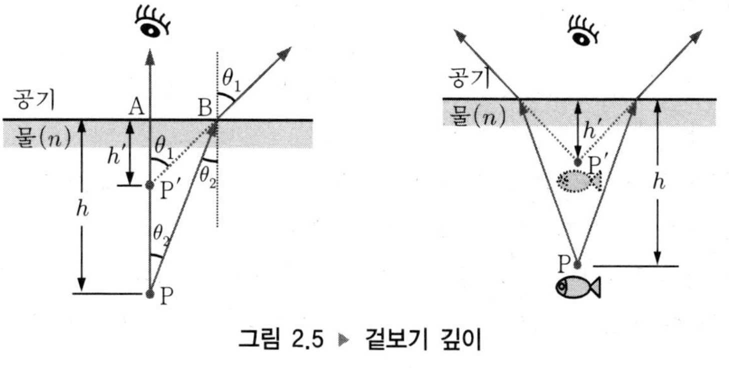

그림 2.5 ▸ 겉보기 깊이

그러므로 겉보기 깊이 h'는 다음과 같이 구해진다.

$$\therefore \quad h' = \frac{h}{n} \left(= \frac{n_1}{n_2} h \right) \tag{2.6}$$

예제 2.1 진동수 6×10^{14}[Hz]의 빛이 진공 중에서 유리 속으로 입사하고 있다. 진공 중에서 빛의 속도는 3×10^{8}[m/s]이고, 유리의 진공에 대한 굴절률은 1.5일 때 다음을 각각 구하라.

(1) 진공 중에서 빛의 파장[m] (2) 유리 속에서 빛의 속도[m/s]

(3) 유리 속에서 빛의 진동수[Hz] (4) 유리 속에서 빛의 파장[m]

풀이

(1) $c = f\lambda$에서 $\lambda = \dfrac{c}{f} = \dfrac{3\times10^{8}}{6\times10^{14}} = 0.5\times10^{-6}$ [m]

(2) $n = \dfrac{v_1}{v_2}$에서 $v_2 = \dfrac{v_1}{n} = \dfrac{3\times10^{8}}{1.5} = 2\times10^{8}$ [m/s]

(3) 진동수는 두 매질에서 일정하다. 즉 유리 속에서 빛의 진동수 $f = 6\times10^{14}$[Hz]

(4) $n = \dfrac{\lambda_1}{\lambda_2}$에서 $\lambda_2 = \dfrac{\lambda_1}{n} = \dfrac{0.5\times10^{-6}}{1.5} = 0.33\times10^{-6}$ [m]

2.3 전반사

광학적으로 소한 매질의 굴절률은 작고 밀한 매질의 굴절률은 크다. 또 소한 매질의 각도가 밀한 매질의 각도보다 더 크다.

굴절의 법칙에 의하여 입사각이 커지면 굴절각도 커지며, 굴절률이 큰 밀한 매질에서 굴절률이 작은 소한 매질로 빛이 입사할 때에는 굴절각이 입사각보다 커진다.

그림 2.6과 같이 광원에서 나온 빛이 물속에서 공기 속으로 나오는 경우와 같이 광학적으로 밀한 매질에서 소한 매질로 입사해 들어갈 때에는 굴절각이 입사각보다 커진다.

그러나 굴절각은 90° 이상으로 커질 수 없기 때문에 이때의 입사각보다 크면 빛은 경계면을 넘어가지 못하고 모두 반사하게 된다. 이 현상을 **전반사**라 한다.

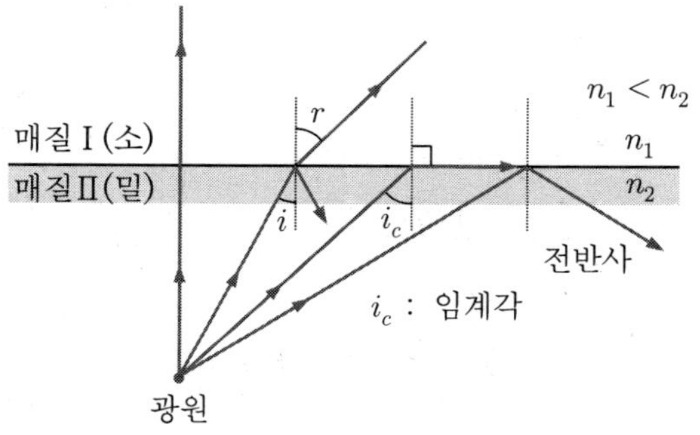

그림 2.6 ▶ 전반사

전반사가 일어나기 시작하는 입사각, 즉 굴절각이 90°가 되는 입사각 i_c를 **임계각**이라 한다. 따라서 입사각이 임계각 이상이 되면 전반사가 일어난다.

빛이 굴절률 n_2인 매질에서 굴절률 $n_1 (< n_2)$인 매질로 입사할 때는 굴절의 법칙에 의해

$$n_2 \sin i = n_1 \sin r \tag{2.7}$$

이 된다. 이 때 임계각 i_c로 입사할 때는 $\sin r = \sin 90° = 1$이 되므로

$$\sin i_c = \frac{n_1}{n_2} \tag{2.8}$$

이 된다. 이 식에서 매질 I이 공기인 경우에는 $n_1 = 1$이므로 매질 II의 절대 굴절률을 n이라고 하면 다음과 같다.

$$\sin i_c = \frac{1}{n} \tag{2.9}$$

그림 2.7과 같이 단면이 이등변 삼각형의 형태를 가진 프리즘을 **전반사 프리즘**이라 한다. 전반사 프리즘의 임계각은 45°보다 작기 때문에 빛의 진로를 90° 또는 180° 바꾸는데 이용되고 있다.

그 외에도 투명한 유리 또는 합성수지를 매우 가는 다발로 뽑은 **광섬유**는 전반사를

이용하여 빛을 먼 지점까지 전달하여 광통신 등에 이용한다.

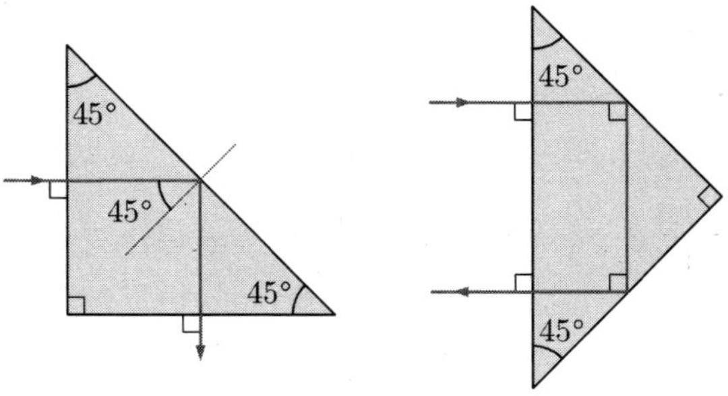

그림 2.7 ▸ 전반사 프리즘

> **예제 2.2** 굴절률이 2.0인 물질이 있다. 빛이 이 물질에서 나오는 공기 중으로 나올 때의 임계각을 구하라.

풀이

식 (2.9)에 의해 임계각을 i_c라고 하면

$$\sin i_c = \frac{1}{n} = \frac{1}{2.0} \qquad \therefore \quad i_c = 30°$$

2.4 거울 및 렌즈에 의한 상

우리 주변에서 평면 거울과 구면 거울은 빛의 반사를 응용한 것이며, 볼록 렌즈와 오목 렌즈는 빛의 굴절을 응용한 대표적인 것이다.

2.4.1 평면 거울에 의한 상

그림 2.8과 같이 점광원 P에서 나온 빛이 거울 면에 닿게 되면 반사의 법칙에 의해 반사하고 마치 점 P′에서 나온 것처럼 보인다. 즉 점 P에 있는 점광원은 점 P′에 상이 맺힌다.

사람의 눈은 빛이 직진하는 것으로만 인식되기 때문에 반사된 빛이라도 물체의 상에서 직접 직진해서 눈에 들어오는 것이라고 생각하기 때문에 거울 뒤쪽에 물체가 있는 것으로 인식되는 것이다. 따라서 눈에 들어오는 빛은 거울 뒤쪽의 점 P′의 점광원에서 나오는 것처럼 보이는 것이다.

일반적으로 한 점 P에서 나온 빛이 반사 또는 굴절에 의해 다른 한 점 P′에 모이게 될 때 P′을 P의 **상(image)**이라고 한다. 그런데 평면 거울에 의한 상과 같이 빛이 실제로 모이지 않고 연장선에 의해 모여서 만들어지는 상을 **허상(virtual image)**이라 하고, 반면에 빛이 실제로 모여서 만들어지는 상을 **실상(real image)**이라고 한다.

평면 거울에 의한 상의 특징은 거울 면에 대해 물체와 대칭의 위치에 만들어지고, 실물과 같은 크기의 **정립 허상**이다. 즉 실물과 좌우가 바뀌어서 보인다.

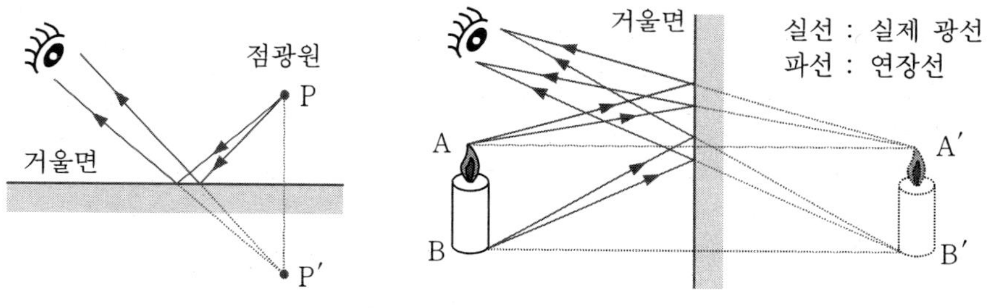

(a) 점광원에 의한 상　　(b) 물체의 허상

그림 2.8 ▶ 평면 거울에 의한 상

2.4.2 구면 거울에 의한 상

반사면이 구면으로 되어 있는 거울을 **구면 거울**이라 하고, 구면 거울은 구면의 안쪽을 반사면으로 이용하는 **오목 거울**과 구면의 바깥쪽을 반사면으로 이용하는 **볼록 거울**이 있다. 구면 거울도 평면 거울과 마찬가지로 빛의 반사를 이용한 것이다.

일반적으로 구면 거울은 굽어진 도로나 편의점 내부 등에 설치하고 이를 통하여 주위를 넓게 보거나 실물을 확대해서 시야를 확보하고 안전 및 감시하는 데 사용된다.

그림 2.9와 같이 구면 거울에서 거울 면을 구의 일부로 생각하고 연장하여 만들어지는 구의 중심이 되는 곳을 **구심**이라 하고 이때 구면의 반지름을 거울의 **곡률 반지름**이라 한다. 구심 O와 거울의 중심 M을 지나는 축을 **거울 축**이라 한다.

오목 거울에서 거울 축과 평행하게 입사하게 되면 반사 광선은 거울 축 위의 한 점에서 항상 모인다. 이 점을 **초점**이라 하며, 초점 F는 곡률 반지름 r의 절반에 해당하는 위치에 있다. 또 초점과 거울 중심과의 거리 $\overline{\mathrm{FM}}$를 **초점 거리** f라고 한다. 따라서 곡률 반지름 r과 초점 거리 f의 관계는 $f = r/2$이다.

그러나 볼록 거울에서는 거울 축과 평행하게 입사하게 되면 반사 광선은 마치 볼록 거울 뒤의 한 점에서부터 나온 광선처럼 진행한다. 따라서 볼록 거울에서는 실제로 빛이 모이지 않는 점이기 때문에 이 점을 **허초점**이라 한다.

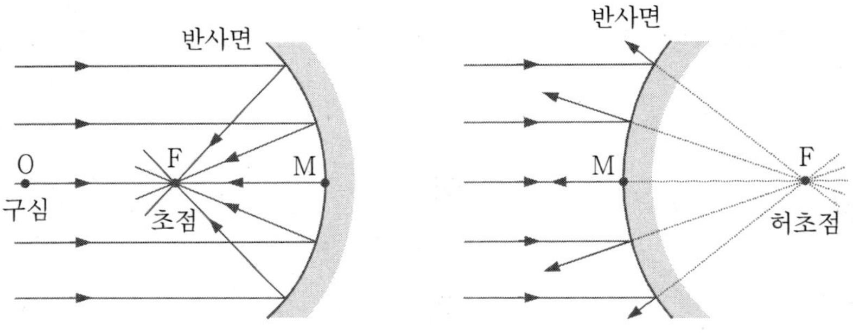

(a) 오목 거울 (b) 볼록 거울

그림 2.9 ▸ 구면 거울

구면 거울에 의한 상은 다음과 같이 구면 거울에서의 빛의 성질을 이용할 수 있고, 일반적으로 다음의 두 가지 항 ①과 ②를 이용하여 그린다.

① 거울 축에 평행한 입사 광선은 반사한 후 오목 거울에서 초점에 모이고, 볼록 거울에서는 허초점에서 나온 것같이 진행한다.

② 초점으로부터 나온 입사 광선은 반사한 후 거울 축에 평행하게 진행한다.

③ 구심에서 진행한 입사 광선은 반사한 후 되돌아간다.

④ 거울 중심에 입사한 광선은 반사한 후 거울 축에 대하여 같은 각을 이루며 반사한다.

그림 2.10은 오목 거울에 의한 상을 작도한 것이다. **그림 2.10(a)**와 같이 물체의 위치 a가 초점 거리 f보다 먼 곳에 위치하면 도립 실상이 생기고, **그림 2.10(b)**와 같이 물체의 위치 a가 초점 거리 f보다 가까운 곳에 위치하면 실물보다 확대된 정립 허상

이 생긴다.

그림 2.11은 볼록 거울에 의한 상을 작도한 것이고, 상은 거울 뒤쪽의 허초점과 거울 사이에 실물보다 항상 작은 정립 허상이 생긴다.

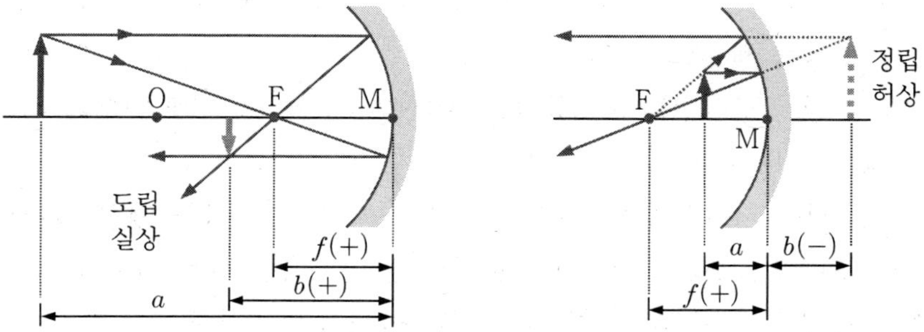

(a) 도립 실상인 경우　　(b) 정립 허상인 경우

그림 2.10 ▸ 오목 거울에 의한 상

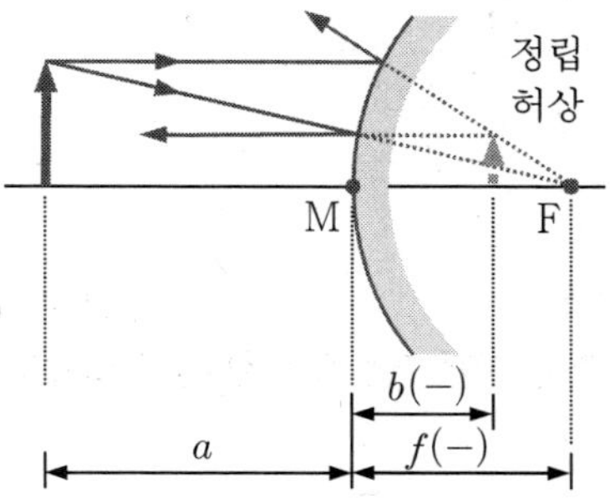

그림 2.11 ▸ 볼록 거울에 의한 상

구면 거울에 의해 생기는 상의 공식은 물체와 거울 중심 사이의 거리 a, 상과 거울 중심 사이의 거리 b, 초점 거리 f라 하고, 상의 배율을 m이라 하면 다음의 관계가 성립한다.

$$\frac{1}{a}+\frac{1}{b}=\frac{1}{f}, \quad m=\frac{b}{a} \tag{2.10}$$

이 식 (2.10)에서 상과 거울 중심 사이의 거리 b의 부호는 실상 (+), 허상 (−)이고, 초점 거리 f의 부호는 초점 (+), 허초점 (−)로 약속한다. 즉 반사면의 앞쪽에 있는 인자들은 (+) 부호, 반사면의 뒤쪽에 있는 인자들은 (−) 부호를 취하면 상의 위치와 크기를 쉽게 알 수 있다.

그림 2.12(a)와 같이 오목 거울에서 물체가 초점 거리보다 먼 곳에 위치할 때 초점에 가까워질수록 도립 실상은 확대되어 나타난다. 이때 물체가 구심 O보다 먼 곳에 위치하면 실물보다 작은 도립 실상이 생기고, 물체가 구심 O에 있을 때에는 실물과 같은 크기의 도립 실상이 생긴다.

또 물체가 초점 거리의 안쪽에 위치하고 있으면 실물보다 크게 확대되어 거울 뒤쪽에 정립 허상이 나타난다.

그림 2.12(b)와 같이 볼록 거울에서 반사면 앞에 있는 물체는 항상 실물보다 작은 정립 허상이 생긴다. 따라서 굽어진 도로에서 볼록 거울을 사용하는 이유는 실물보다 작게 보이는 대신에 볼 수 있는 범위를 넓힐 수 있기 때문이다.

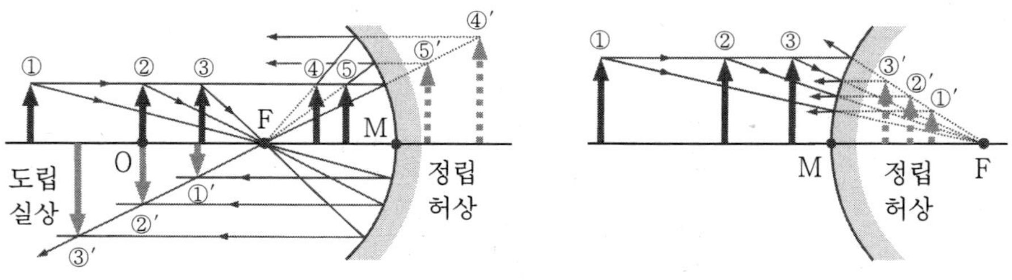

(a) 오목 거울에 의한 상 (b) 볼록 거울에 의한 상

그림 2.12 ▸ 구면 거울에 의한 상과 물체의 위치

> **예제 2.3** 초점 거리 10[cm]인 오목 거울의 앞 15[cm] 떨어진 곳에 길이 3[cm]의 물체가 놓여 있다. 다음을 각각 구하라.
>
> (1) 상의 종류와 위치[cm] (2) 상의 길이[cm]

풀이

(1) 식 (2.10)에서 $a = 15$[cm], $f = 10$[cm]이므로

$$\frac{1}{a} + \frac{1}{b} = \frac{1}{f} \rightarrow \frac{1}{b} = \frac{1}{f} - \frac{1}{a} = \frac{1}{10} - \frac{1}{15} = \frac{1}{30} \qquad \therefore \ b = 30\,[\mathrm{cm}]$$

물체의 위치 b가 (+)부호이므로 상은 도립 실상이고, 거울 앞쪽에서 30[cm]

떨어진 곳에 위치하여 생긴다.

(2) 배율은 $m=\frac{b}{a}=\frac{30}{15}=2$[배]이므로 상의 길이 l은 실물 크기의 2배이다. 즉,

$l=3\times2=6$[cm]

예제 2.4 **초점 거리 10[cm]인 볼록 거울의 앞 15[cm] 떨어진 곳에 길이 3[cm]의 물체가 놓여 있다. 다음을 각각 구하라.**

(1) **상의 종류와 위치**[cm] (2) **상의 길이**[cm]

풀이

(1) 식 (2.10)에서 $a=15$[cm], $f=-10$[cm]이므로

$$\frac{1}{a}+\frac{1}{b}=\frac{1}{f} \rightarrow \frac{1}{b}=\frac{1}{f}-\frac{1}{a}=\frac{1}{-10}-\frac{1}{15}=\frac{1}{-6} \qquad \therefore \quad b=-6\text{ [cm]}$$

물체의 위치 b가 (−)부호이므로 상은 정립 허상이고, 거울 뒤쪽에서 6[cm] 떨어진 곳에 위치하여 생긴다.

(2) 배율은 $m=\frac{b}{a}=\frac{6}{15}=0.4$[배]이므로 상의 길이 l은 실물 크기의 0.4배이다.

즉, 상의 길이 l은

$l=3\times0.4=1.2$[cm]

2.4.3 렌즈에 의한 상

렌즈는 빛의 굴절을 이용하여 상이 생기게 하는 것이고, 주변보다 중앙부가 두꺼운 **볼록 렌즈**와 중앙이 얇은 **오목 렌즈**가 있다.

볼록 렌즈에서 **그림 2.13(a)**와 같이 렌즈 축에 평행하게 입사한 광선은 굴절한 후 한 점에 모인다. 이 점을 **초점**이라 하고, 렌즈와 초점 사이의 거리를 **초점 거리**라고 한다.

오목 렌즈에서 **그림 2.13(b)**와 같이 렌즈 축에 평행하게 입사한 광선은 굴절한 후 렌즈 축 위의 한 점에서 나온 것처럼 발산한다. 이 점을 오목 렌즈의 **허초점**이라 한다.

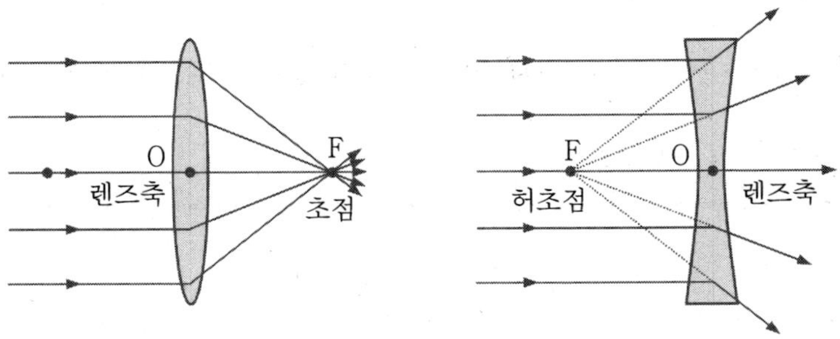

(a) 볼록 렌즈 (b) 오목 렌즈

그림 2.13 ▶ 렌즈

렌즈는 중심점 O에서 양쪽에 초점이 하나씩 있으며 물질이 같은 경우에는 그 초점 거리는 같다.

렌즈에 의한 상은 다음과 같이 렌즈에서의 빛의 성질을 이용할 수 있고, 일반적으로 다음의 두 가지 항 ①과 ②를 이용하여 그린다.

① 렌즈 축에 평행한 입사 광선은 굴절한 후 볼록 렌즈에서 초점에 모이고, 오목 렌즈에서는 허초점에서 나온 것같이 진행한다.

② 렌즈의 중심을 지나는 광선은 굴절하지 않고 직진한다.

③ 초점을 지나는 입사 광선은 렌즈 축에 평행하게 진행한다.

그림 2.14는 볼록 렌즈에 의한 상을 작도한 것이다. 그림 2.14(a)와 같이 물체의 위치 a가 초점 거리 f보다 먼 곳에 위치하면 물체의 반대쪽에 도립 실상이 생기고, 그림 2.14(b)와 같이 물체의 위치 a가 초점 거리 f보다 가까운 곳에 위치하면 물체가 있는

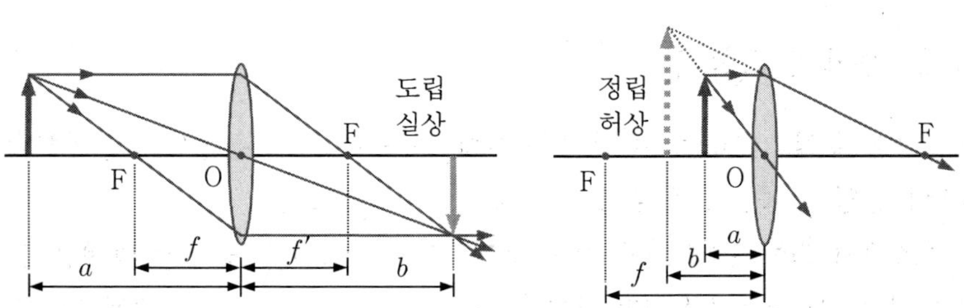

(a) 도립 실상인 경우 (b) 정립 허상인 경우

그림 2.14 ▶ 볼록 렌즈에 의한 상

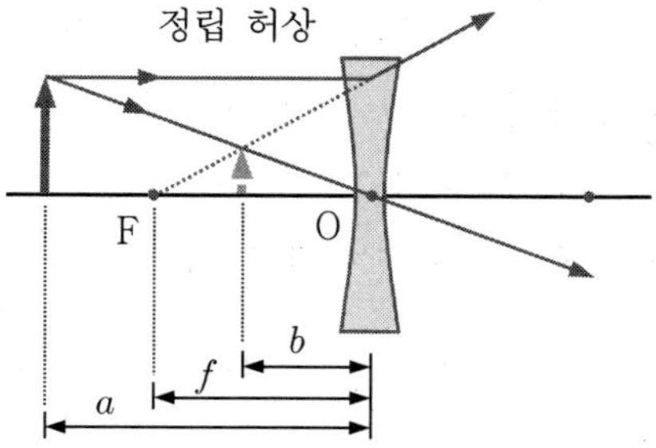

그림 2.15 ▸ 오목 렌즈에 의한 상

쪽에 실물보다 확대된 정립 허상이 생긴다. 따라서 볼록 렌즈에 의한 허상은 실물보다 크게 보이기 때문에 볼록 렌즈는 물체를 초점 거리 안쪽에 놓아 물체를 확대해 보는 확대경으로 많이 이용한다.

그림 2.15는 오목 렌즈에 의한 상을 작도한 것이고, 상은 물체가 있는 쪽에 항상 실물보다 작은 정립 허상이 생긴다.

따라서 렌즈를 중심으로 물체가 있는 쪽에 맺힌 상은 허상, 물체 반대쪽에 맺힌 상은 도립 실상이 된다.

렌즈에 의해 생기는 상의 공식은 물체와 렌즈 중심 사이의 거리 a, 상과 렌즈 중심 사이의 거리 b, 초점 거리 f라 하고, 상의 배율을 m이라 하면 다음의 관계가 성립한다.

$$\frac{1}{a}+\frac{1}{b}=\frac{1}{f}, \quad m=\frac{b}{a} \tag{2.11}$$

이 식에서 상과 거울 중심 사이의 거리 b의 부호는 실상 (+), 허상 (−)이고, 초점

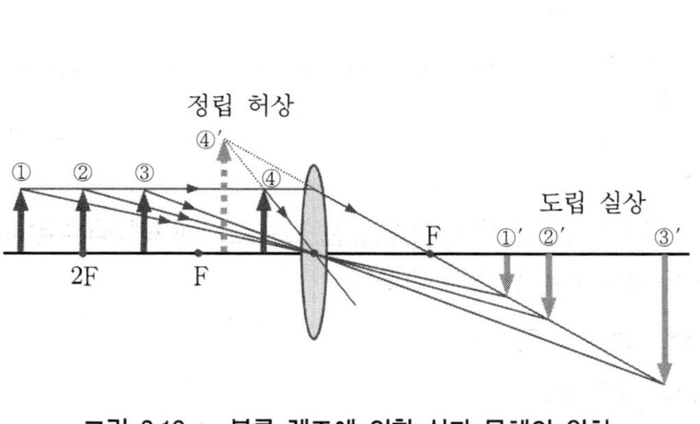

그림 2.16 ▸ 볼록 렌즈에 의한 상과 물체의 위치

거리 f의 부호는 초점 (+), 허초점 (−)로 약속한다. 따라서 오목 렌즈의 경우에는 허상이 맺히고 허초점이므로 b와 f의 부호는 (−)가 된다.

렌즈에 의해 생기는 상의 공식 (2.11)은 구면 거울에 의해 생기는 상의 공식 (2.10)과 마찬가지로 같이 사용할 수 있는 식이다.

그림 2.16은 볼록 렌즈에 의한 상과 물체의 위치를 나타낸 것이다.

예제 2.5 초점 거리 8[cm]인 볼록 렌즈의 앞 12[cm] 떨어진 곳에 길이 3[cm]의 물체가 놓여 있다. 다음을 각각 구하라.

(1) 상의 종류와 위치[cm]

(2) 상의 길이[cm]

풀이

(1) 식 (2.11)에서 $a=12$[cm], $f=8$[cm]이므로

$$\frac{1}{a}+\frac{1}{b}=\frac{1}{f} \rightarrow \frac{1}{b}=\frac{1}{f}-\frac{1}{a}=\frac{1}{8}-\frac{1}{12}=\frac{1}{24} \qquad \therefore \quad b=24\,[\text{cm}]$$

물체의 위치 b가 (+)부호이므로 상은 도립 실상이고, 렌즈의 뒤쪽에서 24[cm] 떨어진 곳에 위치하여 생긴다.

(2) 배율은 $m=\dfrac{b}{a}=\dfrac{24}{12}=2$[배]이므로 상의 길이 l은 실물 크기의 2배이다. 즉,

$$l=3\times 2=6\,[\text{cm}]$$

예제 2.6 초점 거리 6[cm]인 오목 렌즈의 앞 12[cm] 떨어진 곳에 길이 3[cm]의 물체가 놓여 있다. 다음을 각각 구하라.

(1) 상의 종류와 위치[cm]

(2) 상의 길이[cm]

풀이

(1) 식 (2.11)에서 $a = 12\,[\text{cm}]$, $f = -6\,[\text{cm}]$이므로

$$\frac{1}{a} + \frac{1}{b} = \frac{1}{f} \rightarrow \frac{1}{b} = \frac{1}{f} - \frac{1}{a} = \frac{1}{-6} - \frac{1}{12} = \frac{1}{-4} \qquad \therefore \quad b = -4\,[\text{cm}]$$

물체의 위치 b가 (−)부호이므로 상은 정립 허상이고, 렌즈 뒤쪽에서 $4\,[\text{cm}]$ 떨어진 곳에 위치하여 생긴다.

(2) 배율은 $m = \frac{b}{a} = \frac{4}{12} = \frac{1}{3}$[배]이므로 상의 길이 l은 실물 크기의 $\frac{1}{3}$배이다.

즉, 상의 길이 l은

$$l = 3 \times \frac{1}{3} = 1\,[\text{cm}]$$

2.5 빛의 분산과 스펙트럼

매질 내에서의 빛의 속도는 파장에 따라 다르다. 따라서 매질의 굴절률도 파장에 따라 변하게 된다. 여러 가지 파장이 섞여있는 백색광의 태양 광선을 프리즘을 통하여 입사시키면 파장에 따른 굴절률의 차이에 의해 여러 가지의 색으로 나누어지는 것을 볼 수 있다. 이러한 현상을 빛의 분산(dispersion)이라 한다.

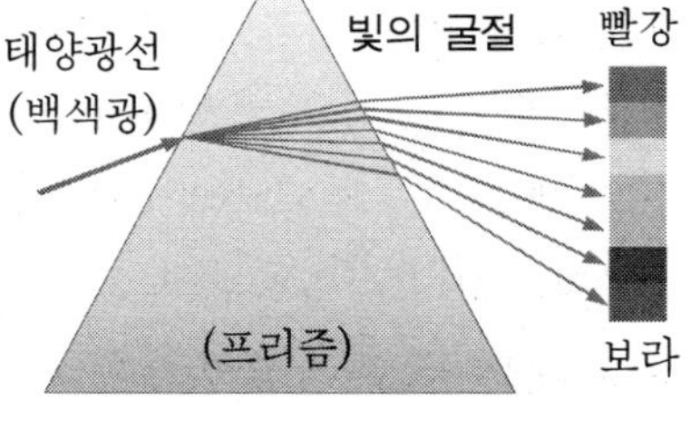

그림 2.17 ▸ 빛의 분산

프리즘에 의하여 분산된 빛은 빨강, 주황, 노랑, 초록, 파랑, 남색, 보라의 무지개 색광이 연속적으로 나열된다. 이와 같이 분산에 의해 생긴 색광의 띠를 빛의 스펙트럼(spectrum)이라고 한다.

특히 태양 광선의 스펙트럼과 같이 모든 색광이 연이어져 있는 스펙트럼을 연속 스펙트럼이라 한다. 전등이나 촛불에서 나오는 빛도 연속 스펙트럼을 나타낸다.

연속 스펙트럼을 보이는 것은 빛들이 모든 색광의 복합광으로 이루어져 있기 때문이고, 이와 같이 여러 가지의 색광이 복합되어 무색으로 된 빛을 **백색광**이라 한다. 이에 반하여 단 한 가지의 색광만을 가지는 빛을 **단색광**이라고 한다.

우리가 눈으로 볼 수 있는 가시광선은 760 ~ 380[nm]의 파장을 가지고 있다. 가시광선 중에서 파장이 가장 긴 빛은 빨강색이고 이 색보다 파장이 길어서 눈에 보이지 않는 빛을 **적외선**(infrared)이라 한다. 또 파장이 가장 짧은 빛은 보라색이고 이 색보다 파장이 짧아서 눈에 보이지 않는 빛을 **자외선**(ultraviolet)이라고 한다.

백색광이 프리즘을 통과하면 빛이 분산되는 현상은 색깔에 따라 파장이 다르고 또 파장에 따라 굴절률이 다르기 때문이다. 즉 색깔에 따른 빛의 굴절률은 파장이 긴 빨강 색광에서 보라 색광으로 갈수록 커진다. 따라서 **그림 2.17**과 같이 빨강 색광은 약간 꺾이고 보라 색광으로 갈수록 많이 꺾이면서 백색광이 여러 가지 색으로 분산되어 나타나는 것이다.

무지개는 자연에서 대표적으로 볼 수 있는 빛의 분산에 의해 나타나는 현상이다. **그림 2.18**과 같이 태양 광선이 공기 중에 있는 작은 물방울에 입사하면 앞면에서 빨강 색광은 적게 꺾이고 보라 색광은 많이 꺾이면서 1차 굴절을 한다. 또 굴절된 빛은 물방울의 뒷면에서 반사한 후 앞면으로 나오면서 2차 굴절을 하게 된다. 이와 같이 복합광을 가진 태양 광선이 작은 물방울에 의해 굴절, 반사, 굴절을 거치면서 여러 가지의 단색광들로 분산되어 나타나는 것이 무지개이다.

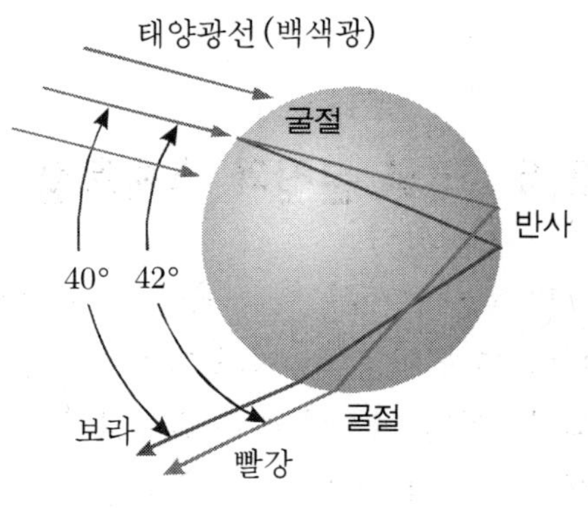

그림 2.18 ▶ 물방울에서 태양광선의 굴절

임의의 하나의 단색광이 눈에 들어오면 사람은 그 파장에 해당하는 색을 느끼게 되고, 두 개 또는 여러 개의 단색광이 동시에 눈에 들어오면 각 색광이 중첩되어 혼합된 다른 하나의 색감으로 느끼게 된다.

불투명한 물체에 태양 광선의 백색광이 입사하면 빛은 표면 근처의 내부에서 반사와 굴절을 반복하는 사이에 물체는 그 물질에 정해져 있는 색광만을 흡수하고 나머지 색광은 반사하여 내보낸다. 이 반사된 혼합 광색이 우리가 눈으로 보는 물체의 색이 되는 것이다.

2.6 빛의 간섭과 회절

2.6.1 빛의 간섭

앞 장에서 수면파에 대한 파동의 간섭과 회절 현상을 알아보았다. 빛도 파동의 성질을 가지고 있다면 반드시 간섭 현상이 나타날 것이다.

따라서 빛의 간섭 현상을 일으킨다는 것을 확인한다면 빛이 파동성을 가지고 있다는 것을 증명할 수 있게 되는 것이다. 그러나 수면파와는 다르게 빛은 파장이 극히 짧아서 빛의 간섭 현상을 관찰하기에는 매우 어렵다.

수면파에서 간섭 현상을 관찰하기 위하여 진동수와 위상이 같은 두 개의 점파원을 이용한 것과 마찬가지로 빛의 간섭 현상을 관찰하기 위하여 두 개의 똑같은 광원을 필요로 한다.

1802년 영국의 물리학자 영(T. Young)은 그림 2.19와 같이 한 개의 점광원을 설치하고 두 개의 가는 틈이 있는 이중 슬릿(slit)을 이용하여 빛의 간섭 현상을 발표하여 빛이 파동성을 가진다는 사실을 입증하였다. 이중 슬릿을 사용하는 것은 하나의 광원을 사용하면서도 두 개의 광원을 사용하는 효과를 내기 위한 것이다.

스크린 상에 간섭무늬를 살펴보면 밝은 무늬와 어두운 무늬가 번갈아 나타난다. 밝은 무늬는 마루와 마루 또는 골과 골이 중첩되어 보강 간섭이 일어난 곳이고, 어두운 무늬는 마루와 골이 중첩되어 상쇄 간섭이 일어나는 곳이다.

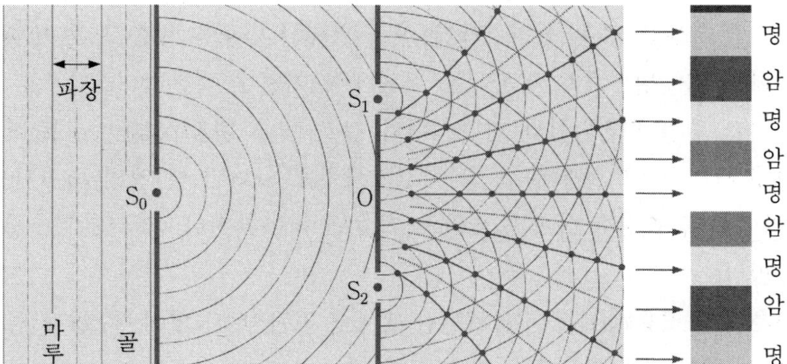

그림 2.19 ▸ 이중 슬릿에 의한 빛의 간섭

2.6.2 빛의 회절

수면파가 장애물에 부딪히면 회절하여 장애물 뒤쪽까지 전파된다. 마찬가지로 빛도 파동의 성질이 있다면 회절 현상이 일어날 것이다.

회절은 파장이 긴 파동에서 잘 일어나는 현상이지만 빛은 파장이 매우 짧고 직진성이 커서 장애물 뒤쪽에 그림자를 만들기 때문에 빛의 회절 현상을 관찰하기가 매우 어렵다. 그러나 그림자의 가장자리를 세밀하게 관찰해 보면 회절에 의한 간섭무늬를 볼 수 있다. 이 무늬를 회절무늬라고 한다.

그림 2.20 ▸ 회절 무늬

그림 2.20은 단색광을 좁은 슬릿이나 작은 구멍에 통과시켰을 때 빛이 퍼져나가는 회절무늬를 나타낸 것이다. 이러한 현상을 빛의 **회절**이라 하고 회절에 의한 간섭무늬를 보여주는 것이다.

빛의 회절 효과는 파동의 파장과 슬릿의 폭에 의해 결정되며, 일반적으로 빛의 파장이 길수록 슬릿의 폭이 좁을수록 회절이 잘 일어나고 무늬의 간격도 넓어진다.

2.7 편광

앞 절에서 빛의 간섭과 회절 현상으로부터 빛은 파동의 성질을 가지고 있다는 것이 확실해졌다. 그러나 이것만으로는 빛이 횡파 또는 종파인지를 구분할 수 없다.

태양, 전구 또는 촛불 등의 일반적인 광원에서 나오는 빛은 모든 방향으로 진동하는 파동이다. 모든 방향으로 진동하는 파동에서 어떤 특정한 한 방향으로 진동하는 빛만 통과시키는 판을 **편광판**이라 한다. 이와 같은 빛을 **편광**(polarized light)이라고 한다.

그림 2.21과 같이 편광판 한 장은 고정시키고 나머지 한 장의 편광판을 좌우로 서서히 돌리면서 광원에서 나오는 빛을 바라보면 밝아지거나 어두워지는 현상을 반복해서 볼 수 있다.

이것은 그림 2.21(a)와 같이 편광판 A에서 편광이 된 빛이 두 번째 편광판 B를 지날 때 편광의 진동면과 편광판의 축 방향이 같으면 그대로 통과하여 밝게 보이지만, 그림 2.21(b)와 같이 편광판이 서로 수직이 되면 빛이 통과하지 못하게 되어 어둡게 보인다.

만일 빛이 종파라고 하면 두 장의 편광판의 방향에 관계없이 일정한 밝기로 보일 것이다.

따라서 빛은 간섭과 회절 현상에 의해 파동이 확실하고, 편광 현상에 의해 횡파라는 것도 분명해졌다.

낮에 도로면에 반사되는 빛은 운전자에게 눈부심이 강하게 작용하기 때문에 운전자가 편광 안경을 쓰면 눈부심을 차단시켜 안전 운행에 효과가 매우 크다.

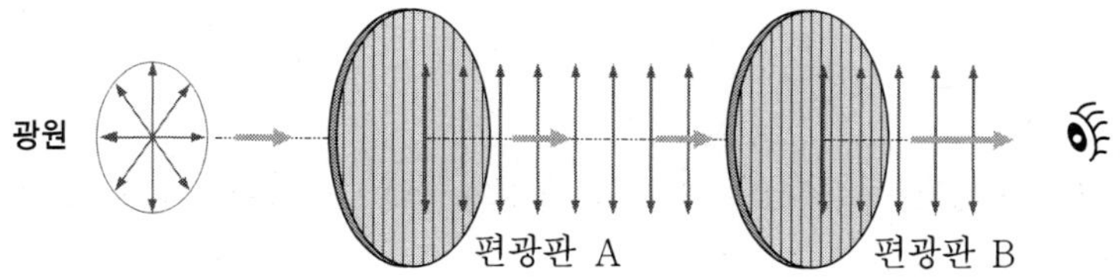

(a) 빛 통과

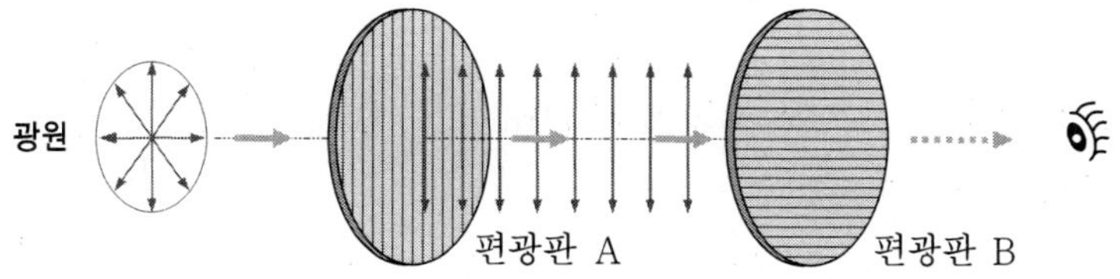

(b) 빛 차단

그림 2.21 ▶ 편광판에 의한 편광

연 / 습 / 문 / 제

2-1 빛이 진공으로부터 굴절률 $\frac{3}{2}$인 유리 속으로 진행할 때 유리 속에서 빛의 속력을 구하라.(단, 진공에서 빛의 속력은 3.0×10^8[m/s]이다.)

2-2 진공에 대한 유리의 굴절률은 $\frac{3}{2}$, 물의 굴절률은 $\frac{4}{3}$이다. 물에 대한 유리의 굴절률을 구하라.

2-3 그림 2.22와 같이 매질 Ⅰ에서의 파장이 λ인 빛이 매질 Ⅱ로 굴절해 들어간다.

(a) 매질 Ⅰ에 대한 매질 Ⅱ의 굴절률

(b) 매질 Ⅱ에서의 빛의 파장

(c) 매질 Ⅱ에서의 빛의 속도는 매질 Ⅰ에서의 빛의 속도의 몇 배

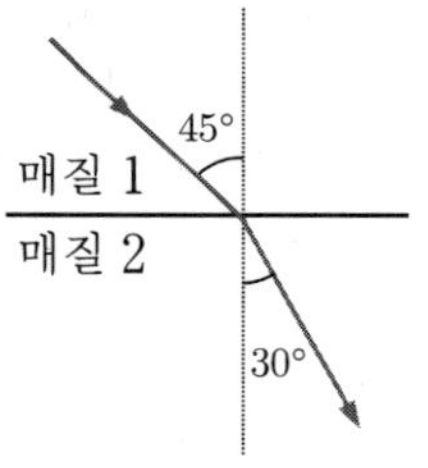

그림 2.22

2-4 빛이 공기 중에서 수면에 비스듬히 입사하여 물속으로 진행할 때 변하지 않는 것은 무엇인가?

① 파장 ② 진동수 ③ 속력 ④ 진행 방향

2-5 다음 중 항상 허상만 생기는 것으로 짝지어진 것은 무엇인가?

① 볼록 거울, 볼록 렌즈 ② 볼록 거울, 오목 렌즈

③ 오목 거울, 볼록 렌즈 ④ 오목 거울, 오목 렌즈

2-6 진동수가 5×10^{14}[Hz]인 빛이 진공 중에서 굴절률 $\frac{4}{3}$인 물로 입사할 때, 물속에서의 빛의 파장을 구하라.(단, 진공에서 빛의 속력은 3.0×10^8[m/s]이다.)

(a) 물속에서의 빛의 속력[m/s]

(b) 물속에서의 빛의 파장[m]

2-7 굴절률이 $\sqrt{2}$인 물질이 있다. 빛이 이 물질에서 나오는 공기 중으로 나올 때의 임계각을 구하라.

2-8 초점 거리 20[cm]인 오목 거울의 앞 10[cm] 떨어진 곳에 길이 5[cm]의 물체가 놓여 있다. 이 오목 거울에 의한 상의 종류, 위치 및 크기를 구하라.

2-9 초점 거리 20[cm]인 볼록 렌즈의 앞 30[cm] 떨어진 곳에 길이 10[cm]의 물체가 놓여 있다. 이 볼록 렌즈에 의한 상의 종류, 위치 및 배율을 구하라.

2-10 오목 거울의 앞에서 물체를 무한 원점에서 거울의 중심을 향하여 접근시킬 때 상이 실상에서 허상으로 변하는 위치를 골라라.

① 구심 밖　　② 구심　　③ 초점

③ 초점 안쪽　　④ 허상이 생기는 곳이 없다.

2-11 다음은 빛에서 일어나는 현상들을 설명한 것이다. 어떤 현상인지 나타내라.

(a) 물속에 반쯤 잠긴 막대가 꺾여 보인다.

(b) 백색광이 프리즘을 통과하면 여러 가지 색광으로 나누어진다.

2-12 단일 슬릿에 의한 빛의 회절에 대한 다음 설명에서 틀린 것을 골라라.

① 회절무늬의 간격은 슬릿의 폭에 따라 달라진다.

② 회절무늬의 간격은 빛의 파장에 따라 달라진다.

③ 회절무늬의 간격은 파동의 중첩의 원리에 의해서 생긴다.

④ 회절 현상으로부터 빛은 종파가 아니라 횡파임을 알 수 있다.

2-13 빛이 횡파인지 또는 종파인지를 알 수 있는 빛의 현상은 무엇인가?

① 간섭　　② 회절　　③ 편광　　④ 굴절

chapter 3

빛과 물질의 이중성

3.1 빛의 이중성

빛의 간섭과 회절 현상은 빛의 파동성에 대한 특성을 보여주는 대표적인 현상이고, 광전 효과나 X선 산란 실험의 결과는 빛의 입자성을 나타내고 있는 것을 알려준다. 이와 같은 사실은 빛이 파동성과 입자성이 동시에 작용한다는 것을 명확하게 해준다.

3.1.1 열복사

고온의 물체에서는 여러 가지 파장의 빛이 복사(radiation)된다. 이 때 모든 파장의 빛을 복사하는 물체는 반대로 모든 파장의 빛을 흡수한다. 입사되는 모든 파장의 빛을 흡수한다는 의미에서 이 물체를 흑체(black body)라고 한다.

흑체라고 해서 반드시 검은 물체일 필요는 없으며 모든 빛을 흡수만 하면 흑체가 되는 것이고, 태양도 모든 빛을 흡수하기 때문에 흑체가 된다. 흑체는 열복사가 일어나는 가장 이상적인 물체이고, 열복사 이론의 기준이 되는 물체이다.

검은 물체에 열을 가하기 시작하여 저온 상태에서는 검은 상태로 보이지만 적외선이 복사되어 따뜻해진다. 온도를 더 높여 가면 물체는 빨갛게 빛을 내기 시작하고 빨강색의 가시광선과 전보다도 더 많은 적외선을 복사하기 때문에 더욱 따뜻해진다. 더욱 더 온도를 높이면 적외선은 전보다도 다량으로 방사됨과 동시에 빨강색뿐만 아니라 짧은 파장을 가진 여러 가지 색광이 복사되어 백색, 즉 백열의 상태가 된다.

이것으로부터 흑체는 온도가 높아짐에 따라 다량의 빛이 복사되고, 그 복사선 중에는 긴 파장뿐만 아니라 짧은 파장의 빛도 많이 포함되어 있다는 것을 알 수 있다. 즉, 온도가 올라가면 복사 에너지의 양이 증가함과 동시에 모든 파장 중에서 긴 파장보다 짧은 파장의 비율이 높아져간다.

이와 같이 온도 상승에 의해 물체 표면에서 여러 가지 파장의 전자파가 방출하는 현상을 **열복사** 또는 **온도 복사**(temperature radiation)라 한다. 열복사의 파장 분포는 연속 스펙트럼이고, 태양, 백열등 및 전열기 등이 해당된다.

그림 3.1은 흑체의 열복사 특성 곡선을 나타낸 것으로써 온도 상승과 더불어 복사 에너지는 급속히 증가하고, 최대 복사 에너지를 내는 파장은 짧은 파장 쪽으로 이동하는 것을 알 수 있다.

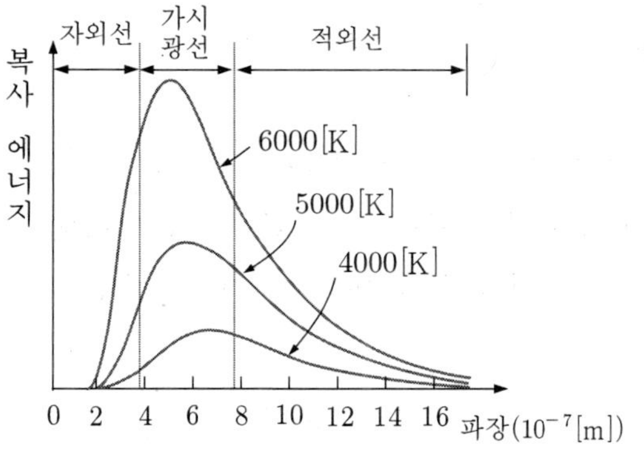

그림 3.1 ▶ 흑체의 열복사 특성 곡선

흑체의 열복사는 다음의 법칙을 따른다.

(1) 스테판-볼쯔만 법칙

흑체의 단위 면적으로부터 방출되는 복사 에너지 E는 절대온도 T[K]의 4제곱에 비례한다. 이것을 **스테판-볼츠만 법칙**(Stefan−Boltzmann's law)이라 한다.

$$E = \sigma T^4 \ [\mathrm{W/m^2}] \tag{3.1}$$

여기서 $\sigma = 5.6696 \times 10^{-8}$ [$\mathrm{W/m^2 \cdot K^4}$]이고, 이것을 스테판−볼츠만 상수라 한다.

(2) 빈의 변위 법칙

절대온도 T[K]일 때 최대로 복사되는 에너지에서의 파장 λ_m은 절대온도 T[K]에 반비례한다. 이것을 빈의 변위 법칙(Wien's displacement law)이라 한다.

$$\lambda_m = \frac{b}{T}\ [\mu\text{m}] \qquad (\text{단, } b = 2{,}898\ [\mu\text{m} \cdot \text{K}]) \tag{3.2}$$

(3) 플랑크의 열복사 이론

19세기 말에서 20세기 초에 고온의 물체에서 복사되는 열에너지의 분포를 이론적으로 여러 과학자가 연구하였다.

그림 3.1의 복사 에너지의 곡선 분포에서 빈의 법칙은 파장이 짧은 영역에서만 실험 결과와 일치하고, 레일리 및 진스의 파장에 따른 복사 에너지의 공식은 파장이 긴 영역에서만 일치한다. 따라서 모든 파장에 걸쳐 일치하는 이론식은 나오지 않았다.

1900년 독일의 물리학자 플랑크(M. Planck)는 양자 가설을 도입하여 전 파장의 영역에 실험적으로 일치하는 새로운 공식을 유도하였다.

이 공식의 이론적 기초를 세우기 위해 도입한 **양자 가설**은 복사 또는 흡수되는 에너지는 연속적으로 분포되어 있다는 기존 학설을 뛰어 넘어서 진동수 f인 빛은 hf라는 한 개의 에너지 덩어리로 된 **양자(quantum)**라는 불연속적인 값을 갖는다고 하였다. 이 에너지의 덩어리를 에너지 양자(energy quantum)라 한다. 에너지 양자 E는

$$E = hf \tag{3.3}$$

이다. 여기서 비례 상수 h는 다음과 같으며 **플랑크 상수(Planck's constant)**라 한다.

$$h = 6.63 \times 10^{-34}\ [\text{J} \cdot \text{s}]$$

3.1.2 광전 효과

그림 3.2와 같이 아연판을 부착한 금속박 검전기에 금속박을 (−)전하로 대전시켜 벌어지게 한 다음 수은등과 같은 자외선이 나오는 광원으로 아연판에 쬐면 벌어졌던 금속박이 닫혀지는 현상을 볼 수 있다. 이것은 아연판의 표면에 있던 전자가 자외선에 의해 방출되었기 때문이다.

이와 같이 금속에 파장이 짧은, 즉 진동수가 큰 빛, 자외선, X선, γ선 등을 비추면 표면에서 전자가 튀어 나온다. 이러한 현상을 **광전 효과(photoelectric effect)**라 하며,

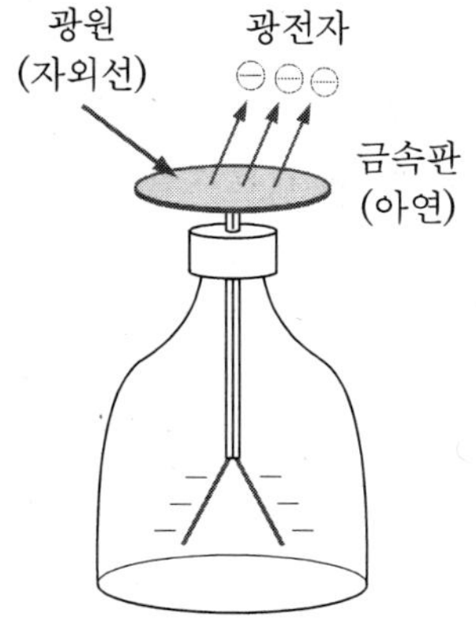

그림 3.2 ▶ 광전 효과

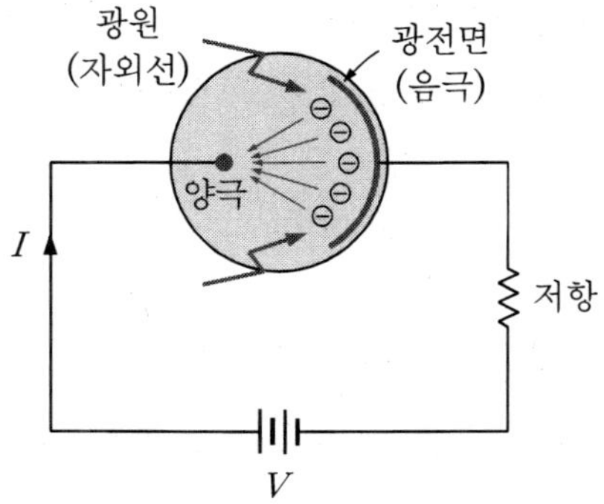

그림 3.3 ▶ 광전관 회로

이 때 튀어나온 전자를 **광전자**(photoelectron)라고 한다.

그림 3.3은 광전 효과를 정량적으로 실험을 하기 위한 **광전관**(phototube) 회로를 나타낸 것이다. 두 극 사이에 약한 전압을 인가하고 음극의 방전면에 진동수가 큰(짧은 파장) 빛을 조사(irradiation)하면 광전자가 방출되고, 방출된 광전자는 양극으로 이동하면서 외부회로에 **광전류**가 흐른다.

광전관 회로를 사용하여 광전 효과를 실험한 결과는 다음과 같이 요약할 수 있다.

(1) 그림 3.4와 같이 광전관의 음극(광전면)에 입사한 빛의 진동수가 특정 진동수 이하에서는 아무리 강한 빛을 조사해도 광전자는 튀어나오지 않는다. 이때의 진동수를 **한계 진동수**(threshold frequency) f_0라 하고, 이 값은 금속의 종류에 따라 다르다.

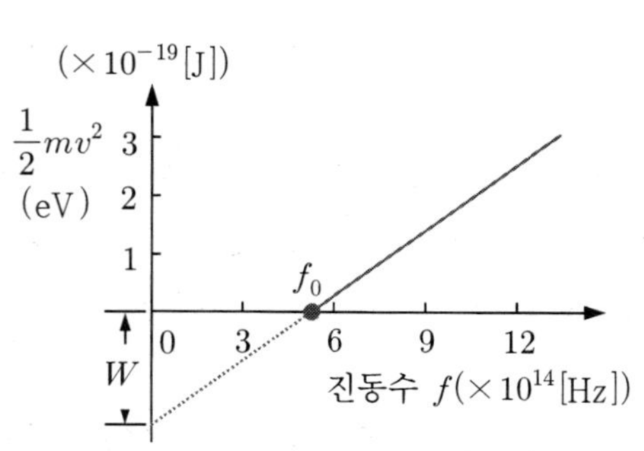

그림 3.4 ▶ 진동수와 최대 운동

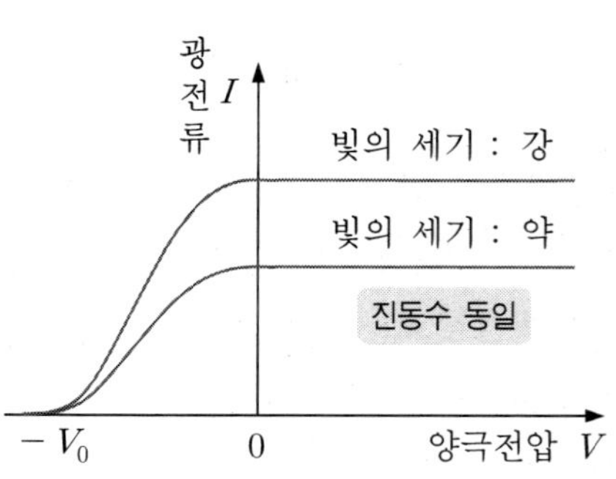

그림 3.5 ▶ 빛의 세기에 따른 광전류

(2) 아무리 세기가 약한 빛이라도 한계 진동수보다 크면 광전자는 빛을 조사하는 순간 즉시 튀어나온다.

(3) 그림 3.5와 같이 광전류는 0[V] 근처에서 포화되고 어떤 한계 전압에서 0이 된다. 이 전압을 **저지 전압** V_0(stopping potential)이라 한다.

(4) 진동수가 같은 빛을 조사할 때 빛의 세기가 강해져도 저지 전압이 일정하므로 광전자의 운동 에너지는 변화하지 않지만, 튀어나오는 광전자의 수는 증가하여 광전류가 많이 흐른다.

(5) 금속면에서 튀어나오는 광전자의 최대 운동 에너지는 빛의 세기에는 관계없고, 빛의 진동수에 비례한다.

광전면에 조사된 빛에 의해 방출된 광전자들은 운동 에너지를 가지고 있기 때문에 두 극에 인가된 전압에 의해 (+)의 양극으로 이동하여 전류가 흐른다. 이때 두 극에 전압의 극성을 바꾸어 역전압을 인가하면 전자의 방출이 억제되면서 결국은 어떤 저지 전압 V_0에서 전류는 0이 된다.

이때 전자의 운동은 멈춘 것이기 때문에 음극에서 방출된 전하량 e를 가진 광전자가 두 극 사이의 전위차 V_0에서 한 일은 eV_0이고, 이 일은 광전자가 가지는 최대 운동 에너지와 같다는 것을 의미한다. 즉,

$$\frac{1}{2}mv^2 = eV_0 \tag{3.4}$$

이다. 따라서 저지 전압 V_0를 측정하면 광전자의 최대 운동 에너지를 구할 수 있다.

1905년 독일과 미국에서 활동한 물리학자 아인슈타인(Einstein)은 앞 절에서 설명한 플랑크의 양자 가설이 열복사에만 한정되지 않고 빛에도 적용된다고 생각하여 양자 가설을 더욱 발전시킨 광자 학설을 발표하였고 이를 통하여 광전 효과를 설명하였다.

아인슈타인도 플랑크의 양자 가설과 마찬가지로 빛의 경우에도 불연속적인 에너지 양자의 덩어리인 입자로 생각하고, 빛의 에너지 입자를 **광자** 또는 **광량자**(photon)라고 하였다.

진공 속에서 광속 c, 진동수 f, 파장 λ, 플랑크 상수 h라 할 때, 플랑크의 에너지 양자의 식 (3.3)과 광속 $c=f\lambda$의 관계로부터 빛의 에너지인 광자 에너지 E는 다음과 같다.

$$E = hf = \frac{hc}{\lambda} \tag{3.5}$$

아인슈타인은 광전 효과를 빛의 파동성으로 충분히 설명할 수 없기 때문에 광자 학설에 의하여 다음과 같이 설명하였다.

광전 효과는 빛 에너지 hf를 가진 광자 한 개가 금속 내부에 있는 자유 전자와 충돌할 때 그 에너지를 전자에 주어서 금속 외부로 튀어나오게 하는 현상이다.

그림 3.6과 같이 금속 내부에 있는 전자는 금속의 종류에 따라 정해지는 전위 장벽(potential barrier)을 뛰어넘을 에너지를 얻지 못하면 방출되지 않는다. 이와 같이 금속 내부에 있는 전자가 금속 표면에 형성된 전위의 장벽을 뛰어넘어 외부로 방출하는 데 필요한 최소의 일 또는 에너지를 일함수(work function)라 한다.

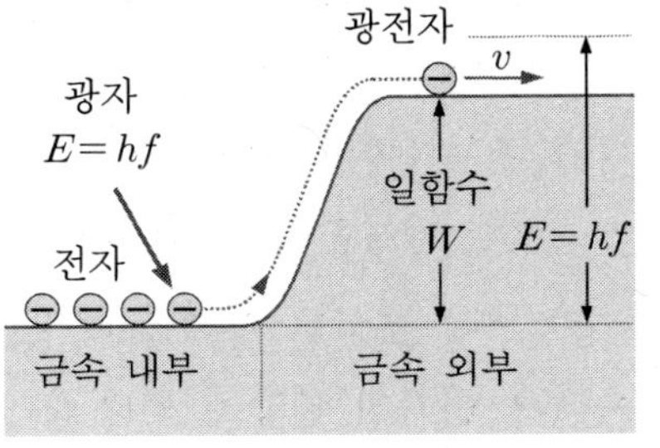

그림 3.6 ▶ 광전 효과

빛의 한계 진동수 f_0 이하에서는 광자 에너지 hf가 전위 장벽을 뛰어넘는 데 필요한 충분한 에너지를 얻지 못하므로 전자는 방출하지 못한다. 이때에는 광자 에너지 hf_0는 전부 일함수에 소비되기 때문에 일함수 W는 다음과 같다.

$$W = hf_0 = \frac{hc}{\lambda_0} \quad (\lambda_0 \text{ : 한계 파장}) \tag{3.6}$$

따라서 빛의 한계 진동수 f_0 이상을 조사해야만 전자가 전위 장벽을 뛰어넘을 만큼의 충분한 에너지를 얻게 되어 금속 외부로 방출한다.

빛의 진동수 f를 가진 빛의 광자 에너지 hf가 금속 내부에 있는 전자에 조사되면 금속 외부로 방출시키는 데 일함수 W만큼 사용되고 나머지는 광전자의 운동 에너지가 된다. 즉 빛의 입자성을 증명한 광전 효과에 의한 빛의 진동수 f와 광전자가 튀어나오는 최대 속도 v의 관계는

$$hf = \frac{1}{2}mv^2 + W \tag{3.7}$$

$$\therefore \quad \frac{1}{2}mv^2 = hf - W = h(f - f_0) \tag{3.8}$$

의 관계가 성립한다. 이 식을 아인슈타인의 광자 방정식이라고 한다.

3.1.3 콤프턴 효과

1923년 미국의 물리학자 콤프턴은 물체에 X선을 조사(irradiation)하였더니 물질 속의 전자는 튀어나가고 입사된 X선의 파장보다 긴 파장으로 산란되었다. 이때 산란된 X선의 파장은 산란각에 비례하여 변하고, 물질의 종류나 입사 X선의 파장과 관계하지 않는 것을 발견하였다. 이러한 현상을 **콤프턴 효과**(compton effect)라 한다.

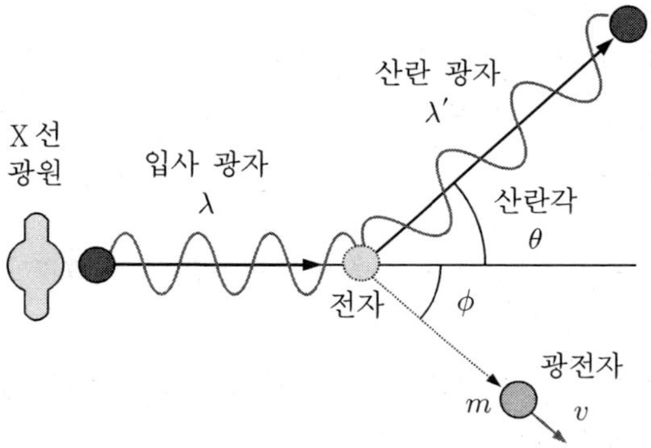

그림 3.7 ▸ 콤프턴의 산란 현상

파동인 전자기파는 반사나 굴절 등이 일어날 때 진동수, 즉 파장은 변하지 않기 때문에 산란된 X선의 파장이 길어지는 현상은 전자기파(파동)의 이론으로 설명할 수 없다. 따라서 콤프턴은 X선의 산란 현상이 X선의 광자를 에너지 E와 운동량 p를 가지는 입자라고 가정한 후, X선의 광자와 물질 내에 정지하고 있는 전자가 서로 한 개씩 충돌에 의한 것이라고 생각하여 전자는 이 충돌에 의해 튕겨 나가 광전자가 되고, X선의 광자도 산란각을 가지고 튕겨 나간다. 이때 광자는 전자에게 자신의 에너지의 일부를 주기 때문에 광자는 에너지가 감소하여 산란된 X선의 진동수가 줄어들고 파장이 길어진다.

이와 같은 결과에서 콤프턴은 X선도 빛과 같은 광자 에너지 hf를 가진 광자로 보고, X선 광자와 전자가 완전 탄성 충돌하여 충돌 전후에 에너지와 운동량이 보존되는 조건에서 충돌 전후에 파장의 변화는 산란각에 비례하는 관계가 실험 결과와 일치하는 것을 확인하였다.

광자의 질량 m, 파장 λ이고, 광자 에너지 $E=hf$, 광속 $c=f\lambda$의 관계와 아인슈타인의 상대성 이론으로부터

$$E=mc^2=hf \tag{3.9}$$

가 성립한다. 따라서 운동량 p는

$$p=mc=\frac{hf}{c}=\frac{h}{\lambda} \tag{3.10}$$

가 된다.

콤프턴은 X선(빛)을 광자라는 입자로써 위의 관계식으로 나타내는 광자 에너지와 운동량을 가지고, 입사 X선의 파장 λ, 산란 X선의 파장 λ' 사이에 다음과 같은 관계가 있다는 것을 확인하였다.

$$\Delta\lambda=\lambda'-\lambda=\frac{h}{mc}(1-\cos\theta)=0.024(1-\cos\theta)\,[\text{Å}] \tag{3.11}$$

이 현상을 **콤프턴 산란** 또는 **콤프턴 효과**라 한다. 따라서 콤프턴 효과는 광전 효과와 더불어 빛의 입자성을 재확인시켜 주었다.

3.1.4 빛의 이중성

간섭이나 회절 현상을 하는 빛은 전자기파로써 파동적 성질을 나타내지만, 광전 효과나 콤프턴 효과에서는 광자로써 입자적 성질을 나타낸다. 이와 같이 빛은 파동성과 입자성을 동시에 가지고 있으며 이것을 **빛의 이중성**이라고 한다.

광자가 입자와 충돌할 때 에너지는 hf로 빛의 진동수 f와 관계될 뿐만 아니라 광자 한 개의 에너지는 대단히 작으므로 입자성이 잘 관측되지 않는다. 또한 빛은 진동수가 작으면 에너지도 작게 되어 입자적 성질이 잘 나타나지 않지만, 진동수가 클수록, 즉 파장이 짧을수록 광자의 에너지가 커지므로 자외선이나 X선에서는 입자성을 잘 나타낸다.

따라서 빛은 입자인 광자가 많이 모여서 파동성을 나타내는 것이 아니라 개개의 광자가 파동성을 가지고 있다는 사실이다. 이와 같이 광자는 입자성과 파동성을 동시에 가지고 있다.

3.2 물질의 이중성

3.2.1 물질파

1924년 프랑스의 물리학자 드브로이(L. De Broglie)는 파동으로 알고 있었던 빛이 입자성이 있다는 사실이 확실해지면서 반대로 입자성을 가지고 있는 것으로 알려진 물질 입자인 전자도 파동성이 있다는 가설을 세우고 다음과 같은 식을 발표하였으며 이후의 과학자들에 의해 실험적으로 확인되었다.

물질 입자인 전자도 파동성을 나타내며, 질량 m, 속력 v, 운동량 p인 물질 입자가 나타내는 파동의 파장 λ는

$$\lambda = \frac{h}{p} = \frac{h}{mv} \tag{3.12}$$

이다. 여기서 h는 플랑크 상수이고, 물질 입자의 운동에 따르는 파동을 **물질파** 또는 **드브로이파**라고 한다. 이 식으로부터 물질 입자는 자신의 운동량에 반비례하는 파장을 가진 파동이라는 것이다.

3.2.2 전자의 파동성

물질파의 파장은 식 (3.12)에 의해 플랑크 상수 h가 매우 작아서 매우 짧다는 것을 도출할 수 있다. 질량 1[g]인 입자가 속력 10[km/s]인 경우를 계산해 보라.

이와 같이 짧은 파장에서 파동성은 검출할 수 없기 때문에 입자는 파동의 성질이 없다고 생각되어 왔다. 그러나 전자와 같이 질량이 작은 입자와 같은 경우에는 특별한 장치를 사용하여 전위차에 의해 전자의 속력을 조절하여 전자의 파동성을 검출할 수 있다.

즉, 정지하고 있는 전자를 전위차(전압) V로 가속시켜 속력이 v로 되었다면

$$\frac{1}{2}mv^2 = eV \qquad \therefore \quad v = \sqrt{\frac{2eV}{m}} \tag{3.13}$$

이 된다. 따라서 가속 전압이 V일 때, 전자에 대한 물질파의 파장 λ는 다음과 같이 구해진다.

$$\lambda = \frac{h}{mv} = \frac{h}{\sqrt{2meV}} \tag{3.14}$$

전자, 원자핵의 구성 입자인 양성자와 중성자 및 분자 등과 같은 물질 입자에서도 입자의 성질뿐만 아니라 파동의 성질을 동시에 나타낸다. 이와 같은 것을 **물질 입자의 이중성**이라 한다.

연 / 습 / 문 / 제

3-1 진동수 5×10^{14}[Hz]인 빛을 일함수가 2.1×10^{-19}[J]인 금속에 쬐여 주었다. (단, 플랑크 상수 $h=6.6\times10^{-34}$[J · s]이다.)

(a) 이때 입사된 광자(광량자) 한 개의 에너지[J]

(b) 금속에서 방출된 전자의 최대 운동 에너지[J]

3-2 빛의 가시광선 중에서 파장이 600[nm]인 단색광이 있다. (단, 플랑크 상수 $h=6.6\times10^{-34}$[J · s]이다.)

(a) 광자 한 개가 갖는 에너지[J]

(b) 광자 한 개의 운동량[J]

3-3 광자의 에너지는 진동수가 커지거나 파장이 짧아지면 증가한다. 파장이 3λ인 광자의 에너지는 파장이 λ인 에너지에 비해 몇 배가 되는지를 구하라.

3-4 광전 효과 실험에서 금속 표면에 어떤 파장의 빛을 비추었더니 전자가 방출되지 않았다. 그 이유로 옳은 것은?

① 빛의 세기가 작았다.
② 빛을 비추어 주는 시간이 짧았다.
③ 파장이 너무 짧은 빛으로 비추었다.
④ 금속의 일함수가 비추어 준 빛의 에너지보다 컸다.
⑤ 진동수가 너무 큰 빛으로 비추었다.

3-5 광전 효과에 의하여 금속 표면에서 방출되는 광전자의 최대 운동 에너지는 다음 중 어느 경우에 더 커지는가? 옳은 것을 2개 골라라.

① 입사 광선의 세기가 커질 때
② 입사 광선의 파장이 길어질 때
③ 입사 광선의 파장이 짧아질 때
④ 입사 광선의 진동수가 커질 때
⑤ 입사 광선을 쪼여 주는 시간이 더 길어질 때

3-6 질량이 2.2×10^{-24}[kg]인 입자가 1[m/s]의 속력으로 운동할 때, 물질파의 파장을 구하라. (단, 플랑크 상수 $h=6.6\times10^{-34}$[J · s]이다.)

3-7 정지해 있는 전자를 10[kV]의 전압으로 가속시켰다. 이 전자의 드브로이 파장을 구하라. (단, 전자의 질량은 9.1×10^{-31}[kg], 전하는 1.6×10^{-19}[C]이고, 플랑크 상수 $h=6.6\times10^{-34}$[J · s]이다.)

부 록
APPENDIX

부 록

1. 그리스 문자

대문자	소문자	명 칭	대문자	소문자	명 칭
A	α	alpha(알파)	N	ν	nu(뉴)
B	β	beta(베타)	Ξ	ξ	xi(크사이)
Γ	γ	gamma(감마)	O	o	omicron(오미크론)
Δ	δ	delta(델타)	Π	π	pi(파이)
E	ϵ	epsilon(입실론)	P	ρ	rho(로)
Z	ζ	zeta(제타)	Σ	σ	sigma(시그마)
H	η	eta(에타)	T	τ	tau(타우)
Θ	θ	theta(세타)	Y	υ	upsilon(윕실론)
I	ι	iota(요타)	Φ	ϕ	phi(파이)
K	κ	kappa(카파)	X	χ	chi(카이)
Λ	λ	lambda(람다)	Ψ	ψ	psi(프사이)
M	μ	mu(뮤)	Ω	ω	omega(오메가)

2. 단위의 거듭제곱

명 칭	기 호	값	명 칭	기 호	값
tera	T	10^{12}	centi	c	10^{-2}
giga	G	10^{9}	milli	m	10^{-3}
mega	M	10^{6}	micro	μ	10^{-6}
kilo	k	10^{3}	nano	n	10^{-9}
hecto	h	10^{2}	pico	p	10^{-12}
deca	da	10	femto	f	10^{-15}
deci	d	10^{-1}	atto	a	10^{-18}

3. 국제 단위계(SI)

3.1 SI 기본 단위

물리량	단위의 이름	기 호
길 이	미터(meter)	m
질 량	킬로그램(kilogram)	kg
시 간	초(second)	s
전 류	암페어(ampere)	A
온 도	캘빈(kelvin)	K
물질의 양	몰(mole)	mol
광 도	칸델라(candela)	cd

3.2 SI 유도 단위

물리량	단위의 이름	기 호	
면 적	제곱미터	m^2	
부 피	세제곱미터	m^3	
진동수	헤르츠(hertz)	Hz	1[Hz] = 1[s^{-1}]
속력, 속도	미터/초	m/s	
각속도	라디안/초	rad/s	
힘	뉴턴(newton)	N	1[N] = 1[kg · m/s^2]
압 력	파스칼(pascal)	Pa	1[Pa] = 1[N/m^2]
일, 에너지, 열량	줄(joule)	J	1[J] = 1[N · m]
일률, 전력	와트(watt)	W	1[W] = 1[J/s]
전하량	쿨롬(coulomb)	C	1[C] = 1[A · s]
전위차, 기전력	볼트(volt)	V	1[V] = 1[J/C]
전기저항	옴(ohm)	Ω	1[Ω] = 1[V/A]
인덕턴스	헨리(henry)	H	1[H] = 1[V · s/A]
정전용량	패럿(farad)	F	1[F] = 1[A · s/V]
전기장의 세기	볼트/미터	V/m	
자 속	웨버(weber)	Wb	1[Wb] = 1[V · s]
자기장, 자속밀도	테스라(tesla)	T	1[T] = 1[Wb/m^2]

3.3 SI 보조 단위

물리량	단위의 이름	기 호
각 도	라디안	rad
입체각	스테라디안	sr

4. 물리 상수

명 칭	기 호	상수값
광속(진공)	c	3.00×10^{8} [m/s]
만유인력 상수	G	6.67×10^{-11} [m^3/s^2 · kg]
보편 기체 상수	R	8.31 [J/mol · K]
아보가드로수	N_A	6.02×10^{23} [mol^{-1}]
볼츠만 상수	k	1.38×10^{-23} [J/K]
열의 일당량	J	4.2×10^{3} [J/kcal]
스테판-볼츠만 상수	σ	5.67×10^{-8} [W/m^2 · K^4]
유전율(진공)	ϵ_0	8.85×10^{-12} [F/m]
투자율(진공)	μ_0	1.26×10^{-6} [H/m]
플랑크 상수	h	6.63×10^{-34} [J · s]
기본 전하량	e	1.602×10^{-19} [C]
전자의 질량	m_e	9.11×10^{-31} [kg]
양성자의 질량	m_p	1.67×10^{-27} [kg]
중성자의 질량	m_n	1.67×10^{-27} [kg]
전자의 비전하	e/m_e	1.76×10^{11} [C/kg]

5. 중요 수학 공식

5.1 두 점 사이의 거리

두 점 $A(x_1, y_1)$, $B(x_2, y_2)$ 사이의 거리

$$\overline{AB}=\sqrt{(x_2-x_1)^2+(y_2-y_1)^2}$$

5.2 점과 직선 사이의 거리

한 점 $A(x_1, y_1)$에서 직선 $ax+by+c=0$에 이르는 거리

$$d=\frac{|ax_1+by_1+c|}{\sqrt{a^2+b^2}}$$

5.3 근의 공식

이차 방정식 $ax^2+bx+c=0$의 해

$$x=\frac{-b\pm\sqrt{b^2-4ac}}{2a}$$

5.4 피타고라스의 정리

직각을 이루는 두 변 a, b이고 빗변 c인 직각 삼각형에서 세 변의 관계

$$a^2+b^2=c^2$$

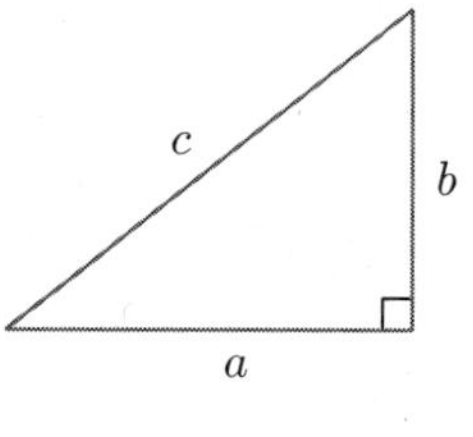

5.5 삼각함수

$$\sin\theta=\frac{a}{c}$$

$$\cos\theta=\frac{b}{c}$$

$$\tan\theta=\frac{a}{b}$$

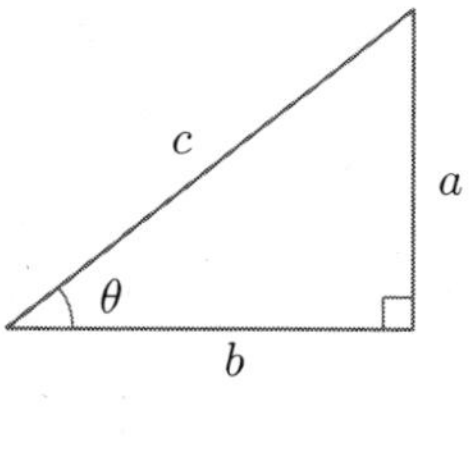

5.6 삼각형의 관계식

각도 : $A+B+C=180°$

$$\frac{\sin A}{a}=\frac{\sin B}{b}=\frac{\sin C}{c}$$

$$c^2=a^2+b^2-2ab\cos C$$

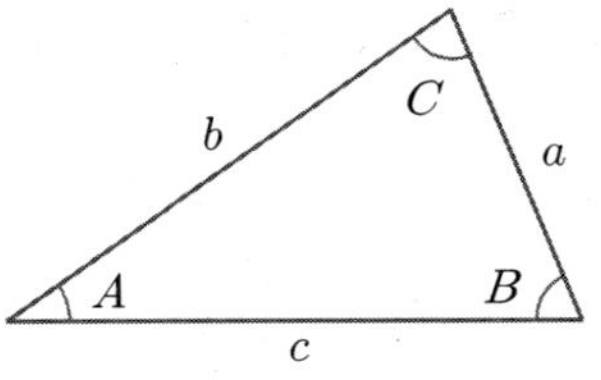

5.7 기하의 면적 또는 부피

원둘레 l(반지름 r) : $l=2\pi r$

원의 면적 A(반지름 r) : $A=\pi r^2$

구의 표면적 A(반지름 r) : $A=4\pi r^2$

구의 부피 V(반지름 r) : $V=\frac{4}{3}\pi r^3$

삼각형의 면적 A(밑면 a, 높이 h) : $A=\frac{1}{2}ah$

사다리꼴의 면적 A(밑면 a, 윗변 b, 높이 h) : $A=\frac{1}{2}(a+b)h$

5.8 로그함수(대수함수)

$y=\log_a x\ (x=a^y)$, $\log_a a=1\ (a>0,\ a\neq 1)$

$\log_a 1=0\ (a>0,\ a\neq 1)$

$\log_a(xy)=\log_a x+\log_a y$

$\log_a\left(\frac{x}{y}\right)=\log_a x-\log_a y$

$\log_a x^n=n\log_a x$, $\log_a \sqrt[n]{x}=\frac{1}{n}\log_a x$

$\ln x=\log_e x=\frac{\log_{10}x}{\log_{10}e}$, $\log_a b=\frac{\log_e b}{\log_e a}=\frac{\ln b}{\ln a}$

5.9 삼각함수 공식

(1) 삼각함수 사이의 관계

$$\sin^2\theta + \cos^2\theta = 1, \qquad \sec^2\theta = 1 + \tan^2\theta$$

$$\mathrm{cosec}^2\theta = 1 + \cot^2\theta, \qquad \tan\theta = \frac{\sin\theta}{\cos\theta}$$

$$\sin\theta\csc\theta = 1, \qquad \tan\theta\cot\theta = 1, \qquad \cos\theta\sec\theta = 1$$

(2) 삼각함수의 덧셈 공식

$$\begin{cases} \sin(\alpha \pm \beta) = \sin\alpha\cos\beta \pm \cos\alpha\sin\beta \\ \cos(\alpha \pm \beta) = \cos\alpha\cos\beta \mp \sin\alpha\sin\beta \end{cases}$$

(3) 삼각함수 합의 곱 변환 공식

$$\begin{cases} \sin\alpha + \sin\beta = 2\sin\frac{1}{2}(\alpha+\beta)\cdot\cos\frac{1}{2}(\alpha-\beta) \\ \sin\alpha - \sin\beta = 2\cos\frac{1}{2}(\alpha+\beta)\cdot\sin\frac{1}{2}(\alpha-\beta) \\ \cos\alpha + \cos\beta = 2\cos\frac{1}{2}(\alpha+\beta)\cdot\cos\frac{1}{2}(\alpha-\beta) \\ \cos\alpha - \cos\beta = -2\sin\frac{1}{2}(\alpha+\beta)\cdot\sin\frac{1}{2}(\alpha-\beta) \end{cases}$$

(4) 삼각함수의 곱의 합 변환 공식

$$\begin{cases} \sin\alpha\cos\beta = \frac{1}{2}\{\sin(\alpha+\beta) + \sin(\alpha-\beta)\} \\ \cos\alpha\sin\beta = \frac{1}{2}\{\sin(\alpha+\beta) - \sin(\alpha+\beta)\} \\ \cos\alpha\cos\beta = \frac{1}{2}\{\cos(\alpha+\beta) + \cos(\alpha-\beta)\} \\ \sin\alpha\sin\beta = -\frac{1}{2}\{\cos(\alpha+\beta) - \cos(\alpha-\beta)\} \\ \tan\alpha\tan\beta = \dfrac{\tan\alpha + \tan\beta}{\cot\alpha + \cot\beta} \end{cases}$$

(5) 배각 공식

$$\begin{cases} \sin 2\theta = 2\sin\theta\cos\theta \\ \cos 2\theta = 2\cos^2\theta - 1 = 1 - 2\sin^2\theta = \cos^2\theta - \sin^2\theta \\ \tan 2\theta = \dfrac{2\tan\theta}{1-\tan^2\theta} \end{cases}$$

5.10 미분공식

(1) $y = x^n \qquad y' = nx^{n-1}$

(2) $y = e^x \qquad y' = e^x$

(3) $y = \sin x \qquad y' = \cos x$

(4) $y = \cos x \qquad y' = -\sin x$

(5) $y = \tan x \qquad y' = \sec^2 x$

(6) $y = \cot x \qquad y' = -\csc^2 x$

(7) $y = \dfrac{1}{x} \qquad y' = -\dfrac{1}{x^2}$

(8) $y = a^x \qquad y' = a^x \ln a$

(9) $y = \ln x \qquad y' = \dfrac{1}{x}$

(10) $y = \ln x^2 \qquad y' = \dfrac{2}{x}$

(11) $\dfrac{df(u)}{dx} = \dfrac{df(u)}{du}\dfrac{du}{dx}$

(12) $\dfrac{d}{dx}\ln f(x) = \dfrac{1}{f(x)}\dfrac{df(x)}{dx} = \dfrac{f'(x)}{f(x)}$

(13) $\dfrac{d}{dx}\{fx)\}^n = n\{f(x)\}^{n-1}\dfrac{df(x)}{dx} = n\{f(x)\}^{n-1} \cdot f(x)$

(14) $\dfrac{d}{dx}\{f(x) \pm g(x)\} = \dfrac{df(x)}{dx} \pm \dfrac{dg(x)}{dx} = f'(x) \pm g'(x)$

(15) $\dfrac{d}{dx}\{f(x) \cdot g(x)\} = \dfrac{df(x)}{dx}g(x) + f(x)\dfrac{dg(x)}{dx} = f'(x) \cdot g(x) + f(x) \cdot g'(x$

(16) $\dfrac{d}{dx}\left\{\dfrac{f(x)}{g(x)}\right\} = \dfrac{\dfrac{df(x)}{dx}g(x) - f(x)\dfrac{dg(x)}{dx}}{\{g(x)\}^2} = \dfrac{f'(x) \cdot g(x) - f(x) \cdot g'(x)}{\{g(x)\}^2}$

5.11 적분공식 (적분상수 생략)

(1) $\int dx = x$

(2) $\int x^n dx = \dfrac{x^{n+1}}{n+1}$

(3) $\int e^x dx = e^x$

(4) $\int \dfrac{dx}{x} = \ln x$

(5) $\int \sin x\, dx = -\cos x$

(6) $\int \cos x\, dx = \sin x$

(7) $\int \sin ax\, dx = -\dfrac{1}{a}\cos ax$

(8) $\int \cos ax\, dx = \dfrac{1}{a}\sin ax$

(9) $\int e^{ax}\, dx = \dfrac{1}{a}e^{ax}$

(10) $\int \ln x\, dx = x\ln x - x$

(11) $\int a^x dx = \dfrac{a^x}{\ln a}$

(12) $\int xe^x\, dx = e^x(x-1)$

연습문제 해답

단원 Ⅰ 운동과 에너지

제 1 장

1-1 $v = 72\,[\mathrm{km/h}] = \dfrac{72000\,\mathrm{m}}{3600\,\mathrm{s}} = 20\,[\mathrm{m/s}]$

$v = \dfrac{s}{t}$에서 $t = \dfrac{s}{v} = \dfrac{800}{20} = 40\,[\mathrm{s}]$

정답 40 [s]

1-2 $a = \dfrac{v - v_0}{t} = \dfrac{0 - 40}{5} = -8\,[\mathrm{m/s^2}]$

정답 가속도 크기 : 8 $[\mathrm{m/s^2}]$
방향 : 서쪽 방향[(−) 반대 방향]

1-3 $v = v_0 + at$에서 가속도 a는

$$a = \frac{v - v_0}{t} = \frac{12 - 4}{2} = 4\,[\mathrm{m/s^2}]$$

이동한 거리 s는

$$s = v_0 t + \frac{1}{2}at^2 = 4 \times 2 + \frac{1}{2} \times 4 \times 2^2$$

$$\therefore\ s = 16\,[\mathrm{m}]$$

정답 16 [m]

1-4 문제의 그림에서 3초 때 속도의 부호가 (+)에서 (−)로 바뀌는 것은 물체의 운동 방향이 바뀌는 것을 의미한다. 즉, 0~3초 구간에서 물체가 오른쪽으로 운동한다면 3~5초 구간에서는 왼쪽으로 다시 되돌아가는 운동이다.

(a) 이동 거리는 $v-t$ 그래프에서 면적을 의미하므로 $s = 30 + 10 = 40\,[\mathrm{m}]$

$$v_{\text{평균속력}} = \frac{\text{이동 거리}}{\text{걸린 시간}} = \frac{40}{5} = 8\,[\text{m/s}]$$

(b) 변위 $s = 30 - 10 = 20\,[\text{m}]$, 평균속도 $v_{\text{평균속도}} = \frac{\text{변위}}{\text{걸린 시간}} = \frac{20}{5} = 4\,[\text{m/s}]$

정답 (a) 8 [m/s] (b) 4 [m/s]

1－5 (a) 가속도는 $v-t$ 그래프에서 기울기를 의미, 즉 구간별 가속도 a는

OA 구간 : $a = \frac{20-0}{5} = 4\,[\text{m/s}^2]$

AB 구간 : $a = 0$ (등속도 운동)

BC 구간 : $a = \frac{0-20}{5} = -4\,[\text{m/s}^2]$

(b) 이동 거리는 $v-t$ 그래프에서 면적을 의미하므로

$$s = \frac{1}{2} \times 20 \times 5 + 20 \times (10-5) + \frac{1}{2} \times 20 \times (15-10) \quad \therefore s = 200\,[\text{m}]$$

정답 (a) OA : 4 [m/s²], AB : 0
BC : −4 [m/s²]
(b) 4 [m/s]

1－6 (a) 2~4초 구간은 등속도 운동이므로 가속도 : $a = 0$

즉, $v_{(2초)} = v_{(4초)} = 3 \times 2 = 6\,[\text{m/s}]$

(b) $a-t$ 그래프를 $v-t$ 그래프로 바꾸어 나타낸다.

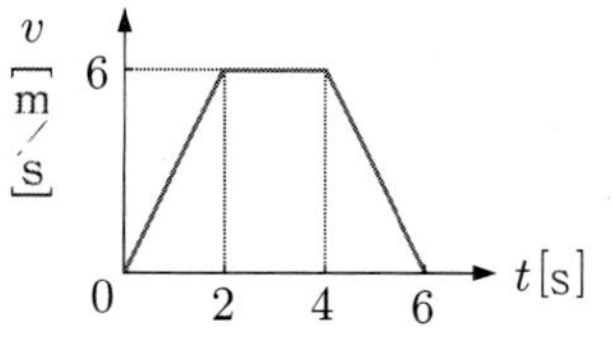

움직인 거리(이동 거리)는 $v-t$ 그래프에서 면적이므로

$$s = \frac{1}{2} \times 6 \times 2 + 6 \times 2 + \frac{1}{2} \times 6 \times 2 \qquad \therefore s = 24\,[\text{m}]$$

(c) $v_{\text{평균}} = \frac{\text{이동 거리}}{\text{걸린 시간}} = \frac{24}{6} = 4\,[\text{m/s}]$

정답 (a) 6 [m/s] (b) 24 [m]
(c) 4 [m/s]

1−7 $v-t$ 그래프에서의 면적은 이동 거리 s이므로

A 이동 거리 : $s_A = \frac{1}{2} \times 10 \times 4 = 20$ [m]

B 이동 거리 : $s_B = \frac{1}{2} \times 5 \times 4 = 10$ [m]

즉, 두 자동차 사이의 거리 : $s = s_A - s_B = 20 - 10 = 10$ [m]

정답 10 [m]

1−8 ① 0~10초까지 면적이 같으므로 10초 때 두 자동차 A와 B는 만나게 된다.
② 10초 이후의 면적은 A가 B보다 항상 크므로 A가 B를 앞서서 달린다.
③ 10초 이후 A의 속도가 B의 속도보다 항상 빠르므로 A와 B 사이의 거리는 멀어진다.
④ 0~5초까지 B의 속도가 A의 속도보다 빠르므로 A와 같은 방향으로 운동하는 것으로 보이다가 5초 이후부터 A의 속도가 빠르므로 B는 A와 반대 방향으로 운동하는 것처럼 보인다. 즉 운동 방향은 한 번 바뀌는 것으로 보인다.

정답 ②, ④

제 2 장

2−1 (a) 운동 방정식 $F = ma$에서 가속도 $a = \frac{F}{m} = \frac{20}{5} = 4$ [m/s²]

(b) 4초 동안만 일정한 힘을 가하였으므로 등가속도 직선 운동이다. 즉, 초속도 $v_0 = 0$이므로

$v = v_0 + at = 0 + 4 \times 4 = 16$ [m/s]

(c) 4초 이후부터는 힘이 작용하지 않았으므로 물체는 등속도 운동을 한다. 즉,
(5초 때의 속력)=(4초 때의 속력) $\therefore v = 16$ [m/s]

(d) 0~4초 : 등가속도 직선 운동

$s = v_0 t + \frac{1}{2}at^2$에서 초속도 $v_0 = 0$이므로 $s_1 = \frac{1}{2}at^2 = \frac{1}{2} \times 4 \times 4^2 = 32$ [m]

4~5초 : 등속도 운동

$s_2 = vt = 16 \times (5-4) = 16$ [m]

0~5초 : 이동 거리

$s = s_1 + s_2 = 32 + 16 = 48$ [m]

정답 (a) 4 [m/s²] (b) 16 [m/s]
(c) 16 [m/s] (d) 48 [m]

2−2 (a) $F=ma$에서 $\therefore\ m_1=\frac{48}{8}=6$ [kg]

$$m_1+m_2=\frac{48}{6}=8\ [\text{kg}] \qquad \therefore\ m_2=8-m_1=8-6=2\ [\text{kg}]$$

정답 6 [kg], 2 [kg]

2−3 $v-t$ 그래프에서 기울기는 가속도를 의미한다.

주어진 시각에서의 각각 가속도 a는

2초 : $a=\frac{10-0}{4-0}=2.5$ [m/s²]

5초 : $a=0$(등속도 운동)

7초 : $a=\frac{0-10}{0-4}=-2.5$ [m/s²]

$F=ma$에서 각각의 힘 F는

2초 : $F=2\times2.5=5$ [N], 5초 : $F=2\times0=0$, 7초 : $F=2\times(-2.5)=-5$ [N]

정답 2초 : 5 [N], 동쪽 방향
5초 : 0
7초 : 5 [N], 서쪽 방향

2−4 (a) 등속 운동이므로 물체의 합력, 즉 알짜힘은 0이다. 따라서 외력과 마찰력의 크기는 같아야 한다. 즉,

마찰력의 크기=외력=30 [N]

(b) $F=\mu mg$

$$\therefore\ \mu=\frac{F}{mg}=\frac{30}{5\times10}=0.6$$

정답 (a) 30 [N] (b) 0.6

2−5 (a) 두 물체가 연결되어 있는 물체계는 한 물체로 생각하여 $F=ma$에 적용한다.

$$F=(m_1+m_2)a \qquad \therefore\ a=\frac{F}{m_1+m_2}=\frac{30}{2+3}=6\ [\text{m/s}^2]$$

(b) 물체 A에서 운동 방정식은 $T=m_1a$이므로

$$T=m_1a=2\times6=12\ [\text{N}]$$

정답 (a) 6 [m/s²] (b) 12 [N]

2–6 (a) 장력은 물체 B의 중력과 같다. 즉,

$$T = m_2 g = 2 \times 10 = 20\ [\mathrm{N}]$$

(b) $F = (m_1 + m_2)a$, $F = m_2 g$에서

$$a = \frac{m_2 g}{(m_1 + m_2)} = \frac{2 \times 10}{3+2} = 4\ [\mathrm{m/s^2}]$$

(c) 물체 A에서 운동 방정식은 $T = m_1 a$이므로

$$T = m_1 a = 3 \times 4 = 12\ [\mathrm{N}]$$

정답 (a) 20 [N] (b) 4 [m/s²] (c) 12 [N]

2–7 (a) 두 물체가 연결되어 있는 물체계는 한 물체로 생각하여 $F = ma$에 적용한다. 외력은 두 물체에 작용하지만 방향이 반대이므로 $F = (m_2 - m_1)g$이고, 전체 질량은 $m = m_1 + m_2$이다. 즉 운동 방정식은

$$(m_2 - m_1)g = (m_1 + m_2)a$$

$$\therefore\ a = \frac{m_2 - m_1}{m_1 + m_2} g = \frac{3-1}{1+3} \times 10 = 5\ [\mathrm{m/s^2}]$$

(b) 물체 A에서 운동 방정식은

$$T - F_1 = m_1 a\ \ (F_1 = m_1 g)$$

$$T = m_1 g + m_1 a = 1 \times (10 + 5) = 15\ [\mathrm{N}]$$

정답 (a) 5 [m/s²] (b) 15 [N]

2–8 원래 길이 l, 탄성 계수 k라 할 때 $F = kx$(x : 늘어난 길이)에서

$$6 = k(10 - l),\ 12 = k(12 - l)$$

두 식을 연립하여 풀면 $l = 8$ [cm], $k = 3$ [N/cm] = 300 [N/m]

정답 8 [cm], 300 [N/m]

2–9 (a) 물체 B에 작용하는 중력(외력)과 운동 마찰력은 각각 다음과 같다.

$$F_2 = m_2 g = 5 \times 10 = 50\ [\mathrm{N}],\quad f = \mu m_1 g = 0.4 \times 2 \times 10 = 8\ [\mathrm{N}]$$

즉, 운동계 전체에서 작용하는 힘 F은

$$F = F_2 - f$$

이고, 두 물체를 한 물체로 보는 경우에 전체 질량은 $m = m_1 + m_2$이므로

$$F = (m_1 + m_2)a$$

이다. 이 두 식으로부터 운동 방정식은

$$F_2 - f = (m_1 + m_2)a$$

이 된다. 따라서 가속도 a는

$$\therefore\ a = \frac{F_2 - f}{m_1 + m_2} = \frac{50-8}{2+5} = 6\ [\mathrm{m/s^2}]$$

(b) 물체 A에서 운동 방정식은

$$T - f = m_1 a \qquad \therefore\ T = f + m_1 a = 8 + 2\times 6 = 20\ [\mathrm{N}]$$

(c) 물체 A는 등가속도 직선 운동이므로

$$v^2 - {v_0}^2 = 2as(v_0 = 0),\ v^2 = 2as = 2\times 6\times 0.5 = 6 \qquad \therefore\ v = \sqrt{6} = 2.45\ [\mathrm{m/s}]$$

정답 (a) 6 [m/s²] (b) 20 [N]
(c) 2.45 [m/s]

2-10 (a) 자유 낙하 거리 $s = \frac{1}{2}gt^2 = \frac{1}{2}\times 9.8\times 4^2 = 78.4\ [\mathrm{m}]$

(b) $v = gt = 9.8\times 4 = 39.2\ [\mathrm{m/s}]$

정답 (a) 78.4 [m] (b) 39.2 [m/s]

2-11 (a) 초속도 $v_0 = 10[\mathrm{m/s}]$

$$v = v_0 + gt = 10 + 9.8\times 4 = 49.2\ [\mathrm{m/s}]$$

(b) $s = v_0 t + \frac{1}{2}gt^2 = 10\times 4 + \frac{1}{2}\times 9.8\times 4^2 = 118.4\ [\mathrm{m}]$

정답 (a) 49.2 [m/s] (b) 118.4 [m]

2-12 최고점까지 걸린 시간 2초, 최고 높이는 2초 동안 자유 낙하 운동에 의한 거리와 같다.

$$h = \frac{1}{2}gt^2 = \frac{1}{2}\times 9.8\times 2^2 = 19.6\ [\mathrm{m}]$$

정답 19.6 [m]

2-13 (a) 최고점에서의 속도 $v = 0$, 초속도 $v_0 = 20[\mathrm{m/s}]$

$$v = v_0 - gt\text{에서 } 0 = v_0 - gt \qquad \therefore\ t = \frac{v_0}{g} = \frac{20}{10} = 2\ [\mathrm{s}]$$

(b) $H = \frac{{v_0}^2}{2g} = \frac{20^2}{2\times 20} = 10\ [\mathrm{m}]$

정답 (a) 2 [s] (b) 10 [m]

2−14 수평 방향은 등속도 운동, 연직 아래 방향은 자유 낙하에 의한 등가속도 운동이므로 각각 거리 및 높이는 다음의 공식을 이용한다.

(a) 수평 방향의 거리 $x = v_0 t$에서 $t = 3\,[\mathrm{s}]$, $x = 30\,[\mathrm{m}]$을 대입한다.

$$v_0 = \frac{x}{t} = \frac{30}{3} = 10\ [\mathrm{m/s}]$$

(b) 지면에서 옥상까지의 높이 : $h = \frac{1}{2}gt^2 = \frac{1}{2} \times 10 \times 3^2 = 45\ [\mathrm{m}]$

정답 (a) 10 [m/s] (b) 45 [m]

제 3 장

3−1 $Ft = mv - mv_0 = m(v - v_0)$

$$F = \frac{m(v - v_0)}{t} = \frac{5(40-0)}{2} = 100\ [\mathrm{N}]$$

정답 100 [N]

3−2 $F = \frac{m(v - v_0)}{t} = \frac{0.5(0-8)}{0.01}$ $\quad \therefore\ F = -400\ [\mathrm{N}]$

(−)부호는 힘이 속도와 반대 방향 의미

정답 400 [N]

3−3 $p = mv = m\sqrt{2gh} = 0.5 \times \sqrt{2 \times 9.8 \times 19.6} = 0.5 \times 19.6$

$\therefore\ p = 9.8\ [\mathrm{kg \cdot m/s}]$

정답 9.8 [kg·m/s]

3−4 (a) 운동량 변화량 Δp

$$\Delta p = mv - mv_0 = m(v - v_0) \quad \therefore\ \Delta p = 3 \times (20 - 10) = 30\ [\mathrm{kg \cdot m/s}]$$

(b) 충격량=운동량 변화량 : $I = \Delta p = 30\ [\mathrm{N \cdot s}]$

(c) $I = Ft \quad \therefore\ t = \frac{I}{F} = \frac{30}{5} = 6\ [\mathrm{s}]$

정답 (a) 30 [kg·m/s] (b) 30 [N·s]
(c) 6 [s]

3−5 (a) 운동량 변화량 Δp

$\Delta p = mv - mv_0 = m(v - v_0) = 20 \times \{(-5) - 10\}$

$\therefore\ \Delta p = -300$ [kg·m/s] (−)부호는 운동량 변화량이 속도와 반대 방향 의미

(b) 충격량=운동량 변화량에서

$Ft = \Delta p \qquad \therefore\ t = \dfrac{\Delta p}{F} = \dfrac{300}{5} = 60$ [N]

정답 (a) 300 [kg·m/s] (b) 60 [N]

3−6 처음 속도 v_0 : (+)방향

$I = \Delta p = m(v - v_0) = 2 \times \{(-3) - 5\} = 2 \times (-8)$

$\therefore\ I = -16$ [N·s] (−)부호는 충격량이 처음 속도와 반대 방향을 의미

정답 16 [N·s]

3−7 충돌 전후의 운동량 보존 법칙은 항상 성립한다. 즉,

$m_1 = 30$ [kg], $v_1 = 4$ [m/s], $v_1' = 0$, $m_2 = 60$ [kg], $v_2 = 0$, v_2' (?)

$m_1 v_1 + m_2 v_2 = m_1 v_1' + m_2 v_2'$, $30 \times 4 = 60 v_2' \quad \therefore\ v_2' = \dfrac{120}{60} = 2$ [m/s]

정답 2 [m/s]

3−8 $e = 0$인 완전 비탄성 충돌이고, 충돌 전후의 운동량 보존 법칙은 항상 성립한다.

$m_1 = 60$ [kg], $v_1 = 0$, $v_1' = v$, $m_2 = 40$ [kg], $v_2 = 8$ [m/s], $v_2' = v$

$m_1 v_1 + m_2 v_2 = m_1 v_1' + m_2 v_2'$, $40 \times 8 = 60v + 40v$, $320 = 100v \quad \therefore\ v = 3.2$ [m/s]

정답 3.2 [m/s]

3−9 (a) 충돌 전 높이 h

충돌 후 튀어 오른 높이 h', 충돌 직전 속도 $v_1 = -\sqrt{2gh}$

충돌 직후 속도 $v_1' = \sqrt{2gh'}$, 마룻바닥은 정지 상태 $v_2 = v_2' = 0$

반발 계수 $e = \dfrac{v_2' - v_1'}{v_1 - v_2} = -\dfrac{v_1'}{v_1} \qquad \therefore\ e = \dfrac{\sqrt{2gh'}}{\sqrt{2gh}} = \sqrt{\dfrac{h'}{h}} = \sqrt{0.64} = 0.8$

(b) 충격량=운동량 변화량($I = \Delta p$)

$I = m(v_1' - v_1) = m(\sqrt{2gh'} + \sqrt{2gh}) = 0.2 \times (\sqrt{2 \times 9.8 \times 0.64} + \sqrt{2 \times 9.8 \times 1})$

$\therefore\ I = 1.6$ [N·s]

정답 (a) 0.8 (b) 1.6 [N·s]

제 4 장

4−1 (a) $P=5\,[\mathrm{W}]$, $W=20\,[\mathrm{J}]$, $v=8\,[\mathrm{m/s}]$

$P=\dfrac{W}{t}$에서 $t=\dfrac{W}{P}=\dfrac{20}{5}=4\,[\mathrm{s}]$ $\therefore\ a=\dfrac{v}{t}=\dfrac{8}{4}=2\,[\mathrm{m/s^2}]$

(b) 일=에너지이므로 운동 에너지 $W=\dfrac{1}{2}mv^2$에서 $\therefore\ m=\dfrac{2W}{v^2}=\dfrac{2\times 20}{8^2}=\dfrac{5}{8}=0.625\,[\mathrm{kg}]$

정답 (a) $2\,[\mathrm{m/s^2}]$ (b) $0.625\,[\mathrm{kg}]$

4−2 (a) $a=\dfrac{v-v_0}{t}=\dfrac{2-0}{10}=0.2\,[\mathrm{m/s^2}]$

(b) $s=v_0t+\dfrac{1}{2}at^2=\dfrac{1}{2}\times 0.2\times 10^2=10\,[\mathrm{m}]$

(c) $W=Fs=5\times 10=50\,[\mathrm{J}]$

(d) 알짜힘 $F=ma=10\times 0.2=2\,[\mathrm{N}]$, 알짜힘=외력−마찰력, $2=5-f$ $\therefore\ f=3\,[\mathrm{N}]$

정답 (a) $0.2\,[\mathrm{m/s^2}]$ (b) $10\,[\mathrm{m}]$
(c) $50\,[\mathrm{J}]$ (d) $3\,[\mathrm{N}]$

4−3 $W=mgh=20\times 9.8\times 5=980\,[\mathrm{J}]$

정답 $980\,[\mathrm{J}]$

4−4 (a) 등속도 운동이므로 (외력=마찰력) : $F=f=\mu mg=0.3\times 20\times 10=60\,[\mathrm{N}]$

(b) $W=Fs=60\times 5=300\,[\mathrm{J}]$

정답 (a) $60\,[\mathrm{N}]$ (b) $300\,[\mathrm{J}]$

4−5 힘 F가 한 일은 면적과 같으므로 $\therefore\ W=\dfrac{1}{2}\times 20\times 5+10\times 5=100\,[\mathrm{J}]$

정답 $100\,[\mathrm{J}]$

4−6 물체에 해 준 일은 운동 에너지 증가량과 같으므로

$W=\dfrac{1}{2}m(v^2-{v_0}^2)$, $24=\dfrac{1}{2}\times 2(v^2-5^2)$ $\therefore\ v=7\,[\mathrm{m/s}]$

정답 $7\,[\mathrm{m/s}]$

4−7 $F=kx$와 $F=mg$이므로 $kx=mg$에서 탄성 계수 k는

$$\therefore\ k=\frac{mg}{x}=\frac{0.2\times 9.8}{0.1}=19.6\ [\text{N/m}]$$

탄성력에 의한 위치 에너지 E_p는

$$E_p=\frac{1}{2}kx^2=\frac{1}{2}\times 19.6\times 0.4^2 \qquad \therefore\ E_p=1.568\ [\text{J}]$$

정답 1.568 [J]

4−8 처음의 위치 에너지가 경사면에 내려오면서 운동 에너지와 마찰력으로 바뀌었으므로 $E_p=E_k+f$의 관계가 성립한다. 즉, 마찰력 f는

$$\therefore\ f=E_p-E_k=mgh-\frac{1}{2}mv^2=2\times 10\times 10-\frac{1}{2}\times 2\times 8^2=200-64=136\ [\text{J}]$$

정답 136 [J]

4−9 $mgh=3\times\frac{1}{2}mv^2$이고, 역학적 에너지 보존 법칙에서

$$\frac{1}{2}m{v_0}^2=\frac{1}{2}mv^2+mgh=\frac{1}{2}mv^2+\frac{3}{2}mv^2, \qquad \frac{1}{2}m{v_0}^2=\frac{4}{2}mv^2$$

$$v^2=\frac{1}{4}{v_0}^2 \qquad \therefore\ v=\frac{1}{2}v_0=\frac{1}{2}\times 40=20\ [\text{m/s}]$$

정답 20 [m/s]

제 5 장

5−1 (a) 주기는 한 바퀴 도는 데 걸리는 시간이므로 $T=\frac{5}{10}=0.5\ [\text{s}]$

$$\therefore\ \omega=\frac{2\pi}{T}=\frac{2\pi}{0.5}=4\pi\ [\text{rad/s}]$$

(b) 속력은 $v=r\omega$에서 $\quad\therefore\ v=r\omega=5\times 4\pi=20\pi\ [\text{m/s}]$

(c) 가속도는 $a=r\omega^2=\frac{v^2}{r}$에서

$$\therefore\ a=r\omega^2=5\times(4\pi)^2=80\pi^2\ [\text{m/s}^2]\ \text{또는}\ a=\frac{v^2}{r}=\frac{(20\pi)^2}{5}=80\pi^2\ [\text{m/s}^2]$$

(d) 구심력은 $F=ma=m\frac{v^2}{r}$에서 $\quad\therefore\ F=ma=0.2\times 80\pi^2=16\pi^2\ [\text{N}]$

정답 (a) 4π [rad/s] (b) 20π [m/s]
(c) $80\pi^2$ [m/s²] (d) $16\pi^2$ [N]

5−2 $F = m\dfrac{v^2}{r} = 40 \times \dfrac{5^2}{100} = 10$ [N]

정답 10 [N]

5−3 (a) 변위의 꼴 : $x = A\sin\omega t$이므로 진폭 $A = 2$ [m], 각속도 $\omega = 120\pi$ [rad/s]

(b) $f = \dfrac{\omega}{2\pi} = \dfrac{120\pi}{2\pi} = 60$ [Hz]

(c) $T = \dfrac{1}{f} = \dfrac{1}{60} \fallingdotseq 0.017$ [s]

정답 (a) 2 [m] (b) 60 [Hz]
(c) 0.017 [s]

5−4 (a) 용수철의 탄성 계수 k일 때

$mg = kx$이므로 $\therefore\ k = \dfrac{mg}{x} = \dfrac{0.5 \times 9.8}{0.1} = 49$ [N/m]

(b) $T = 2\pi\sqrt{\dfrac{m}{k}} = 2\pi\sqrt{\dfrac{4}{49}} = \dfrac{4\pi}{7} \fallingdotseq 1.8$ [s]

정답 (a) 49 [N/m] (b) 1.8 [s]

단원 Ⅱ 열역학

제 1 장

1−1 압력이 일정하므로 샤를의 법칙에서

$$\frac{V_0}{T_0} = \frac{V}{T} \quad \therefore\ V = \frac{T}{T_0}V_0, \quad \therefore\ V = \frac{273+42}{273+21} \times 14 = 15\ [\mathrm{cm}^3]$$

정답 15 [cm³]

1−2 보일−샤를의 법칙에서

$$\frac{P_0V_0}{T_0}=\frac{PV}{T} \quad \therefore\ T=\frac{PV}{P_0V_0}T_0, \quad \therefore\ T=\frac{3\times4}{1\times2}\times(273+127)=2400\,[\mathrm{K}]$$

정답 2400 [K]

1−3 기체 분자의 평균 운동 에너지

$$E_k=\frac{3}{2}kT \quad \therefore\ E_k\propto T,\quad 300:120=600:E_k,\quad \therefore\ E_k=240\,[\mathrm{J}]$$

정답 240 [J]

1−4 이상 기체 방정식 $PV=nRT$에서 $P\propto nT$이므로

$\therefore\ P_1:P_2=2\times600:3\times300=4:3$

정답 4 : 3

제 2 장

2−1 (a) 이상 기체 방정식 $PV=nRT$에서 압력이 증가하거나 부피가 증가해야 한다. 즉, 온도 상승 과정은 압력이 증가하는 과정 ①이 된다.

(b) 기체가 외부에 일을 하려면 $W=P\Delta V$에서 부피가 증가해야 한다. 즉, 부피가 증가하는 과정 ②가 된다.

(c) 내부 에너지 $U=\frac{3}{2}nRT$에서 $U\propto T$이므로 내부 에너지가 감소하려면 온도가 낮아지는 과정이 되어야 한다. 즉, 과정 ③이 된다.

(d) 열역학 제1법칙 $Q=\Delta U+W$에서 $Q=\frac{3}{2}nR\Delta T+P\Delta V$ 이므로 온도가 상승하거나 부피가 증가하면 열량을 흡수한다. 즉, 과정 ①, ②가 된다.

(e) 내부 에너지의 변화량은 $\Delta U=\frac{3}{2}nR\Delta T$ 에서, 전 과정을 순환하면 $\Delta T=0$이 되므로 $\Delta U=0$이 된다.

정답 (a) ① (b) ② (c) ③
(d) ①, ② (e) 0

2−2 절대 온도 $T=27+273=300\,[\mathrm{K}]$이고 내부 에너지 U는

$$\frac{3}{2}nRT=\frac{3}{2}\times2\times8.3\times300 \quad \therefore\ U=7470\,[\mathrm{J}]$$

정답 7470 [J]

2−3 열역학 제1법칙 $Q=\Delta U+W=\Delta U+P\Delta V$에서 부피 변화 $\Delta V=0$이므로

$$Q=\Delta U=\frac{3}{2}nR\Delta T \qquad \therefore\ Q=\frac{3}{2}\times 2\times 8.3\times 1=24.9\ [\mathrm{J}]$$

정답 24.9 [J]

2−4 열역학 제1법칙 $Q=\Delta U+W$에서

$$\Delta U=Q-W=3\times 4200-6000 \qquad \therefore\ \Delta U=6600\ [\mathrm{J}]$$

정답 6600 [J]

2−5 (a) 기체가 한 일 $W=P\Delta V$이므로 $P-V$ 곡선의 아래 면적과 같다. 즉,

$$W=2\times 10^5\times\{(5-2)\times 10^{-3}\} \qquad \therefore\ W=600\ [\mathrm{J}]$$

(b) 내부에너지 증가량 ΔU는

$$\Delta U=U_2-U_1=\frac{3}{2}(nRT_2-nRT_1)=\frac{3}{2}(PV_2-PV_1)=\frac{3}{2}P(V_2-V_1)$$

$$=\frac{3}{2}\times 2\times 10^5\times(5\times 10^{-3}-2\times 10^{-3}) \qquad \therefore\ \Delta U=900\ [\mathrm{J}]$$

(c) 기체가 흡수한 열량은 열역학 제1법칙 $Q=\Delta U+W$에서

$$\therefore\ Q=900+600=1500\ [\mathrm{J}]$$

정답 (a) 600 [J] (b) 900 [J]
(c) 1500 [J]

2−6 열역학 제1법칙 $Q=\Delta U+W$에서 $\Delta V=0$이므로 $W=0$이다. 그러므로

$$Q=\Delta U=U_2-U_1=\frac{3}{2}(nRT_2-nRT_1)=\frac{3}{2}(P_2V-P_1V)=\frac{3}{2}(P_2-P_1)V$$

$$=\frac{3}{2}(3\times 10^5-1\times 10^5)\times 3\times 10^{-3} \qquad \therefore\ Q=\Delta U=900\ [\mathrm{J}]$$

정답 900 [J]

2−7 열기관의 최대 효율은 카르노 기관의 효율이므로

$$e=1-\frac{T_2}{T_1}=1-\frac{300}{600}=0.5 \qquad \therefore\ 50\ [\%]$$

정답 50 [%]

단원 Ⅲ 전기와 자기

제 1 장

1−1 쿨롱의 법칙 $F=\frac{Q_1Q_2}{4\pi\epsilon_0 r^2}$

$$F=9\times10^9\times\frac{Q_1Q_2}{r^2}=9\times10^9\times\frac{3\times10^{-5}\times4\times10^{-5}}{0.6^2}=30\ [\mathrm{N}]$$

정답 30 [N]

1−2 $E=\frac{F}{q}=\frac{4\times10^{-6}}{2\times10^{-10}}$ $\quad\therefore\ E=2\times10^4\ [\mathrm{N/C}]$

정답 2×10^4 [N/C]

1−3 전기장의 세기 $E=\frac{Q}{4\pi\epsilon_0 r^2}$

$$E=9\times10^9\times\frac{Q}{r^2}=9\times10^9\times\frac{4\times10^{-9}}{0.3^2}=400\ [\mathrm{V/m}]$$

전기장에서 전하가 받는 힘

$$F=qE=3\times10^{-2}\times400=12\ [\mathrm{N}]$$

정답 400 [V/m], 12 [N]

1−4 (a) 양전하 : ㉰ (b) 음전하 : ㉮

(전기력선의 성질) ① 전기력선은 단위 양전하가 스스로 이동하면서 그리는 가상선

② 전기력선 방향 : 고전위에서 저전위 방향

③ 양전하는 전기력선 방향 또는 고전위에서 저전위 방향으로 운동

④ 음전하는 양전하와 반대 방향으로 운동

정답 (a) ㉰ (b) ㉮

1−5 $W=qV$ 에서 $V=\frac{W}{q}=\frac{12\times10^{-6}}{4\times10^{-9}}=3\times10^3\ [\mathrm{V}]$

정답 3×10^3 [V]

1−6 (a) $E = \frac{V}{d} = \frac{50}{0.5} = 100\,[\mathrm{V/m}]$

(b) $W = qV = 3 \times 10^{-6} \times 50$ 또는 $W = qEd = 3 \times 10^{-6} \times 100 \times 0.5$

$\therefore\ W = 15 \times 10^{-5}\,[\mathrm{J}]$

정답 (a) $100\,[\mathrm{V/m}]$ (b) $15 \times 10^{-5}\,[\mathrm{J}]$

제 2 장

2−1 (a) 금속선의 저항 $R = \rho \frac{l}{S}$ $\therefore\ R = 1 \times 10^{-6} \times \frac{10}{5 \times 10^{-6}} = 2\,[\Omega]$

(b) 옴의 법칙 $V = RI$, $I = \frac{V}{R} = \frac{10}{2} = 5\,[\mathrm{A}]$

정답 (a) $2\,[\Omega]$ (b) $5\,[\mathrm{A}]$

2−2 (a) 전류는 고전위 점에서 저전위 점으로 흐르기 때문에 전위의 크기순서는

$A > B > C$

(b) 전압 강하 $V = RI$ 에서 $V_{AB} = R_1 I = 2 \times 5 = 10\,[\mathrm{V}]$, $V_{BC} = R_1 I = 3 \times 5 = 15\,[\mathrm{V}]$

(c) 전위 V_A, V_B

$V_B = V_{BC} + V_C = 15 + 0 = 15\,[\mathrm{V}]$, $V_A = V_{AB} + V_B = 10 + 15 = 25\,[\mathrm{V}]$

정답 (a) A, C
(b) $V_{AB} = 10\,[\mathrm{V}]$, $V_{BC} = 15\,[\mathrm{V}]$
(c) $V_A = 25\,[\mathrm{V}]$, $V_B = 15\,[\mathrm{V}]$

2−3 (a) 합성 저항 : $R = 2 + 3 + 4 = 9\,[\Omega]$

(b) 옴의 법칙 $V = RI$ 에서 회로 전체 전류 : $I = \frac{V}{R} = \frac{27}{9} = 3\,[\mathrm{A}]$

전압 강하 V_1, V_2, V_3

$V_1 = R_1 I = 2 \times 3 = 6\,[\mathrm{V}]$, $V_2 = R_2 I = 3 \times 3 = 9\,[\mathrm{V}]$

$V_3 = R_3 I = 4 \times 3 = 12\,[\mathrm{V}]$

(c) 각 저항의 소비전력 P_1, P_2, P_3

$P_1 = I^2 R_1 = 3^2 \times 2 = 18\,[\mathrm{V}]$, $P_2 = I^2 R_2 = 3^2 \times 3 = 27\,[\mathrm{V}]$

$P_3 = I^2 R_3 = 3^2 \times 4 = 36\,[\mathrm{V}]$

회로 전체의 소비전력 P

$P = P_1 + P_2 + P_3 \quad \therefore \; P = 18 + 27 + 36 = 81\,[\mathrm{W}]$

(별해) $P = I^2 R = 3^2 \times 9 = 81\,[\mathrm{W}]$

정답 (a) $9\,[\Omega]$
(b) $V_1 = 6\,[\mathrm{V}], \quad V_2 = 9\,[\mathrm{V}]$
$V_3 = 12\,[\mathrm{V}]$
(c) $P_1 = 18\,[\mathrm{V}], \quad P_2 = 27\,[\mathrm{V}]$
$P_3 = 36\,[\mathrm{V}], \quad P = 81\,[\mathrm{W}]$

2–4 (a) 예제 2.5를 이용한 합성 저항

① 두 개의 같은 저항의 합성 저항 : $\dfrac{R}{n} = \dfrac{2}{2} = 1\,[\Omega]$

② 두 개의 다른 저항의 합성 저항 : $\dfrac{R_1 R_2}{R_1 + R_2} = \dfrac{3 \times 6}{3 + 6} = 2\,[\Omega]$

③ 전체 합성 저항 : $R = 1 + 2 + 5 = 8\,[\Omega]$

(b) 옴의 법칙 $V = RI$ 에서 $I = \dfrac{V}{R} = \dfrac{24}{8} = 3\,[\mathrm{A}]$

(c) ① 병렬부 $2\,[\Omega]$에 흐르는 전류는 전체 전류의 1/2이므로 1.5[A]

$V = RI = 2 \times 1.5 = 3\,[\mathrm{V}]$

② 직렬부 $5\,[\Omega]$에 걸리는 전압 : $V = RI = 5 \times 3 = 15\,[\mathrm{V}]$

③ 저항 $6\,[\Omega]$에 걸리는 전압 : $V = 24 - (3 + 15) = 6\,[\mathrm{V}]$

④ 저항 $6\,[\Omega]$에 흐르는 전류 : $I_1 = \dfrac{6}{6} = 1\,[\mathrm{A}]$

⑤ 저항 $6\,[\Omega]$의 소비전력 : $P_1 = I_1^2 R = 1^2 \times 6 = 6\,[\mathrm{W}]$

(d) $P_2 = I^2 R = 3^2 \times 5 = 45\,[\mathrm{W}]$

정답 (a) $8\,[\Omega]$ (b) $3\,[\mathrm{A}]$
(c) $I_1 = 1\,[\mathrm{A}], \quad P_1 = 6\,[\mathrm{W}]$
(d) $45\,[\mathrm{W}]$

2–5 $P = \dfrac{V^2}{R}$에서 $R = \dfrac{V^2}{P} = \dfrac{100^2}{500} = 20\,[\Omega]$

$\therefore \; W = Pt = 500 \times 2 = 1000\,[\mathrm{Wh}]$

정답 $1000\,[\mathrm{Wh}]$

2−6 $Q=0.24I^2Rt$, $Q=0.24\times 2^2\times 10\times 5\times 60=2880$ [cal]

정답 2880 [cal]

2−7 $C_s=\dfrac{C_1C_2}{C_1+C_2}=\dfrac{3\times 6}{3+6}=2$ [μF], $C_p=C_1+C_2=3+6=9$ [μF] $\therefore\ \dfrac{C_p}{C_s}=\dfrac{9}{2}=4.5$

정답 4.5

2−8 (a) 병렬부 합성 전기 용량 : $C'=C_2+C_3=2+4=6$ [μF]

전체 합성 전기 용량 : $C=\dfrac{C_1C'}{C_1+C'}=\dfrac{3\times 6}{3+6}=2$ [μF]

(b) 총 전하량 : $Q=CV=2\times 10^{-6}\times 12=24\times 10^{-6}$ [C]

(c) 3 [μF] 축전기의 전하량은 직렬 연결되어 있으므로 총 전하량과 같다.

$Q_1=Q=24\times 10^{-6}$ [C]

(d) $Q=CV$에서 $V_1=\dfrac{Q_1}{C_1}=\dfrac{24\times 10^{-6}}{3\times 10^{-6}}=8$ [V]

(e) 2 [μF], 4 [μF]의 축전기는 병렬연결이므로 걸린 전압은 같다. 즉

$V_2=V_3=12-8=4$ [V]

(f) 2 [μF], 4 [μF]의 축전기의 전하량

$Q_2=C_2V_2=2\times 10^{-6}\times 4=8\times 10^{-6}$ [C], $Q_3=C_3V_3=4\times 10^{-6}\times 4=16\times 10^{-6}$ [C]

정답 (a) 2 [μF]
(b) 24×10^{-6} [C]
(c) 24×10^{-6} [C]
(d) 8 [V]
(e) $V_2=V_3=4$ [V]
(f) $Q_2=8\times 10^{-6}$ [C]
$Q_3=16\times 10^{-6}$ [C]

제 3 장

3−1 $B=2\times 10^{-7}\dfrac{I}{r}$ [T], $B=2\times 10^{-7}\times\dfrac{200}{5}=80\times 10^{-7}$ [T] $\therefore\ B=8\times 10^{-6}$ [T]

정답 8×10^{-6} [T]

3−2 (a) 지면 위로 나오는 방향 ⊙

(b) $B = 2\pi \times 10^{-7}\frac{I}{r}$ [T] 에서 $B = 2\pi \times 10^{-7} \times \frac{20}{0.1} = 400\pi \times 10^{-7}$ [T]

$\therefore\ B = 4\pi \times 10^{-5}$ [T]

정답 (a) 지면 위로 나오는 방향 ⊙
(b) $4\pi \times 10^{-5}$ [T]

3−3 (a) 솔레노이드 내부의 자기장의 세기

$$B = 4\pi \times 10^{-7} nI = 4\pi \times 10^{-7}\left(\frac{N}{l}\right)I,\quad B = 4\pi \times 10^{-7} \times \frac{100}{0.1} \times 2$$

$\therefore\ B = 8\pi \times 10^{-4}$ [T]

(b) $\phi = BA = (8\pi \times 10^{-4}) \times \pi \times 0.02^2 = 3.2 \times 10^{-7}\pi^2 \quad \therefore\ \phi = 3.16 \times 10^{-6}$ [Wb]

(c) 오른손의 네 손가락을 전류의 방향으로 감아쥘 때 엄지손가락이 자기장 방향이다. 따라서 자기력선은 솔레노이드 내부에서 왼쪽에서 오른쪽으로 향하면서 오른쪽 끝은 외부로 나가므로 N극, 왼쪽 끝은 외부에서 들어가므로 S극이 된다.

정답 (a) $8\pi \times 10^{-4}$ [T]
(b) 3.16×10^{-6} [Wb]
(c) 오른쪽 : N극, 왼쪽 : S극

3−4 오른손 법칙에 의해 오른손을 펴고 먼저 네 손가락을 자기장의 방향에 맞춘 다음, 팔을 좌우로 회전하면서 전류를 맞춘다. 이 때 손바닥의 수직 방향이 전류 도체가 받는 힘의 방향이 된다. 또 다른 방법은 자기력선 합성법에 의해 자기장이 강한 곳에서 약한 곳으로 힘을 받는다.

정답 (a) 아래 방향 (b) 위 방향

3−5 $F = BIl = 5 \times 20 \times 0.2 = 20$ [N]

정답 20 [N]

3−6 (a) 평행 도선의 전류가 반대 방향 : 반발력

(b) $F = 2 \times 10^{-7}\frac{I_1 I_2}{r}l = 2 \times 10^{-7}\frac{I^2}{r}l$

$$\therefore\ F = 2\times10^{-7}\times\frac{10^2}{0.05}\times20 = 8\times10^{-3}\,[\mathrm{N}]$$

정답 반발력, $8\times10^{-3}\,[\mathrm{N}]$

3−7 (a) 전류 도체에서 거리 r 떨어진 양전하 입자 위치의 자기장 방향 : 지면 뒤쪽 ⊗

(b) 양전하 입자 위치의 자기장의 세기

$$B = 2\times10^{-7}\,\frac{I}{r} = 2\times10^{-7}\times\frac{20}{2} = 2\times10^{-6}\,[\mathrm{T}]$$

운동 전하가 받는 힘(v와 B가 수직 작용) : $F = qvB$

$$F = (1.6\times10^{-19})\times3\times(2\times10^{-6}) \qquad \therefore\ F = 9.6\times10^{-13}\,[\mathrm{N}]$$

정답 지면 뒤쪽 ⊗, $9.6\times10^{-13}\,[\mathrm{N}]$

제 4 장

4−1 (a) 자석 S에 의해 코일 속을 지나는 왼쪽 방향의 자속이 증가하므로 자속과 반대 방향(오른쪽)이 되도록 유도 전류가 흐른다. 즉, $a\rightarrow R\rightarrow b$ 방향

(b) 자석 S에 의해 코일 속을 지나는 왼쪽 방향의 자속이 감소하므로 자속과 같은 방향(왼쪽)이 되도록 유도 전류가 흐른다. 즉, $b\rightarrow R\rightarrow a$ 방향

(c) 코일 속에서 자속 변화가 없기 때문에 유도 전류는 흐르지 않는다.

정답 (a) $a\rightarrow R\rightarrow b$ 방향
(b) $b\rightarrow R\rightarrow a$ 방향
(c) 전류는 흐르지 않는다.

4−2 (a) 솔레노이드에 흐르는 전류에 의해 코일 속을 지나는 왼쪽 방향의 자속이 증가하므로 자속과 반대방향(오른쪽)이 되도록 유도 전류가 흐른다. 즉, $a\rightarrow R\rightarrow b$ 방향

(b) 코일 속에서 자속 변화가 없기 때문에 유도 전류는 흐르지 않는다.

(c) 솔레노이드에 흐르는 전류에 의해 코일 속을 지나는 왼쪽 방향의 자속이 감소하므로 자속과 같은 방향(왼쪽)이 되도록 유도 전류가 흐른다. 즉, $b\rightarrow R\rightarrow a$ 방향

정답 (a) $a\rightarrow R\rightarrow b$ 방향
(b) 전류는 흐르지 않는다.
(c) $b\rightarrow R\rightarrow a$ 방향

4−3 유도 기전력의 크기 $e=L\dfrac{dI}{dt}=0.25\times 4=1$ [V]

정답 1 [V]

4−4 (a) 유도 기전력의 크기 $e=Blv=6\times 0.5\times 10=30$ [V]

(b) $I=\dfrac{e}{R}=\dfrac{30}{10}=3$ [A], 전류의 방향 : a→b 방향

(c) $P=I^2R=3^2\times 10=90$ [W]

정답 (a) 30 [V]
(b) 3 [A], 전류의 방향 : a→b 방향
(c) 90 [W]

4−5 (a) 2차 코일의 유도 기전력

$$\frac{V_1}{V_2}=\frac{N_1}{N_2} \qquad \therefore\ V_2=\frac{N_2}{N_1}V_1=\frac{40}{20}\times 100=200\ [\text{V}]$$

(b) 2차 코일의 유도 전류

$$\frac{V_1}{V_2}=\frac{N_1}{N_2}=\frac{I_2}{I_1} \qquad \therefore\ I_2=\frac{N_1}{N_2}I_1=\frac{20}{40}\times 10=5\ [\text{A}]$$

정답 (a) 200 [V] (b) 5 [A]

4−6 (a) 전류의 실효값 : $I=\dfrac{V}{R}=\dfrac{200}{10}=20$ [A], 전류의 최대값 : $I_m=\sqrt{2}\,I=20\sqrt{2}$ [A]

(b) 평균 소비 전력 : $P=VI=200\times 10=2000$ [W]

정답 (a) $20\sqrt{2}$ [A] (b) 2000 [W]

4−7 (a) 코일의 리액턴스 : $X_L=2\pi fL=2\pi\times 60\times 0.2=75.4$ [Ω]

(b) 전류의 실효값 : $I=\dfrac{V}{X_L}=\dfrac{200}{75.4}=2.65$ [A]

정답 (a) 75.4 [Ω] (b) 2.65 [A]

4−8 (a) 축전기의 리액턴스

$$X_C=\frac{1}{2\pi fC}=\frac{1}{2\pi\times 60\times 30\times 10^{-6}} \qquad \therefore\ X_C=88\ [\Omega]$$

(b) 전류의 실효값

$$I = \frac{V}{X_C} = \frac{220}{88} = 2.5\,[\text{A}]$$

정답 (a) 88 [Ω] (b) 2.5 [A]

4−9 $R-L-C$ 직렬 회로의 교류 전체 전압

$$V = \sqrt{{V_R}^2 + (V_L - V_C)^2} = \sqrt{300^2 + (900-500)^2} = 500\,[\text{V}]$$

정답 500 [V]

단원 Ⅳ 파동과 빛

제 1 장

1−1 주기 $T = 3$[초]이고 파동의 전파 속도는 $v = f\lambda = \dfrac{\lambda}{T}$이므로 파장 λ는

$$\therefore\ \lambda = vT = 6 \times 3 = 18\,[\text{m}]$$

정답 18 [m]

1−2 (a) 주기는 마루와 마루 또는 골과 골까지 걸리는 시간이므로 $T = \dfrac{0.4}{4} = 0.1\,[\text{s}]$

(b) 파장은 마루와 마루 또는 골과 골까지의 거리이므로 $\lambda = \dfrac{8}{4} = 2\,[\text{m}]$

(c) 전파 속도 $v = f\lambda = \dfrac{\lambda}{T}$에서

$$v = \frac{\lambda}{T} = \frac{2}{0.1} = 20\,[\text{m/s}]$$

정답 (a) 0.1 [s] (b) 2 [m]
(c) 20 [m/s]

1−3 (a) 매질에서 최대 변위가 되는 위치, 즉 점 b, d의 변위를 매질의 진동 중심을 기준으로 90°

시계 방향으로 회전시켜 종파로 변환하면 점 b, d의 변위는 점 c로 이동된다. 즉, 점 c는 매질의 밀도가 밀한 부분, 점 a, e는 간격이 멀어져서 소한 부분이 된다.

(b) 매질의 속력이 0인 곳은 변위가 최대인 곳이므로 점 b, d인 곳이다.

(c) 매질의 속력이 최대인 곳은 변위가 0인 곳이므로 점 a, c, e인 곳이다. 시간이 조금 지난 후의 파동을 그려보면 왼쪽 방향의 최대 속도는 점 a, e이고, 오른쪽 방향의 최대속도는 점 c가 된다.

(d) 매질의 가속도가 최대인 곳은 변위가 최대인 곳 점 b, d이며, 또 항상 중심 방향으로 향하므로 마루인 점 b가 왼쪽, 골인 점 d가 오른쪽으로 최대인 곳이다.

정답 (a) 밀 : 점 c, 소 : 점 a, e
(b) 점 b, d (c) 점 c
(d) 점 b

1－4 전파 속도 : $v = \dfrac{\lambda}{T} = \dfrac{5}{\dfrac{1}{10}} = 50\,[\text{cm/s}]$

정답 50 [cm/s]

1－5 파동이 한 매질에서 전파할 때 진동수, 파장, 전파 속도는 변하지 않지만, 한 매질에서 다른 매질로 전파하면 진동수는 일정하고 파장, 전파 속도, 진행 방향이 바뀌게 된다. 즉, 파동의 반사는 한 매질에서 전파하는 것이고, 파동의 굴절은 다른 매질 속으로 전파하는 것이다.

정답 (a) 진동수, 파장, 전파 속도
(b) 진동수

1－6 본문 참고

정답 (a) 파동의 중첩 (b) 파동의 회절

1－7 파동의 굴절에서 입사각과 굴절각은 경계면의 법선에 대한 각이므로 $\theta_1 = 45°$, $\theta_2 = 30°$고, 전파 속도는 사인 값에 비례한다. 즉,

$$v_1 : v_2 = \sin\theta_1 : \sin\theta_2 = \sin 45° : \sin 30° \qquad \therefore\ v_1 : v_2 = \frac{\sqrt{2}}{2} : \frac{1}{2} = \sqrt{2} : 1$$

정답 $\sqrt{2} : 1$

1－8 (a) 정상파의 최대 진폭은 배에서의 진폭이고, 입사파와 반사파의 위상은 180°이므로 정상파의 진폭은 입사파의 두 배가 된다.

$A = 3 \times 2 = 6\,[\text{cm}]$

(b) 정상파의 배와 배 사이의 거리는 입사파의 반파장과 같으므로 10[cm]이다. 즉 벽과 벽 사이의 배는 10개가 된다.

정답 (a) 6 [cm] (b) 10개

제 2 장

2−1 유리 속에서 빛의 속력은 $n=\dfrac{c}{v}$이므로 $\therefore\ v=\dfrac{c}{n}=\dfrac{3.0\times10^8}{\dfrac{3}{2}}=2.0\times10^8\,[\mathrm{m/s}]$

정답 $2.0\times10^8\,[\mathrm{m/s}]$

2−2 물의 굴절률 n_1, 유리의 굴절률 n_2라 하면 물에 대한 유리의 상대 굴절률 n_{12}는

$$n_{12}=\frac{n_2}{n_1}=\frac{3/2}{4/3}=\frac{9}{8}$$

정답 9/8

2−3 (a) $n_{12}=\dfrac{\sin45°}{\sin30°}=\dfrac{\sqrt{2}/2}{1/2}=\sqrt{2}$

(b) $n_{12}=\dfrac{\lambda_1}{\lambda_2}\quad\therefore\ \lambda_2=\dfrac{\lambda_1}{n_{12}}=\dfrac{\lambda}{\sqrt{2}}$

(c) $n_{12}=\dfrac{v_1}{v_2}\quad\therefore\ v_2=\dfrac{v_1}{n_{12}}=\dfrac{1}{\sqrt{2}}v_1$

정답 (a) $\sqrt{2}$ (b) $\dfrac{1}{\sqrt{2}}\lambda$ (c) $\dfrac{1}{\sqrt{2}}$배

2−4 빛이 굴절할 때 변하지 않는 것은 진동수와 위상이다.

정답 ②

2−5 볼록 거울과 오목 렌즈는 빛이 실제로 모이지 않기 때문에 항상 축소된 정립 허상만 생긴다.

정답 ②

2-6 (a) 굴절률과 속도의 관계식 $n_{12}=\frac{v_1}{v_2}$에서 $v_2=\frac{v_1}{n_{12}}=\frac{3.0\times10^8}{4/3}=2.25\times10^8\,[\text{m/s}]$

(b) $v=f\lambda$에서 $\lambda=\frac{v}{f}=\frac{2.25\times10^8}{5\times10^{14}}=0.45\times10^{-6}\,[\text{m}]$

정답 (a) $2.25\times10^8\,[\text{m/s}]$
(b) $45\times10^{-8}\,[\text{m}]$

2-7 임계각을 i_c라 하면 $\sin i_c=\frac{1}{n}=\frac{1}{\sqrt{2}}$ $\therefore\ i_c=30°$

정답 30°

2-8 $a=10\,[\text{cm}]$, $f=20\,[\text{cm}]$이고

$\frac{1}{a}+\frac{1}{b}=\frac{1}{f}$에서 $\frac{1}{b}=\frac{1}{f}-\frac{1}{a}=\frac{1}{20}-\frac{1}{10}=-\frac{1}{20}$ $\therefore\ b=-20\,[\text{cm}]$

물체의 위치 b가 (−)부호이므로 상은 정립 허상이고, 거울 뒤쪽에서 20[cm] 떨어진 곳에 위치하여 생긴다. 배율은 $m=\frac{b}{a}=\frac{20}{10}=2$[배]이므로

$\therefore\ l=5\times2=10\,[\text{cm}]$

정답 거울 뒤 20[cm] 떨어진 곳에 2배로 확대된 정립 허상, 크기 10[cm]

2-9 $a=30\,[\text{cm}]$, $f=20\,[\text{cm}]$이고

$\frac{1}{a}+\frac{1}{b}=\frac{1}{f}$에서 $\frac{1}{b}=\frac{1}{f}-\frac{1}{a}=\frac{1}{20}-\frac{1}{30}=\frac{1}{60}$ $\therefore\ b=60\,[\text{cm}]$

물체의 위치 b가 (+)부호이므로 상은 도립 실상이고, 렌즈 뒤쪽에서 60[cm] 떨어진 곳에 위치하여 생긴다. 배율은 $m=\frac{b}{a}=\frac{60}{30}=2$[배]이므로 $\therefore\ l=10\times2=20\,[\text{cm}]$

정답 렌즈 뒤 60[cm] 떨어진 곳에 2배로 확대된 도립 실상, 크기 20[cm]

2-10 $\frac{1}{a}+\frac{1}{b}=\frac{1}{f}$에서 $a>f$: 실상, $a<f$: 허상

따라서 $a=f$일 때 실상과 허상이 반전되어 나타나는 경계가 된다.

정답 ③

2−11 본문 참고

정답 (a) 빛의 굴절 (b) 빛의 분산

2−12 빛의 회절현상은 간섭 현상과 함께 파동성을 알 수 있고, 빛이 횡파라는 것은 편광 현상으로부터 알 수 있다.

정답 ④

2−13 빛의 편광 현상은 횡파에서 일어난다.

정답 ③

제 3 장

3−1 (a) $E=hf=(6.6\times10^{-34})\times(5\times10^{14})$ $\therefore$ $E=3.3\times10^{-19}$ [J]

(b) $\frac{1}{2}mv^2=hf-W=3.3\times10^{-19}-2.1\times10^{-19}=1.2\times10^{-19}$ [J]

정답 (a) 3.3×10^{-19} [J]
(b) 1.2×10^{-19} [J]

3−2 (a) $E=hf=\frac{hc}{\lambda}=\frac{(6.6\times10^{-34})\times(3\times10^{8})}{500\times10^{-9}}$ $\therefore$ $E=3.96\times10^{-19}$ [J]

(b) $p=\frac{h}{\lambda}=\frac{6.6\times10^{-34}}{500\times10^{-9}}$ $\therefore$ $p=1.32\times10^{-27}$ [kg·m/s]

정답 (a) 3.96×10^{-19} [J]
(b) 1.32×10^{-27} [kg·m/s]

3−3 $E=hf=\frac{hc}{\lambda}$에서 $E\propto\frac{1}{\lambda}$의 관계이므로 $E:E'=\frac{1}{3\lambda}:\frac{1}{\lambda}$ $\therefore$ $E'=\frac{1}{3}E$

정답 1/3 배

3−4 $\frac{1}{2}mv^2=hf-W$에서 금속 표면에서 전자가 방출하려면 광자 에너지 $E=hf$가 일함수 W보다 커야 한다. 또 진동수가 크고 파장이 짧아야 에너지가 커져서 방출이 잘 일어난다.

정답 ④

3-5 문제 3-4 풀이 참고

정답 ③, ④

3-6 $\lambda = \dfrac{h}{mv} = \dfrac{6.6 \times 10^{-34}}{2.2 \times 10^{-24} \times 1}$ $\quad \therefore \lambda = 3.0 \times 10^{10}\,[\mathrm{m}]$

정답 $3.0 \times 10^{10}\,[\mathrm{m}]$

3-7 $\dfrac{1}{2}mv^2 = eV$ 에서 $v = \sqrt{\dfrac{2eV}{m}} \rightarrow \lambda = \dfrac{h}{mv} = \dfrac{h}{\sqrt{2meV}}$

$$\therefore \lambda = \frac{6.6 \times 10^{-34}}{\sqrt{2 \times 9.1 \times 10^{-31} \times 1.6 \times 10^{-19} \times 10^{4}}} = 1.22 \times 10^{-11}\,[\mathrm{m}]$$

정답 $1.22 \times 10^{-11}\,[\mathrm{m}]$

찾 아 보 기

(ㄱ)

(ㄴ)

(ㄷ)

(ㄹ)

(ㅁ)

(ㅂ)

(ㅅ)

(ㅇ)

(ㅈ)

(ㅊ)

(ㅋ)

저자와의
협의에 의해
인지 생략

대학물리학

1판 1쇄 2018년 8월 25일

저 자 임헌찬 / 임현수

발행인 송광헌
발행처 복두출판사
주 소 서울특별시 영등포구 경인로82길 3-4
센터플러스 807호
(우) 07371
전 화 02-2164-2580
FAX 02-2164-2584
등 록 1993. 11. 22. 제 10-902 호

정가 : 22,000원

ISBN : 979-11-5906-429-6 93560

한국과학기술출판협회 회원사